Reimar Müller

Anthropologie und Geschichte

Aufklärung und Europa

Beiträge zum
18. Jahrhundert

Herausgegeben im Auftrag
des Forschungszentrums
Europäische Aufklärung Potsdam
von Martin Fontius

Reimar Müller

Anthropologie und Geschichte

Rousseaus frühe Schriften und die antike Tradition

Akademie Verlag

Gedruckt mit Unterstützung des Ministeriums
für Wissenschaft, Forschung und Kultur
des Landes Brandenburg

Die Deutsche Bibliothek – CIP-Einheitsaufnahme

Müller, Reimar
Anthropologie und Geschichte : Rousseaus frühe Schriften
und die antike Tradition / Reimar Müller. - Berlin : Akad. Verl., 1997
(Aufklärung und Europa)
ISBN 3-05-003213-8

Der Akademie Verlag ist ein Unternehmen der R. Oldenbourg-Gruppe

Das eingesetzte Papier ist alterungsbeständig nach
DIN/ISO 9706

Einbandgestaltung: Jochen Baltzer
Druck: GAM Media GmbH, Berlin
Bindung: Druckhaus „Thomas Müntzer“, Bad Langensalza
Printed in the Federal Republic of Germany

Inhalt

Vorwort

Die Arbeit an der vorliegenden Untersuchung wurde in der Zeit meiner Tätigkeit als Gastwissenschaftler am ehemaligen Forschungsschwerpunkt Europäische Aufklärung, Berlin, jetzt Forschungszentrum Europäische Aufklärung, Potsdam, im Jahr 1993 begonnen. Ich danke dem Direktor des Zentrums Prof. Dr. Martin Fontius und den Herren Dr. Rolf Geißler und Dr. Jens Häseler für wertvollen fachlichen Rat im Bereich der Aufklärungsforschung und insgesamt den Mitarbeitern des Zentrums für vielfache anregende Diskussionen. Mein besonderer Dank gilt Martin Fontius für die Aufnahme der Untersuchung in die Reihe des Forschungszentrums und Frau Irene Kaiser für die umsichtige Herstellung der Druckvorlage.

R. M.

Einleitung

Der 1994 unter dem Titel *Der ganze Mensch* zum Thema *Anthropologie und Literatur im 18. Jahrhundert* erschienene Forschungsband repräsentiert eine Richtung, die seit einiger Zeit in der Aufklärungsforschung wesentliche Akzente setzt[1]. Die Devise „der ganze Mensch" ist gegen ein einseitiges Bild vom 18. Jahrhundert als dem Jahrhundert der Vernunft gerichtet, gegen die Nichtbeachtung oder Unterbewertung jener großen Strömung, die (nach vielfältigen Vorstufen in der ersten Hälfte des Jahrhunderts) seit der Mitte des 18. Jahrhunderts in voll ausgeprägter Form hervortritt. Sie ist durch Stichworte wie Empirismus und Sensualismus, Rehabilitierung der Sinnlichkeit, Aufwertung der Empfindung, leibseelische Einheit des Menschen, Körperlichkeit - insgesamt „das Andere der Vernunft" gekennzeichnet. Es handelt sich um die seit langer Zeit fällige Korrektur eines Bildes, das niemals einen anderen Wert als den eines von außen aufgeprägten Vorurteils hatte. Als nachhaltiger Versuch, die Dinge zurechtzurücken, hat sie eine ähnliche Bedeutung wie die Auseinandersetzung mit dem Topos von der Geschichtsfremdheit der Aufklärung, die seit einer Reihe von Jahrzehnten zu beträchtlichen Einsichten in deren geschichtliches Bewußtsein geführt hat.

Die Korrektur früherer Fehlbeurteilungen kann freilich leicht zu neuen Einseitigkeiten führen. Daher ist die Formel „der ganze Mensch" für das 18. Jahrhundert in ihrem vollen Gewicht zu begreifen: der Mensch als Bestandteil der Natur und als sozial und kulturell geprägtes Wesen; der Mensch als Glied der

1 *Der ganze Mensch. Anthropologie und Literatur im 18. Jahrhundert*. DFG-Symposion 1992, hg. von H.-J. Schings, Stuttgart-Weimar 1994 (Germanistische Symposien. Berichtsbände XV). Zur Forschungssituation um 1990 vgl.: „Die Aufklärung und ihr Körper. Beiträge zur Leibesgeschichte im 18. Jahrhundert", in: *Das Achtzehnte Jahrhundert* 14 (1990), 2. Einen inhaltsreichen Forschungsbericht bietet W. Riedel, „Anthropologie und Literatur in der deutschen Spätaufklärung. Skizze einer Forschungslandschaft" (vor allem Kap. 2: "Die Natur des Menschen" oder der anthropologische Denkraum zwischen 1750 und 1800. Versuch einer Topik), in: *Internationales Archiv für Sozialgeschichte der deutschen Literatur* 6 (Sonderheft) (1994), 93ff. In einer Synthese gegenwärtiger Forschungsbestrebungen gewährt auch der Geschichte des anthropologischen Denkens breiten Raum: Chr. Wulf (Hg.), *Vom Menschen. Handbuch Historische Anthropologie*, Weinheim und Basel 1997.

über die Erde verbreiteten Gattung und in der Vielfalt seiner ethnischen und kulturellen Gestalten; der Mensch in seiner biotischen Verwurzelung und in seiner Prägung durch Gesellschaft, Sprache, Denken, technische Fähigkeiten, eine Welt der Werte und das Vermögen, die Kultur als eine „zweite Natur" zu schaffen.

Obwohl seit dem Ende des 17. Jahrhunderts viele gleichzeitige Strömungen auf die Konstituierung eines neuen Gesamtbildes vom Menschen hinstrebten, kam es erst am Ende des 18. Jahrhunderts zu Versuchen einer systematischen Vereinigung der Gesichtspunkte in einer umfassenden Theorie des Menschen[2]. Aber schon um die Jahrhundertmitte wurden große Konzeptionen einer Synthese der Einzelaspekte von Buffon, Condillac, Diderot, Rousseau und Helvétius entwickelt[3].

Die Erforschung der Anthropologie des 18. Jahrhunderts gestattet es, eine Reihe von philosophischen und wissenschaftlichen Bemühungen, die auf derartige Synthesen zuliefen, in statu nascendi zu beobachten: Eine problemgeschichtliche Fragestellung von großem heuristischem Wert, denn freilich ist eine „Wissenschaft vom Menschen" nach vielfältigen Ansätzen einer Philosophischen Anthropologie (Scheler, Gehlen, Plessner), Strukturalen Anthropologie (Lévi-Strauss), Kulturphilosophie (Cassirer) und Integrationsversuchen mit marxistischer Theorie (Sartre, Fromm, Schaff) eine Aufgabe der Gegenwart und Zukunft geblieben.

Die Frage nach unserem Verständnis des so unterschiedlich definierten Begriffs Anthropologie ist damit im Sinne einer umfassenden „Wissenschaft vom Menschen" beantwortet, der einzelne disziplinäre Formen (biologisch-medizinische, ethnologische, pragmatische, pädagogische Anthropologie usw.) nebengeordnet bzw. subsumiert sind. Anthropologie des 18. Jahrhunderts wie der Gegenwart ist im hier vorausgesetzten Sinn nicht als Disziplin, sondern als wissenschaftliche Fragestellung (W. Krauss) zu verstehen.

2 Zum frühen 18. Jahrhundert vgl. S. Moravia, *Beobachtende Vernunft. Philosophie und Anthropologie in der Aufklärung*. Aus dem Italienischen von E. Piras, München 1973, 17ff. Zum späten 18. Jahrhundert ebenda, 40ff.

3 Grundlegend Michèle Duchet, *Anthropologie et Histoire au siècle des lumières. Buffon, Voltaire, Rousseau, Helvétius, Diderot*, Paris 1971. Während sich dieses Werk auf die großen Repräsentanten konzentriert, zielt auf eine weiterreichende Einbeziehung auch anderer Vertreter W. Krauss, dessen Buch freilich z.T. nur zu skizzenhafter Ausarbeitung gelangt ist: *Zur Anthropologie des 18. Jahrhunderts. Die Frühgeschichte der Menschheit im Blickpunkt der Aufklärung*, hg. von H. Kortum und Chr. Gohrisch, Berlin 1978 (in der Gesamtausgabe, nach der hier zitiert wird: W. K., *Das wissenschaftliche Werk*, hg. im Auftrag der Akademie der Wissenschaften der DDR von W. Bahner, M. Naumann und H. Scheel. 6: *Aufklärung II. Frankreich*, hg. von R. Geißler, Berlin und Weimar 1987, 62ff.).

Unser Anliegen, antike Wurzeln und Vorstufen der neuzeitlichen Forschung aufzudecken, impliziert das Bekenntnis zu einer umfassenden Sicht der Problemgeschichte. Die von O. Marquard vorgenommene Ortsbestimmung der Anthropologie im neuzeitlichen Verbund der Wissenschaften[4], in diesem Zusammenhang außerordentlich verdienstvoll, hat in der Frage der historischen Vorstufen eine Bindung an die Begriffsgeschichte zur Voraussetzung, die in dieser Form u.E. nicht haltbar ist. Die Geschichte eines Begriffs ist mit der eines philosophischen bzw. wissenschaftlichen Gegenstandes nicht identisch. Wenn es richtig ist, daß durch die Kristallisation in einem einzigen Begriff die Entwicklung einer philosophisch-wissenschaftlichen, weltanschaulichen, ideengeschichtlichen Fragestellung in eine neue Phase tritt, ist die sorgfältige Untersuchung der breiten Ströme, die zu diesem Punkt hinführen, unerläßlich. Das gilt von Kategorien wie Geschichte, Fortschritt, Humanismus, Utopie gleichermaßen, die durch die einseitige Bindung an die Begriffsgeschichte grundlegender Dimensionen ihrer Entwicklung beraubt werden. So ist auch die Anthropologie als Theorie des Menschen in der europäischen Philosophie- und Wissenschaftsgeschichte im Hinblick auf ihre wesentlichen Stufen in Antike, Spätantike, Mittelalter und Renaissance zu untersuchen[5].

4 O. Marquard, Art. „Anthropologie", in: *Historisches Wörterbuch der Philosophie*, Bd. I, Basel-Darmstadt 1971, 362ff.; ders., „Zur Geschichte des philosophischen Begriffs ‘Anthropologie’ seit dem Ende des 18. Jahrhunderts", in: *Schwierigkeiten mit der Geschichtsphilosophie*, 3. Aufl., Frankfurt a.M. 1992, 122ff., 213ff. Zur neuzeitlichen Verwendung des Begriffs 'anthropologia' seit M. Hundt (1501) und O. Casmann (1594-1596) vgl. Marquard, „Zur Geschichte des philosophischen Begriffs ...", 124ff. Vgl. F. Hartmann, K. Haedke, *Der Bedeutungswandel des Begriffs Anthropologie im ärztlichen Schrifttum der Neuzeit*, Sitzungsberichte der Gesellschaft zur Beförderung der gesamten Naturwissenschaften zu Marburg 85 (1963), 39ff. Die Verwendung bei Aristoteles und in der spätantiken Philosophie bzw. Patristik ist nicht nur an andere Wortformen, sondern auch an andere Inhalte gebunden (Marquard, a.a.O., 216ff.). Marquard schließt das anthropologische Denken der Antike per definitionem aus. Er nennt zwar relevante Forschungen Platons, Aristoteles’ u.a. und will nur den Gebrauch des Begriffs Anthropologie für diese Autoren in Frage stellen, nicht ihren sachlichen Wert für das jeweils einschlägige Thema Mensch (ebenda, 216, Anm. 10). Es geht aber um den inhaltlichen Zusammenhang anthropologischen Denkens von der Antike bis zur Gegenwart, der auf diese Weise nicht erfaßt werden kann.

5 Zu einem umfassenden Konzept der Geschichte der Anthropologie hat vor allem M. Landmann beigetragen: *De homine. Der Mensch im Spiegel seines Gedankens*. Von M.L. unter Mitarbeit von G. Diem u.a., Freiburg, München 1962; ders., *Philosophische Anthropologie. Menschliche Selbstdeutung in Geschichte und Gegenwart*, 2. Aufl., Berlin 1964. Auch in der systematisch umfassenden Konzeption von W. E. Mühlmann wird der Geschichte des anthropologischen Denkens in Antike, Mittelalter und Renaissance starke Beachtung geschenkt: *Geschichte der Anthropologie*, 2. verb. und erweit. Aufl., Frankfurt a.M., Bonn 1968.

Zwischen den anthropologischen Bestrebungen in verschiedenen Phasen dieser Entwicklung bestehen Beziehungen teils der Konvergenz, teils starker Gegensätzlichkeit. Es ist die Aufgabe der Rezeptionsforschung, die Gründe zu erkennen, die jeweils zur Entstehung engerer Beziehungen geführt haben und die neuen Kontexte zu analysieren, in denen sie fruchtbar und zumeist einer Transformation unterworfen wurden. Wenn antike Fragestellungen in der Aufklärung des 18. Jahrhunderts eine besondere Rolle gespielt haben, so konzentrieren sich diese Beziehungen auf eine Reihe von Schwerpunkten der antiken Philosophie- und Wissenschaftsgeschichte: im 5. Jahrhundert v.Chr. einige Vertreter der Sophistik, Demokrit und die Hippokratische Medizin; im 4. Jahrhundert Platon, Aristoteles und seine Schüler Theophrast und Dikaiarchos sowie der Kynismus; im Hellenismus Stoa (besonders die Mittlere Stoa mit Panaitios und Poseidonios), Skeptizismus und Epikureismus; in Rom Lukrez, Cicero, Seneca und Epiktet; in der Spätantike Origenes, Nemesios von Emesa und Gregor von Nyssa.

Wenn wir uns im folgenden dem (unmittelbaren oder vermittelten) Rückgriff der Aufklärungsphilosophie und -wissenschaft auf antike Traditionen zuwenden, spielen Zwischenglieder in Renaissance und Frühaufklärung eine unterschiedliche Rolle. An sich bedeutsame anthropologische Konzeptionen (Marsilio Ficino, Pico della Mirandola, G. Bruno, Vives, Machiavelli, Paracelsus, Montaigne, F. Bacon, Spinoza, Vico, Pope) können hier nicht in extenso behandelt werden, da sie für unser Thema Rousseau (mit Ausnahme von Montaigne und Bacon) wenige unmittelbare Bezüge aufweisen. Anders steht es um Konzeptionen unmittelbarer Vorläufer oder Zeitgenossen Rousseaus, bei denen antike Traditionen des anthropologischen Denkens schon in hohem Maße aktiv rezipiert und in neue Kontexte eingeordnet erscheinen.

Die Konzentration auf Rousseau und speziell auf dessen frühe Schriften zur anthropologischen Fragestellung (*Discours sur les sciences et les arts, Discours sur l'origine et les fondements de l'inégalité parmi les hommes, Essai sur l'origine des langues*) ermöglicht, wie unsere Untersuchung zeigen wird, eine komplexe Betrachtungsweise, bei der wesentliche neuzeitliche Denkansätze im Naturrecht, in der konventionalistischen Staatstheorie, in der sensualistischen Erkenntnistheorie und Psychologie, in der Moraltheorie und in der Geschichtsphilosophie ebenso zu berücksichtigen sind wie die Leistungen von Zeitgenossen wie Montesquieu, Buffon, Condillac, Diderot, Turgot. In Rousseaus außerordentlicher synthetischer Kraft ist auch der Effekt einer Fokussierung zu beobachten, in der antike und neuzeitliche Vorleistungen sich zu neuen Fragestellungen bündeln und zukunftweisende Orientierungen auszulösen vermögen.

Rousseaus Rezeption antiker anthropologischer Fragestellungen wird hier nicht erstmals thematisiert. Eine grundlegende quellengeschichtliche Leistung erbrachte zu Anfang des Jahrhunderts J. Morel[6]. In Forschungen der letzten Jahrzehnte wurden die zeitgebundenen Grenzen dieser Art von Quellenuntersuchung im engeren Sinn überschritten, um den Autor aus dem gesamten Umfeld der philosophischen und wissenschaftlichen Voraussetzungen zu verstehen und dabei seine eigene schöpferische Leistung sichtbar werden zu lassen. Einige Gelehrte haben auch der Antike starke Beachtung geschenkt: vor allem L. Strauss und V. Goldschmidt[7]. Wenn wir in unserer Untersuchung die Antike als *einen* Faktor der Rezeption besonders herausheben, geschieht das, um die Voraussetzungen und Formen von Rousseaus Auseinandersetzung mit dem anthropologischen Gedankengut der Antike umfassender zu analysieren. Der Stand der zeitgenössischen Diskussion zu jedem der von Rousseau behandelten Fragenkomplexe (Transformismus, Naturzustand, Rolle der Bedürfnisse, Sprachentstehung, Entwicklung der Technik, Entstehung von Gesellschaft, Eigentum, Staat und Recht) kann nur in gedrängter Form und auf einer hohen Ebene der Verallgemeinerung jeweils skizziert werden, um dann das gedankliche Material, das für die genannten Fragen in der antiken Tradition bereitlag, auf Ansatzpunkte zu untersuchen, die es für Rousseau bot. In vielen Fällen wird ein Bezug vom Autor explizit hergestellt, durch die Nennung von Namen und Werken. Nicht selten bleibt er aus unterschiedlichen Gründen in einem deklarativen Sinn unbezeichnet. Generell geht es darum, nicht nur einen jeweiligen, mehr oder minder exakt nachweisbaren Bezug zu benennen, sondern auch das Umfeld der Entwicklung anthropologischen Denkens in der Antike zu zeigen, in das dieser Bezug eingebettet ist. Es geht um Aspekte einer Synkrisis anthropologischen Fragens und Denkens in der Antike und im 18. Jahrhundert.

Vielfach waren Elemente der Tradition im neuzeitlichen bzw. zeitgenössischen Denken schon rezipiert und treten daher in einer bestimmten Brechung auf (die „atomistische" Gesellschaftskonzeption bei Hobbes; der antike Sensualismus in der Rezeption und Verarbeitung durch Locke und Condillac u.a.). In vielen Fällen läßt sich feststellen, daß sich Rousseau der Genealogie dieser Gedankenentwicklung durchaus bewußt und deshalb auch fähig war, selbständig auf antike „Quellen" zurückzugreifen. Es soll gezeigt werden, unter welchen Umständen und mit welcher Motivation dies geschah, auch wenn eine Verarbeitung durch andere Rezipienten bereits erfolgt war.

Die Gründe für unmittelbare Rückgriffe auf antike Gedanken, Autoren und Texte konnten sehr unterschiedlicher Art sein. Ideengeschichtlich am interes-

6 J. Morel, „Recherches sur les sources du Discours de J.-J. Rousseau sur l'origine et les fondements de l'inégalité parmi les hommes", in: *Annales de la Société J.-J. Rousseau* 5 (1909), 119ff. (auch Lausanne 1910).

7 L. Strauss, *Naturrecht und Geschichte*. Übers. aus dem Engl. von H. Boog, Frankfurt a.M. 1977 (stw 216); V. Goldschmidt, *Anthropologie et politique. Les principes du système de Rousseau*, Paris 1974.

santesten sind Fälle, in denen Rousseau in der Antike Konzepte fand, die er in dieser Form anderswo nicht finden konnte. Aber auch in Zusammenhängen, bei denen in der zeitgenössischen Wissenschaft ein vergleichsweise hoher Diskussionssstand erreicht war, beobachten wir einen engen, bisweilen wörtlichen Anschluß an Texte von Lukrez, Diodor, Seneca und anderen antiken Autoren. In vielen Fällen wird deutlich, daß sich die herangezogenen antiken Zeugnisse nicht nur durch eine hohe Bildhaftigkeit und Prägnanz der Sprache, sondern vor allem dadurch auszeichnen, daß sie theoretische Einsichten in Gestalt einer historischen „Erzählung" darbieten und damit Rousseaus Bedürfnis nach einer historisch-genetischen Deutung der Phänomene entgegenkommen. Auch dort, wo Rousseau die Erkenntnisse zeitgenössischer Wissenschaft auf einem vergleichsweise hohen Niveau zu Gebote standen, lassen sich derartige Bezüge feststellen.

Entscheidend ist freilich das philosophische Gewicht der rezipierten Theorien. Eine wesentliche Voraussetzung ist zumeist (und damit kommen wir in tiefere Regionen des gedanklichen Gehalts) ein hoher Grad von Affinität bzw. in nicht wenigen Fällen unmittelbarer Filiation zwischen antiken und modernen Konzeptionen. Nicht selten war ein Prozeß fast nahtloser Adaption und „Einschmelzung" antiker Texte möglich. Um dieses Phänomen deutlich werden zu lassen, wird an einer größeren Zahl von Stellen nicht darauf verzichtet, die enge Berührung Rousseaus mit solchen Texten durch wörtliche Zitate nachzuweisen.

Rousseaus Rückgriff auf antike Vorbilder (oft mit einem ausgeprägten Verständnis dessen, was in der Zwischenzeit die weitere Entwicklung des europäischen Denkens aus ihnen „gemacht" hatte) erklärt sich in einigen Fällen auch aus dem Bewußtsein der Analogie bestimmter historischer und ideengeschichtlicher Strukturen und Situationen. Das entsprach dem bei Rousseau hochentwickelten Gespür für „Paradigmen", wie sie etwa die Zivilisationsgeschichte Griechenlands und Roms in hellenistisch-römischer Zeit bot. Für Rousseaus eigene Konzeption von Aufstieg und Niedergang, von der Ambivalenz kultureller Errungenschaften boten sich hier wichtige Parallelen, deren er sich, wie bekannt, besonders im Ersten Discours nachdrücklich bedient hat. Generell ist eine große Nähe Rousseaus zur hellenistischen Philosophie und Wissenschaft zu konstatieren, die in einer Kontinuität von Aufklärungsphilosophie ihre tiefere Ursache hat. In manchen Fällen wird deutlich, wie antike Erkenntnis bis an die Schwelle moderner wissenschaftlicher Problemlösungen (oder darüber hinaus) gekommen war.

Damit sollen die Unterschiede nicht nivelliert werden. Generell handelt es sich um Stufen einer Entwicklung, deren Bedeutung durch den jeweiligen Kontext gesellschaftlicher, kultureller und weltanschaulicher Bedingungen bestimmt wird. Es kann nicht darum gehen, frühen Denkansätzen Bedeutungen zu unterlegen, die sie unter veränderten Umständen, im Zusammenhang neuzeitlicher Welt- und Menschenbilder in Renaissance und Aufklärung, im 19. und 20. Jahrhundert erst gewonnen haben. Vielmehr ist im Sinne einer Dialektik von Kontinuität und Diskontinuität ein Zusammenhang zu untersuchen, der vor allem in der Art der Fragestellungen, nicht so sehr in den Antworten der jeweiligen „positiven" Wissenschaft zu sehen ist. Bestimmte Fragen, die in ihrer Zeit eine eher periphere Stellung einnahmen (evolutionistische Denkansätze, die atomistisch-konventionalistischen Gesellschaftslehren, dialektische Geschichtsauffassungen u.a.) gewinnen im 18. Jahrhundert eine neue Bedeutung, die sie ins Zentrum der Wissenschaftsentwicklung rückt. Sie stehen in einem Zusammenhang, der sich nicht selten als Kontinuität aufklärerischen Denkens erweist. Von einem solchen epochenübergreifenden Begriff der Aufklärung wird noch zu sprechen sein.

Gegenüber bisherigen Untersuchungen verschiebt sich natürlicherweise der Schwerpunkt. Im Hinblick auf die Fülle und Vielfalt ideengeschichtlicher Beziehungen der Neuzeit, die neben anderen Forschern der französische Gelehrte V. Goldschmidt mit besonderer Intensität untersucht hat, ist die Beschränkung auf bestimmte Hauptlinien geboten. Dagegen wird das antike Gedankengut nicht nur in den einzelnen Bezügen, sondern auch im Hinblick auf die Stellung relevanter Theorien im Kontext der antiken Philosophie- und Wissenschaftsgeschichte gesehen. Es geht um die Erfassung übergreifender Zusammenhänge, wie sie in der Antike vor allem in den Theorien der Kulturentstehung, in der Sozial- und Rechtsphilosophie, in Psychologie und Moraltheorie gegeben sind, insgesamt um frühe Formen eines historisch orientierten anthropologischen Denkens.

In engem Anschluß an seine Zeitgenossen Buffon, Condillac und Diderot und die sensualistischen Strömungen in der englischen und französischen Philosophie und Wissenschaft entwickelte Rousseau eine „Anthropologie von unten", die den Menschen aus seiner leibseelischen Ganzheit, seiner Sinnenhaftigkeit und seiner Bindung an elementare Lebensbedingungen zu verstehen sucht. Antike Auffassungen von Selbsterhaltung, Körperlichkeit, Sexualität, von der Kultur als einer „zweiten Natur", vom Verhältnis von Natur und Geschichte waren an der Ausprägung einer neuen Konzeption vom Menschen als Naturwesen und von der Entstehung von Sprache, Denken und Gesellschaft, Technik, Kunst, Staat und Recht in beachtlichem Maße beteiligt. Unsere Untersuchung soll auch einen Beitrag zu einer Aufklärungsforschung leisten, die die Konzepte des 18. Jahrhunderts vom „ganzen Menschen" zum Gegenstand hat.

I. Anthropologie in Antike und Aufklärung

Die Herausbildung einer Theorie des Menschen im 18. Jahrhundert hatte ihre Wurzeln in den vorausgehenden Epochen der Spätrenaissance und der Frühaufklärung. Das neue wissenschaftliche Weltbild war das Ergebnis außerordentlicher Fortschritte in der Entwicklung der Wissenschaften, aber es war auch mit der Hinwendung zu bestimmten emanzipatorischen Elementen der antiken Tradition verbunden, die gegen das erstarrte aristotelisch-scholastische System wie bereits in der Renaissance wiederum wirksam wurden. Von ihnen soll im folgenden vor allem die Rede sein.

Die Entstehung des modernen naturwissenschaftlichen Weltbildes und die Herausbildung einer neuen Auffassung vom Menschen im 16. und 17. Jahrhundert stehen in einem engen Zusammenhang. Nachdem die Natur zum Gegenstand einer quantifizierenden, messenden, von teleologischen Bestimmungen freien Naturwissenschaft geworden war, entstand ein neues Bild von Würde und Wert des Menschen, das die humanistische Tradition der Renaissance in gewisser Weise fortsetzte, sich dabei aber auf ein verändertes philosophisches und wissenschaftliches Fundament stützte. Der wechselseitige Bezug von kosmischem Weltbild und Menschenbild, wie er im aristotelisch-scholastischen System über Jahrhunderte geherrscht hatte, fand eine grundlegend neue Bestimmung. Nun, da der Mensch seine zentrale Stellung in einem festgefügten, hierarchisch strukturierten Kosmos verloren hatte, entwickelte sich ein neues Selbstverständnis: Der Mensch hatte sich im unendlichen Universum zu behaupten. Es entstand ein Freiraum der Emanzipation. Selbst Bestandteil der Natur und ihren Gesetzmäßigkeiten unterworfen, kann sich der Mensch dennoch das Ziel setzen, mit Hilfe von Wissenschaft und Technik seinen Ort in der Welt zu bestimmen[8].

8 Zum neuen Weltbild der Kosmologie H. Blumenberg, *Die kopernikanische Wende*, Frankfurt a.M. 1965, 76ff., 94f., 122ff.; ders., *Die Genesis der kopernikanischen Welt*, Frankfurt a.M. 1981, I, 16ff., 47ff. Über den Zusammenhang zwischen dem neuen Weltbild und der Entstehung der neuzeitlichen Anthropologie P. Kondylis, *Die Aufklärung im Rahmen des neuzeitlichen Rationalismus*, München 1986, 119ff.

In wechselseitiger Bedingtheit entstand zugleich mit dem wissenschaftlichen Weltbild die neuzeitliche Anthropologie[9]: ein neues Verständnis des Menschen als Teil der Natur, aber als ein Wesen sui generis, das sich eigene Ziele zu setzen vermag[10]. Schon im 16. Jahrhundert begründeten die Erkenntnisse von Anatomie und Physiologie eine tiefere Einsicht in den Menschen als Naturwesen, seine körperlichen Funktionen und seine leiblich-seelische Einheit[11]. Der Rückgriff auf antikes Gedankengut hatte wie in den vorausgehenden Perioden neuzeitlicher Wissenschaftsentwicklung auch bei der Begründung der neuen Anthropologie eine fundamentale Bedeutung. Der Epikureismus, der mit der Betonung der geistigen Lust schon bei einigen humanistischen Autoren eine gewisse Hinwendung erfahren hatte, trug nun mit seinem Hedonismus zu einer positiven Bewertung der Sinnlichkeit bei[12]. Die Stoa half durch ihre Lehren von der Selbsterhaltung und von den Affekten, neue Bereiche im Verständnis des Menschen zu erschließen[13]. Der Skeptizismus schärfte nicht nur das Bewußtsein von den Grenzen menschlicher Erkenntnis, sondern ermöglichte auch eine souveränere Haltung gegenüber den Fragen praktischer Lebensgestaltung[14]. Einen tieferen Einblick in die Vielfalt menschlicher Existenzformen gewährte die seit dem Zeitalter der geographischen Entdeckungen aufblühende Reiseliteratur, die ihre Wahrnehmungsmuster der Wirklichkeit zu einem nicht geringen Teil aus der Antike bezog[15]. Körperliche und geistige Merkmale, Sitten und Bräu-

9 W. Dilthey, *Die Funktion der Anthropologie in der Kultur des 16. und 17. Jahrhunderts*, in: *Gesammelte Schriften*, II, 10., unveränderte Aufl., Stuttgart, Göttingen 1977, 416ff.

10 Vgl. zur Geschichte der Fragestellung oben S. 10ff.

11 M. Boas, *The scientific Renaissance 1450-1630*, London 1962, 129ff.; vgl. S. Wollgast, *Philosophie in Deutschland zwischen Reformation und Aufklärung 1550-1650*, Berlin 1988, 65ff.

12 P.O. Kristeller, „Das moralische Denken des Renaissance-Humanismus", in: *Humanismus und Renaissance*, II, *Philosophie, Bildung und Kunst*, hg. von E. Keßler. Übers. aus dem Engl. von R. Schweyen Ott, München 1975, 48; D.C. Allen, „The rehabilitation of Epicurus and his theory of pleasure in the Early Renaissance", in: *Studies in philology* 41, (1944), 1ff.; H.J. Krämer, „Epikur und die hedonistische Tradition", in: *Gymnasium* 87 (1980), 312ff.

13 W. Dilthey, *Die Funktion der Anthropologie in der Kultur des 16. und 17. Jahrhunderts*, in: *Gesammelte Schriften*, II, 416f., 424f., 440ff. Vgl. H. Blumenberg, „Selbsterhaltung und Beharrung", in: H. Ebeling (Hg.), *Subjektivität und Selbsterhaltung*, Frankfurt a.M 1976, 144ff. Eine kritische Auseinandersetzung mit Dilthey und Blumenberg bei G. Abel, *Stoizismus und frühe Neuzeit. Zur Entstehungsgeschichte modernen Denkens im Felde von Ethik und Politik*, Berlin, New York 1978, 7ff.

14 Kristeller, a.a.O., 48.

15 G. Chinard, *L'exotisme américain dans la littérature française au XVIe siècle*, Genève 1911; ders., *L'Amérique et le rêve exotique dans la littérature française au XVIIe et au XVIIIe siècle*, Genève 1913; U. Bitterli, *Die 'Wilden' und die 'Zivilisierten'. Grundzüge einer Geistes- und Kulturgeschichte der europäisch-überseeischen Begegnung*, München

che, Gesetze und Regierungsformen, die Denkweise der Menschen wurden z.T. in vorgeprägten Rastern erfaßt.

Auf eine neue Stufe wird die Frage nach dem Menschen im 18. Jahrhundert gehoben. Die Entwicklungstendenzen, die Philosophie und Wissenschaft im ganzen prägen, führen zu Wandlungen auch in der Anthropologie. Die Wendung gegen die dualistische cartesianische Metaphysik bringt ein neues Wissenschaftsideal hervor, dessen methodische Grundlagen nicht mehr von der Mathematik, sondern von den empirischen Wissenschaften, vor allem von Chemie und Biologie, bestimmt sind[16]. Der Mensch wird auf neue Weise in den Zusammenhang der Natur eingeordnet, wenn die Frage nach dem Übergang vom Anorganischen zum Organischen, nach dem Verhältnis von Tier und Mensch zunehmend in einer monistischen Tendenz beantwortet, wenn eine historisch-genetische Betrachtungsweise für die Geschichte der Erde und der Arten maßgeblich wird. Die erdgeschichtlichen Forschungen von Buffon haben eine starke Wirkung und tragen wesentlich dazu bei, daß ein neuer historischer Rahmen für die Entwicklungsgeschichte des Menschen entsteht[17]. Der Transformismus der Aufklärung, der insgesamt mit seinen Stufentheorien (Buffon, Robinet, Bonnet) eine Vorstufe zum modernen Evolutionsdenken bildet, kann sich auf die antike Theorie von der „Kette der Wesen“ stützen[18]. Erste Antizipationen einer eigentlichen Evolutionstheorie bei Maupertuis und Diderot[19] knüpfen an antike Theorien bei Empedokles und Lukrez an[20]. Sie verbleiben im Rahmen hypothetischer Überlegungen, so daß die Auffassung von der Konstanz der Arten noch nicht endgültig in Frage gestellt ist.

Eine völlig neue Richtung gewinnt die Auffassung vom Menschen durch die Herausbildung der sensualistischen Erkenntnistheorie und Psychologie, die eine sensualistisch geprägte Anthropologie hervorbringen. Die Auffassung, daß alle menschliche Erkenntnis ursprünglich auf Sinneswahrnehmung beruht, das Denken unter den „Operationen der Seele“ nicht isoliert werden darf, die Re-

1976; H. Fink-Eitel, *Die Philosophie und die Wilden. Über die Bedeutung des Fremden für die europäische Geistesgeschichte*, Hamburg 1994.

16 J. Ehrard, *L'idée de nature en France dans la première moitié du XVIIIe siècle*, Paris 1963; J. Roger, Les sciences de la vie dans la pensée française du XVIIIe siècle, Paris 1963; R. Mercier, *La réhabilitation de la nature humaine (1700-1750)*, Villemonble 1960.

17 Zur Bedeutung der erdgeschichtlichen Forschungen für die Konstituierung eines neuen chronologischen Rahmens, der an die Stelle des biblischen trat, vgl. Krauss, *Zur Anthropologie des 18. Jahrhunderts*, 77ff.

18 A.O. Lovejoy, *Die große Kette der Wesen. Geschichte eines Gedankens*. Übers. von D. Turck, Frankfurt a.M. 1993, 37ff.

19 Vgl. Krauss, *Zur Anthropologie des 18. Jahrhunderts*, 197f. Vgl. unten S. 57f.

20 R. Müller, „Der Mensch in der antiken Evolutionstheorie“, in: *Menschenbild und Humanismus der Antike*, Leipzig 1980, 47ff.

flexion das Ergebnis einer Entwicklung darstellt (von Condillac durch Weiterentwicklung des Sensualismus von Locke gewonnen[21]), stellt das Bild vom Menschen auf eine neue Grundlage. Wenn die Herausbildung der geistigen Fähigkeiten des Menschen von einer Stufe ausgeht, auf der Mensch und Tier noch weitgehend gleich sind, dann wird eine Betrachtung „von unten her" möglich, ein Verständnis des Menschen aus elementaren Lebensbedingungen, aus den Sinnesempfindungen und dem Selbsterhaltungstrieb[22]. Nicht mehr die Konzeption von der Hierarchie der Seelenteile, sondern eine ganzheitliche Auffassung vom Menschen als wahrnehmendes, empfindendes und vorstellendes Wesen wird für den Sensualismus bestimmend[23]. Sie hebt die metaphysische Kluft zwischen Mensch und Tier auf und konstatiert im Hinblick auf die Empfindungen Gleichheit und auf die Fähigkeit zum Vorstellen nur mehr graduelle Unterschiede.

Wesentlich für die Entwicklung der Anthropologie im 18. Jahrhundert ist der Versuch, das Verständnis des Menschen durch den Vergleich von Mensch und Tier tiefer zu begründen. Die dualistische Auffassung von Descartes, die den Tieren „Seele" und „Vorstellungen" grundsätzlich absprach (sie wirkte noch bei Buffon weiter), wurde von Condillac überwunden, der mit seiner Konzeption von den „Ideen" (Vorstellungen) und „Ideenverbindungen" für Mensch und Tier eine gemeinsame Grundlage annahm, auf der sich dann die weiteren Differenzierungen aufbauen können[24].

Eine hervorragende Rolle spielte Condillac bei der Begründung einer neuen Theorie des Sprachursprungs, in der mit der Unterscheidung zweier Stufen („Aktionssprache", artikulierte Lautsprache) wiederum das zweifache Bedürfnis nach einer Verankerung in tierischen Vorstufen einerseits, der Herausarbeitung

21 Zur Bedeutung des Sensualismus für die Entwicklung der Anthropologie vgl. U. Ricken, „Linguistique et anthropologie chez Condillac", in: J. Sgard (Hg.), *Condillac et les problèmes du langage*, Genève, Paris 1982, 75ff.

22 Vgl. M. Rang, *Rousseaus Lehre vom Menschen*, Göttingen 1959, 49ff.

23 Zum anthropologischen Sensualismus Rousseaus und seinen Wurzeln vor allem bei Condillac Rang, a.a.O., 173ff. Rang betont, daß es sich bei Condillac um eine Umkehrung jener hierarchischen Ordnung der Seelenteile handelt, die in der idealistischen Tradition der Antike gegeben war. Man muß aber beachten, daß die Antike vor allem mit dem Sensualismus der kynischen, kyrenaischen und epikureischen Tradition einen Vorlauf geschaffen hatte. Wenn Rang den Schritt vom erkenntnistheoretischen zum anthropologischen Sensualismus bei Rousseau vor allem darin sieht, daß das Individuum von seinem Ich ausgeht und sich in den Sinnesempfindungen seines Daseins bewußt wird und erfreut, dann ist dieser Zusammenhang in der genannten antiken Tradition gleichfalls vorgezeichnet. Vgl. auch das unten (S. 90f.) zum Mensch-Tier-Vergleich Gesagte.

24 Für beide Grundrichtungen gibt es Vorläufer im antiken Denken, für das die Frage einen wichtigen Streitpunkt darstellt. Vgl. R. Sorabji, *Animal minds and human morals. The origins of the Western debate,* London 1993, 78ff., 205ff.

der Besonderheit des Menschen andererseits befriedigt wurde: eine Sichtweise, für die es in der Antike bereits wesentliche Ansatzpunkte gab.

Die Konzeption von der Naturhaftigkeit des Menschen bestimmt auch weitgehend die Moraltheorie. Schon im Denken des 16. und 17. Jahrhunderts hatte die Konzeption der Selbsterhaltung, die ihre Wurzeln vor allem im stoischen Denken hat, die Moralphilosophie wesentlich geprägt. Nun wird, dem Vorgang von Hobbes folgend, die Menschennatur zur Grundlage der Moral, nicht mehr die Natur des 'animal rationale', die sich auf die Einheit mit der kosmischen Natur, auf die Übereinstimmung der menschlichen mit der kosmisch-göttlichen Vernunft gründet, sondern das sinnliche Wesen Mensch, dessen Verhalten aus den Empfindungen von Lust und Unlust, aus der Selbstliebe und dem Trieb der Selbsterhaltung seine Orientierung erhält[25]. Die Negierung der „angeborenen Ideen" führt im Bereich der Moralphilosophie eine vollständige Revolution herbei. Wenn Selbstliebe und Selbsterhaltung zur Quelle des moralischen Handelns werden, wenn die Affekte und Leidenschaften in ihrer vollen Bedeutung erkannt werden, dann erfährt die Fundierung des Menschen in den tieferen Schichten seiner Natur eine grundlegend veränderte Gestalt[26].

Einen wesentlichen Beitrag zur Ausbildung einer neuen Anthropologie hatte bereits im 17. Jahrhundert die politische Theorie geleistet[27]. Die Entstehung eines modernen Naturrechts war vor allem auf die Auseinandersetzung mit der naturrechtlichen Tradition begründet, die sich auf die aristotelische und die stoische Konzeption vom Menschen als 'animal sociale et rationale' gestützt hatte. Die stoische Auffassung, daß die Normen des Naturrechts sich aus der Übereinstimmung der 'recta ratio' mit den ewigen, von einer göttlichen Vernunft getragenen Gesetzen des Kosmos ableiten lassen, war bei Hobbes der Berufung auf die Natur des Menschen gewichen, die von Trieben, vor allem vom Trieb zur Selbsterhaltung des Individuums, bestimmt sei. Hobbes' Ablehnung der Aristotelischen Konzeption des 'zoon physei politikon', die Ableitung der politisch organisierten Gesellschaft aus dem Selbsterhaltungstrieb und dem von ihm bestimmten Machttrieb gründet sich auf eine naturalistische Auffassung vom Menschen, die vor allem utilitaristische Elemente aufweist[28]. In der Antike ist vieles davon in den sophistisch-atomistischen Vereinigungs- und Vertragstheorien vorbereitet. Die Entscheidung für eine den Frieden erhaltende

25 Vgl. L. Strauss, *Hobbes' politische Wissenschaft*, Neuwied, Berlin 1965, 16ff.; Buck, „Selbsterhaltung und Historizität", in: R. Koselleck, W.D. Stempel (Hg.), *Geschichte - Ereignis und Erzählung*, München 1973, 62ff. (Poetik und Hermeneutik V).

26 Kondylis, a.a.O., 327ff., 411ff.

27 Vgl. H. Medick, *Naturzustand und Naturgeschichte der bürgerlichen Gesellschaft*, Göttingen 1973; W. Kersting, *Die politische Philosophie des Gesellschaftsvertrags*, Darmstadt 1994.

28 Vgl. L. Strauss, *Naturrecht und Geschichte*, 171ff.

politische Gesellschaft ist das Produkt einer funktional verstandenen Vernunft, mit der der Mensch auch im Naturzustand ausgestattet ist. Rousseau hat mit seiner Konzeption vom Naturmenschen als vernunft- und sprach*loses* Wesen die naturalistische Deutung von Hobbes weiter vertieft.

Die von Hobbes ausgehenden Impulse wurden durch Mandeville gefördert, der die egoistischen Motive in radikaler Weise als Triebfeder menschlichen Handelns zur Geltung brachte, andererseits mit dem Mitleid ein für Rousseau wichtiges Korrektiv einführte. Von der Bedeutung anderer Bestandteile der politischen Theorie für die Ausprägung eines neuen Bildes vom Menschen (Locke, Hume, Montesquieu) wird noch zu sprechen sein.

Wie sich zeigen wird, war Rousseaus Bild von der Entwicklung der menschlichen Gattung in hohem Grade von dem zeitgenössischen Interesse für die Rolle der Bedürfnisse als Stimulus des zivilisatorischen Fortschritts bestimmt. Was in England (Hume) und Frankreich (der junge Turgot) um 1750 in ersten Ansätzen erörtert wurde[29], wirkte (im Falle Turgots auf nicht eindeutig rekonstruierbaren Wegen) anregend auf Rousseaus Versuch einer Synthese unterschiedlicher Strömungen des zeitgenössischen Denkens. Wesentliche Einsichten der hellenistischen Philosophie in die menschliche Bedürfnisstruktur wurden hier wirksam. In diesem Zusammenhang ist auch das Interesse für die Entstehung und die Entwicklung der Technik zu nennen, das für Diderot (in Fortsetzung von Ansätzen bei F. Bacon und J. Locke) und den Kreis der Enzyklopädisten eine hervorragende Rolle gespielt[30] und seinen Niederschlag auch in entsprechenden Partien des Zweiten Discours gefunden hat. Antike Theorien der Verwurzelung der Kultur in den 'technai' wirkten hier weiter, wie noch zu zeigen sein wird.

Nicht zu überschätzen in ihrer Bedeutung für die neue Anthropologie ist die Erschließung der Welt fremder Kontinente und Völker, durch die die Aufklärung zur „Prähistorie" der Ethnologie wurde[31]. Die seit der Entdeckung Amerikas mit großer Intensität geführte Diskussion um das Fremde und das Eigene, um die Gültigkeit der eigenen Institutionen und Wertvorstellungen, um Kolonialherrschaft und Sklaverei wurde, stimuliert durch die am Ende des 17., zu Anfang des 18. Jahrhunderts reich sich entfaltende Reiseliteratur, auf neuer Stufe begonnen. Was in den Berichten von Missionaren, Ärzten und Seefahrern

29 Vgl. J. Rohbeck, *Die Fortschrittstheorie der Aufklärung*, Frankfurt, New York 1987; H.-D. Kittsteiner, *Naturabsicht und Unsichtbare Hand. Zur Kritik des geschichtsphilosophischen Denkens*, Berlin 1980, 133ff.

30 Vgl. J. Proust, *Didérot et l'Encyclopédie*, Troisième édition, Paris 1995, 163ff., 189ff.

31 Vgl. Anm. 15 und ferner: M. Harris, *The rise of anthropological theory. A history of theories of culture*, London 1968; K.-H. Kohl, *Abwehr und Verlangen. Zur Geschichte der Ethnologie*, Frankfurt a.M. 1987, 123ff. (zur Rolle Rousseaus bei der Auseinandersetzung mit dem Eurozentrismus).

zu erfahren war, wurde von den Philosophen der Aufklärung verallgemeinernd reflektiert, wobei die zeitkritische Auseinandersetzung mit den eigenen gesellschaftlichen Zuständen eine entscheidende Triebkraft bildete. Hatte bereits Montaigne mit dieser gedanklichen Auseinandersetzung begonnen, erfuhr sie bei Montesquieu, Voltaire, Buffon und Rousseau eine außerordentliche Belebung. Die Diskussion um die Rolle des Klimas und der Institutionen für die Ausprägung der Varietäten der menschlichen Gattung in Raum und Zeit, um den Vergleich der Lebensformen und Gesellschaftsstrukturen der „primitiven" und der „zivilisierten" Völker bot die Ausgangsbasis für neue Einsichten in das Verhältnis von Natur und Kultur bei der Ausformung verschiedener Stufen des Menschengeschlechts, die auch bei Rousseau im Zweiten Discours produktiv wurden[32]. Ihre antiken Ausprägungen, rezipiert bereits bei Bodin und Montesquieu, wirken auch in Rousseaus Auffassung von der natürlichen Bedingtheit der Ethne weiter. Dieser greift in seiner Argumentation im einzelnen immer wieder auf die Darstellungen bekannter Reiseautoren direkt oder indirekt zurück.

Die Aufklärungsanthropologie begreift den Menschen in einer doppelten Weise als „geschichtliches" Wesen. Als Bestandteil der Naturentwicklung im weitesten Sinn einer evolutionistischen Sicht ordnet sich der Mensch in die Entwicklung des organischen Lebens auf der Erde ein. Hier hatten vor allem die Forschungen Buffons neue Perspektiven eröffnet[33]. Aber auch das Verständnis des Menschen als geschichtliches Wesen im engeren Sinn hatte sich verändert. Durch die „Querelle des Anciens et des Modernes" wurde ein entscheidender Anstoß für die Befreiung des Geschichtsdenkens aus den bis dahin überwiegenden Kreislaufvorstellungen und für die Eröffnung der Perspektive des historischen Fortschritts gegeben[34]. Wichtig für deren Ausprägung im einzelnen wird

32 Einige der für Rousseau wichtigen Autoren und Werke (Du Tertre, Kolben, La Condamine, L'Histoire générale des voyages) nennt Morel, a.a.O., 188ff. Zu Rousseaus Verhältnis zu den Reiseberichten vgl. G. Chinard, *L'Amérique et le rêve exotique* ..., 341ff.; G. Pire, „Jean-Jacques Rousseau et les relations de voyages", in: *Revue d'Histoire Littéraire de la France* 56 (1956), 355ff.

33 Vgl. J. Piveteau, „Introduction", zu: *Œuvres philosophiques de Buffon*, Paris 1954, Xff. (Corpus Général des philosophes Français, Auteurs modernes XLI, 1); Roger, a.a.O., 527ff.; Duchet, a.a.O., 229ff.

34 Zur Bedeutung der "Querelle" für die Herausbildung des Geschichtsbildes der Aufklärung vgl. W. Krauss, *Der Streit der Altertumsfreunde mit den Anhängern der Moderne und die Entstehung des geschichtlichen Weltbildes*, in: W.K., *Das wissenschaftliche Werk*, 5: *Aufklärung I. Frankreich*, hg. von W. Schröder, Berlin und Weimar 1991, 5ff.; W. Krauss, H. Kortum, *Antike und Moderne in der Literaturdiskussion des 18. Jahrhunderts*, Berlin 1966; W. Krauss, *Cartaud de La Villate und die Entstehung des geschichtlichen Weltbildes in der Frühaufklärung*, in: W.K., *Das wissenschaftliche Werk, 5: Aufklärung I. Frankreich*, 48ff.; H.R. Jauß, „Ästhetische Normen und geschichtliche

die Erforschung der wissenschaftlich-technischen und ökonomischen Entwicklung, für die, nach den Anstößen der „Querelle“, die Schottische Schule im Bereich der Politischen Ökonomie und des Geschichtsdenkens wesentliche Grundlagen schuf[35]. Durch die Einführung der Vierstadienlehre, die ihre Wurzeln bereits in der Antike hatte, gewinnt der Blick auf die historische Entwicklung von der frühesten Zeit der Menschheitsgeschichte bis in die Gegenwart eine strukturelle Gliederung[36]. Bei Montesquieu geben der Rückgriff auf die antike Klimatheorie, die Unterscheidung von 'sauvages' und 'barbares' und der Versuch, die politischen Strukturen mit den gesellschaftlichen Lebensbedingungen in Verbindung zu bringen, Anstöße zur Ausbildung eines neuen historischen Denkens. Voltaires programmatische Abkehr von der Geschichte der Staaten, Fürsten und Kriege zugunsten einer Geschichte der Völker, Sitten und Kulturen wird zu einem weiteren entscheidenden Anstoß für das Geschichtsdenken[37]. Die in Frankreich und England parallel verlaufende Entwicklung des Fortschrittsgedankens, bezogen auf eine universale Geschichte der menschlichen Gattung mit im Prinzip unbegrenzten Aussichten für die Zukunft, bedeutete eine Revolution des Denkens, auf die Rousseau mit den beiden Discours schon kritisch reagierte. Sowohl Elemente des antiken Fortschrittsgedankens wie auch frühe Einsichten in die Ambivalenz des Kulturfortschritts wurden dabei rezipiert, wie sich zeigen wird.

Sehr bedeutsam für eine neue Sicht des Menschen wurde die Theorie der Kulturentstehung, die die Aufklärung in deutlicher Anlehnung an die Antike entwickelte. Die Deutungen des Menschen als besonders begabtes Wesen oder

Reflexion in der Querelle des Anciens et des Modernes“, in: Einleitung zu: *Charles Perrault. Parallèle des anciens et des modernes en ce qui regarde les arts et les sciences*, München 1964. Über die Entwicklung der Fortschrittstheorie, die in der "Querelle" zuerst im Rahmen des Kreislaufdenkens erfolgte, vgl. J. Schlobach, *Zyklentheorie und Epochenmetaphorik. Studien zur bildlichen Sprache der Geschichtsreflexion in Frankreich von der Renaissance bis zur Frühaufklärung*, München 1980, 281ff.; Rohbeck, *Die Fortschrittstheorie der Aufklärung*, 34ff. Zu den antiken Grundlagen des auch für die Aufklärung wichtigen Vergleichs der geschichtlichen Entwicklung mit den Lebensaltern des Menschen R. Häußler, „Vom Ursprung und Wandel des Lebensaltervergleichs“, in: *Hermes* 92 (1964), 313ff.; vgl. auch dens. zum Verhältnis von antikem und modernem Geschichtsbewußtsein in der Einleitung zu: *Tacitus und das historische Bewußtsein,* Heidelberg 1965.

35 Vgl. Rohbeck, *Die Fortschrittstheorie der Aufklärung*, 88ff. Diese Entwicklung hat sich wesentlich erst in der zweiten Hälfte des 18. Jahrhunderts vollzogen. Vgl. H. Schneider, „Schottische Aufklärung und antike Gesellschaft“, in: P. Kneissl, V. Losemann, *Alte Geschichte und Wissenschaftsgeschichte. Festschrift für Karl Christ zum 65. Geburtstag*, Darmstadt 1988, 431ff.

36 Vgl. R.L. Meek, *Social science and the Ignoble savage*, Cambridge 1976.

37 Zur Geschichtstheorie Voltaires vgl. J.H. Brumfitt, *Voltaire Historian*, Oxford 1958, 46ff., 95ff., 104ff.

als organisches „Mängelwesen“, die wir beide in Ansätzen auch bei Rousseau finden, werden zum Ausgangspunkt einer Theorie von der Selbstschöpfung des Menschen, der nicht nur gemäß der Mängeltheorie im Sinne einer Kompensation und Überkompensation „Mängel“ ausgleicht, sondern zum Schöpfer der Kultur als einer „zweiten Natur“ wird[38] - Gedanken, die bei Protagoras und Anaxagoras angelegt sind.

Auch die Theorien über die Rolle des Bedürfnisses als Stimulus der Entwicklung, über das Verhältnis von „notwendigen“ und „künstlichen“ Bedürfnissen, über den Zusammenhang von Bedürfnisbefriedigung und Mehrproduktion, über das Wechselspiel von Technik, Wissenschaften und schönen Künsten entwickeln sich im engen Bezug auf die antike Kulturentstehungslehre, die hier einen beachtlichen „Vorlauf“ geschaffen hatte[39].

Nur in Andeutungen können wir in diesem einleitenden Kapitel kenntlich machen, was unsere Untersuchung zur Antikerezeption bei Rousseau im einzelnen erweisen wird: die starke anregende Kraft, die von der antiken Theorie des Menschen auf die Anthropologie des 17. und 18. Jahrhunderts ausging[40]. Über Anknüpfungen im einzelnen hinaus scheint die Voraussetzung dafür eine gewisse strukturelle Analogie zu bilden, die die Herausbildung der anthropologischen Auffassungen zu bestimmten Entwicklungen in der Antike aufweist. In neuen empirisch-wissenschaftlichen Begründungszusammenhängen wiederholen sich Vorgänge von großer Tragweite für die Auffassung vom Wesen des Menschen und seiner Stellung im Kosmos. Auch in den beiden großen Bewegungen der ionischen und der attischen Aufklärung im 6. und 5. Jahrhundert v. Chr. war die Herausbildung eines sich aus mythischen und religiösen Zusammenhängen Schritt für Schritt befreienden Bildes vom Kosmos von der Entstehung einer Theorie des Menschen begleitet. Nach ersten Anfängen im 6. Jahrhundert fand sie in der anthropologischen Wende des 5. Jahrhunderts ihren Höhepunkt[41]. Zunächst auf die Stellung des Menschen im Kosmos und die Beziehungen zur Kosmo-, Zoo- und Anthropogonie konzentriert, fanden die an-

38 Generell zu einer solchen Sicht der Kultur vgl. M. Landmann, *Der Mensch als Schöpfer und Geschöpf der Kultur*, München, Basel 1961.

39 Vgl. Anm. 42.

40 Zur allgemeinen Entwicklung der Antikerezeption im 18. Jahrhundert vgl. L. Bertrand, *La fin du classicisme et le retour à l'antique dans la seconde moitié du dix-huitième et dans les premières années du dix-neuvième siècle en France*, Paris 1897; Ch. Grell, *Le Dix-huitième siècle et l' antiquité en France 1680-1789*, I-II, Studies on Voltaire and the Eighteenth century 330/331, Oxford 1995; zu neueren Tendenzen der Forschung vgl. auch E. Flamarion, C. Volpilhac-Auger, „L'Antiquité au 18e siècle. État de recherches et tendances actuelles. La source est un miroir ...“, in: *Dix-huitième siècle* 27 (1995), 5ff.

41 Vgl. F. Jürß (Hg.), *Geschichte des wissenschaftlichen Denkens im Altertum*, Berlin 1982, 239ff. (Veröffentlichungen des Zentralinstituts für Alte Geschichte und Archäologie 13).

thropologischen Fragestellungen im 5. Jahrhundert eine erste große Ausprägung in Theorien, die primär die Welt des Menschen zu erfassen suchten: Entstehung und Wesen der Kultur, der Sprache, der Gesellschaft, des Staates, des Rechts und der Religion[42]. Bei den Aufklärern des 5. Jahrhunderts - Anaxagoras, Demokrit und den Sophisten - läßt sich die Wechselwirkung von kosmologischer und anthropologischer Sichtweise in eindrucksvollen Formen beobachten: Die Würde des Menschen als eines Mikrokosmos im Makrokosmos der Natur, als eines kulturschaffenden Wesens, als der Verkörperung einer biotischen, psychischen und kulturell-gesellschaftlichen Einheit wurde erstmals zu einem Hauptthema der Philosophie.

Eine Reihe von Erscheinungen in der Antike sprechen für die Berechtigung eines epochenübergreifenden Begriffs der Aufklärung, der von der Antike bis in die Neuzeit reicht: die Auseinandersetzung der ionischen Philosophie und Wissenschaft mit dem mythischen Weltbild; die Zurückführung von Kultur, Staat und Recht auf den Nomos sowie die Religionskritik bei einigen Sophisten; die nachhaltigen aufklärerischen Impulse in der hellenistischen Philosophie, die vor allem von Epikureern und Skeptikern, aber etwa auch von dem Stoiker Panaitios ausgingen. Funktionale Gemeinsamkeiten sind in der Freisetzung emanzipatorischer Potenzen in stark hierarchisch strukturierten Gesellschaften, in der Auseinandersetzung der Verfechter eines säkularen Weltbildes mit der religiösen Tradition und in der Berufung auf die Autonomie des Menschen zu sehen[43]. Von alldem wird im folgenden zu sprechen sein.

42 Zu den antiken Theorien der Kulturentstehung vgl. W. Graf Uxkull-Gyllenband, *Griechische Kulturentstehungslehren*, Berlin 1924 (Bibliothek für Philosophie 26); A.O. Lovejoy, G. Boas, *Primitivism and related ideas in antiquity*, New York 1935 (Neudruck 1980); W.K.C. Guthrie, *In the beginning. Some Greek views on the origins of life and the early state of man*, London 1957; W. Spoerri, *Späthellenistische Berichte über Welt, Kultur und Götter. Untersuchungen zu Diodor von Sizilien*, Basel 1959 (Schweizerische Beiträge zur Altertumswissenschaft H. 9); Th. Cole, *Democritus and the sources of Greek anthropology*, Western Reserve University 1967 (Philol. Monographs publ. by the Amer. Philol. Ass. 25); R. Müller, „Antike Theorien über Ursprung und Entwicklung der Kultur", in: *Das Altertum* 14 (1968), 70ff.; F.Lämmli, *Homo Faber: Triumph, Schuld, Verhängnis?*, Basel 1968 (Schweizerische Beiträge zur Altertumswissenschaft H. 11); R. Müller, „Herausbildung und Formen des Geschichtsdenkens in Griechenland", in: *Polis und Res publica. Studien zum antiken Gesellschafts- und Geschichtsdenken*, Weimar 1987, 121ff.; K. Kubusch, *Aurea saecula: Mythos und Geschichte* (vgl. Anm. 376); S. Blundell, *The origins of civilization in Greek and Roman thought*, London 1985.

43 Zu einem epochenübergreifenden Begriff der Aufklärung vgl. J. Schmidt, „Einleitung: Aufklärung, Gegenaufklärung, Dialektik der Aufklärung", in: J. Schmidt (Hg.), *Aufklärung und Gegenaufklärung in der europäischen Literatur, Philosophie und Politik von der Antike bis zur Gegenwart*, Darmstadt 1989, 1ff.; J. Mittelstraß, *Neuzeit und Aufklärung. Studien zur Entstehung der neuzeitlichen Wissenschaft und Philosophie*, Berlin-New York 1970, 15ff.; W.K.C. Guthrie, *A history of Greek philosophy*, III: *The Greek*

Bei allen Unterschieden, die in den verschiedenen historischen Ausgangspunkten begründet sind, zeichnet sich eine gewisse Parallelität zwischen antiker und moderner Anthropologie in strukturellen Fragen ab, besonders wenn wir die großen Entwürfe der neuzeitlichen Aufklärungsphilosophie ins Auge fassen. Wie im 17. und 18. Jahrhundert war auch in der Antike die Entstehung einer neuen Auffassung vom Menschen nicht zuletzt im Fortschritt wissenschaftlicher Einzeldisziplinen begründet: Anatomie und Physiologie, Geographie und Ethnographie[44]. Die ersten großen Errungenschaften der medizinischen Forschung im 5. Jahrhundert v. Chr., vor allem in der Hippokratischen Schule[45], waren dafür ebenso maßgebend wie die Entwicklung einer geographisch-ethnographischen Forschung, die erstmals ein umfassenderes Bild von der damals bekannten Erde und den Eigenschaften, Sitten und Bräuchen der Völker entstehen ließ[46]. Die auf der Grundlage einer weitreichenden Reisetätigkeit entstandenen Ergebnisse der ionischen „Historie", der frühen geographisch-historischen Forschung, hatten in der seit dem 16. Jahrhundert sich herausbildenden Reiseliteratur und der sich daran anschließenden Etablierung der modernen Ethnographie eine deutliche Entsprechung[47].

enlightenment, Cambridge 1969, 48. Dem 18. Jahrhundert vorbehalten möchte den Begriff im wesentlichen W. Bahner, „'Aufklärung' als Periodenbegriff der Ideologiegeschichte", in: W. Bahner (Hg.), *Renaissance, Barock, Aufklärung. Epochen- und Periodisierungsfragen*, Berlin 1976, 149ff. Vgl. auch E.G. Schmidt, „Komparative Aufgaben der klassischen Altertumswissenschaften", in: E.G. Schmidt, M. Fuhrmann, R. Gordesiani, Chr. Meier (Hg.), *Griechenland und Rom. Vergleichende Untersuchungen zu Entwicklungstendenzen und -höhepunkten der antiken Geschichte, Kunst und Literatur*, Tbilissi-Erlangen-Jena 1996, 30ff. Die vorliegende Arbeit versteht sich auch als ein Beitrag zu dieser Thematik.

44 F. Jürß (Hg.), *Geschichte des wissenschaftlichen Denkens im Altertum*, 294ff., 336ff.

45 F. Kudlien, *Der Beginn des medizinischen Denkens bei den Griechen*, Zürich, Stuttgart 1967; J. Jouanna, *Hippocrate*, Paris 1992. Zur Bedeutung des medizinischen Denkens für die Anthropologie vgl. J. Kollesch, „Vorstellungen vom Menschen in der hippokratischen Medizin", in: R. Müller (Hg.), *Der Mensch als Maß der Dinge. Studien zum griechischen Menschenbild in der Zeit der Blüte und Krise der Polis*, Berlin 1976, 269ff. (Veröffentlichungen des Zentralinstituts für Alte Geschichte und Archäologie 8).

46 K.E. Müller, *Geschichte der antiken Ethnographie und ethnologischen Theoriebildung. Von den Anfängen bis auf die byzantinischen Historiographen*, I-II, Wiesbaden 1972-1980 (Studien zur Kulturkunde 29 und 52).

47 Zur historisch-geographischen 'historie' und ihrer Verwurzelung im zeitgenössischen Denken K. von Fritz, „Der gemeinsame Ursprung der Geschichtsschreibung und der exakten Wissenschaft bei den Griechen", in: *Philosophia naturalis* 2 (1953), 201ff., 376ff. Zum Vergleich mit der Neuzeit W. Nippel, *Griechen, Barbaren und 'Wilde'. Alte Geschichte und Sozialanthropologie*, Frankfurt a.M. 1990. - Auf die Analogie weist Rousseau im Zweiten Discours in seinem großen ethnographischen Exkurs (Anm. X) selbst hin, indem er Herodot und Ktesias, zwei (in ihrer Bedeutung freilich sehr unterschiedliche) Vertreter der antiken Ethnographie bei Überlegungen über die Rolle

In beiden Fällen ergaben sich Wechselbeziehungen zwischen volkstümlichen Vorstellungen von der Existenzweise der „Naturvölker" und deren Rolle in den Erkenntnissen des wissenschaftlichen Denkens. Die bereits in der mythisch geprägten Dichtung entstandenen Bilder von einem Goldenen Geschlecht, einer Kronoszeit, von den Inseln der Seligen hatten sich mit Berichten über Naturvölker wie Skythen, Arimaspen und Äthiopier zu einem Bild verbunden, das letztlich zu einem Vorbild des 'Bon sauvage' der Aufklärung wurde: des „Guten Wilden", der in der von Sittenreinheit begleiteten Einfachheit seiner Lebensformen als Mahnzeichen für hochzivilisierte Völker dient, bei denen ein zunehmendes Bewußtsein moralischer Dekadenz den zivilisatorischen Fortschritt begleitet[48].

Die Beziehungen reichen aber noch tiefer. Im 5. Jahrhundert v. Chr. bildete sich jene Klimatheorie von dem Verhältnis zwischen geographischer Lage, körperlichen und seelisch-geistigen Eigenschaften der Menschen und Sitten und Bräuchen der Völker heraus (zuerst in der Hippokratischen Schrift „Von der Umwelt"), die in der Philosophie der Aufklärung eine wesentliche Bedeutung erhalten sollte[49].

Im 5. Jahrhundert entstanden auch erstmals Formen eines Naturrechts (bei den Sophisten Hippias und Antiphon), die sich auf die physische Gleichheit aller Menschen stützten[50]. Wenn sich in den nachfolgenden Jahrhunderten das Naturrecht bei Platon, Aristoteles und in der Stoa zu seiner „klassischen" Form einer Fundierung im Ideenreich bzw. in kosmischen und providentiellen Zu-

empirischer Beobachtungen in Reiseberichten heranzieht. Zum Verhältnis der Altertumswissenschaft zu relevanten Fragestellungen vgl. M.I. Finley, „Anthropology and the Classics", in: *The use and abuse of history*, London 1975, 102 ff; S.C. Humphreys, „Anthropology and the Classics", in: *Anthropology and the Greeks*, London u.a. 1978, 17ff.; R. Schlesier, *Kulte, Mythen und Gelehrte. Anthropologie der Antike seit 1800*, Frankfurt a.M. 1994.

48 Zu den antiken Vorläufern des 'Bon sauvage' vgl. besonders Lovejoy, Boas, a.a.O., 287ff. Zum Thema generell R. Gonnard, *La légende du Bon sauvage*, Paris 1946; M. Eliade, „Le mythe du Bon sauvage", in: *Mythes, rêves et mystères*, Paris 1957, 37ff.; K.-H. Kohl, *Entzauberter Blick. Das Bild vom Guten Wilden*. Frankfurt a.M. 1986 (Erstausgabe Berlin 1981).

49 Vgl. K.E. Müller, a.a.O., I, 137ff. Zur Entwicklung der Klimatheorie bei Montesquieu vgl. R. Shackleton, *Montesquieu. A critical biography*, Oxford 1961, 302ff.; ders., „The evolution of Montesquieus theory of climate", in: *Revue internationale de Philosophie* 9 (1955), 317ff. Vgl. auch Kohl, *Entzauberter Blick*, 109ff.

50 Zur antiken Naturrechtstheorie vgl. W. Eckstein, *Das antike Naturrecht in sozialphilosophischer Beleuchtung*, Wien, Leipzig 1926; F. Flückiger, *Geschichte des Naturrechts, 1. Altertum und Frühmittelalter*, Zürich 1954; E. Bloch, *Naturrecht und menschliche Würde*, Frankfurt a.M. 1961, 23ff.; F. Heinimann, *Nomos und Physis. Herkunft und Bedeutung einer Antithese im griechischen Denken des 5. Jahrhunderts v. Chr.*, 2. Aufl., Darmstadt 1965, 133ff.

sammenhängen einer Weltvernunft transformierte, so beobachten wir in den uns interessierenden Jahrhunderten der Neuzeit eine umgekehrte Entwicklung: die Rückkehr von einem göttlich inspirierten zu einem säkularen Naturrecht bei Hobbes, das seine Deduktionen von der Natur des Menschen vornimmt.

Von analogen Entwicklungen in der Theorie der Kultur, des Staates und des Rechts, der Sprache und der Religion wird im folgenden noch so viel die Rede sein, daß wir uns hier Hinweise im einzelnen ersparen können. Erwähnt sei jedoch die Entwicklung einer Morallehre, die wir in Griechenland seit dem 4. Jahrhundert und im Hellenismus beobachten und die im 17. und 18. Jahrhundert reiche Früchte trug: Auffassungen bei Kynikern, Epikureern, Stoikern und Skeptikern von der Bedeutung der natürlichen Bedürfnisse und der Sinnlichkeit für den Menschen, vom Selbsterhaltungstrieb, von den Affekten und deren Bedeutung für die Moral[51].

Wollte man die letztgenannten Gemeinsamkeiten hellenistischer und neuzeitlicher Denkansätze zur Theorie des Menschen unter wenige Begriffe fassen, so ist es neben der Betonung der Sinnlichkeit des Menschen, seinem Verständnis als Naturwesen, vor allem auch das Bestreben, Natur und Kultur, Völker und Sitten aus ihrem historisch-genetischen Zusammenhang zu erklären. Generell erscheint als eine Hauptfrage der antiken wie der neuzeitlichen Anthropologie die Frage nach den Ursprüngen des Menschen: den biologischen, gesellschaftlichen, kulturellen. Es war auch die entscheidende Frage, mit der Rousseau an die Abfassung seines fundamentalen Beitrags zur Anthropologie der Aufklärung heranging.

51 M. Hossenfelder, *Die Philosophie der Antike*, 3: *Stoa, Epikur und Skepsis*, München 1985 (Geschichte der Philosophie, hg. von W. Röd, III); A.A. Long, D.N. Sedley, *The hellenistic philosophers*, I-II, Cambridge 1987; *Grundriß der Geschichte der Philosophie. Begründet von F. Ueberweg. Völlig neu bearbeitete Ausgabe. Die Philosophie der Antike. IV. Die hellenistische Philosophie.* Hg. von H. Flashar, I-II, Basel 1994.

II. Anthropologie und Antikerezeption

Anthropologien haben, wie in ähnlicher Weise Konzeptionen der Geschichtsphilosophie, eine existentielle Bedeutung für das Selbstverständnis einer Epoche. H.-R. Jauß hat im Anschluß an R. Koselleck das Wesen der Epochenwende von 1750 herausgearbeitet, die durch das Wissen gekennzeichnet sei, in einer Übergangszeit zu leben, mit der zunehmenden Schwierigkeit, „die überkommenen Traditionen mit den notwendigen Neuerungen zu vermitteln"[52]. Die Epochenwende der Aufklärung habe mit der Herausbildung einer Geschichtsphilosophie, philosophischen Anthropologie und philosophischen Ästhetik, die kurz nach 1750 erfolgte, in dieser Deutlichkeit sonst nicht häufig zu beobachtende Zäsuren markiert.

Der Zweite Discours Rousseaus, der 1755 erschienen ist, hat in Geschichtsphilosophie und philosophischer Anthropologie wesentliche Akzente gesetzt, sofern er zum Ausdruck epochaler Widersprüche in der historischen Entwicklung wurde: vor allem der Ambivalenz eines historischen Fortschritts, der die menschlichen Potenzen zur Entfaltung brachte, aber für die Entwicklung der Gattung im ganzen auch zerstörerische Folgen nach sich zog. Im Anschluß an den Ersten Discours, der diese Erkenntnis an der Entwicklung von Künsten und Wissenschaften demonstriert hatte, wandte sich Rousseau mit dem Zweiten Discours dem anthropologischen Grundproblem des Verhältnisses von „Menschennatur" und Entwicklung der Gattung von den Anfängen bis in die Gegenwart zu[53]. Eine vergleichbare Problematik teilt der Zweite Discours mit zwei Zeugnissen antiken anthropologisch-historischen Denkens, dem 5. Buch

52 R. Koselleck, „Das achtzehnte Jahrhundert als Beginn der Neuzeit", in: *Epochenschwelle und Epochenbewußtsein*, hg. von R. Herzog und R. Koselleck, München 1987, 280f. (Poetik und Hermeneutik XII) und dazu H.-R. Jauß, „Der literarische Prozeß des Modernismus von Rousseau bis Adorno", in: *Studien zum Epochenwandel der ästhetischen Moderne*, Frankfurt a.M. 1989, 77f.

53 Den inneren Zusammenhang zwischen beiden Schriften hat tiefgründig analysiert L. Strauss, *Naturrecht und Geschichte*, 263ff.; zum Ersten Discours ders., „On the intention of Rousseau", in: *Social Research* 14 (1947), 455ff. Vgl. R. Spaemann, „Von der Polis zur Natur. Die Kontroverse um Rousseaus ersten 'Discours'", in: *Rousseau - Bürger ohne Vaterland*, 2. Aufl., München, Zürich 1992, 34ff.

des Epikureers Lukrez und dem 90. Brief des Stoikers Seneca, der sich kritisch mit der historischen Auffassung des Poseidonios befaßt. Wir werden im einzelnen zeigen können, daß in Rousseaus Zweitem Discours die Auseinandersetzung mit beiden antiken Texten deutliche Spuren hinterlassen hat: zwei herausragende Beispiele für die Präsenz antiken Denkens in diesem Werk.

Die bedeutsame Rolle antiken Gedankenguts im Zweiten Discours hat in der Vergangenheit gelegentlich dazu verführt, einen antiken „Quellenautor“ zum Hauptträger des gedanklichen Gehalts dieses Werkes zu erheben, so daß der Philosoph der Aufklärung fast wie ein Plagiator von Gedanken dasteht, die in der Grundsubstanz bereits in der Antike konzipiert wurden. Am Beispiel Senecas ist das in einer extrem kurzschlüssigen Weise geschehen[54]. Wenn wir antiken Autoren eine wichtige Rolle für Gedankenelemente im Zweiten Discours beimessen, ist das methodisch in einem anderen Licht zu sehen. Es wird sich zeigen, daß antikes Gedankengut sehr unterschiedlicher Art von Rousseau rezipiert worden ist[55]. Vor allem aber ist dieses Werk primär aus dem Zusammenhang der geistigen Auseinandersetzungen und der wissenschaftlichen Fortschritte seiner eigenen Zeit zu verstehen, mag der Anteil an früherem Traditionsgut bisweilen hoch sein. Der Zweite Discours ist ein Werk mit einem weiten ideengeschichtlichen Horizont nicht zuletzt dadurch, daß die Auseinandersetzung mit der antiken Tradition in ihm eine wesentliche Rolle spielt. Seine große Bedeutung für einen Umbruch im Denken der Aufklärung verdankt er aber der kritischen und ganz eigenständigen Auseinandersetzung mit vielfältigen philosophischen und fachwissenschaftlichen Tendenzen der eigenen Zeit und der ihr unmittelbar vorausliegenden Entwicklung[56].

54 P. Bosshard, *Die Beziehungen zwischen Rousseaus zweitem Discours und dem 90. Brief von Seneca*, Diss. Zürich 1967. Allgemein zu Rousseaus Interesse für Seneca G. Pire, „De l'influence de Sénèque sur les théories pédagogiques de J.-J. Rousseau“, in: *Annales de la Société J.-J. Rousseau* 33 (1953-55), 57ff.

55 In der Quellenuntersuchung von J. Morel sind die antiken Bezüge nur unzulänglich erfaßt, wie gerade das Beispiel des Lukrez zeigt. Weiterreichende (direkte oder vermittelte) Einflüsse, die über den Charakter von "Quellen" im engeren Sinn hinausgehen, bleiben oft unberücksichtigt. Rousseaus Auseinandersetzung mit antiken Gedanken im Ersten und Zweiten Discours findet die bisher eingehendste Analyse in V. Goldschmidts *Anthropologie et politique* (vgl.Anm. 7). Starobinski weist im Kommentar zum Zweiten Discours nicht selten auf antike Vorbilder hin. Eine relativ starke Beachtung finden die antiken Einflüsse bei H. Meier im Kommentar zu seiner zweisprachigen Ausgabe des Zweiten Discours, 4. Aufl., Paderborn u.a. 1997. In beiden Ausgaben stellen die ausgezeichneten Kommentare einen wichtigen Beitrag zur Interpretation der Schrift und ihrer ideengeschichtlichen Vorläufer dar.

56 Vgl. Morel, a.a.O., 120ff., 160ff., 179ff.

Leo Strauss hat den Zweiten Discours als Rousseaus „philosophischstes Werk“ bezeichnet[57]. Rousseau selbst hat in den *Confessions* den Discours als das Werk herausgehoben, in dem er seine Prinzipien „mit der größten Kühnheit, um nicht zu sagen Dreistigkeit“ kundgetan habe[58]. Die große Komplexität des Werkes führt dazu, daß man es zugleich als einen Höhepunkt im anthropologischen wie im politischen Denken sehen kann. Rousseaus Schrift teilt mit grundlegenden Werken der Antike wie Platons *Staat* und *Gesetzen* oder Aristoteles' *Politik* eine Stellung zwischen politischer Theorie und Anthropologie. Nicht nur den *Contrat social*, sondern bereits auch den Zweiten Discours hat man immer wieder als einen Markstein in der Entwicklung des politischen Denkens der Aufklärung verstanden, der in der Traditionslinie von Hobbes und Montesquieu zu sehen ist[59].

Freilich ist die Dominanz des anthropologischen Gesichtspunktes gerade in diesem Werk (wie in keinem anderen Rousseaus) gegeben und wird auch in unserer Untersuchung auf Schritt und Tritt hervortreten[60]. Rousseau stellt sein Werk unter dieses Signum, wenn er das Vorwort mit dem monumentalen Satz beginnt:

57 *Naturrecht und Geschichte*, 275.

58 *Confessions* IX (I, 406 f.).

59 Vgl. die neueren Arbeiten zur politischen Philosophie Rousseaus: L. Strauss, *Naturrecht und Geschichte*, 263ff., R. Derathé, *J.-J. Rousseau et la science politique de son temps*, 2. Aufl., Paris 1970 (Erstausgabe 1950); I. Fetscher, *Rousseaus politische Philosophie. Zur Geschichte des demokratischen Freiheitsbegriffs*, 6. Aufl., Frankfurt a.M. 1990 (Erste Ausgabe 1960); R.D. Masters, *The political philosophy of Rousseau*, Princeton 1968; V. Goldschmidt, *Anthropologie et politique* (vgl. Anm. 7); J. Shklar, *Men and citizens: A study of Rousseau's social theory*, Cambridge 1969; R. Brandt, *Rousseaus Philosophie der Gesellschaft*, Stuttgart 1973.

60 Zur Bedeutung Rousseaus für die theoretische Fundierung der modernen Anthropologie C. Lévi-Strauss, „Jean-Jacques Rousseau, Begründer der Wissenschaften vom Menschen“, in: *Strukturale Anthropologie II.* Aus dem Französ. von H.H. Ritter, Frankfurt a.M. 1975, 45ff. Vgl. dazu H.H. Ritter, „Claude Lévi-Strauss als Leser Rousseaus. Exkurse zu einer Quelle ethnologischer Reflexion“, in: W. Lepenies, H.H. Ritter (Hg.), *Orte des Wilden Denkens. Zur Anthropologie von Claude Lévi-Strauss*, Frankfurt a.M. 1970, 113 ff. - Zur Deutung von Rousseaus Theorie des Menschen im umfassenden Sinn einer Philosophischen Anthropologie grundlegend M. Rang, *Rousseaus Lehre vom Menschen* (vgl. Anm. 22); V. Goldschmidt, *Anthropologie et politique* (vgl. Anm. 7); zu generellen Aspekten vgl. auch Chr. Miething, „Rousseau und das anthropologische Zeitalter“, in: *Allgemeine Zeitschrift für Philosophie* 16/3 (1991), 25ff.; H.U. Gumbrecht, „'Quand je n'aurai plus de corps'. Geschichtsspekulation und Körpererfahrung bei Rousseau als Vorspiel der Posthistoire“, in: *Rousseau und Rousseauismus.* Hg. von H. Kreuzer, U. Link-Heer, in: *Zeitschrift für Literaturwissenschaft und Linguistik* 63 (1986), 57ff.; G. Figal, „Die Rekonstruktion der menschlichen Natur. Zum Begriff des Naturzustandes in Rousseaus 'Zweitem Discours'“, in: *Rousseau und die Folgen*, Neue Hefte für Philosophie 29, Göttingen 1989, 24ff.

La plus utile et la moins avancée de toutes les connoissances humaines me paroît être celle de l'homme (III, 122).

Die nützlichste und die am wenigsten fortgeschrittene von allen menschlichen Kenntnissen scheint mir die Kenntnis des Menschen zu sein.

Der Zweite Discours ist als herausragendes Zeugnis für die „anthropologische Wende" im Denken der Aufklärung ebenso bedeutsam wie bestimmte Lehren der Sophisten (vor allem des Protagoras) und Demokrits für die „anthropologische Wende" in der griechischen Aufklärung des 5. Jahrhunderts[61]. Aber er ist auch ein Zeugnis der Geschichtsphilosophie der Aufklärung. Weit über den Anlaß (das von der Akademie Dijon gestellte Thema des Ursprungs und der Grundlagen der Ungleichheit unter den Menschen) hinausgehend, intendiert Rousseau nicht weniger als eine Geschichte der menschlichen Gattung[62].

Eine solche Einordnung ist für unsere Untersuchung antiker Traditionseinflüsse wichtig, da es diese in einen bestimmten historischen Kontext stellt. Wir müssen uns der umstrittenen Frage nach dem eigentlichen Ziel der Gedankenführung im Zweiten Discours mit einigen grundsätzlichen Bemerkungen zuwenden. Trotz seiner Bezüge zu naturalistischen Denkansätzen zeichnet sich das Werk, wie wir sehen werden, gerade dadurch aus, daß es das Wesen des Menschen historisch zu begreifen sucht. Die Intensität, mit der der historisch-genetische Aspekt verfolgt wird, ist sehr groß. Rousseau wird dadurch zu einem der bedeutendsten Vorläufer einer historisch verstandenen Anthropologie[63].

Die dabei befolgte spekulativ-philosophische Vorgehensweise ist von Rousseau deutlich bezeichnet. Er unternimmt das „Experiment", aus dem 'homme civile' einer fortgeschrittenen Entwicklungsstufe das Bild des 'homme naturel' auf dem Wege einer Subtraktion alles dessen, was die historische Entwicklung in der Folgezeit erbracht hat, gewissermaßen herauszuschälen: den Menschen im Naturzustand (III, 123ff.)[64]. Von diesem Ausgangspunkt fort-

61 Vgl. R. Müller, „Das Menschenbild der sophistischen Aufklärung", in: *Der Mensch als Maß der Dinge*, 239ff.; ders., „Naturphilosophie und Anthropologie in der Aufklärung des 5. Jahrhunderts v.u.Z.", in: *Polis und Res publica*, 152ff.

62 Strauss, *Naturrecht und Geschichte*, 276. Die eindeutige Benennung des Sachverhalts ist wichtig in Auseinandersetzung mit Auffassungen, die, ausgehend von der "hypothetischen" Konzeption des Naturzustandes, die historische Perspektive von dessen Darstellung verkennen.

63 Grundlegend Duchet, a.a.O., 322ff.; Rang, a.a.O., 450f. Zwei neuere Untersuchungen haben diesen Gesichtspunkt im einzelnen herausgearbeitet: M.F. Plattner, *Rousseau's State of nature. An interpretation of the 'Discours on Inequality'*, Illinois 1979; A. Horowitz, *Rousseau. Nature and history*, Toronto u.a. 1987.

64 Zur methodischen Anlehnung an Pufendorf bei der Rekonstruktion des Naturzustandes vgl. Goldschmidt, a.a.O., 222ff.

schreitend, wird die Geschichte der Gattung dargestellt. Zum Verständnis des „reinen Naturzustandes“ (le pur état de Nature, III, 132) bei Rousseau gibt es extrem unterschiedliche Deutungen. Nach einer verbreiteten Auffassung ist der Naturzustand ausschließlich eine hypothetische Konstruktion, die dazu dient, ein wissenschaftliches Kriterium für die Beurteilung aller weiteren Entwicklungsstufen zu finden[65]. Nach der wichtigsten anderen Deutung hat Rousseau versucht, ein Bild der historischen Bedingungen des Menschen auf seiner frühesten Stufe zu geben[66]. Bei genauerer Analyse des methodischen Vorgehens Rousseaus, vor allem in Auseinandersetzung mit den Vorgängern im Bereich der naturrechtlichen Vorstellungen, wird sich zeigen, daß hier eine falsche Alternative konstruiert wird.

Die Absicht, zu historisch glaubwürdigen Aussagen über den Naturzustand und die Frühgeschichte des Menschen zu gelangen, ist bereits bei antiken Vorgängern Rousseaus vorauszusetzen, die im Prinzip ähnliche Wege beschritten hatten, auch wenn die Methoden und der Stand der empirischen Erkenntnis noch sehr unentwickelt waren. Was antike Theorien über den Naturzustand und die sich anschließende Entstehung der Kultur, der Gesellschaft, des Staates, der Sprache und der Religion aussagen, beruht auf einer komplizierten Mischung von philosophischer Spekulation über die Anthropogonie und ihre Stellung in der Kosmo- und Zoogonie; von durch philosophisch-wissenschaftliche Hypothesen gewonnenen Grundaussagen über die Triebkräfte der historischen Entwicklung (Not, Nutzen, göttliche Vorsehung und andere Faktoren) und von einem bestimmten Maß an Vergleichsmaterial, das die geographisch-ethnographische Forschung über den Zustand unentwickelter „Barbaren“-Völker bereithielt[67]. Auch ein in der Frage exakter Quellenauswertung äußerst kritischer Historiker wie Thukydides war bei seiner Rekonstruktion der Frühgeschichte Griechenlands in der sog. Archaiologia auf eine Mischung heterogener Mittel angewiesen und hat sie im Bewußtsein ihrer Problematik eingesetzt[68]. Ausschlaggebend kann für uns aber nur der Text Rousseaus selbst sein. Auf die Frage einer beabsichtigten „Historizität“ des Naturzustandes werden wir im folgenden zurückkommen.

Gewisse Gemeinsamkeiten in der methodischen Grundsituation erklären auch, wieso Zeugnisse von Philosophen, Historikern, Medizinern und Geographen der Antike in einem anthropologischen Werk des 18. Jahrhunderts wie dem Zweiten Discours als Zeugnisse und Berufungsinstanzen behandelt werden

65 Gegenüberstellung der beiden Deutungen bei Plattner, a.a.O., 17ff.

66 Die wichtigsten Vertreter dieser Auffassung (Morel, Havens, Lovejoy, Masters, Strauss) bei Plattner, a.a.O., 26, Anm. 1.

67 Vgl. K.E. Müller, a.a.O., I, 310ff.

68 J. de Romilly, „Thucydide et l'idée de progrès“, in: *Annali della Scuola Normale Superiore de Pisa, Lettere, storia e filosofia*, Ser. 2, 35 (1966), 158ff.

können, die gegenüber den zeitgenössischen, z.T. auf neuen wissenschaftlichen Erkenntnissen beruhenden Auffassungen nicht von vornherein als obsolet und durch die historische Entwicklung überholt erscheinen. Rousseau benutzt sie, bei aller kritischen Einstellung, relativ unbefangen als Argumentationshilfen (bzw. sogar Autoritäten) oder setzt sich mit ihnen im Detail kritisch auseinander wie mit zeitgenössischen Theorien.

Die Bereitschaft, antike Theorien ernstzunehmen, hatte seit der Renaissance eine Vielfalt von Rezeptionswegen entstehen lassen, auf denen diese auch zu Rousseau gelangen konnten. Manches erreichte ihn aus zweiter Hand, wenn es auch verfehlt wäre, ihm eine genauere Kenntnis lateinischer Originaltexte von vornherein abzusprechen[69]. Rousseau hatte als einer der größten Autodidakten der neueren Geschichte ein außerordentlich großes „Einzugsfeld" der Lektüre. Viele neuzeitliche oder zeitgenössische Quellen bildeten zugleich Mittelglieder bei der Übermittlung antiken Gedankenguts, das bei ihnen entweder in seiner ursprünglichen Gestalt oder bereits in einer modernen Transformation auftrat.

Es würde den Rahmen unserer Untersuchung überschreiten, wollten wir einen auch nur annähernd vollständigen Überblick über Autoren geben, die eine derartige Vermittlerrolle gespielt haben. Wir müssen uns hier auf einige Hinweise grundsätzlicher Art beschränken. Eine bedeutsame Rolle spielten die Klassiker des „modernen Naturrechts" Hobbes, Grotius und Pufendorf[70]. Besonders der letztgenannte, dessen Hauptwerk *De jure naturae et gentium* (1672)[71], von Rousseau in der französischen Übersetzung und Bearbeitung durch J. Barbeyrac rezipiert, zugleich auch ein Riesenkompendium zitierter Autoren aus Antike und Moderne darstellt, war für Rousseaus Kenntnis antiker Auffassungen von großer Bedeutung, wie wir noch sehen werden. Hobbes, von dem wir nicht genau wissen, in welchem Maße seine Werke von Rousseau direkt zur Kenntnis genommen wurden[72], war auch wichtig für eine mittelbare

69 Vgl. Morel, a.a.O., 164, Anm. 4.

70 Vgl. ebenda, 160ff., über Grotius und Pufendorf. Die kritische Edition des 1625 erschienen Werkes von Grotius: *De iure belli ac pacis libri tres*, ed. B.J.A. de Kanter-van Hettinga Tromp, Leiden 1939 (Nachdruck Aalen 1993). Die französische Ausgabe: *Le droit de la guerre et de la paix.* Ed. J. Barbeyrac, I-II, Leiden 1759 (Erstausgabe 1724).

71 Vgl. die Faksimileedition der Ausgabe von 1688: S. Pufendorf, *De jure naturae et gentium libri octo*, ed. W. Simons, I-II, Oxford, London 1934. Die französische Ausgabe: *Le droit de la nature et des gens, ou système général des principes les plus importans de la morale, de la jurisprudence et de la politique*, ed. J. Barbeyrac, I-II, Basel 1750 (Erstausgabe 1706). Zur Bedeutung Pufendorfs für die Aufklärungsphilosophie vgl. die Beiträge von S. Wollgast, Th. Kobusch, Th. Behme u.a., in: F. Palladini, G. Hartung (Hg.), *Samuel Pufendorf und die europäische Frühaufklärung*, Berlin 1996.

72 Nach Derathé, a.a.O., 103f., ist wenig wahrscheinlich bis unmöglich die Vorstellung, daß Rousseau sich in diesem Fall mit Darstellungen aus zweiter Hand begnügt habe. Er habe Hobbes wohl in französischen Übersetzungen gelesen.

Rezeption antiker Grundauffassungen, wobei bereits für ihn gilt, was wir dann auch bei Rousseau sehen werden: Keineswegs hatten die bei ihm meistgenannten Autoren (Platon, Aristoteles, Cicero) ihrer philosophischen Substanz nach die größte Bedeutung für Hobbes. Wie L. Strauss überzeugend dargelegt hat, werden sie von einer verschwiegenen Traditionskette Sophistik - Epikur - Karneades in ihrer konstitutiven Bedeutung für Hobbes' staatstheoretische Konzeption bei weitem übertroffen[73].

Für unseren Zusammenhang wichtig sind auch zwei klassische Wegbereiter moderner Auffassungen der Anthropologie und Staats- und Geschichtstheorie: Montaigne[74] und Montesquieu[75]. Ersterer war mit dem Kannibalenkapitel seiner „Essais", einer wichtigen Quelle für das Bild des 'Bon sauvage', auch von antiker Tradition beeinflußt, letzterer befaßte sich im zweiten Kapitel des ersten Buchs *De l'esprit des lois*, das dem Thema 'Des lois de la nature' gewidmet ist und sich u.a. mit Hobbes auseinandersetzt, mit Fragen des Rechts und des Naturzustandes auch in Kategorien, die an antike Tradition anknüpften. Davon daß beide Autoren eine Fülle von Bezügen zur gesamten antiken Moral- und Staatsphilosophie aufweisen, die z.T. auch für Rousseau von Interesse waren, soll hier nicht die Rede sein.

Drei Zeitgenossen Rousseaus, die in der Phase der Abfassung des Zweiten Discours auf ihn einen großen Einfluß hatten - Diderot, Condillac und Buffon - waren ihrerseits gute Kenner der antiken Überlieferung. Wenn Rousseau von ihren Ideen in Übereinstimmung und Widerspruch in hohem Grade geprägt war, ging es natürlich primär um die Beiträge dieser Philosophen und Gelehrten zum zeitgenössischen Denken. Diderot und Buffon haben zum Thema des Zweiten Discours mannigfache Beziehungen, Diderot u.a. durch sein lebhaftes Interesse für Fragen der Evolution und der frühen Menschheitsgeschichte, wie es in den *Pensées sur l'interpretation de la nature* und in der *Suite de l'Apologie de l'Abbé de Prades* zum Ausdruck kam[76]. Buffon war mit den frühen Bänden der *Histoire naturelle* für Rousseau der Gewährsmann für fast alle Fragen zeitge-

73 Vgl. Strauss, *Naturrecht und Geschichte*, 172ff.

74 M. de Montaigne, *Essais*, I, 31, in: *Œuvres complètes*, ed. A. Thibaudet, M. Rat, Paris 1962, 200ff. Über Montaignes Konzeption des 'Bon sauvage' Kohl, *Entzauberter Blick*, 21ff.; über Montaigne und die "Theriophilie" des 17. Jahrhunderts vgl. G. Boas, *The Happy beast in French thought of the seventeenth century*, Baltimore 1933, 3ff.

75 Ch. de Montesquieu, *De l'esprit des lois*, I, 2, in: *Œuvres complètes*, ed. R. Caillois, II, Paris 1958, 235f. Vgl.Goldschmidt, *Anthropologie*, 189ff. Über die Bedeutung Montesquieus für die Anthropogeographie und damit für die Entwicklung der Anthropologie im 18. Jahrhundert Kohl, *Entzauberter Blick*, 109ff.

76 S. unten S. 76f.; vgl. L. Thielemann, „Diderot and Hobbes", in: *Diderot Studies*, II, Syracuse 1952, 221ff. Generell zu Diderots Bedeutung für die Entstehung des Zweiten Discours vgl. Morel, a.a.O., 120ff.; R. Havens, „Diderot, Rousseau and the 'Discours sur l'Inégalité'", in: *Diderot Studies*, III, Geneva 1961, 219ff.

nössischer wissenschaftlicher Forschung, von der Erdgeschichte über die Theorie der Arten bis zur Ur- und Frühgeschichte der Menschheit[77]. Beide Autoren haben in prinzipiellen Fragen (vor allem im Hinblick auf das Problem einer solitären oder gemeinschaftlichen Existenz im Naturzustand) z.T. andere Positionen als Rousseau vertreten und somit als gute Kenner der antiken Tradition[78] auch Anregungen für eine Rezeption gegeben, die nicht immer in ihrem Sinne erfolgte. Das gleiche gilt für Condillac, dessen Theorie der Sprachentstehung auf die entsprechenden Passagen im Zweiten Discours und im *Essai sur l'origine des langues* starken Einfluß ausgeübt hat[79], zugleich aber ihrerseits von antiken Sprachtheorien mit geprägt war, die auch Rousseaus Interesse fanden.

Daß auch über Werke der „Littérature clandestine" die eine oder andere Anregung aus der antiken Tradition zu Rousseau gelangte, zeigen Werke wie die *Lettre de Thrasybule à Leucippe* und die *Curiositates philosophicae*[80].

77 O. Fellows, „Buffon and Rousseau. Aspects of a relationship", in: *Publications of the Modern Language Association of America* 75/3 (1960), 184ff.; J. Starobinski, „Rousseau und Buffon", in: *Rousseau. Eine Welt von Widerständen*, aus dem Französ. von U. Raulff, Frankfurt a.M. 1993, 480ff.

78 Zur "Inspiration" Buffons durch Lukrez vgl. J. Martha, *Le poème de Lucrèce*, 4. Aufl., Paris 1869, 300; ferner Fusil (vgl. Anm. 85), 37, 1930, 171ff.

79 Vgl. Morel, a.a.O., 143ff.; J.Starobinski, „Rousseau und der Ursprung der Sprachen", in: *Rousseau. Eine Welt von Widerständen*, 450ff.; J. Derrida, *Grammatologie*, übers. von H.-J. Rheinberger und H. Zischler, Frankfurt a.M. 1983, 283ff.; F. Bouchardy, „Note sur Condillac et Rousseau", in: *Mélanges d'histoire littéraire et de philologie offerts à B. Bouvier*, Genève 1920, 17ff.; U. Ricken, *Sprache, Anthropologie, Philosophie in der französischen Aufklärung*, Berlin 1984, 173ff.

80 N. Fréret, *Lettre de Thrasybule à Leucippe*. Edizione critica, introduzione e commento a cura di S. Landucci, Firenze 1986 (Accademia Toscana di Scienze e Lettere, Studi LXXVIII). Vgl. M. Benítez, „La composition de la Lettre de Thrasybule à Leucippe. Une conjecture raisonnable", in: Ch. Grell, C. Volpilhac-Auger (Hg.), *Nicolas Fréret, légende et vérité. Colloque des 18 et 19 octobre 1991, Clermond-Ferrand*, Oxford 1994, 177ff. Vgl. M. Benítez, *La face cachée des Lumières. Recherches sur les manuscrits philosophiques clandestins de l'âge classique*, Paris-Oxford 1996, 341f. Zu Rousseaus Kenntnis dieses Textes vgl. J.S. Spink, *French Free-Thought from Gassendi to Voltaire*, London 1960, 302f. - Diese Schrift bietet u.a. allgemeine Überlegungen zur Soziabilität des Menschen. In Anknüpfung an Aristoteles werden Formen einer geselligen Lebensweise bei Bienen und Ameisen hervorgehoben, denen Tendenzen zu einer (zeitweiligen) solitären Lebensform bei einigen Naturvölkern (Skythen, "Barbaren" in Afrika) gegenübergestellt werden. Das Aristotelische Prinzip der angeborenen Soziabilität behält das Übergewicht. Die hypothetische Annahme, daß der Mensch unsoziabel geboren sei, führe nicht weiter. Auch unter diesen Umständen käme es im Sinne wechselseitiger Utilität bald zu Formen gesellschaftlichen Umgangs (S. 374ff.).
Curiositates philosophicae sive de principiis rerum naturalium dissertatio selecta ..., London 1713. Zur Charakteristik dieses Versuchs, den Prozeß der Menschheitsentwick-

Die antike Literatur bildete einen wesentlichen Bestandteil der geistigen Welt Rousseaus[81]. Schon im Ersten Discours treten Philosophen und Historiker wie Sokrates, Platon, Sallust, Livius, Seneca, Tacitus, Plutarch besonders hervor, allesamt Vertreter einer kultur- und zivilisationskritischen Tendenz in der Antike, in gewissem Grade 'laudatores temporis acti'. Sie brachten ihre Kritik an Dekadenzerscheinungen der zeitgenössischen Gesellschaft in Form einer Moralkritik vor, die u.a. gegen Handel, Reichtum und Luxus als Ursache des Sittenverfalls gerichtet war, und setzten sich für eine Begrenzung der Begierden und Leidenschaften als Mittel der Heilung vieler Mängel ein. Wie Montesquieu und andere vor ihm schätzte Rousseau besonders Plutarch[82], über den er schrieb, dieser Autor sei die erste Lektüre seiner Kindheit gewesen, er werde die letzte seines Alters sein[83]. Bei der Arbeit am Zweiten Discours eröffnete sich dann eine ganze Welt: antike Philosophen, Historiker und Gelehrte mit ihren Beiträgen zur Theorie des Menschen, der Kultur, des Staates, der Sprache, der Geschichte. Das meiste hat Rousseau wohl in Übersetzungen gelesen. Im Vergleich mit dem Freund und Anreger in den Jahren der Entstehung des Zweiten Discours, Diderot, der ein brillanter Kenner der Antike war und ihre Sprachen beherrschte, hatte Rousseau geringere Lateinkenntnisse. Seine Absicht, Griechisch zu lernen, hat er nicht realisiert[84].

lung als Naturgeschichte des Menschen darzustellen, vgl. Spink, a.a.O., 300f. Antike Motive (Erfindung der Sprache, erste Formen der Gesellschaftsbildung, erste Kulturerrungenschaften) werden in wenig spezifischer Weise verknüpft. Bemerkenswert ist die Konzeption einer fast völligen Animalität, die den Menschen im Naturzustand kaum über die Tiere hinausragen läßt (S. 296, 303). In dieser Hinsicht konnte der Text für Rousseau interessant sein.

81 Mit den Namen antiker Autoren (neben modernen) wurde Rousseau schon in seiner Kindheit bekannt, wie er in der "Dédicace" über seinen Vater, den Genfer Uhrmacher, erzählt: "Je le vois encore vivant du travail de ses mains, et nourrissant son ame des Verités les plus sublimes. Je vois Tacite, Plutarque, et Grotius, mêlés devant lui avec les instrumens de son métier" (III, 118). Vgl. Denise Leduc-Fayette, *Jean-Jacques Rousseau et le mythe de l'antiquité*, Paris 1974, 16ff.; R.A. Leigh, „Jean-Jacques Rousseau and the myth of antiquity in the eighteenth century", in: R.R. Bolgar (Hg.), *Classical influences on Western thought A.D. 1650 - 1870*, Cambridge u.a. 1979, 155ff. - Über Rousseaus Kenntnisnahme antiker Texte, die in den verschiedenen Lebensphasen mit wechselnder Intensität erfolgte, M. Reichenburg, Essai sur les lectures de Rousseau, Diss. Philadelphia 1932 ; vgl. dieselbe, „La bibliothèque de Jean-Jacques Rousseau", in: *Annales de la Société Jean-Jacques Rousseau* 21 (1932), 181ff. Beiträge zu einer Vielzahl antiker Autoren außerhalb der anthropologischen Thematik können hier nicht aufgeführt werden.

82 Vgl. A. Oltramare, „Plutarque dans Rousseau", in: *Mélanges d'histoire littéraire et de philologie offerts à B. Bouvier*, Genève 1920, 185ff.

83 *Les Rêveries du promeneur solitaire* (I, 1024).

84 Vgl. J. Seznec, *Essais sur Diderot et l'antiquité*, Oxford 1957, 3. Zu den Griechischkenntnissen Diderots vgl. R. Trousson, „Diderot et l'antiquité Grecque", in: *Diderot Stu-*

Hinsichtlich der substantiellen Fragen von Rousseaus Anthropologie ist eine Reihe unterschiedlicher Möglichkeiten der Bezugnahme auf die antike Tradition zu beobachten. Am leichtesten erschließen sich naturgemäß die namentlichen Bezüge auf einen antiken Autor, oft verbunden mit der Zitierung einer Textstelle. Als eine weitere Möglichkeit wird sich der Bezug auf einen zusammenhängenden Text mit einer konsistenten Konzeption erweisen, wie im Falle von Lukrez' 5. Buch, beim Kapitel über die Frühgeschichte im 1. Buch Diodors und beim 90. Brief Senecas. Dazwischen liegt eine etwas diffuse Masse von Textstellen, bei denen ein antiker Hintergrund in Gedanken und Formulierungen mehr oder minder deutlich zu erkennen ist, ohne daß ein Name genannt wird und ein Bezug auf einen größeren Zusammenhang zugrunde liegt. Hier stellt sich die Frage einer Vermittlung aus zweiter Hand, bzw. einer bereits vorausgegangenen Einschmelzung antiker Gedanken bei zeitgenössischen oder früheren Autoren besonders stark.

Da der Bezug auf das 5. Buch des Lukrez, einen der bedeutendsten uns erhaltenen Texte der antiken Anthropologie, in unserer Untersuchung eine besondere Rolle spielt, seien bereits an dieser Stelle einige grundsätzliche Bemerkungen vorausgeschickt. Die Forschung vertritt in dieser Frage unterschiedliche Positionen. Wir werden versuchen, eine vertiefte Sichtweise zu erreichen und in einzelnen Teilen unserer Untersuchung ausführlich zu begründen. An dieser Stelle beschränken wir uns zunächst darauf, einige allgemeine Probleme zu umreißen.

Lukrez war im 18. Jahrhundert ein durchaus umstrittener Autor[85]. Zwar vertrat er als einer der wichtigsten Quellentexte für den Epikureismus eine große philosophische Tradition, die nach Gassendi Einfluß auf die Naturwissenschaften gewonnen hatte. Aber der materialistische Autor wurde zu Anfang des 18.

dies, VI, Genève 1964, 216f. Zu Rousseaus Lateinkenntnissen vgl. Pire, „De l'influence de Sénèque sur les théories pédagogiques de J.-J. Rousseau", 86ff. Interessante Beobachtungen zu Rousseaus Umgang mit lateinischen Texten bieten Untersuchungen zu seinen ambitionierten Übersetzungsversuchen: J. von Stackelberg, „Rousseau, D'Alembert et Diderot traducteurs de Tacite", in: Studi francesi 2 (1958), 395ff.; J. von Stackelberg - R. Trousson, „Jean-Jacques Rousseau traducteur de Tacite", in: Ebenda 41 (1970), 231ff.; C. Volpilhac-Auger, *Tacite en France de Montesquieu à Chateaubriand*, Studies on Voltaire and the Eighteenth century 313, Oxford 1993, 54ff.

85 C.-A. Fusil, „Lucrèce et les philosophes du XVIIIe siècle", in: *Revue d'Histoire Littéraire de la France* 35 (1928), 194ff.; ders., „Lucrèce et les littérateurs, poètes et artistes du XVIIIe siècle", in: Ebenda 37 (1930), 161ff.; G.R. Hocke, *Lukrez in Frankreich von der Renaissance bis zur Revolution*, Diss. Köln 1935; W. Schmid, „Lukrez und der Wandel seines Bildes", in: *Antike und Abendland* 2 (1946), 193ff. Generell zur Rezeption des Epikureismus im 17. und 18. Jahrhundert Dorothee Kimmich, *Epikureische Aufklärungen. Philosophische und poetische Konzepte der Selbstsorge*, Darmstadt 1993, 89ff., 122ff.

Jahrhunderts auch zum Gegenstand heftiger Polemik, als Kardinal de Polignac seinen *Anti-Lucrèce* verfaßte, der freilich erst 1749 erschien. Auch Verehrer der großen dichterischen Kraft des Lukrezischen Werkes und seiner religionskritischen Gedanken wie Voltaire lehnten den Atomismus des Lukrez als überholt ab oder deuteten ihn (wie Diderot) in hylozoistischer Tendenz um. Eine starke Wirkung war vor allem dem 5. Buch beschieden, dessen Abriß der kulturellen und gesellschaftlichen Entwicklung des Menschen für die sich herausbildende Fortschrittstheorie des 18. Jahrhunderts sehr bedeutsam wurde.

Bereits früheren Quellenuntersuchungen konnten mannigfache Bezüge in Rousseaus Zweitem Discours auf das 5. Buch des Lukrez nicht verborgen bleiben, da sie eine z.T. außerordentliche Nähe zum antiken Text aufweisen, die bisweilen bis zur fast wörtlichen Übereinstimmung reicht[86]. In der Forschung besteht Konsens darin, daß Rousseau zwar auch hier starke Anregungen von Pufendorf bezogen hat, der viele der von Rousseau verwendeten Stellen des 5. Lukrez-Buches im Wortlaut zitiert, daß aber der Philosoph des 18. Jahrhunderts offenkundig diese partielle Kenntnisnahme des Textes durch eine Gesamtlektüre des 5. Buches komplettiert hat. Reichen doch die Anspielungen über die bei Pufendorf erfaßten Textteile weit hinaus. Wahrscheinlich geschah dies mit Hilfe einer französischen Übersetzung. Man hat mit Recht vermutet, daß Rousseau bei der Abfassung des Zweiten Discours der Text des 5. Lukrez-Buches in großen Teilen im Gedächtnis präsent war, so daß vielfach größere und kleinere Bezugnahmen auch im einzelnen möglich wurden[87]. L. Strauss spricht sogar davon, daß Rousseau seine „Geschichte des Menschen" nach der Darstellung konstruiert habe, die Lukrez gibt: „Rousseau nimmt jedoch diese Darstellung aus ihrem epikureischen Zusammenhang heraus und stellt sie in einen von der modernen Natur- und Sozialwissenschaft hergestellten Zusammenhang"[88]. Wir werden sehen, daß diese Charakteristik dem Sachverhalt nicht ganz gerecht wird. Die Frage, die erst im Verlauf unserer Untersuchung beantwortet werden kann, ist die nach der *Bedeutung* der Lukrez-Bezüge. Ist sie (wie Strauss annimmt) lediglich stofflicher Art, indem der antike Text ein Vorbild für den

86 Martha, a.a.O., 300; ausgewählte Beispiele bei Morel, a.a.O., 163ff., und Fusil, a.a.O., 37 (1930), 169ff.; L. Robin, „Sur la conception épicurienne du progrès", in: *La pensée hellénique des origines à Epicure*, Paris 1942, 525ff.; Lovejoy, Boas, a.a.O., 240ff.; Goldschmidt, *Anthropologie*, 231ff. und öfter. Fusil verweist auf den wichtigen Umstand, daß Rousseau den Text in einer zweisprachigen Ausgabe (Des Coutures) zur Kenntnis genommen hat, die auch die Heranziehung des lateinischen Originals ermöglichte.

87 Vgl. Starobinski, Komm. z. St. 135, 1: Rousseau habe zweifellos zum Zeitpunkt der Abfassung des Zweiten Discours Lukrez wiedergelesen.

88 *Naturrecht und Geschichte*, 276. Mehr als einen "quellengeschichtlichen" Zusammenhang sieht auch Goldschmidt, a.a.O., 231: "Rousseau y a trouvé une impulsion et une direction, une confirmation aussi et comme un appel ..."

Aufbau bestimmter historischer Abläufe gibt, oder ist sie auch von Affinitäten zur hellenistischen und speziell epikureischen Anthropologie bestimmt?

Lukrez' Darstellung der frühen Menschheitsgeschichte bietet eine Summe der antiken Lehren von der Entstehung der menschlichen Kultur und Gesellschaft in einer Dichte und Kohärenz, wie sie sonst kein überlieferter antiker Text zu diesem Thema aufweist[89]. Wenn von ihm insofern eine starke Anziehungskraft ausgegangen ist, wird man sich stets die Frage vorlegen müssen, ob und in welchem Grade generell die Errungenschaften der antiken Anthropologie oder bestimmte Prämissen des Epikureismus für Rousseaus Lukrez-Rezeption maßgeblich waren.

Warum hat Rousseau, entgegen seiner sonstigen Übung, antike Autoren häufig zu zitieren, den Namen des Lukrez im Zweiten Discours nicht ein einziges Mal erwähnt? Die Geschichte der Lukrez-Rezeption in Frankreich im 18. Jahrhundert erklärt diese Haltung plausibel aus der umstrittenen Stellung des römischen Dichters, dessen Hervorhebung Rousseaus Werk von vornherein ein Markenzeichen aufgedrückt hätte, an dem ihm nicht gelegen sein konnte: der Affinität zu einem Weltbild, dessen Prämissen vor allem in naturphilosophischer Hinsicht äußerst umstritten waren. Galt doch vielen Zeitgenossen der Atomismus im ganzen und besonders in seinen Naturerklärungen im einzelnen als Ausdruck eines absurden 'système'. Man muß zwischen der intensiven Epikurrezeption, die es in Frankreich seit Gassendi gab und die bei den Repräsentanten des französischen Materialismus ihren Höhepunkt fand, und der Rezeption des 5. Buches des Lukrez unterscheiden. Letztere hatte eine große Bedeutung für das geschichtsphilosophische Denken des 18. Jahrhunderts in Frankreich. Während Rousseau zu der materialistischen Philosophie im ganzen kaum eine Beziehung aufweist (der hylozoistisch getönte Materialismus Diderots bildet hier eine Ausnahme), ja der epikureischen Philosophie, sofern sie ein materialistisches „System" darstellt, ablehnend gegenübersteht, ist seine Beziehung zu Lukrez' 5. Buch als einem Dokument der antiken Lehre von der Entstehung von Kultur und Gesellschaft sehr eng. Dasselbe gilt von bestimmten sensualistischen Elementen in Epikurs Anthropologie.

89 Vgl. K. Westphalen, *Die Kulturentstehungslehre des Lukrez*, Diss. München 1957; R. Müller, „Geschichtsphilosophische Probleme der Lukrezischen Kulturentstehungslehre", in: *Menschenbild und Humanismus der Antike*, 235ff.; J.D. Furley, „Lucretius the Epicurean. On the history of man", in: *Lucrèce. Entretiens sur l'antiquité classique*, 24, Vandœuvres-Genève 1977, 1ff.; B. Manuwald, *Der Aufbau der lukrezischen Kulturentstehungslehre*, Abh. der Akademie der Wissenschaften und der Literatur Mainz, Geistes- und sozialwiss. Klasse, Jg. 1980, Nr. 3; R. Müller, „Zu einem Entwicklungsprinzip der epikureischen Anthropologie", in: *Polis und Res publica*, 233ff.; E. Pöhlmann, „Lukrez als Quelle griechischer Kulturentstehungslehre (zu Lukrez V 1448 - 1457)", in: *Würzburger Jahrbücher* 17 (1991), 217ff.

L. Strauss hat mit Recht gesagt, daß Rousseau mit der Beweisführung im Zweiten Discours eine im modernen Sinn „wissenschaftliche Stellung“, neutral gegenüber dem Konflikt zwischen Materialismus und Antimaterialismus, einnehmen wollte[90]. Freilich hat ihm die Kaschierung seines Bezugs auf Lukrez nichts genützt. In einer bereits 1756 erschienenen Streitschrift gegen den Zweiten Discours hat J. de Castillon den Vorwurf einer Wiederherstellung des ‘épicurisme delirant’ durch Rousseau erhoben und durch ausführliche Zitate im einzelnen begründet[91]. Es muß unserer Untersuchung vorbehalten bleiben, anhand der Deutung des Gesamteinflusses antiker Theorie auf den Zweiten Discours festzustellen, inwieweit dabei auch genuin epikureische Elemente wirksam wurden.

Beachtung verdient auch die Rolle der kynisch-stoischen Philosophie[92]. Seit dem Renaissance-Humanismus hatte es eine kontinuierliche kynische Tradition gegeben, die in Frankreich vor allem bei Montaigne hervortritt. P. Bayle hatte besonders mit dem Artikel „Diogenes“ in seinem *Dictionnaire* die Aufmerksamkeit auf die ethisch rigorose Richtung der Kyniker mit ihren Idealen der Bedürfnislosigkeit und eines naturverbundenen Lebens gelenkt. Wie wir sehen werden, bot der Kynismus für die radikale Zivilisationskritik vor allem im Ersten Discours wichtige Stichworte, aber die Charakteristik Rousseaus als „neuer Diogenes“ durch Friedrich II. trifft den Kern der Sache nicht. Inwieweit dagegen von einem tieferreichenden Einfluß des z.T. kynisch orientierten Stoikers Seneca gesprochen werden kann, wird die Untersuchung im einzelnen zeigen.

Treffen wir bei Rousseau im Fall des Lukrez und auch sonst bisweilen auf eine Technik der Verhüllung antiker Einflüsse, so sind die Eingangspartien des

90 Strauss, *Naturrecht und Geschichte*, 277.

91 J. de Castillon, *Discours sur l'origine de l'inegalité parmi les hommes. Pour servir de réponse au Discours que M. Rousseau, Citoyen de Géneve, a publié sur le même sujet*, Amsterdam 1756. Es kann hier nicht darum gehen, die Polemik Castillons in die Geschichte des anthropologischen Denkens einzuordnen. Da der Autor die tieferen Zusammenhänge der antiken Kulturentstehungslehre nicht versteht, beschränkt er sich auf eine oberflächliche Konstatierung von Details der textlichen Übereinstimmung (a.a.O., 255ff., 286ff.), um Rousseau als Parteigänger Epikurs zu diskreditieren: "Il y a presque un an qu'il relève les délirs des Epicuriens sur notre origine; qu'il reduit nos premiers pères au rang des bêtes les plus stupides; qu'il nous accuse d'être les plus méchans et les féroces de tous les animaux..." (VI).

92 Zur Rolle des Kynismus in der Aufklärung vgl. H. Niehues-Pröbsting, „Die Kynismus-Rezeption der Moderne: Diogenes in der Aufklärung“, in: M.-O. Goulet-Cazé, R. Goulet (Hg.), *Le cynisme ancien et ses prolongements. Actes du colloque international du CNRS (Paris, 22-25 juillet 1991)*, Paris 1993, 519ff. Zur Bedeutung des Kynismus im Rahmen von Rousseaus Rezeption der antiken Philosophie vgl. unten S. 236ff. - Zur Kennzeichnung durch Friedrich II.: Brief an Lord George Keith vom 1.9.1762, in: *Briefe Friedrichs des Großen*, hg. von M. Hein, deutsch von F. von Oppeln-Bronikowski und E. König, II, Berlin 1914, 104ff.

Zweiten Discours auf das Gegenteil abgestellt: eine starke, ja demonstrative Präsenz der Antike insgesamt. Dabei zeigt sich, daß die Berufung auf die großen Namen nicht unbedingt von einer tieferen inhaltlichen Kongruenz bestimmt sein muß. Wie es bei Hobbes' Bezug auf die großen Namen der politischen Theorie Platon, Aristoteles und Cicero bereits festzustellen war, hinter denen sich in Wahrheit eine andere Traditionslinie verbirgt, scheint es auch in Rousseaus Einleitung zum Zweiten Discours der Fall zu sein. Bei genauerem Hinsehen erweist sich die fast plakative Verwendung großer Namen als trügerisch, da deren evozierte Gedanken in Rousseaus Verwendung in erstaunlichem Maße „gegen den Strich gebürstet" erscheinen.

Das beginnt bereits mit dem Motto auf der Titelseite des Werkes, einem Zitat aus Aristoteles' *Politik* (I, 5, 1254 a 36ff.), das Rousseau in lateinischer Übersetzung bietet:

> Non in depravatis, sed in his quae bene secundum naturam se habent, considerandum est quid sit naturale.
>
> Nicht an verdorbenen Dingen, sondern an denen, die sich in einem guten Zustand gemäß der Natur befinden, muß man betrachten, was natürlich ist.

Rousseau sucht einen antiken Kronzeugen für den zentralen methodischen Grundsatz des Zweiten Discours: Wenn man das naturgegebene Wesen des Menschen (im Naturzustand) erfassen will, darf man nicht vom gegenwärtigen Zustand der zivilisierten Gesellschaft ausgehen, den als Deformation der menschlichen Gattung zu erweisen, eines der Ziele der Schrift darstellt.

Schon dieses Motto, das so monumental das Werk einleitet, kann uns einen Eindruck von der Kompliziertheit der Rezeptionsvorgänge bei Rousseau vermitteln. Aristoteles wird hier für eine Argumentation herangezogen, die dessen eigenen philosophischen Intentionen zuwiderläuft[93]. Nach Aristoteles' teleologischer Betrachtungsweise wird das Wesen einer Sache durch das ihr immanente Ziel bestimmt. Im Fall des Menschen bedeutet das: Dieser ist ein 'zoon physei politikon' (d.h. ein „von Natur stadtbürgerliches Wesen"), weil die Entwicklung der menschlichen Gattung im Dasein des Polisbürgers ihr Ziel erreicht. Rousseau geht gerade nicht in einer teleologischen Sichtweise von der zeitlich letzten Stufe (wie Aristoteles im Fall der Polis) aus, sondern wählt das Mittel der Rekonstruktion der frühesten Stufe. Beide bedienen sich zwar der Methode der historisch-genetischen Betrachtung, wie sie Aristoteles als Prinzip deklariert: Wie bei anderen Gegenständen dürfte man auch hier am erfolgreichsten seine Untersuchung vornehmen, wenn man die Dinge, so wie sie ur-

93 Vgl. E. Schütrumpf, in: Aristoteles, *Politik*, Buch I, übers. und erläut. von E.S., Berlin 1991, 255 f. (Aristoteles, *Werke in deutscher Übersetzung*, Bd. 9.), vgl. H. Meier, a.a.O., 4ff., Anm. 4.

sprünglich entstanden, betrachtet (*Politik* I, 2, 1252 a 24ff.). Aber für Rousseau gibt es kein „Ziel" als Endstufe der historischen Entwicklung, die zugleich die Höchststufe bedeutet, vielmehr eine von Entfremdung und Korruption gezeichnete Geschichte, die zu hochgradigen Deformationen des Menschen geführt hat. Rousseaus Umdeutung wird nur möglich, weil im Dunklen bleibt, daß Aristoteles als abzulehnendes Studienobjekt nicht die Gattungsentwicklung im ganzen, sondern depravierte Individuen bezeichnet, die keineswegs für das Ganze repräsentativ sind. Nicht bei ihnen, sondern nur bei denjenigen Einzelwesen, die sich nach Leib und Seele der besten Verfassung erfreuen, sei dieser Wesenskern zu erkennen: Das heißt für Aristoteles, man müsse von Individuen ausgehen, bei denen die Seele den Leib beherrscht und nicht umgekehrt, d.h. von den „von Natur" freien Menschen.

Daß es sich hier keineswegs um eine abstrakte Frage handelt, wird aus der konträren Bewertung der Sklaverei durch Aristoteles einerseits, Rousseau andererseits deutlich. Sie besteht für Aristoteles 'physei' und gehört zu den menschlichen Grundgegebenheiten: Schon in den elementaren Lebensbedingungen der frühesten gesellschaftlichen Einheit, des Oikos, ist das Verhältnis von Herr und Sklave ebenso angelegt wie das von Mann und Frau. „Von Natur Herrschendes und von Natur Beherrschtes" verbinden sich, weil sie so wenig unabhängig voneinander bestehen können wie Männliches und Weibliches[94]. Für Rousseau dagegen ist, wie wir noch sehen werden, die Sklaverei wider die Natur und kann durch kein positives Recht autorisiert werden.

Auch in anderer Hinsicht kann Rousseau, der doch ein neues Bild vom Menschen konzipiert, auf große Gestalten der Antike nicht verzichten: Sokrates, Platon und die Platonische Akademie[95]. Am Anfang steht der durch Sokrates mit hoher Würde umkleidete Grundsatz des Delphischen Orakels „Erkenne dich selbst", von Rousseau aus aller topischen Allgemeinheit sogleich herausgehoben durch die Zuspitzung auf die Frage, wie der Mensch als Gattungswesen dahin gelangen könne, sich so zu sehen, wie ihn die Natur geformt hat: einen Grundbestand zu scheiden von dem, was Umstände und Entwicklungen am anfänglichen Bestand verändert haben. Ein großes Thema der Philosophie ist damit in eine Bahn gelenkt, die, so modern sie auf den ersten Blick erscheint,

94 *Politik* I, 2, 1252 a 30ff. Zu Rousseaus Verhältnis zur Sklaverei s. unten S. 219ff.

95 Zu Sokrates vgl. Leduc-Fayette, a.a.O., 33ff. ; Grell, a.a.O., I, 466f., II, 1100f.; R. Trousson, „Grandeur et décadence de Socrate chez Jean-Jacques Rousseau", in: *Studies on Voltaire and the Eighteenth century* 48 (1967), 1659ff.. Die starke Wirkung des Sokrates in der Aufklärung des 18. Jahrhunderts hat ihre Wurzeln vor allem in der antiken Popularphilosophie (Seneca, Epiktet, Dion von Prusa u.a.). Vgl. K. Döring, *Exemplum Socratis. Studien zur Sokratesnachwirkung in der kynisch-stoischen Popularphilosophie der frühen Kasiserzeit und im frühen Christentum*, Wiesbaden 1979 (Hermes-Einzelschriften 42).

doch eine Vorgeschichte in der Antike hat: Was ist der Mensch - als Natur- und als Gesellschaftswesen? Wie können wir auf dem Wege historisch-genetischer Rekonstruktion dieser Frage näherkommen?

Am Schluß des Vorworts kommt Rousseau mit dem Persius-Zitat (Satiren III, 71-73) auf das „Erkenne dich selbst“ zurück (III, 127):

> ... Quem te Deus esse
> jussit, et humana qua parte locatus es in re,
> Disce ...

> ... Wer zu sein, dir der Gott
> befahl und auf welchen Platz du in der Menschenwelt gestellt bist,
> lerne ...

Rousseau hat dieses Zitat zwar bei Pufendorf gefunden, es aber in einen anderen Kontext eingeordnet[96]. Bei Pufendorf bezieht sich die Selbsterkenntnis auf die Verpflichtung, Gott zu dienen und sich soziabel gegenüber anderen Menschen zu zeigen (*De jure naturae et gentium* II, 4, 5f.). Rousseau leitet vom Menschen als Naturwesen, von dem bisher die Rede war, über zu der ambivalenten Rolle der Institutionen, die zugleich Glück und Elend der Menschen begründet haben: ein Vorgriff auf die dialektische Sicht der folgenden Abhandlung.

Ein historischer Anspruch ist mit den Sätzen am Ende des Exordium verbunden, mit denen sich Rousseau allem Zeitbedingten zu entziehen scheint und sich auf ein Podest stellt:

> ... oubliant les tems et les Lieux, pour ne songer qu'aux Hommes à qui je parle, je me supposerai dans le Licée d'Athenes, repetant les Leçons de mes Maîtres, ayant les Platons et Xenocrates pour Juges, et le Genre-humain pour Auditeur (III, 133).

> ... Zeiten und Orte vergessend, um nur an die Menschen zu denken, zu denen ich spreche, werde ich mir vorstellen, ich befände mich im Lyzeum von Athen, wiederholte die Lehren meiner Meister und hätte einen Platon und einen Xenokrates zu Richtern und das Menschengeschlecht zum Zuhörer.

Mit den großen Gestalten der Antike, mit denen der Philosoph in ein Zwiegespräch gewissermaßen auf höchster Ebene eintritt, soll das Preisgericht von Dijon in seine Schranken verwiesen werden.

Freilich bleibt es zweifelhaft, wie Rousseaus Platon-Bezug im Zweiten Discours zu bewerten ist. Recht aufschlußreich in dieser Hinsicht ist eine berühmte Passage aus der „Préface“ (III, 122). Der Autor illustriert seine Methode, die natürliche Substanz des Menschen aus allen Überlagerungen der Zeitläufe herauszuschälen, mit einem Bild aus dem 10. Buch von Platons *Staat* (611 Bff.): Die

96 H. Meier, a.a.O., 61, Anm. 72.

Statue des Meeresgottes Glaukos lasse dessen ursprüngliche Natur nicht leicht erkennen, weil seine Gliedmaßen verstümmelt, durch die Meereswogen entstellt und von Muscheln, Meertang und Steinen überzogen sind. Rousseau geht es um das ursprüngliche Bild des Menschen, das von den Ablagerungen des historischen Prozesses verdeckt und entstellt ist, Platon um die unsterbliche Seele, die sich durch ihre Gemeinschaft mit dem Körper in einem Zustand befinde, „der die Folge von tausenderlei Übeln ist". Mit dem eindrucksvollen Gleichnis wird zwar eine Methode verdeutlicht, die dem Ziel dient, das ursprüngliche Bild des Menschen aufzudecken. Aber inhaltlich stehen die Auffassungen der beiden Philosophen in stärkstem Kontrast: Rousseaus Grundtendenz, das Animalische am Menschen des Naturzustands zu betonen, gegen Platons Auffassung vom Verhältnis zwischen der unsterblichen Seele und dem Leib als deren „Grab".

In methodischer Hinsicht sehr aufschlußreich für das Verhältnis von modernem und antikem Denken bei Rousseau ist auch der mit dem Naturrecht verbundene Fragenkomplex. Rousseau beklagt, daß er für das Ziel, „zur Erkenntnis des natürlichen Menschen zu gelangen" (III, 124), vom Nachdenken über das Naturrecht wenig Hilfe erwarten kann:

> C'est cette ignorance de la nature de l'homme qui jette tant d'incertitude et d'obscurité sur la véritable définition du droit naturel ... (III, 124)
>
> Es ist diese Unkenntnis der Natur des Menschen, die so viel Unsicherheit und Dunkelheit auf die wahrhafte Definition des Naturrechts wirft ...

Einerseits bildet den methodischen Ausgangspunkt die Auffassung des modernen Naturrechts, daß für dessen Grundlegung von der Natur des Menschen auszugehen sei, wie Rousseau unter Berufung auf den Genfer Naturrechtslehrer Burlamaqui sagt:

> ... car l'idée du droit ... et plus encore celle du droit naturel, sont manifestement des idées rélatives à la Nature de l'homme (III, 124).
>
> ... denn die Idee des Rechts ... und noch mehr jene des Naturrechts sind offenkundig Ideen, welche sich auf die Natur des Menschen beziehen.

Wenn andererseits unter den verschiedenen Autoren in dieser Frage wenig Einigkeit herrscht, so gelte das auch und gerade von den antiken Philosophen, „die es sich zur Aufgabe gemacht zu haben scheinen, einander hinsichtlich der fundamentalsten Prinzipien zu widersprechen" (qui semblent avoir pris à tâche de se contredire entre eux sur les principes les plus fondamentaux, III, 124). Rousseau hat angesichts dieser Lage nicht die Konsequenz gezogen, daß man die Auffassungen der antiken Philosophen über die Natur des Menschen, über den Naturzustand und über die Entwicklung der menschlichen Gesellschaft füglich gut ignorieren könne. Wie wir sehen werden, ist das genaue Gegenteil der Fall. Die außerordentliche Verschiedenheit der antiken Grundauffassungen erscheint für Rousseau auch nicht als ein Hinderungsgrund, sich von jeweils bestimmten Auffassungen, die den seinen am nächsten kamen, inspirieren zu lassen. Die entscheidende Gemeinsamkeit mit manchen Konzepten antiker Denker besteht in der historisch-genetischen Art des Herangehens: alle Einsichten über den Menschen aus der Rekonstruktion seiner Entwicklungsgeschichte zu gewinnen.

Rousseaus Auseinandersetzung mit den antiken und modernen Versuchen, aus dem Naturrecht ein Naturgesetz (loi naturelle bzw. loi de nature) herauszufiltern, wendet sich vor allem gegen metaphysische, speziell teleologische Aufstellungen, die von einer hochentwickelten Stufe der Reflexion des Menschen über die Bedingungen seiner Existenz ausgehen. Rousseau stellt dagegen seine Frage nach dem „natürlichen Menschen" (l'homme naturel) unter die Bedingung, daß das Naturgesetz, „damit es natürlich sei, unmittelbar durch die Stimme der Natur sprechen muß" (pour qu'elle soit naturelle qu'elle parle immediatement par la voix de la Nature, III, 125). Es muß von Prinzipien der menschlichen Seele ausgehen, die der Vernunft vorausliegen (principes antérieurs à la raison). Rousseau sieht diese Prinzipien, über die er im weiteren Verlauf der Untersuchung ausführlich sprechen wird, im Trieb nach Selbsterhaltung und im Mitleid. Das Prinzip der Soziabilität, in weiten Bereichen der antiken und modernen Tradition von Aristoteles und der Stoa bis zu Grotius als unabdingbar betrachtet, wird ausdrücklich ausgeschlossen (III, 126). Der Rückgang auf elementare Prinzipien menschlicher Orientierung, die vor der Reflexion liegen, steht selbst in einer großen Tradition:

> De cette maniére, on n'est point obligé de faire de l'homme un Philosophe avant que d'en faire un homme; ses devoirs envers autrui ne lui sont pas uniquement dictés par les tardives leçons de la Sagesse ...(III, 126).

> Auf diese Weise ist man nicht genötigt, aus dem Menschen einen Philosophen zu machen, ehe man einen Menschen aus ihm macht; seine Pflichten gegen andere werden ihm nicht bloß von den späten Lehren der Weisheit vorgeschrieben ...

Seit Aristoteles gilt, daß allem moralischen Wissen in seiner Begrenztheit eine sittliche Erfahrung vorausliegt. Speziell kann man auf eine Tradition verweisen, nach der der theoretischen Philosophie logisch und historisch eine vortheoretische Einheit von Denken und Handeln vorausgeht, die den 'bios' des Philosophen als eine späte, abgeleitete Lebensform erscheinen läßt[97].

97 Vgl. R. Müller, „Das Problem Theorie-Praxis in der Peripatos-Rezeption von Ciceros Staatsschrift", in: W.W. Fortenbaugh, P. Steinmetz, *Cicero's knowledge of the Peripatos*,

Durch den Rückgang auf vorrationale Prinzipien der Handlungsmotivation erscheint Rousseau auch die alte, schon in der Antike diskutierte Frage, ob die Tiere am Naturrecht Anteil haben, vorausentschieden. Wenn man wie Rousseau im Anschluß an Condillac davon ausgeht, daß Menschen und Tieren die Empfindungsfähigkeit gemeinsam ist, muß man dem Tier zumindest das Recht verschaffen, „vom anderen nicht unnütz mißhandelt zu werden“ (de n'être point maltraitée inutilement par l'autre, III, 126). In der griechischen Philosophie hatte vor allem Theophrast, der Schüler des Aristoteles, von der Verwandtschaft (oikeiotes) nicht nur aller Menschen, sondern auch der Menschen mit den Tieren gesprochen[98].

New Brunswick-London 1989, 110ff. (Rutgers University Studies in classical humanities IV).

98 Vgl. C.O. Brink, „Oikeiosis and oikeiotes: Theophrastus and Zeno on nature and moral theory“, in: *Phronesis* 1 (1955), 123ff. Zur Frage der Anwendung von Recht und Gerechtigkeit auf die Tiere in der antiken Philosophie umfassend Sorabji, a.a.O., 116ff., 158ff.

III. Der Mensch im „reinen Naturzustand“

1. Naturzustand und anthropologische Grundlegung

Wie wir gesehen haben, bildeten die Kategorien des Naturrechts einen wesentlichen Ausgangspunkt für Rousseaus Grundlegung einer neuen anthropologischen Konzeption. Dabei spitzten sich wie in der vorausgegangenen Entwicklung im 16. und 17. Jahrhundert die Probleme in der Frage nach dem Naturzustand zu. Wie für die Vorgänger in einer langen Tradition spielte der ‘status pure naturalis’ eine wesentliche heuristische Rolle bei der Analyse der „natürlichen“ Voraussetzungen der sozialen und politischen Existenz und der zivilisatorischen Entwicklung des Menschengeschlechts[99]. Je nach Zugehörigkeit zu den Hauptrichtungen einer naturrechtlichen Fundierung des gesellschaftlichen und staatlichen Lebens waren die Positionen auch in dieser Frage sehr unterschiedlich. Die vorausgegangenen Entwicklungen in Antike und Mittelalter schufen den Rahmen für die verschiedenen Positionen einer aristotelisch-scholastischen, einer stoischen und einer sophistisch-epikureischen Tradition. In der Antike war nach den Spekulationen der vorsokratischen Philosophie (Anaximander, Heraklit), die die Grundlegung des Rechts in kosmischen Zusammenhängen gesucht hatten, eine naturrechtliche Sicht gefolgt, die ihre Begründung in Platons Ideenlehre fand. Aristoteles nahm eine vermittelnde Position ein, indem er diese Tradition mit der Berücksichtigung der besonderen Bedingungen in den jeweiligen Staatswesen verband. Über die Jahrhunderte wurde die stoische Auffassung von einem göttlichen, im Kosmos als der Heimstatt der Götter und Menschen beheimateten, die menschliche mit der göttlichen Weltvernunft verbindenden Recht von Cicero vermittelt. Einen revolutionierenden Neuansatz ermöglichte das moderne Naturrecht von Hobbes durch die Anknüpfung an die sophistisch-epikureische Tradition, die das Recht nicht im Kosmos und in einer übergreifenden kosmischen Natur, sondern in der Natur des Menschen begründet fand.

99 Zur Differenzierung des Rousseauschen Begriffs vom Naturzustand vgl. A.O. Lovejoy, „The supposed primitivism of Rousseau's ‘Discourse on inequality’“, in: *Essays in the History of Ideas*, Baltimore 1948, 14ff.

Diese unterschiedlichen Entwicklungen hatten für die Auffassung vom Naturzustand konstitutive Bedeutung. Die Theorie des Naturrechts spielte im 17. und 18. Jahrhundert eine bedeutsame Rolle bei der Begründung der modernen bürgerlichen Theorie der Gesellschaft[100]. Hobbes brach wie in der Naturphilosophie auch in der Sozial- und Rechtsphilosophie mit der dominierenden aristotelischen und stoischen Tradition. Um ein neues Fundament für das menschliche Zusammenleben zu schaffen, machte er einen in hypothetischer Analyse rekonstruierten Naturzustand zum Ausgangspunkt für die bürgerliche Gesellschaft. Freie und gleiche Individuen erscheinen als die Elemente, aus denen eine staatliche Ordnung aufzubauen ist. In einer fiktiven vorstaatlichen Welt werden die Individuen vom Prinzip der Selbsterhaltung getrieben, einen Ausweg aus dem Zustand des „Krieges aller gegen alle", aus einer Welt der Furcht, ständiger präventiver Gewaltbereitschaft und grenzenlosen Machtstrebens zu suchen, d.h. Sicherheit und Schutz in einem Vertrag unter Abdankung ihrer Freiheitsrechte zu gewährleisten.

Das „moderne Naturrecht" von Hobbes läßt die freien und gleichen Individuen im Naturzustand nicht in einem beziehungsfreien Raum leben. Vielmehr sind sie durch den kompetitiven Zustand des „Krieges aller gegen alle" aufeinander bezogen[101]. Die Vorstellung von einem staatsfreien Naturzustand ursprünglicher Freiheit und Gleichheit wird zum Ausgangspunkt einer Theorie, in der bestimmte Grundstrukturen der frühbürgerlichen Markt- und Handelsgesellschaft in idealtypischer Abstraktion reflektiert werden[102]. In seiner nichtteleologischen Konstruktion des Naturzustands benötigt Hobbes keinerlei Triebkräfte außer dem Streben nach Selbsterhaltung und (daraus abgeleitet) nach Macht. Bei Pufendorf treten gewisse Modifikationen ein, sofern er neben der Selbsterhaltung ein eigenes Sozialprinzip annimmt, das freilich nicht (wie beim stoischen appetitus socialis) aus einem Sozialtrieb, sondern aus dem Zwang entsteht, die Schwäche (imbecillitas) des isolierten Individuums zu kompensieren[103].

Wie in der naturrechtlichen Tradition des 17. und 18. Jahrhunderts ist auch für Rousseau die Frage nach dem Naturzustand Ausgangspunkt für seine anthropologischen Fragestellungen, aber in einer grundlegend veränderten Gestalt des methodischen Herangehens und der philosophisch-wissenschaftlichen Perspektive:

100 Vgl. H. Medick, a.a.O., 23ff.
101 Vgl. Buck, a.a.O., 54.
102 Medick, a.a.O., 33f.
103 Ebenda, 40ff.

> Les Philosophes qui ont examiné les fondemens de la société, ont tous senti la nécessité de remonter jusqu'à l'état de Nature, mais aucun d'eux n'y est arrivé (III, 132).
>
> Die Philosophen, welche die Grundlagen der Gesellschaft untersucht haben, haben alle die Notwendigkeit gefühlt, bis zum Naturzustand zurückzugehen, aber keiner von ihnen ist bei ihm angelangt.

Das bereits im Vorwort benannte Problem von Rousseaus Verhältnis zu den traditionellen Vorstellungen des Naturzustandes und seinem Anspruch, die Frage erstmals zu lösen, wird im Eingang zum ersten Teil des Zweiten Discours noch einmal in aller Schärfe formuliert. Der entscheidende Fehler war bisher immer die Rückprojektion von Zügen des voll entwickelten Gesellschaftszustands auf die Menschen im Naturzustand:

> Enfin tous, parlant sans cesse de besoin, d'avidité, d'oppression, de desirs, et d'orgueil, ont transporté à l'état de Nature, des idées qu'ils avoient prises dans la société; Ils parloient de l'Homme Sauvage, et ils peignoient l'homme Civil (III, 132).
>
> Alle schließlich haben unablässig von Bedürfnis, von Habsucht, von Unterdrückung, von Begehren und von Stolz gesprochen und damit auf den Naturzustand Vorstellungen übertragen, die sie der Gesellschaft entnommen hatten. Sie sprachen vom wilden Menschen und beschrieben den bürgerlichen Menschen.

Rousseau steht mit seinem Bezug auf die „reduktive“ Methode in der Tradition von Hobbes und Pufendorf, die am fiktiven Charakter ihrer Naturzustandsschilderung keinen Zweifel lassen[104]. Besonders Pufendorf, der sogar die Vereinzelung eines „einsam auf die Erde geworfenen“ Menschen als Gedankenexperiment in den Blick faßt[105], hat damit eine Formel für die reduktiv-isolierende Methode geprägt, von der Rousseau wohl nicht unbeeinflußt geblieben ist. Wie ist dann Rousseaus Anspruch auf einen methodischen Neuansatz zu verstehen?

104 Über die hypothetisch aufgefaßte "natürliche Geschichte" als rationales Normalmodell historischer Prozesse Medick, a.a.O., 47. Zu Recht hervorgehoben wird die Tatsache, daß diese Art von Naturzustand ein perfektes negatives Gegenbild zum entwickelten Kulturzustand der Gegenwart darstellt.

105 Vgl. unten S. 63 und Anm. 137. Daß Rousseau von Pufendorfs als fiktiv charakterisierter Darstellung des isolierten Individuums beeinflußt ist, kann kaum einem Zweifel unterliegen. Ein grundlegender Unterschied besteht aber darin, daß Rousseau es ablehnt, diesen Zustand als "elend" zu betrachten, vielmehr auf der ursprünglichen Stufe von einer weitgehenden Übereinstimmung zwischen den Bedürfnissen des Menschen und der Umwelt ausgeht - wie Lukrez, dessen Darstellung er im einzelnen in vieler Hinsicht folgt (s. unten S. 65ff. u.ö.).

Zunächst gewinnt er einen neuen Begriff der Hypothesenbildung, der sich nicht an den Schablonen des Naturrechts, sondern an den Methoden der modernen Naturwissenschaft orientiert. Seine Mittel sind „hypothetische und bedingungsweise geltende Schlußfolgerungen", „jenen vergleichbar, welche unsere Naturwissenschaftler alle Tage über die Entstehung der Welt machen" (semblables à ceux que font tous les jours nos Physiciens sur la formation du Monde, III, 133). Der Freiraum wissenschaftlichen Fragens, den sich Rousseau vor allem im Anschluß an die erdgeschichtlichen Forschungen Buffons schafft[106], steht im Problemfeld der Auseinandersetzung mit dem theologischen Wahrheitsanspruch, mit dem Buffon bereits in scharfen Konflikt gekommen war. Wie dort im Falle der „Entstehung der Welt" muß sich Rousseau hier im Hinblick auf den Naturzustand des Menschen von jedem Anspruch distanzieren, die „Tatsachen" und „historischen Wahrheiten" der biblischen Überlieferung in Zweifel zu ziehen[107]. In schillernden Formulierungen wird den überlieferten Glaubenswahrheiten ein ganz anderer Weg der Wahrheitserkenntnis gegenübergestellt, der sich aus Gründen der Zensur nicht als solcher bekennen darf und sich hinter dem Begriff des Hypothetischen versteckt:

> Commençons donc par écarter tous les faits, car ils ne touchent point à la question. Il ne faut pas prendre les Recherches, dans lesquelles on peut entrer sur ce Sujet, pour des verités historiques, mais seulement pour des raisonnemens hypothétiques et conditionnels; plus propres à éclaircir la Nature des choses qu'à en montrer la véritable origine ... (III, 132 f.).

> Beginnen wir also damit, daß wir alle Tatsachen beiseite lassen, denn sie berühren die Frage nicht. Man darf die Untersuchungen, in die man über diesen Gegenstand eintreten kann, nicht für historische Wahrheiten nehmen, sondern nur für hypothetische und bedingungsweise geltende Schlußfolgerungen, mehr dazu geeignet, die Natur der Dinge zu erhellen, als deren wahrhaften Ursprung zu zeigen ...

Wie steht es um den Begriff des Hypothetischen in diesem Zusammenhang? Selbstverständlich konnte Rousseau den hypothetischen Charakter seiner Aufstellungen nicht leugnen, gemessen an „Tatsachenwahrheiten", wie sie der Historiker (bzw. in diesem Fall der Theologe) zu konstatieren beansprucht. Aber er läßt doch keinen Zweifel daran, daß er dem Ergebnis seiner Rekonstruktionsbemühungen eine andere Art von Wahrheit zuspricht. Schon im Vorwort zu

106 *Histoire et théorie de la terre, Histoire naturelle, générale et particulière*, I, Paris (Imprimerie Royale) 1749, 65ff.

107 Zum Begriff der "Tatsachen" in diesem Zusammenhang H. Meier in der Einleitung zu seiner Ausgabe (S. XXXI ff.).

seinem Werk spricht er von den Schwierigkeiten, einen Zustand richtig zu erkennen,

> ... qui n'existe plus, qui n'a peut-être point existé, qui probablement n'existera jamais, et dont il est pourtant necessaire d'avoir des Notions justes pour bien juger de nôtre état présent (III, 123).
>
> ... der nicht mehr existiert, der vielleicht nie existiert hat, der wahrscheinlich niemals existieren wird und von dem zutreffende Begriffe zu haben dennoch notwendig ist, um über unseren gegenwärtigen Zustand richtig zu urteilen.

Es geht nicht um „Tatsachenwahrheiten“, sondern um die Erfassung bestimmter anthropologischer Grundmerkmale, die es gestatten, den Menschen, wie er sich zeitgenössisch darstellt, als Ergebnis eines Entwicklungsprozesses zu begreifen. Als Ausgangspunkt dieser Entwicklung wird ein Naturzustand angenommen, dessen Bild frei sein soll von allen Projektionen späterer Gesellschaftszustände. Ungeachtet der hypothetischen Gestalt ist dieser Zustand aber in seinen Grundzügen so deutlich umrissen, daß er als Ausgangspunkt für die spätere historische Entwicklung Plausibilität besitzt. Im Sinne dieser Überführung vom hypothetischen Anfang in den historischen Prozeß erweist sich die häufig diskutierte Frage „Fiktion oder historische Realität“ in der Tat als eine falsche Alternative. Da bestimmte Wesenszüge der menschlichen Natur auf ihren verschiedenen Entwicklungsstufen herausgearbeitet werden sollen, müssen gewisse Grundmerkmale auch historisch-genetisch beglaubigt erscheinen. Daß im Naturzustand die Ungleichheit der Menschen nahezu null ist, im Lauf der Entwicklung der menschlichen Fähigkeiten immer mehr wächst und durch die Entstehung des Eigentums und der Gesetze dauerhaft befestigt wird (wie es in der Zusammenfassung am Schluß des Discours noch einmal heißt [108]), sind für Rousseau „historische“ Feststellungen, ungeachtet der hypothetischen Methode, mit denen sie gewonnen wurden (III, 162). Da die gesellschaftliche Ungleichheit nach Rousseaus Auffassung dem Naturrecht zuwider ist, wird ihrer naturrechtlichen Begründung der Boden entzogen. Sie erscheint als Produkt einer historischen Entwicklung vom Naturzustand zum Gesellschaftszustand.

So sehr sich Rousseau in bestimmter Hinsicht von den naturrechtlichen Vorgängern Hobbes, Grotius und Pufendorf abzusetzen versucht (besonders im Hinblick auf jene Projektionen, die im Menschen des Naturzustandes deskriptiv vorzufinden glauben, was sie dann präskriptiv zur Norm des Gesellschaftszustandes erheben), bleibt er ihnen, oberflächlich betrachtet, in der Anwendung

108 Vgl. III, 193f.

der reduktiven Methode verbunden[109]. Sein Ziel ist es jedoch, durch radikales Weitertreiben der Methode auf den Menschen in einer postulierten „wahren" Ursprünglichkeit zu stoßen:

> En dépouillant cet Etre, ainsi constitué, de tous les dons surnaturels qu'il a pu recevoir, et de toutes les facultés artificielles, qu'il n'a pu acquerir que par de longs progrès; En le considerant, en un mot, tel qu'il a dû sortir de mains de la Nature, je vois un animal ... (III, 134f.)
>
> Wenn ich dieses so verfaßte Wesen aller übernatürlichen Gaben, die es hat empfangen können und aller künstlichen Fähigkeiten, die es nur durch langwierige Fortschritte hat erwerben können, entkleide, wenn ich es, mit einem Wort, so betrachte, wie es aus den Händen der Natur hat hervorgehen müssen, so sehe ich ein Tier ...

Wir werden davon zu sprechen haben, wie sich Rousseau diesen tierhaften Zustand des Menschen im einzelnen vorgestellt hat und wie er sich dabei auch bestimmter Elemente antiker Tradition bediente, um etwa Merkmale eines „Mängelwesens" (auch sonst im 18. Jahrhundert vielfach diskutiert und bis ins 20. als heuristisches Prinzip wirksam), eine solitäre Lebensweise und Formen der Sexualität, der Bedürfnisse, der Kommunikation zu umreißen.

Wenn Rousseau betont, es sei „kein geringes Unterfangen zu unterscheiden, was in der aktuellen Natur des Menschen ursprünglich und was künstlich ist" (ce n'est pas une légére entreprise de démêler ce qu'il y a d'originaire et d'artificiel dans la Nature actuelle de l'homme, III, 123), dann steht er mit dieser Fragestellung in der Tradition der antiken Auseinandersetzungen über das Problem, was im Wesen des Menschen, in der Kultur, in den Institutionen der Gesellschaft und in der Sprache auf Natur (physis) und was auf Technik (techne) bzw. auf Konvention (nomos) oder Setzung (thesis) begründet sei[110], eine Diskussion, die sich über die gesamte Geschichte des anthropologischen Denkens der Antike erstreckt. Die von den Sophisten erhobene Frage, was am Menschen „von Natur" sei, die mit besonderer Klarheit zuerst von dem Sophisten Antiphon gestellt wurde, ist für ihn vor allem die Frage nach der Einordnung alles dessen, was der Mensch schafft, d.h. nach dem komplementären Verhältnis, in dem die 'techne' der 'physis' gegenübertritt. Rousseau hat, wie wir sehen werden, diesen Gedanken schon bei Protagoras, dann aber vor allem bei Aristoteles gefunden. Es wird im einzelnen zu zeigen sein, wie sich

109 Zu der spezifischen Form, in der Rousseau unter Zuhilfenahme ethnologischen Materials der reduktiven Methode einen neuen Inhalt gibt (Prozeß wechselseitiger Aufrechnung und steter Reduktion), vgl. Kohl, *Entzauberter Blick*, 176f.

110 Zum Thema allgemein die Untersuchung von F. Heinimann, *Nomos und Physis* (s. Anm. 50).

Rousseau in die weitere neuzeitliche Entwicklung dieser Frage einordnet. Wie wir sehen werden, nimmt er eine extreme Position ein. Ein äußerst großer Teil dessen, was zu den Merkmalen des „aktuellen“ Menschen gehört, wird als Ergebnis eines historischen Prozesses und im „Naturzustand“ nicht gegeben angesehen: Gesellschaft, Vernunft, Sprache, Sicherung der Subsistenz mit „technischen“ Mitteln, Eigentum, staatliche und gesellschaftliche Organisationsformen. Für das Verständnis von Rousseaus Anthropologie ist damit eine Erkenntnis von grundsätzlicher Bedeutung verbunden: Eine unwandelbare Menschennatur gibt es für ihn nicht bzw. nur in der Phase des Naturzustandes, in der der Mensch tief in seine biotische Bedingtheit eingesenkt und als Bestandteil der organischen Lebenswelt erscheint - abgesehen von unentwickelten Potenzen, die ihre unabsehbare Kraft erst mit dem Übergang in den Gesellschaftszustand entfalten können. Wenn auch nicht mit der von Rousseau befolgten Radikalität (Verzicht auf Vernunft und Sprache) gibt es für eine solche Auffassung von einem „tierhaften Leben“ in der Antike vielfältige Ansätze, die auch für Rousseau bedeutsam waren.

Zu beachten ist, wie sich derartige Elemente der Tradition in das Gesamtbild einordnen, das Rousseau aus historischem und zeitgenössischem Material für seine Auffassung vom Naturzustand des Menschen geformt hat. Im Zentrum steht neben der biologischen Forschung, repräsentiert vor allem durch Buffon, das ethnographische Material, das Rousseau in älteren und zeitgenössischen Reiseberichten fand. Dabei liefert das Leben der „Wilden“ viele Fingerzeige für die Rekonstruktion des „Naturzustandes“, weil sie diesem noch näher stehen als die „Zivilisierten“, die sich weit von den natürlichen Lebensbedingungen entfernt haben[111]. Es geht dabei sowohl um idealisierende Vorstellungen vom ‘Bon sauvage’ wie jene realistischeren Sachberichte, die eine sich etablierende ethnographische Wissenschaft bereitstellte.

Insgesamt gelangt Rousseau zu seinen Ergebnissen nur scheinbar mit den Mitteln der reduktiven Methode. In Wahrheit ist, wie wir sahen, sein Bild des Naturzustandes das Ergebnis einer „naturwissenschaftlich-ethnographischen Rekonstruktion“[112]. Aus der Sicht der Rezeption antiker Quellen ist aber hinzuzufügen, daß dieses Bild von antiken Elementen nicht selten vorgeprägt oder auch in Einzelzügen beeinflußt ist. Möglich war eine solche Einbeziehung antiken Traditionsgutes, weil auch dessen Bilder des Naturzustandes mindestens seit dem 5. Jahrhundert v. Chr. auf eine ähnliche Weise der „Rekonstruktion“, unter Heranziehung naturwissenschaftlicher und ethnographischer Daten, zustande gekommen waren. Vorausliegend und parallel dazu gab es natürlich eine mythische Überlieferung, die aus anderen Quellen geflossen war.

111 Vgl. unten S. 164f. u. Anm. 379.
112 Vgl. Figal, a.a.O., 31f.

Je nach den Auffassungen von der natürlichen und geschichtlichen Welt gab es Quellen von sehr unterschiedlicher Provenienz: vom glücklichen Urzustand einer götternahen „Goldenen Zeit" (Hesiod, Ovid) bis zur Auffassung von einer harten Zeit des Anfangs, die den Menschen dazu zwang, sein Leben selbst mit Hilfe der „Künste" zu gestalten (Protagoras, Demokrit, Epikur), mit mannigfachen Zwischenformen (Platon, Aristoteles), zu denen auch eine dialektische Geschichtsbetrachtung von Aufstieg und Niedergang gehört (Dikaiarchos, Poseidonios, Lukrez)[113]. Bereits in der Antike bildeten derartige Auffassungen einen wichtigen Bestandteil des Bildes, das die verschiedenen philosophischen Systeme (Akademie, Peripatos, Stoa, Epikureismus) vom Menschen entwarfen. In der gleichen Weise integrierten sich Konzeptionen von der Entstehung von Gesellschaft, Staat und Kultur in die großen anthropologischen Entwürfe des 17. und 18. Jahrhunderts bei Hobbes, Spinoza, Buffon, Rousseau und Helvétius. Diese nahmen auch Elemente antiker Auffassungen in ihre Konzeptionen auf. Dabei kann es keinem Zweifel unterliegen - und wir werden es im einzelnen zu zeigen haben -, daß ausschlaggebend für alle Rezeptionsvorgänge dieser Art die zeitgenössischen wissenschaftlichen und weltanschaulichen Bedürfnisse waren, die eine Affinität zu bestimmten Traditionen hervortreten ließen.

V. Goldschmidt hat als wesentliches Merkmal der Rousseauschen Auffassung vom Naturzustand dessen außerordentliche Konstanz, Statik und vom Gleichmaß der Jahrhunderte unberührte Permanenz herausgearbeitet, die, völlig abgeschlossen und in sich ruhend, für den Menschen keinerlei Anstoß gegeben hätten, aus seinem originären animalischen Zustand herauszutreten[114]. Das Gleichmaß der Verhältnisse bestimmt den ersten Teil des Discours in allen Einzelzügen. Erst gewisse, für Rousseau zufällig eintretende Veränderungen in den elementaren Naturbedingungen lösten jene Entwicklung zur Gesellschaft und Kultur aus, die er im zweiten Teil des Discours darstellt.

2. Animalität des frühen Menschen

Rousseaus in der Auseinandersetzung mit den Naturrechtstheorien der Vergangenheit und unter dem Einfluß der zeitgenössischen biologischen Wissenschaft gewonnene Auffassung vom Menschen im Naturzustand ist von der Tendenz geprägt, den Menschen als Lebewesen unter den Lebewesen zu begreifen, d.h. „Vermutungen" anzustellen, „die allein aus der Natur des Menschen und der Wesen, die ihn umgeben, hergeleitet sind" (... conjectures tirées de la seule nature de l'homme et des Etres qui l'environnent, III, 133).

113 Vgl. unten S. 259ff.
114 Vgl. Goldschmidt, *Anthropologie*, 233f.

Auf diesem Wege erfuhr Rousseau, bei allen Unterschieden, über die noch zu sprechen sein wird, starke Impulse von Buffon, der in seiner den zeitgenössischen Stufentheorien zugehörigen Auffassung[115] den Menschen als animalisches Wesen verstand, nach seinen organischen Eigenschaften Bestandteil einer „Kette der Wesen“, die in unendlich kleinen Abstufungen existiert[116]. Diese Kette wird aber an entscheidender Stelle unterbrochen. Aus dem Denkvermögen, das in alter cartesianischer Weise definiert wird, ergibt sich für Buffon die Sonderstellung des Menschen, die ihn von allen anderen Lebewesen, auch den vollkommensten, unterscheidet.

Rousseau folgt Buffon darin, daß er den Menschen als biologisches Wesen dem Tier annähert, nicht aber im Gedanken einer im Denkvermögen begründeten absoluten Sonderstellung. Worin auch nach Rousseau eine Sonderstellung begründet ist, wird uns im folgenden noch zu beschäftigen haben.

Rousseau beginnt den ersten Teil seiner Abhandlung mit einer kurzen Erörterung von Fragen, die sich aus zeitgenössischen transformistischen Denkansätzen ergeben, zu denen auch die Stufentheorien in einem weiteren Sinn gehören. Ihre ausgeprägtesten Formen bilden jedoch weitreichende Spekulationen bei Maupertuis und Diderot, nach denen die Entwicklung der Arten sich auf der Grundlage von Mutationen und Kreuzungen (Maupertuis) bzw. durch Herausbildung und Höherentwicklung von Organismen aus vermischten Elementen der Materie (Diderot) vollzogen hat[117]. Wir haben an anderer Stelle gezeigt, daß diese ersten tastenden Versuche eines Evolutionsdenkens der Aufklärung in einer offenkundigen Beziehung zu antiker Überlieferung stehen[118]. Sie hatten bei Empedokles und Lukrez eine halbmythische Ausprägung gefunden, nach der das Prinzip ‘trial and error’ zu einer natürlichen Auslese geführt hat. In den neuzeitlichen Hypothesen ist freilich an das lamarckistische Prinzip der Erwerbung von Eigenschaften durch Anpassung gedacht.

Wie noch in der Neuzeit stand in der Antike solchen Denkansätzen das Aristotelische Prinzip der Ewigkeit und Unveränderlichkeit der Arten gegenüber. Umso erstaunlicher muß es erscheinen, daß sich Rousseau zur Exemplifizierung

115 Vgl. Kohl, *Entzauberter Blick*, 141.

116 Vgl. Lovejoy, *Die große Kette der Wesen*, 277f.; Goldschmidt, *Anthropologie*, 240ff. Die genannten Autoren berücksichtigen die verschiedenen Phasen in der Entwicklung von Buffons Konzeption, u.a. in der Frage der Arten, auf die hier im einzelnen nicht eingegangen werden kann. Zur Stufentheorie als Vorstufe der eigentlichen Evolutionslehre Lovejoy, *Die große Kette der Wesen*, 274ff.; Krauss, *Zur Anthropologie des 18. Jahrhunderts*, 196ff.; zur Bedeutung Buffons für die Anthropologie des 18. Jahrhunderts vgl. auch J. Vogl, „Homogenese. Zur Naturgeschichte des Menschen bei Buffon“, in: *Der ganze Mensch* (vgl. Anm. 1), 80ff.

117 Vgl. oben S. 19.

118 Vgl. R. Müller, „Der Mensch in der antiken Evolutionstheorie“, in: *Menschenbild und Humanismus der Antike*, 44ff.

evolutionistischer Denkansätze ausgerechnet auf Aristoteles beruft. Der antike Philosoph hat in zwei seiner biologischen Schriften (*Über die Teile der Tiere* und *Tierkunde*) eine Analogie zwischen den Klauen der Tiere und den Nägeln des Menschen hergestellt[119]. Obwohl Aristoteles gemäß seiner Auffassung von der Konstanz der Arten von einem Evolutionsdenken weit entfernt ist[120], macht Rousseau aus der Analogie ein quasievolutionäres Bild mit der Unterstellung (sie ist bei Aristoteles nicht zu belegen), daß die „langen Nägel ursprünglich krumme Klauen" (des griffes crochües) gewesen sind (III, 134).

Bei Rousseau geht es um die Frage einer ursprünglichen Quadrupedie oder Bipedie des Menschen. Er lehnt es unter Berufung auf den unentwickelten Stand der Wissenschaft ab, Spekulationen in dieser Frage anzustellen:

> L'Anatomie comparée a fait encore trop peu de progrès, les observations des Naturalistes sont encore trop incertaines, pour qu'on puisse établir sur de pareils fondemens la baze d'un raisonnement solide (III, 134).
>
> Die vergleichende Anatomie hat noch zu wenig Fortschritte gemacht, die Beobachtungen der Naturforscher sind noch zu unsicher, als daß man auf solchen Fundamenten den Grund zu einer soliden Schlußfolgerung legen könnte.

Rousseau entscheidet sich (im Für und Wider ausführlich erörtert in Anm. III) für eine „Bipedie von Anfang an":

> ... je le supposerai conformé de tous temps, comme je le vois aujourd'hui, marchant à deux pieds, se servant de ses mains comme nous faisons des nôtres, portant ses regards sur toute la Nature, et mesurant des yeux la vaste étendue du Ciel (III, 134).
>
> ... werde ich somit annehmen, er sei von jeher so beschaffen gewesen, wie ich ihn heute sehe: er sei auf zwei Füßen gegangen, er habe sich seiner Hände so bedient, wie wir es mit den unsrigen tun, er habe seinen Blick auf die ganze Natur gerichtet und mit den Augen die weite Ausdehnung des Himmels gemessen.

Die Begründung, die Rousseau für diese Entscheidung gibt, scheint eindeutig, ist aber angesichts der Nähe seines Denkens zur evolutionistischen Theorie erstaunlich genug[121]. So wurde die Vermutung geäußert, Rousseau (im Prinzip einer evolutionären Weltsicht verbunden) habe das Problem der biologischen

119 Vgl. *Über die Teile der Tiere* IV, 10, 687 b 21 ff.; IV, 11, 690 b 8ff.; *Tierkunde* I, 1 486 b 17ff.; II, 8, 502 b 1ff.; III, 9, 517 a 30ff.

120 Vgl. R. Müller, „Aristoteles und die Evolutionslehre", in: *Deutsche Zeitschrift für Philosophie* 17 (1969), 1487ff.

121 Starobinski, Komm. z.St., 134,1, spricht von einem "begrenzten Transformismus".

Evolution (Transformation) hier „ausgeblendet“, um sich um so grundsätzlicher mit der psychischen und sozialen Evolution vom Zustand der Animalität bis zum Menschen der Gegenwart auseinanderzusetzen. Diese Vermutung hat manches für sich[122].

Kennzeichnet Rousseau also den Menschen gewissermaßen konventionell mit den Kategorien einer anthropozentrischen Auffassung, die seine Sonderstellung betont (Gehen auf zwei Füßen, besondere Rolle der Hand, durch Aufrichtung des Kopfes Blick auf die gesamte Natur und die weite Ausdehnung des Himmels) und damit die Attribute einer großen Tradition von Aristoteles bis Seneca verwendet[123], stehen bereits die nächsten Sätze im Zeichen des Grundmerkmals von Rousseaus Auffassung des Menschen im Naturzustand: seiner Animalität. Diese stellt ihn im Prinzip auf eine Stufe mit der Tierwelt, wobei er freilich unter biologischem Gesichtspunkt eine Sonderstellung einnimmt:

> ... je vois un animal moins fort que les uns, moins agile que les autres, mais à tout prendre, organizé le plus avantageusement de tous (III, 134f.)
>
> ... so sehe ich ein Tier, das weniger stark als die einen, weniger flink als die anderen, aber alles in allem genommen am vorteilhaftesten von allen organisiert ist.

Der grundsätzliche Vergleich zwischen Mensch und Tier nach ihren körperlichen Anlagen und Vorzügen, nach ihren seelischen und geistigen Potenzen bildete ein wesentliches Element der zeitgenössischen Anthropologie, wie wir bei Buffon, Condillac und Diderot sehen können[124]. Rousseau hat von diesen Zeitgenossen Wesentliches übernommen, aber seine Grundauffassung vom Menschen im Naturzustand bringt ihn auch in bestimmten Fragen zu einer besonde-

122 H. Meier, a.a.O., 78, Anm. 94.

123 Im Gegensatz zu allen anderen Merkmalen der Aristotelischen Anthropologie (Rede, Vernunft, Sozialität), die Rousseau dem Menschen im Naturzustand abspricht, akzeptiert er hier den aufrechten Gang. Dieses Merkmal gehört im Rahmen des teleologischen Weltbildes der Antike zu den entscheidenden Aussagen: Es betont die Sonderstellung des Menschen als eines Wesens, das auf die Erkenntnis des Göttlichen gerichtet ist (Aristoteles, *Tierkunde* I, 15, 494 a 26ff.; *Über die Teile der Tiere* IV, 10, 686 a 25ff.). Vgl. Cicero, *Über die Gesetze* I, 26; *Über die Natur der Götter* II, 40 in stoischem Kontext: Der Mensch allein von allen Wesen ist aufgerichtet, um zum Himmel als Ort seiner Verwandtschaft und einstigen Heimstatt aufzublicken. Vgl. auch Seneca, *Über die Muße* 5, 3-4, über den Menschen als Betrachter des Himmels. Generell zu diesem Aspekt bei Seneca J. Küppers, „‘Kosmosschau’ und ‘virtus’ in den Philosophica Senecas“, in: *Antike und Abendland* 42 (1996), 57ff. Zur Geschichte des Topos A. Wlosok, *Laktanz und die philosophische Gnosis*, Abh. der Heidelberger Akademie der Wiss, Jg. 1960, 2, 8ff.: zu Cicero, 19ff., zu Seneca, 23ff.).

124 Zu Buffon vgl. Duchet, a.a.O., 229ff.; zu Diderot s. Duchet, a.a.O., 407ff.; vgl. Starobinski, *Rousseau und Buffon*, 487f.

ren Position, die im Verhältnis zu Buffon deutlich wird: Verstand, Intelligenz, Gesellschaft, die für Buffon, als zum Wesen des Menschen gehörig, schon der Primitive besitzt, werden für Rousseau zu Errungenschaften eines lange währenden Prozesses, den er zu rekonstruieren unternimmt.

Rousseaus Konzeption des Menschen als eines Wesens, „wie es aus den Händen der Natur hat hervorgehen müssen“ (tel qu'il a dû sortir des mains de la Nature, III, 134) ist von einer gewissen Spannung bestimmt: Einerseits erscheint der Mensch als „Mängelwesen“, das in seiner physischen Ausstattung hinter den Tieren vielfach zurückbleibt, andererseits als das „bestorganisierte“ Lebewesen. In detaillierter Argumentation haben die zeitgenössischen Autoren die Spezifik der menschlichen Körperstruktur, der Erkenntnisformen, der technischen Fähigkeiten im Vergleich zu tierischen Lebensformen herausgearbeitet. Rousseau, der Buffons Auffassung vom Denken als dem entscheidenden Merkmal des Menschen gegenüber den Tieren ablehnt, übernimmt doch dessen Konzeption, nach der der Mensch (biologisch) am vorteilhaftesten organisiert ist[125].

Hinter den Auffassungen vom Mängel- bzw. bestorganisierten Wesen, hier bei Rousseau nebeneinandergestellt, stehen Konzeptionen, die bereits in der Antike starke Diskussionen ausgelöst hatten. Generell war der Vergleich von Mensch und Tier auch in der Antike eine wesentliche Quelle anthropologischer Erkenntnis[126]. Was das Mängelwesen betrifft, haben wir an der oben zitierten Stelle bei Rousseau einen fast wörtlichen Anklang an den locus classicus in Platons *Protagoras*, in dem die anthropologische Position des bedeutenden Sophisten dargelegt wird: Der Mensch, vielen Tieren nachstehend an Stärke und Schnelligkeit, wurde von der Natur (im mythischen Kontext von Prometheus) zum Ausgleich mit der technischen Kunstfertigkeit versehen, die die Kompensation der Mängel ermöglichte (Platon, *Protagoras* 320 Cff.)[127].

Ein weiterer wichtiger Autor, der eine Mängel- und Kompensationstheorie vertreten hat, war Anaxagoras. Nach seiner Auffassung ist der Mensch unter allen Aspekten der natürlichen Ausstattung schlechter gestellt als die Tiere, aber dank bestimmter Begabungen nützt er seine geistigen Fähigkeiten und die Hand, um die natürlichen Mängel zu kompensieren (Fr. 21 b, A 102 D.-K.). In

125 Duchet, a.a.O., 331. Aber Rousseau zieht andere Konsequenzen für den Status des Menschen im Naturzustand. Da er sich selbst genügt, ist er nicht darauf angewiesen, sich mit seinesgleichen zu verbinden. Die Instinktschwäche ist Anlaß, sich die Stärken der anderen Wesen anzueignen (vgl. S. 189ff.).

126 Zur Rolle des Tier-Mensch-Vergleichs im anthropologischen Denken der Antike U. Dierauer, *Tier und Mensch im Denken der Antike*, Amsterdam 1977; Sorabji, a.a.O., (Anm. 24).

127 E. Pöhlmann, „Der Mensch - das Mängelwesen?“, in: *Archiv für Kulturgeschichte* 52 (1970), 297ff.

dem Bestreben, die Ambivalenz von physischen Mängeln und geistigen Vorzügen gegeneinander abzuwägen, bereitet sich die einheitliche Sichtweise von Demokrit und Aristoteles vor, die die Rede von einem „Mängelwesen“ nicht mehr gestattet.

Die Gegenposition vom Menschen als einem wohlveranlagten Wesen in einem teleologisch verstandenen Naturzusammenhang (als wichtigste Merkmale der aufrechte Gang, Hände, Fähigkeit zur artikulierten Sprache, ungebundener Sexualtrieb, die gesamte seelische Ausstattung) begegnet uns zuerst bei Xenophon (*Erinnerungen an Sokrates* I, 4, 11ff.), stammt aber mit großer Wahrscheinlichkeit von Diogenes von Apollonia[128]. Aber auch in einem nichtteleologischen Zusammenhang finden wir bei Diodor (I, 8, 7) die hier auf Demokrit zurückgehende Auffassung vom Menschen als einem von Natur „wohlausgestatteten Wesen“ (euphyes zoon), als dessen Attribute Hände, Sprache und Verstand erscheinen. Die bedeutendste Konzeption vom Menschen als dem am besten organisierten Wesen vertrat Aristoteles, von dem wir einen charakteristischen Text später zitieren werden.

Es ist interessant, welche Weiterentwicklung solche Ausgangspositionen bei Rousseau erfahren haben. Seine ‘facultés artificielles’ sind durch langwierige Fortschritte erworben und nicht bereits von der Natur mitgegeben wie bei Protagoras[129]: eine evolutionäre Sichtweise, die letztlich in demokritischer Tradition steht. Anders als bei Protagoras erscheinen hier nur bestimmte Anlagen vorgebildet, die (in Auseinandersetzung mit der natürlichen Umwelt und unter dem Druck des Bedürfnisses) zur Entstehung der Fertigkeiten und Künste führen. Rousseau gelangt, im Vergleich mit der antiken Konstellation, zu einer Lösung, die ursprünglich gegensätzliche Positionen zum Ausgleich bringt. Daß die antiken Vorstufen ihm bekannt waren, kann angesichts der ihm vertrauten Texte bei Platon und Diodor vorausgesetzt werden[130].

Für Rousseaus Auffassung ist ausschlaggebend, daß er den Menschen weder von vornherein über bestimmte Fähigkeiten (Protagoras) noch über die Vernunft (Buffon) verfügen läßt. Seine Sichtweise ist auch hier evolutionär. Der Vorzug des Menschen besteht gewissermaßen in einer partiellen Leerstelle: einer Instinktschwäche, die, mit der Freiheit zur Entscheidung untrennbar verbunden, eine selbständige Auseinandersetzung mit der Umwelt ermöglicht[131].

128 Vgl. W. Theiler, *Zur Geschichte der teleologischen Naturbetrachtung bis auf Aristoteles*, Diss. Basel 1924, 18ff.

129 Zum schwierigen Begriff der 'facultés artificielles' und seinem antiken Hintergrund Meier, a.a.O., 78, Anm. 95 .

130 Für Rousseau waren Teile des Diodor-Textes bei Pufendorf, *De jure naturae et gentium* II, 2, leicht zugänglich und haben offenbar die Kenntnisnahme des gesamten Kapitels über die Kulturentstehung veranlaßt (vgl. unten S. 141ff.).

131 Vgl. unten S. 189ff.

Die Art, in der diese Synthese vollzogen wird, zeigt wiederum eine enge Berührung mit der antiken Kulturtheorie: Demokrits Konzeption der Mimesis. Die Menschen beobachten die Fertigkeiten der Tiere und ahmen sie nach (Demokrit, Fr. 154 D.-K.)[132]. Daß Rousseau von der Nachahmung der Fertigkeiten zu einer Art „Aneignung“ der Instinkte gelangt, ist in der Konzeption von der Instinktschwäche des Menschen begründet, die die Nachahmung in einen besonderen Kontext einordnet.

Ein weiteres Argument zeigt Rousseau in Distanz zu antiken und modernen Vertretern einer Theorie vom Menschen als „Mängelwesen“:

> Le corps de l'homme sauvage étant le seul instrument qu'il connoisse, il l'employe à divers usages, dont, par le défaut d'exercice, les notres sont incapables, et c'est notre industrie qui nous ôte la force et l'agilité que la nécessité l'oblige d'acquerir (III, 135).

> Da der Körper des wilden Menschen das einzige Werkzeug ist, das er kennt, gebraucht er ihn zu verschiedenen Verwendungen, deren unsere Körper durch den Mangel an Übung nicht fähig sind, und es ist unsere Kunstfertigkeit, die uns die Stärke und die Flinkheit raubt, die zu erwerben ihn die Notwendigkeit zwingt.

Gewisse organische „Mängel“ in dieser Weise als *Folge* der technischen Entwicklung zu deuten, dreht den ursprünglichen Gedanken um - ein charakteristisches Beispiel für Rousseaus Auffassung von der Ambivalenz der Kulturentwicklung und Anzeichen der Distanz zu Versuchen, den Mängelgedanken zum Drehpunkt anthropologischer Betrachtung zu machen, wie wir das in anderen zeitgenössischen Konzeptionen finden[133].

Rousseau berührt sich in der Auffassung vom Körper des Menschen als Werkzeug eng mit Aristoteles, der die Rolle der Hand besonders hervorhebt, freilich nicht darauf verfällt, organische Mängel als Ursache des Kulturprozesses zu betrachten. Gegen die Auffassung vom Menschen als „Mängelwesen“ gewandt, erklärt der Philosoph: „Die aber die Auffassung vertreten, der Mensch sei nicht zweckmäßig, sondern am schlechtesten von allen Lebewesen beschaffen ..., sind im Unrecht. Die anderen Lebewesen haben jeweils nur ein Hilfsmittel ... Der Mensch hat viele Hilfsmittel und kann sie immer wechseln, und dazu verfügt er über jede beliebige Waffe und wann immer er will. Denn die Hand wird zur Kralle, zur Klaue, zum Horn und zum Spieß und Schwert und zu jeder beliebigen anderen Art von Waffe und Werkzeug. Und alles dies kann sie sein,

132 Vgl. unten S. 191ff.

133 Vgl. R. Müller, „Der Mensch in der antiken Evolutionstheorie“, 49f., über La Mettrie und Holbach. Zu den Grundsätzen einer materialistischen Anthropologie in der französischen Aufklärung vgl. Krauss, *Zur Anthropologie des 18. Jahrhunderts*, 111ff.

weil sie fähig ist, alles zu ergreifen und zu halten“ (*Über die Teile der Tiere* IV, 10, 687 a 23ff.)[134].

Für Rousseaus Fundierung des Menschen in der Animalität gab es in der Philosophie und Wissenschaft der ersten Hälfte des 18. Jahrhunderts vorbereitende Entwicklungen, vor allem in der Betonung der Sinnlichkeit, wie wir sie in der Psychologie des Sensualismus fanden. Rousseau hat mit seinem Bild vom Menschen im Naturzustand diese Tendenz am weitesten getrieben[135]. Er konnte dafür kaum Vorbilder in der Reiseliteratur des 17. und 18. Jahrhunderts finden, die bei den beschriebenen Völkern immer einen bestimmten Grad von Entwicklung voraussetzen: gesellschaftliche Organisationsformen, Sprache, Sitten und Bräuche. Auch zeitgenössische Autoren wie Buffon, Diderot und Condillac sind weit davon entfernt, bei dem nach ihrer Auffassung in Horden lebenden Menschen der Frühzeit Sprache, Verstand und ein Minimum an zivilisatorischen Errungenschaften in Abrede zu stellen[136]. Nur Pufendorf hat ein (ausdrücklich für hypothetisch erklärtes) Bild vom Naturzustand des Menschen entworfen, den „Menschen an sich“: nur denkbar, wenn die Menschheit keine Zivilisation entwickelt hätte und wenn sie ohne jegliche gesellschaftliche Strukturen geblieben wäre. Pufendorf kennt für ein so „elendes“ Bild des primitiven Zustandes des Menschen als einzige Berufungsinstanz bestimmte „heidnische“ Schriftsteller, die nicht vertraut gewesen seien mit der göttlichen Darstellung des wahren Ursprungs der Menschheit: Horaz, Lukrez, Diodor, auch bestimmte Stellen bei Autoren wie Euripides und Cicero - Auffassungen, die Pufendorf ausführlich zitiert und die z.T. auch bei Rousseau wiederkehren[137].

134 Zur Weiterführung dieses Gedankens in der Theorie der Multifunktionalität der menschlichen Körper- und Geistestätigkeit bei Rousseau (und Poseidonios als antikem Vorläufer) vgl. unten S. 189ff.

135 Zum engen Anschluß an die Psychologie Condillacs bereits Morel, a.a.O., 143ff. Bei Condillac bezeichnet 'sentir' die Sinnesempfindungen nicht nur in ihrem Wahrnehmungs-, sondern auch in ihrem Gefühlscharakter; vgl. auch Rang, a.a.O., zum Begriff des "Körpergefühls". Der Bereich der Empfindung ist bei Mensch und Tier nach sensualistischer Auffassung qualitativ gleich. Rousseau wurde in seiner Tendenz einer weitgehenden Angleichung des "Naturmenschen" an die Tiere von Zeitgenossen kritisiert (vgl. Voltaire in seinem berühmten Brief an Rousseau vom 30.8. 1755: *Les œuvres complètes de Voltaire* 100, *Correspondance* XVI, 1971, 259).

136 Vgl. Duchet, a.a.O., 329ff.

137 Vgl. oben S. 35. Pufendorf, *De jure naturae et gentium* II, 2, 2, und dazu H. Welzel, *Die Naturrechtslehre Samuel Pufendorfs*, Berlin 1958, 28; H. Denzer, *Moralphilosophie und Naturrecht bei Samuel Pufendorf*, München 1972, 103ff. Pufendorfs Darstellung war für Rousseau Ausgangspunkt in einem doppelten Sinn: Er fand hier wichtige Zeugnisse für eine ganze antike Traditionslinie zum Urzustand des Menschen. Aber er benutzte diese Zeugnisse in einem Sinn, der der Intention Pufendorfs, diesen Zustand als "elend“ zu begreifen, entgegengesetzt war. Unter den zahlreichen, von Pufendorf mehr oder minder ausführlich (die griechischen Autoren in lateinischer Übersetzung) zitierten Texten sind

Wir befinden uns hier an einer wesentlichen Inspirationsquelle für Rousseaus Auffassung von der Animalität des Menschen im Naturzustand: die Konzeption eines „tierhaften Lebens“ (theriodes bios), das der Entstehung der Zivilisation vorausging. Wir werden im folgenden mit einer Vielzahl von sprachlichen Bildern, Motiven und Begründungszusammenhängen vor allem Lukrez und Diodor als eine Quelle solcher Vorstellungen belegen. Diesen Autoren ging in der Antike eine lange Entwicklung in der Darstellung des vorsozialen und vorkulturellen Menschen als eines sich wesentlich in animalischen Funktionen erschöpfenden Wesens voraus, das wie ein Tier unter Tieren lebt, seine Subsistenzmittel in der Natur findet und mannigfachen Gefahren ausgesetzt ist, die vor allem von Raubtieren ausgehen. Seit frühen orphischen Texten und von der Sophistik beeinflußten Konzeptionen gab es in der Antike nicht wenige Überlieferungen, die sich auf einen solchen 'theriodes bios' bezogen[138], aber niemand hat diesen Zustand so bildhaft anschaulich geschildert wie der Dichter Lukrez im 5. Buch seines Werkes *Über die Natur der Dinge*.

Daß dieser Autor für zahlreiche Details der Darstellung des tierhaften Lebens bei Rousseau als Vorbild gedient hat, werden wir im folgenden sehen. Die darüber hinausgehende und eigentlich wesentliche Frage ist die nach einem Einfluß in konzeptioneller Hinsicht. Wesentlich für beide Aspekte ist die Darstellung des naturhaften Lebens in seiner konzeptionellen Einheit. Wenn Rousseau eine Darstellung mit „Ich sehe es“ (Je le vois) einleitet, so zeigt der Textvergleich, daß er das, was er sieht, bei dem römischen Dichter gelesen hat:

> Je le (sc. un animal) vois *se rassasiant sous un chesne, se désalterant au premier Ruisseau, trouvant son lit au pied du même arbre qui lui a fourni son repas,* et voilà ses besoins satisfaits (III, 135).

die meisten durch diffuse, z.T. widersprüchliche Vorstellungen charakterisiert: Manilius I (66ff.); Horaz, *Satiren* I, 3 (99ff.); Lukrez V, (925ff.); Diodor I, 8 (1-2, 5-7; vgl. I, 43); Cicero, Für Sestius (42); *Über die Auffindung der Gesichtspunkte (De inventione)* I (2); Euripides, *Die Hilfeflehenden* (201ff.); Oppian, *Halieutica* II, 15 ff; Ovid, *Metamorphosen* I, 107ff.; Vergil, *Vom Landbau* II, 336; Lukrez V, (818f.); Euripides, *Kyklops* (120). Wenn Lukrez und Diodor in Rousseaus Rezeption eine Sonderstellung zukommt, ist dies u.a. im konzisen und logischen Aufbau dieser Texte begründet, wie im folgenden zu zeigen sein wird.

138 Kritias, Fr. 25 D.-K.; *Orphicorum fragmenta* 292 Kern; Isokrates, Nikokles 5f., *Panegyrikos* 26f., 39, *Antidosis* 254; Moschion, Fr. 6 (TrGF I, 265f.); Athenion, Fr. 1 (CAF III, 369f.); Cicero, *Über die Auffindung der Gesichtspunkte (De inventione)* I, 2; Diodor I, 8, 1; III, 56, 3f. Vgl. Spoerri, a.a.O., 152. Wohl konnte Rousseau auch an die stoische Lehre der "ersten Naturtriebe" anknüpfen, um die Animalität des Naturzustandes (ausgehend von der Ontogenese des Menschen) zu begründen. Aber die wesentlichen Anregungen für eine bildhaft ausgeführte Darstellung gingen doch von Autoren wie Lukrez aus.

> Ich sehe es, wie es sich unter einer Eiche satt ißt, wie es am erstbesten Bach seinen Durst löscht, wie es sein Bett am Fuße desselben Baumes findet, der ihm sein Mahl geliefert hat, und damit sind seine Bedürfnisse befriedigt.

Bei Lukrez lesen wir:

> *glandiferas inter curabant corpora quercus*
> *plerumque* ... (V, 939)
>
> Inmitten von fruchttragenden Eichen versorgten sie zumeist ihren Leib ...
>
> *at sedare sitim fluvii fontesque vocabant* ... (V, 945)
>
> Doch den Durst zu löschen luden Flüsse und Quellen ein ...
>
> saetigerisque pares subus silvestria *membra*
> nuda dabant terrae nocturno tempore capti,
> *circum se foliis ac frondibus involventes* (V, 969ff.).
>
> Wie die borstigen Schweine betteten sie ihre rauhen Glieder nackt auf die Erde, wenn sie die Nacht überraschte, und sie hüllten sich in Blätter und Laubwerk.

Neben bildhaften Motiven für ein tierartiges Leben inmitten unermeßlicher Wälder, die Tieren und Menschen Vorratslager und Schlupfwinkel bieten (Lukrez V, 955ff.), werden von Rousseau auch grundsätzlichere Merkmale dieser Lebensweise berührt, die bei Lukrez vorgebildet sind: Die Gewöhnung an die Unbilden der Witterung und die Strenge der Jahreszeiten schafft physische Stärke und Ausdauer (Rousseau III, 135 - Lukrez V, 925ff., 929). Auf ihre Kraft vertrauend, verlieren die Menschen die Furcht vor den Raubtieren (Rousseau III, 136 - Lukrez V, 966ff.), mit Steinen und einem guten Stock bewaffnet (Rousseau III, 136 - Lukrez V, 975).

Rousseau konnte eine Quelle wie Lukrez für seine Auffassung von der wesenhaft animalischen Natur des frühen Menschen in weitgehender Anlehnung verwerten. Im Unterschied zu Pufendorfs hypothetischer Beschreibung eines „tierhaften Lebens“ begreift Rousseau das Leben im Naturzustand nicht als „elend“. Im Gegenteil setzt er eine weitgehende Eingepaßtheit des Menschen in seine natürlichen Lebensbedingungen voraus. Auch für Lukrez herrscht zunächst eine große Harmonie zwischen Mensch und Umwelt: Es ist genügend Nahrung vorhanden, auch extreme Kälte und Hitze gibt es nicht, solange die Erde noch „jung“ ist (V, 816, 818ff.). Die den natürlichen Bedingungen entsprechende physische Stärke setzt die Menschen in den Stand, mit den Problemen fertig zu werden (V, 925ff.). Erst bestimmte Veränderungen in den Naturbedingungen machen erste zivilisatorische Errungenschaften erforderlich, wobei eine größere Anfälligkeit der Menschen bereits aus diesen Errungenschaften resultiert[139]. Wir werden noch sehen, wie weitgehend Rousseaus Bild von dieser grundsätzlichen Harmonie zwischen dem Menschen der frühesten Stufe und der äußeren Natur geprägt ist. Sogar ein wichtiger Einzelzug, der die Übereinstimmung zwischen Mensch und Umwelt auch im psychischen Bereich erkennt, scheint von Lukrez unmittelbar angeregt:

> Le spectacle de la Nature lui devient indifférent, à force de lui devenir familier. C'est toujours le même ordre, ce sont *toujours les mêmes révolutions*; il n'a pas l'esprit de *s'étonner* des plus grandes merveilles (III, 144).
>
> Das Schauspiel der Natur wird ihm gleichgültig, da es ihm vertraut wird.Es ist immer die gleiche Ordnung, es sind immer die gleichen Revolutionen; er hat nicht den Geist, um über die größten Wunder zu staunen.
>
> a parvis quod enim consuerant cernere *semper*
> *alterno tenebras et lucem tempore* gigni,
> non erat ut fieri posset *mirarier* umquam ... (Lukrez V, 977ff.)
>
> ... waren sie doch von klein auf gewohnt zu sehen, wie ständig mit dem Wechsel der Zeit Finsternis und Licht erstanden, und so konnte niemals Verwunderung aufkommen ...

Das Gleichmaß der Himmelsvorgänge verhindert durch Vertrautheit das Aufkommen jener Furcht, mit der gewöhnlich die Entstehung der Religion in Verbindung gebracht wird.

Rousseaus Auseinandersetzung mit der Auffassung, daß das Leben im Naturzustand „elend" gewesen sei, ist im Kern gegen eine teleologische Weltsicht gerichtet, die „den Naturzustand als immer schon notwendig auf seine Überwindung verwiesen" konzipiert hat[140]. Auch von den antiken Auffassungen vom „tierhaften" Leben gilt z.T., daß das „Elend" des Naturzustandes die Folie bildet, auf der sich die Errungenschaften der Kultur um so deutlicher abheben. Die Besonderheit von Rousseaus Sichtweise, das Leben im Naturzustand als in sich ruhend und sich selbst genügend zu begreifen, ist aber, wie wir sahen, von Lukrez' Konzeption von der anfänglichen Eingepaßtheit des Naturmenschen in seine natürliche Umwelt vorbereitet. Diese ist in Epikurs Gedanken von einer „stimmigen" Natur begründet (Fr. 469 Us.), deren Herrschaft erst sekundär durch die weitere Entwicklung des Menschengeschlechts aufgehoben wird[141].

139 Lukrez V, 1011ff.
140 H. Meier, a.a.O., 132, Anm. 166.
141 Zu Lukrez vgl.unten S. 102f.

Ein Problem, das Rousseau sehr beschäftigt hat, war die Ernährungsweise des Menschen im Naturzustand. Ausgehend von der Auffassung, der Mensch habe die Fertigkeiten der Tiere nachgeahmt und sich gewissermaßen damit einen Ersatz für eine fehlende vollständige Instinktsteuerung geschaffen, meint er, der Mensch habe sich von der Mehrzahl der verschiedenen Nahrungsmittel, in welche die anderen Tiere sich teilten, ernährt, d.h. er sei „allesfressend“ gewesen (III, 135). Eine solche Auffassung entspricht dem Gesamtbild, das Rousseau vom Menschen im Naturzustand zeichnet: Einerseits wie alle übrigen Lebewesen der Härte des Lebenskampfes ausgesetzt, hat er doch dank seiner guten Organisation den Vorteil, daß er „folglich seinen Lebensunterhalt leichter findet, als dies irgendeines von ihnen vermag“ (trouve par consequent sa subsistance plus aisément que ne peut faire aucun d'eux, III, 135). Wenn Rousseau gleichwohl in den Anmerkungen der Hypothese zuneigt, daß die primitiven Menschen zu den „früchtefressenden“ Lebewesen gehört hätten, sind dafür eine Reihe von Gründen maßgeblich, die hier nicht im einzelnen erörtert werden können. Neben der Ableitung aus anatomischen Gründen ist es vor allem die Auffassung, die Rousseau von Buffon gestützt glaubte, daß die Früchtefresser in einem fortdauernden Frieden gelebt hätten, während die Fleischfresser ständig um die Beute kämpften[142]. So hätten die Menschen leichter im Naturzustand verharren können und viel weniger Bedürfnis und Gelegenheit gehabt, aus ihm herauszutreten (III, 199).

Übereinstimmend mit antiken Texten sieht Rousseau in der Ernährungsweise der frühen Menschen ein wichtiges Kriterium für die Bewertung ihres Lebens. In den mythischen Vorstellungen von einem „Goldenen Geschlecht“ entscheidet das Bild einer fruchtbaren Erde, die von selbst alles bot, wessen der Mensch bedurfte, über den glücklichen Charakter einer Zeit, die Mühe und Arbeit nicht kannte (Hesiod, *Werke und Tage*, 109ff.). Die Frage der Ernährung hat auch die Autoren der antiken Kulturentstehungslehren bewegt. Auch die Vertreter sonst unterschiedlicher Auffassungen wie Lukrez und Seneca stimmen in dem Prinzip überein, daß „Mutter Erde“ im Urzustand besonders fruchtbar war und freigebig das Lebensnotwendige gewährte[143].

Seneca wendet sich gegen die Konzeption von einer „Stiefmutter Natur“ (*Briefe* 90, 18):

142 Vgl. *Le cheval, Histoire naturelle*, IV, Paris 1753, 176f. Vgl. aber S. 76.

143 Zur antiken Auffassung von der "Mutter Erde", der die antiteleologische Konzeption von einer "Stiefmutter" (noverca) gegenübergestellt wurde, vgl. E. Pöhlmann, „Der Mensch - das Mängelwesen?“, 302ff. Pöhlmann zeigt, daß das noverca - Motiv nicht einseitig auf die Epikureer zurückgeführt werden kann. Auch kann es bei ihnen in Konkurrenz zu dem Gedanken einer völligen Einpassung des frühesten Menschen in die ihn umgebende Natur treten (vgl. Lukrez V, 222ff. mit V, 925ff.).

Non fuit tam iniqua natura ut, cum omnibus aliis animalibus facilem actum vitae daret, homo solus non posset sine tot artibus vivere. Nihil durum ab illa nobis imperatum est, nihil aegre quaerendum, ut possit vita produci.

Nicht so unbillig war die Natur, daß sie allen anderen Lebewesen eine leichte Lebensführung gab und allein der Mensch nicht ohne so viele Kunstfertigkeiten leben konnte. Nichts Hartes ist uns von ihr aufgezwungen, nichts unter Mühen zu suchen, um das Leben fristen zu können.

Wie scheinbar unvereinbare Positionen doch in sinnvoller Weise aufeinander bezogen sein können, zeigt dieser Gedanke bei Seneca, in dem sich epikureisches und kynisches Gedankengut verbindet. Die Epikureer, Vertreter des Gedankens der „Stiefmutter Natur", wenn es darum ging, teleologisches Denken zu bekämpfen, wie es besonders in der Stoa begegnet, waren als Verfechter einer ursprünglichen Harmonie zwischen dem Menschen und seiner natürlichen Umwelt doch offen für den Gedanken: „Die Natur reicht aus für das, was sie fordert" (sufficit ad id natura quod poscit, *Briefe* 90, 18). Der römische Philosoph konnte diesen Gedanken leicht mit dem kynischen Prinzip des Verharrens in diesem naturgegebenen Zustand verbinden: „Alles ist verfügbar, sind wir geboren worden; wir aber haben durch unseren Überdruß am leicht Zugänglichen alles schwierig gemacht" (ad parata nati sumus: nos omnia nobis difficilia facilium fastidio fecimus, *Briefe* 90, 18).

Rousseau beruft sich für die natürliche Fruchtbarkeit der Erde in Anm. IV auf Buffon als Autorität der zeitgenössischen Wissenschaft (III, 198)[144]. Dieser hatte festgestellt, daß der Mensch von Pflanzen leben könne und, wie wir sahen, den friedlichen Charakter der Frugivoren betont[145]. Dafür daß der Mensch von Natur frugivor sei, schien das Vorhandensein von Zähnen und Eingeweiden zu sprechen, die denen der frugivoren Tiere entsprechen. Aber es gibt noch ein weiteres Argument:

... et non seulement les observations anatomiques confirment cette opinion: mais les monumens de l'Antiquité y sont encore très favorables. „Dicearque", dit St. Jerôme, rapporte dans ses Livres des Antiquités grecques, que sous le régne de Saturne, ou la Terre étoit encore fertile par

144 Für die Verbindung einer modernen wissenschaftlichen Begründung mit dem Rückgriff auf mythische Vorstellungen bietet der Gesichtspunkt der Fruchtbarkeit der Erde ein gutes Beispiel. Rousseau belegt den Gedanken mit einem Zitat aus Buffon (*Preuves de la théorie de la terre, Histoire naturelle*, I, Paris 1749, 242f.), verzichtet aber nicht auf die antike Tradition.

145 Buffon hat später Rousseaus Auffassung ausdrücklich zurückgewiesen (*Histoire naturelle* VII), vgl. unten S. 76. Anders die Ablehnung der antiken Auffassung von der Eichelnahrung der frühesten Menschen (Dikaiarchos, Fr. 49: "Genug der Eiche" als Sprichwort aus späterer Zeit) im "Essai" (V, 397), wo Fleischnahrung ins Auge gefaßt ist.

elle-même, nul homme ne mangeoit de Chair, mais que tous vivoient des Fruits et des Legumes qui croisseoint naturellement (Lib. 2. *Adv. Jovinian.*)

... und nicht nur die anatomischen Beobachtungen bestätigen diese Meinung, sondern die Denkmäler des Altertums sind ihr ebenfalls sehr günstig. „Dikaiarch“, sagt der hl. Hieronymus, „berichtet in seinen Büchern über die griechischen Altertümer, daß unter der Herrschaft des Saturn, als die Erde noch aus sich selbst heraus fruchtbar war, kein Mensch Fleisch aß, sondern alle von den Früchten und Gemüsen lebten, die von Natur aus wuchsen“.

Diese Stelle in Anm. V (III, 199) zeigt, wie für Rousseau antike Zeugnisse eine Beweiskraft haben können, die sie fast gleichwertig neben die Ergebnisse der zeitgenössischen Forschung rückt. Zitiert wird in diesem Zusammenhang (nach einem Zeugnis des Hieronymus) ein Autor, den wir, obwohl seine Gedanken nur in spärlichen Fragmenten auf uns gekommen sind, zu den bemerkenswerten Vertretern der antiken Lehre von der Kulturentstehung rechnen dürfen: Dikaiarchos, ein Schüler des Aristoteles, Verfasser eines *Lebens Griechenlands*, des ersten griechischen Werkes über die Kulturgeschichte eines Volkes[146], im übrigen auch Schöpfer eines ersten ausgeprägten Dreierschemas der Frühgeschichte und wichtiger Vertreter der Theorie der Mischverfassung, mithin ein Vorläufer Montesquieus[147]. Die Gleichsetzung des Zeitalters des Saturn (Kronos) mit dem Goldenen Zeitalter, das Rousseau in der gedanklichen Substanz ebenso fremd ist wie Dikaiarchos, fehlt bei dem modernen Autor. Während der antike Philosoph den Mythos vom Goldenen Geschlecht geprüft und in ihm mit den Mitteln historischer Kritik einen rationalen Kern zu entdecken versucht hatte[148], läßt Rousseau dieses Schlagwort, das seiner Konzeption von der Frühzeit im Kern

146 Zur Kulturgeschichte des Dikaiarchos vgl. F. Wehrli (Hg.), *Die Schule des Aristoteles*, I, Basel 1944, Fr. 47ff., darunter das zitierte Fragment (Fr. 50 Wehrli = Hieronymus, adv. Jovin. II, 13); vgl. K.E. Müller, a.a.O., 213ff.; F. Wehrli, „Dikaiarchos von Messene“, in: *Grundriß der Geschichte der Philosophie. Begründet von F. Ueberweg. Die Philosophie der Antike. III: Ältere Akademie - Aristoteles - Peripatos*. Hg. von H. Flashar, Basel-Stuttgart 1983, 535ff. - Rousseau war auf die Stelle, die von Gelehrsamkeit zeugt, durch Barbeyracs Kommentar zu Grotius, *De jure belli ac pacis* II, 2, 2, n. 13, aufmerksam geworden (Starobinski, Komm. z. St. 199, 2).

147 Zur Drei(bzw. Vier)stadientheorie vgl. S. 181f. und Anm. 414. Zur Mischverfassung vgl. K. von Fritz, *The theory of Mixed constitution in antiquity*, 2. Aufl., New York 1958; W. Nippel, *Mischverfassungstheorie und Verfassungsrealität in Antike und früher Neuzeit*, Stuttgart 1980, 142ff., 308f.

148 Vgl. K.E. Müller, a.a.O., I, 215.

entgegengesetzt war, in seiner Übersetzung aus dem Lateinischen als verwirrend einfach weg[149].

Rousseau wird nicht müde, die außerordentliche Kraft zu betonen, die die Menschen in der Auseinandersetzung mit ihrer natürlichen Umwelt gewinnen. Abgehärtet von der Strenge der Lebensbedingungen und der Auseinandersetzung mit wilden Tieren, „entwickeln die Menschen ein robustes und nahezu unverwüstliches Temperament“ (les Hommes se forment un temperament robuste et presque inaltérable, III, 135). Wir haben bereits gezeigt, in welch hohem Maße dieses Bild des Naturzustandes dem Lukrezischen entspricht. Im Detail ist Rousseau hier freilich bereits von Fragestellungen bestimmt, die ihn als Vorläufer moderner Vorstellungen von der natürlichen Auslese erscheinen lassen:

> Les Enfans, apportant au monde l'excellente constitution de leurs Peres, et la fortifiant par les mêmes exercises qui l'ont produite, acquiérent ainsi toute la vigueur dont l'espèce humaine est capable. La nature en use précisement avec eux comme la Loi de Sparte avec les Enfans des Citoyens; Elle rend forts, et robustes ceux qui sont bien constitués et fait périr tous les autres ... (III, 135)
>
> Die Kinder, die die ausgezeichnete Verfassung ihrer Väter auf die Welt mitbringen und sie durch dieselben Übungen verstärken, die diese Verfassung hervorgebracht haben, erwerben so die ganze Kraft, deren die menschliche Art fähig ist. Die Natur geht mit ihnen präzise so um, wie das Gesetz Spartas mit den Kindern der Bürger umgegangen ist: Sie macht diejenigen stark und robust, die über eine gute Verfassung verfügen, und läßt alle anderen zugrunde gehen ...

V. Goldschmidt hat gezeigt, wie der für Rousseau so wichtige Gesichtspunkt der Gleichheit, die hier aus einer natürlichen Ungleichheit der individuellen Konstitution auf „natürlichem Wege“ entsteht, mit dem Prinzip der solitären Lebensweise verbunden ist[150].

Rousseaus Auffassung von einem von Natur, d.h. im Naturzustand, gesunden und kräftigen Körper legte einen Vergleich mit der veränderten Situation unter den Bedingungen einer höher entwickelten Gesellschaft nahe. Wenn er von einer extremen Ungleichheit der Lebensweise, dem Übermaß an Müßiggang bei den einen, dem Übermaß an Arbeit bei den anderen, den allzu verfeinerten Speisen der Reichen, der schlechten Nahrung der Armen, von Exzessen

149 Bei Hieronymus heißt es: ... sub Saturno (id est in aureo saeculo) ... nullum comedisse carnem ... Zu einer späteren Verwendung des Begriffs bei Rousseau vgl.unten S. 163f. und Anm. 376.

150 Goldschmidt, *Anthropologie*, 256ff.

jeglicher Art spricht, so zielt das auf die Behauptung, daß die Mehrzahl der Krankheiten bei Beibehaltung einer natürlichen Lebensweise hätte vermieden werden können (III, 138).

Daß Rousseau hier unvermittelt auf antike Zeugnisse zu sprechen kommt, ist nicht erstaunlich. Zunächst einmal war das Thema Gegenstand einer lebhaften zeitgenössischen Diskussion[151]. Aber auch die antike Medizin, die in einem hohen Maße Diätetik war[152], hatte sich eingehend mit den Problemen befaßt, die sich aus der ungesunden Lebensweise der wohlhabenden Schichten ergaben. Was die Ärzte in ihren Schriften theoretisch und in der Therapie praktisch behandelten, wurde bereits im Kontext der antiken Medizin (wie in der Schrift *Über die alte Heilkunst*) historisch untersucht[153]: der Zusammenhang zwischen dem Stand der Kulturentwicklung und der Lebensweise (speziell Ernährung). Daraus zogen die Philosophen ihre Schlußfolgerungen bei der Darstellung und Kritik von gesellschaftlichen Fehlentwicklungen einerseits, bei der Paränetik für das richtige Leben andererseits. Rousseau bezieht sich auf Platon, der im 3. Buch seiner Schrift über den *Staat* seine Kritik an einem Krankheit verursachenden Luxus durch den Vergleich mit Homer zu erhärten versucht, dessen Ärzte bestimmte Zivilisationskrankheiten noch nicht kannten (405D). Rousseau folgt Platon bis in den Wortlaut, wenn er spricht von

> ... les alimens trop recherchés des riches, qui les nourrissent *de sucs échauffants et les accablent d'indigestions* (III, 138).

> ... allzu verfeinerten Speisen der Reichen, die sie mit erhitzenden Säften nähren und sie mit Verdauungsbeschwerden belasten.

Der antike Autor ist hier äußerst drastisch bei der Anklage von Faulheit und Müßiggang, die dazu führen, daß man sich

> ... *mit schlechten Säften und Dünsten* wie ein Sumpf füllt und so die klugen Asklepiaden zwingt, sich solcher Namen wie *Blähungen und Katarrhe* für Krankheiten zu bedienen (405 D).

151 Zur zeitgenössischen Diskussion vgl. Starobinski, Komm. z. St. 138, 1-2.

152 Vgl. W. Jaeger, *Diokles von Karystos. Die griechische Medizin und die Schule des Aristoteles*, 2. Aufl., Berlin 1963, 45ff.; G. Harig, J. Kollesch, „Gesellschaftliche Aspekte der antiken Diätetik", *NTM - Schriftenreihe, Geschichte der Naturwissenschaft, Technik und Medizin* 8 (1971) 2, 14ff.

153 Vgl. H. Herter, „Die kulturhistorische Theorie der hippokratischen Schrift von der alten Medizin", in: *Maia* 15 (1963), 464ff.; D. Nickel, „Bemerkungen zur Methodologie in der hippokratischen Schrift *De prisca medicina*", in: R. Wittern, P. Pellegrin (Hg.), *Hippokratische Medizin und antike Philosophie. Verhandlungen des VIII. Internationalen Hippokrates-Kolloquiums in Kloster Banz / Staffelstein vom 23. bis 28. September 1993*, Hildesheim-Zürich-New York 1996, 53ff. (Medizin der Antike I).

Auch Lukrez, der die Todesarten der Frühzeit mit denen der hochentwickelten Zivilisation vergleicht, spricht davon, daß „jetzt die Fülle der Dinge (die Menschen) überschwemmt" (nunc rerum copia mersat, V, 1008).

So nahe Rousseau mit seinen Gedanken vom Zusammenhang zwischen zivilisatorischem Fortschritt und Luxuskonsum bestimmten Auffassungen antiker Kulturkritik ist, so fern steht er doch der überwiegenden Orientierung antiken Denkens, wenn er aus alledem die Konsequenz zieht:

> Si elle (sc. la Nature) nous a destinés à être sains, j'ose presque assurer, que l'état de réflexion est un état contre Nature, et que l'homme qui médite est un animal dépravé (III, 138).

> Wenn die Natur uns dazu bestimmt hat, gesund zu sein, so wage ich beinahe zu versichern, daß der Zustand der Reflexion ein Zustand wider die Natur ist und daß der Mensch, der nachsinnt, ein depraviertes Tier ist.

Dieser Satz, der von Anfang an zu den umstrittensten des Zweiten Discours gehört hat[154], ist vor allem durch die Radikalität problematisch, mit der hier die Animalität (scheinbar auch wertend) zum alles bestimmenden Merkmal des menschlichen Wesens gemacht wird. Wenn Rousseau, wie wir sehen werden, als entscheidende Wesensmerkmale des Menschen Freiheit der Entscheidung und Perfektibilität sieht, sollte allein dadurch vor zu weitreichenden Schlußfolgerungen gewarnt sein.

Sucht man in der Antike nach vergleichbaren Motiven, könnte man sie vor allem in der kynischen Tendenz finden, den Menschen auf seine Animalität zu reduzieren. Daß dies nicht der Standpunkt Rousseaus war, wird noch zu zeigen sein[155]. Anthropologisch relevanter ist ein anderer Gedanke, der in der Antike bedeutsam war. Gerade dank seiner Freiheit, die eine Wahlfreiheit ist, kann der Mensch als einziges Wesen auch „gegen die Natur" (para physin) leben. Das haben die Epikureer betont, für die (wie für die Kyniker) Tiere und Kinder als Spiegel einer unverfälschten Natur dienen[156]. Die hellenistische Philosophie war aber durchaus differenziert in ihren Wertungen. Nur wenn man das Animalische, d.h. die nahtlose Einfügung in den Naturzustand zum obersten Maßstab des menschlichen Wesens macht, kann mit dieser Konsequenz das durch „Räsonieren" mögliche Heraustreten aus dem natürlichen Zusammenhang als Depra-

154 Starobinski, Komm. z. St. 138, 3;. Goldschmidt, *Anthropologie*, 262ff. Zur positiven Bewertung der Reflexion vgl. z.B. S. 211.

155 Vgl. unten S. 239f.

156 Vgl. K. Sallmann, „Studien zum philosophischen Naturbegriff der Römer mit besonderer Berücksichtigung des Lukrez", in: *Archiv für Begriffsgeschichte* 7 (1962), 188. Generell zu diesem Thema in der antiken Philosophie Sorabji, a.a.O., 107ff. Zu seiner Behandlung in der epikureischen und stoischen Philosophie vgl. unten S. 93. Zum Kynismus vgl. S. 240f.

vation gedeutet werden. Es ist charakteristisch, daß nach epikureischer Auffassung der Mensch gerade umgekehrt der philosophischen Reflexion bedarf, um den oft verschütteten Zugang zu den wahren Maßstäben wiederzufinden. Dagegen entfernt sich nach kynischer Anschauung der Mensch durch das Raisonnement von seiner wahren Natur. Es wird zu prüfen sein, ob die scheinbare Identifizierung mit einem solchen Standpunkt mit Rousseaus Position im ganzen in Übereinstimmung zu bringen ist.

Einbindung in die Natur bedeutet für Rousseau vor allem auch einen Zustand „ohne Erinnerung und Voraussicht“[157]. Hier ist ein Motiv der hellenistischen Philosophie berührt, für die es zu den größten Gefahren für das individuelle Glück gehört, Vergangenheit und Zukunft eine zu große Macht im Denken gegenüber dem Hier und Jetzt einzuräumen[158].

3. Das solitäre Leben

Eine Sonderstellung nahm Rousseaus Auffassung vom Menschen im Naturzustand unter den Konzeptionen des 17. und 18. Jahrhunderts durch die Konsequenz ein, mit der er die solitäre Lebensform zu einem Drehpunkt seiner Darstellung machte. Zwar haben auch die Vertreter des modernen Naturrechts und mit ihm verbundener Auffassungen vom Gesellschaftsvertrag in ihren Beschreibungen eines hypothetischen Naturzustandes den Einzelnen mehr oder weniger konsequent zum Ausgangspunkt einer Entwicklung gemacht, die auf dem Wege der Vergesellschaftung zum Staat führte. Bei Rousseau entsteht ein differenzierteres und inhaltsreicheres Bild von dieser Einzelexistenz, da er in ihr einen wesentlichen Ausdruck der in der Auseinandersetzung zwischen dem Einzelnen und seiner Umwelt zu behauptenden Freiheit sieht[159].

Hobbes schließt mit seiner Auffassung vom Naturzustand in wesentlichen Zügen an die atomistische Tradition der Antike an, sofern er wie die Epikureer den Menschen nicht für ein „von Natur“ soziables Wesen hält, sondern alle gesellschaftlichen und politischen Strukturen ausschließlich auf vertragliche Vereinbarungen zurückführt[160]. Bei allen Unterschieden, die sonst zwischen Hob-

157 Vgl. S. 82.

158 Zur antiken Fragestellung generell P. Hadot, „‘Die Gegenwart allein ist unser Glück’“, in: *Philosophie als Lebensform. Geistige Übungen in der Antike*. Aus dem Französ. von I. Hadot und Chr. Marsch, Berlin 1991, 101ff. (bes. 108ff., 111ff.). Vgl. aber zur weiteren Differenzierung unten S. 106.

159 Goldschmidt, *Anthropologie*, 256ff.; R. Polin, *La politique de la solitude*, Paris 1971, 1ff. Zur Auffassung Polins, daß der Mensch nach Rousseau von Natur solitär, aber nicht von Natur unsoziabel sei, vgl. unten Anm. 163.

160 Vgl. Strauss, *Naturrecht und Geschichte*, 172ff.; zur epikureischen Vertragstheorie R. Müller, *Die epikureische Gesellschaftstheorie*, 2. Aufl., Berlin 1974, 29ff., 67ff.

bes' und Rousseaus Auffassungen bestehen, steht Rousseau in der Leugnung einer natürlichen Soziabilität mit Hobbes gegen die gesamte aristotelisch-stoische Tradition[161]. Aber Hobbes' Auffassung, daß das Individuum in jeder Hinsicht gegenüber der bürgerlichen Gesellschaft primär sei, wird von Rousseau noch weiter radikalisiert: durch die konsequente Realisierung der Animalität des Naturmenschen. Hatte Hobbes denkende und sprechende Wesen im Naturzustand vorausgesetzt (auch wenn sich eine instrumentelle Vernunft erst allmählich in der Erkenntnis der potentiellen Gefahren durchsetzt), so bestreitet Rousseau das ebenso wie die dem „Krieg aller gegen alle" zugrunde liegende Auffassung ständiger Kontakte unter den Einzelnen. Die nicht primitiven, nicht in einem tierähnlichen Zustand lebenden Individuen von Hobbes existieren nicht als Solitäre ohne Bezug aufeinander, sondern in einem Zustand „ungeselliger Geselligkeit". Die Isolierung der Einzelwesen, die in den unendlichen Weiten der Landschaft selten miteinander in Berührung kommen, ist bei Rousseau prinzipieller Natur, während Hobbes mit der Durchsetzung des „Rechts aller auf alles" und mit dem „Krieg aller gegen alle" einen ständigen Bezug der Menschen aufeinander annimmt[162].

(Schriften zur Geschichte und Kultur der Antike 5). - Die Auffassung, daß das Individuum in jeder Hinsicht primär gegenüber der bürgerlichen Gesellschaft sei, stimmt mit der antiken atomistischen Gesellschaftskonzeption überein, desgleichen die Auffassung von der natürlichen Neigung der Menschen, sich gegenseitig Schaden zuzufügen, und die Ableitung der Staatsbildung durch Vertrag aus der Furcht vor dem gewaltsamen Tod (vgl. R. Müller, *Die epikureische Gesellschaftstheorie*, 35ff., 41ff.). Zu Hobbes' Rezeption der antiken Vertragstheorie vgl. unten S. 210f. Hobbes' Anschluß an den Epikureismus wird auch in der Begründung des Naturrechts auf die Natur des Menschen und in der Identifizierung des Guten mit dem Angenehmen deutlich. Die Tugend ist nicht um ihrer selbst willen zu erstreben, sondern als Instrument der Gewinnung von Lust und zur Vermeidung von Unlust. Durch die Unterscheidung des "politischen Hedonismus" Hobbes' vom nicht-politischen Epikurs verdeutlicht Strauss (a.a.O., 196ff.) Differenzen zwischen beiden Systemen, die aber nichts an der grundsätzlichen Übereinstimmung im Prinzip eines vom Einzelnen ausgehenden Gesellschaftsbildes ändern. Die Unterschiede beziehen sich auf die Haltung in der bürgerlichen Gesellschaft: Hobbes, für den das Leben wesenhaft Bewegung ist (*Leviathan* I, 6), hat für den epikureischen Quietismus mit dem Ziel der Ataraxie kein Verständnis. - Zur politischen Theorie Gassendis und ihren Beziehungen zu Hobbes vgl. O. Bloch, in: Y.C. Zarka, J. Bernhardt (Hg.), *Thomas Hobbes, Philosophie première. Théorie de la science et politique*, Paris 1990, 339ff.

161 Die Auffassung des Menschen als 'animal sociale et rationale' war zu den Klassikern des Naturrechts vor allem durch Aristoteles und Cicero gelangt. In ihrer klassischen Gestalt war sie charakterisiert durch die Aristotelische teleologische Konzeption, daß der Mensch erst in der Polis sein Wesen verwirklicht, bzw. durch die stoische Auffassung, daß der Mensch seinen sozialen und rationalen Charakter durch seinen Anteil an der kosmischen Vernunft besitzt.

162 Hobbes, *De cive* I, 10 (*De Cive. The Latin version*, ed. H. Warrender, Oxford 1983); *Leviathan* XIII (*Leviathan*, ed. R. Tuck, Cambridge 1991). Vgl. Buck, a.a.O., 54: Ihr Sich-

In welchem Maße Rousseau mit seiner Auffassung vom solitären Leben allein stand, zeigt der Vergleich mit anderen Konzeptionen der Vorläufer und Zeitgenossen. Pufendorf hatte mit seiner Synthese aus Elementen der Traditionen von Hobbes und Grotius insofern an die dominierende antike Tradition angeknüpft, als er neben dem Trieb der Selbsterhaltung das Prinzip einer durch rationales Kalkül realisierten 'socialitas' (wenn auch nicht Soziabilität im stoischen Sinne) zur Grundlage der Gesellschaftsbildung machte[163]. Sein Gedankenexperiment eines aller kulturellen und gesellschaftlichen Stützen entbehrenden Menschen, der wie ein nacktes Neugeborenes „in die Welt geworfen ist"[164], bezeichnet nicht die Auffassung des Autors, der den historischen Prozeß im Zusammenwachsen verstreuter patriarchalisch verfaßter Großfamilien sieht (eine Auffassung, der sich Rousseau sekundär im „Essai" angenähert hat, wie wir noch sehen werden)[165].

für-sich-Verhalten ist komparativ und kompetitiv und zielt auf Macht und Machtsteigerung.

163 Pufendorf kehrt mit dem Grundprinzip der 'socialitas' oberflächlich gesehen zur dominierenden Tradition zurück, im Gegensatz zur atomistischen Gesellschaftsauffassung von Hobbes, die vom autonomen Individuum ausgeht (vgl. Denzer, a.a.O., 106ff.). Nicht richtig ist es, die auf das autonome Subjekt begründete Konzeption lediglich aus dem neuzeitlichen Individualismus der bürgerlichen Gesellschaft abzuleiten (Denzer, a.a.O., 106, Anm. 34). Diese Denkstruktur war bereits im atomistischen Gesellschaftsdenken der Antike vorbereitet: im Gefolge der durch die Krise der Polis seit dem Ende des 5. Jahrhunderts verstärkten Betonung des Individuums. Vgl. R. Müller. „Der antike Ursprung der Lehre vom Gesellschaftsvertrag", in: *Polis und Res publica*, 70ff.
Interessant ist hier das Verhältnis Rousseaus zu Pufendorf. Dieser hatte mit der Stoa den Menschen als rationales Wesen gesehen, aber im Unterschied zu der stoischen Auffassung die Sozialität des Menschen nicht aus einem besonderen Sozialtrieb (appetitus socialis) abgeleitet, sondern (wie in seiner Kulturtheorie) die 'imbecillitas' zum Ausgangspunkt der Entwicklung gemacht. Aus ihr als einer menschlichen Grundbedürftigkeit und Mangellage und dem rationalen Kalkül des vom Selbsterhaltungstrieb motivierten Individuums ergibt sich die 'socialitas', die ein durchgehendes 'bellum omnium contra omnes' im Naturzustand ausschließt (Medick, a.a.O., 50ff.). Rousseau unterscheidet sich im Hinblick auf das solitäre Leben im Naturzustand von beiden Vertretern eines modernen Naturrechts, sofern er dem Naturmenschen nicht nur eine "Soziabilität von Natur", sondern auch den Charakter eines rationalen Wesens abspricht. So muß er für den Prozeß der Sozialisierung einen eigenen Weg historisch-genetischer Begründung finden. Für Rousseau ist die Sozialisierung wie die Entstehung von Sprache, Vernunft und Kultur ein Produkt historischer Entwicklung. In diesem Sinn ist der Mensch nicht "von Natur" (physei) soziabel, so wenig er von Natur ein rationales Wesen ist (gegen Polin, vgl. Anm. 159). Daß mit der 'perfectibilité' eine "natürliche" Veranlagung allen diesen historischen Prozessen zugrunde liegt, war für Rousseau kein Grund, das Ergebnis dieser Entwicklung mit dem Prädikat 'physei' zu versehen.

164 *De jure naturae et gentium* II, 2, 2.

165 Vgl. unten S. 151f.

Auch Montesquieu kennt im „*Geist der Gesetze*" den Naturzustand als hypothetischen Ausgangspunkt der Vergesellschaftung[166]. Da er eine natürliche Soziabilität voraussetzt, bedeutet das, daß die Menschen schnell zu dem Wunsch gelangen, in Gesellschaft zu leben. Montesquieu geht freilich Rousseau in der Kritik an Hobbes' Auffassung vom Kriegszustand und einer bereits anfänglichen Begierde nach gegenseitiger Unterjochung voraus. Dem Menschen vor Einrichtung der Gesellschaft werde etwas zugeschrieben, was ihm erst nach deren Einrichtung begegnen kann: Gründe zum gegenseitigen Angreifen und Verteidigen. Der Mensch im vorgesellschaftlichen Zustand spüre seine Schwäche und sei von äußerster Furchtsamkeit. Deren Überwindung führe zur Annäherung.

Buffon war von Einzelwesen in einem Zustand der Schwäche ausgegangen, die durch den Zusammenschluß zur Gesellschaft stark wurden[167]. Er hat später gegen einen Naturzustand im Sinne Rousseaus (ein Leben frugivorer Solitäre) ausdrücklich Stellung bezogen und hervorgehoben, daß der Mensch in der Isolierung, ohne Bedürfnis nach seinesgleichen nicht existieren konnte und zur biologischen Begründung seiner Auffassung u.a. auf die Rolle der Familie bei der langwährenden Aufzucht der Kinder verwiesen[168].

Diderot nahm in der Auseinandersetzung um den Abbé de Prades für den Naturzustand einen biologisch begründeten Herdenzustand an, in dem der Instinkt das Zusammenleben regelt, während im anschließenden Leben in Horden die Individuen Verbindungen zu ihresgleichen knüpfen[169]. Wie Buffon ist Diderot der Auffassung, daß der Mensch wahrhaft Mensch nur in und durch die Gesellschaft ist, die es ihm gestattet, seine Vernunft zu vervollkommnen und seine Kräfte mit denen der anderen zu vereinigen. Der Übergang vom 'état de troupeau' zum 'état de société', vom Herdenzustand zur Gesellschaft, ist für Diderot identisch mit dem Prozeß der Zivilisierung und der Bildung von Konventionen, Pflichten und Autoritäten. In ihm werden spezielle Qualitäten sicht-

166 *De l'esprit des lois* I, 2. Zu Montesquieu vgl. Goldschmidt, *Anthropologie*, 189ff. Auf die komplexen Fragen, die mit Rousseaus Verhältnis zu Montesquieu im Hinblick auf den Naturzustand verbunden sind (Goldschmidt, ebenda, 206ff.), kann hier nicht eingegangen werden.

167 Vgl. Duchet, a.a.O., 238ff. - Buffon stellt einen Zusammenhang zwischen Tieren, die in 'troupes' leben (Elefanten, Biber, Affen u.a.) und der menschlichen Gesellschaft her, betont aber auch den grundlegenden Unterschied zwischen rein biologisch bedingten Formen der Geselligkeit und der menschlichen Vergesellschaftung, die auf Erkenntnis des Nutzens und Vernunftentscheidung beruht (*Discours sur la nature des animaux, Histoire naturelle*, IV, Paris 1753, 95ff.). Vgl. auch W. Lepenies, „Naturgeschichte und Anthropologie im 18. Jahrhundert", in: *Historische Zeitschrift* 231 (1980), 24.

168 *Les animaux carnassiers, Histoire naturelle*, VII, Paris 1758, 25ff. (speziell 28f.).

169 *Suite de l'Apologie de l'Abbé de Prades. Œuvres complètes*, IV, ed. J.S. Spink et J. Varloot, Paris 1978, 334, 348f.

bar, die den Menschen über das Tier erheben. Der Übergang von tierischen Formen der Geselligkeit zu bereits kulturell bestimmten der Gesellschaft bedeutet aus der Sicht der antiken Theorie eine historisch-genetische Umsetzung der Aristotelischen Auffassung, nach der das gesellschaftlich-politische Wesen des Menschen sich auf der Folie des geselligen Lebens bestimmter Tierarten erhebt, vor denen er sich durch den Besitz des Logos und die Fähigkeit, gesellschaftliche Normen „wahrzunehmen“ und zu kommunizieren, auszeichnet[170].

Man hat wohl zu Recht in der Entscheidung Rousseaus, den Menschen im Naturzustand nicht in Herden, sondern solitär leben zu lassen, eine bewußte Wendung gegen Buffons und Diderots Rückführung der menschlichen Soziabilität auf tierische Formen der Geselligkeit gesehen[171]. Das menschliche Lebewesen sollte sich in dieser Hinsicht von anderen unterscheiden. Das heißt nach Auffassung Rousseaus sollte sich die *historische* Entwicklung zur Sozialität nicht als bereits im Gattungswesen fixierte Notwendigkeit vollziehen.

Rousseau fand in den Reiseberichten wenig Unterstützung für seine Auffassung vom solitären Leben der Primitiven, da diese, wenn auch im einzelnen unterschiedlich, soziale Strukturen bei den beschriebenen Naturvölkern voraussetzten[172].

Fragt man, welcher Auffassung die Rousseausche Position vom solitären Leben am nächsten kommt, so ist angesichts eines widersprüchlichen Geflechts der Bezüge in Moderne und Antike die größte Nähe zweifellos zur sophistisch-atomistischen Tradition und in dieser wiederum zu Lukrez gegeben[173]. Es wird sich zeigen, daß auch in dieser Hinsicht die überaus anschauliche Darstel-

170 Aristoteles, *Politik* I, 2, 1253 a 9ff., vgl. R. Müller, „Platon und Aristoteles über die Entstehung von Gesellschaft und Staat“, in: *Polis und Res publica*, 220ff.; W. Kullmann, „Der Mensch als politisches Lebewesen bei Aristoteles“, in: *Hermes* 108 (1980), 419ff.; ders., „L'image de l'homme dans la pensée politique d'Aristote“, in: A. Tordesillas (Hg.), *Aristote politique*, Paris 1993, 161ff.

171 Duchet, a.a.O., 329ff.

172 Auf eine mögliche Quelle der Fehldeutung von Reiseberichten über die Kariben im Sinne solitärer Existenz verweist Fink-Eitel, a.a.O., 175f.: Wenn sich die Kariben in Friedenszeiten voneinander isolierten, so nicht als Individuen, sondern in Kleingruppen. Ihre traditionellen Lebensordnungen wurden durch temporäre Separation nicht in Frage gestellt.

173 Zu dieser Tradition vgl. R. Müller, „Konstituierung und Verbindlichkeit der Rechtsnormen bei Epikur“, in: *Polis und Res publica*, 252ff.; V. Goldschmidt, *La doctrine d'Épicure et le droit*, Paris 1977, 165ff., 287ff.; Ermarco. *Frammenti*. Edizione, traduzione e commento a cura di F. Longo Auricchio, Napoli 1988, 69ff. (Fr. 34), 137ff. Der Text ist wichtig für die Interpretation des 5. Buches des Lukrez. Dafür daß Rousseau den bei Porphyrios, *Über die Enthaltung von tierischer Nahrung*, I, 7-12, überlieferten Text des Hermarchos gekannt hätte, gibt es keinen Anhaltspunkt. In Gassendis *Syntagma Philosophiae Epicuri* (1649) ist er in lateinischer Übersetzung enthalten.

lung des römischen Dichters auf Rousseau eine suggestive Wirkung ausgeübt hat.

Animalität und solitäre Lebensweise verbinden sich in dem Gedanken, daß der frühe Mensch „unter die Tiere zerstreut lebt“ (vivant dispersé parmi les animaux, III, 136). Rousseau folgt hier einem Schlüsselwort der antiken Anthropologie. Es ist u.a. in dem Rousseau bei Pufendorf zugänglichen Diodor-Text enthalten: „... daß sie ein Dasein ohne jede Ordnung, nach Art der Tiere gehabt hätten. Zerstreut (sporaden) seien sie nach den Futterplätzen ausgezogen und hätten von den Kräutern die ihnen am meisten zusagenden und von den Bäumen die Früchte, die von selbst gewachsen seien, verzehrt“ (I, 8, 1). Das ‘sporaden’ (in der Zerstreuung) findet sich bereits bei Protagoras nach dem gleichnamigen Dialog Platons in diesem Kontext: „Siedlungen gab es nicht“ (322 B). Bei Lukrez stoßen wir auf alle für Rousseau wichtigen Assoziationen vereint: tierhaftes Leben, Fehlen der Seßhaftigkeit, pflanzliche Ernährung aus dem Angebot der Natur, einschließlich des für Rousseau so wichtigen Gesichtspunktes eines über lange Zeit anhaltenden, statischen Zustandes[174]:

> multaque per caelum solis volventia lustra
> volgivago vitam tractabant more ferarum.
> ...
> quod sol atque imbres dederant, quod terra crearat
> sponte sua, satis id placabat pectora donum (V, 931ff.).

> Im Kreislauf der Jahre, den die Sonne am Himmel beschrieb, führten sie ein Leben nach Art der umherschweifenden Tiere ... Was Sonne und Regen gegeben, was die Erde von selbst hervorgebracht hatte, war ein Geschenk, das die Herzen hinreichend zufrieden stellte.

Man hat sich nicht selten gefragt, warum Rousseau gerade diese zu dem damaligen Wissensstand und generell zum zeitgenössischen Denken im Widerspruch

174 Zu dem für Rousseau wichtigen Gesichtspunkt der Dispersion als Prinzip antiker Theorien des vorgesellschaftlichen Zustands vgl. Spoerri, a.a.O., 152ff. Außer der genannten Stelle im *Protagoras* Platons vgl. Isokrates, *Panegyrikos* 39: „...die Griechen lebten ohne Gesetze und wohnten zerstreut (sporaden oikountas)“; Cicero, *Über die Auffindung ...(De inventione)* I, 2: fuit quoddam tempus, cum in agris homines p a s s i m bestiarum modo vagabantur et sibi victu fero vitam propagabant; *Für Sestius* 91: ita naturam rerum tulisse ut quodam tempore homines ... fusi per agros ac d i s p e r s i vagarentur. Gegenüber den Auffassungen von einer Dispersion in Gruppen besteht die Besonderheit der genannten Zeugnisse in der solitären Lebensweise. Gewiß hat Rousseaus Sonderstellung unter den zeitgenössischen Konzeptionen, die ausnahmslos Formen eines geselligen Lebens („Herde“, Horde, Familie) für die früheste Zeit annahmen, im „Essai“ zur Akzeptierung einer frühen Art von „Familie“ geführt (S. 151ff.).

befindliche Version eines Naturzustandes bevorzugt hat[175], eine Version, für die er sich vor allem auf antike Kronzeugen berufen konnte. Wir können die Frage hier nicht in allen Aspekten erörtern. Doch die innere Struktur der antiken Gedankenwelt, an die sich Rousseau anschließt, gibt doch auch Fingerzeige. Daß es Rousseau darum geht, die Freiheit des Menschen im Sinne der Unabhängigkeit, der Autonomie bereits in den natürlichen Gegebenheiten, im Naturzustand, zu verankern, ist unzweifelhaft[176]. Ganz ähnliche Motive haben die Herausbildung eines Menschenbildes in der Antike bestimmt, das wesentlich an den Rechten des Individuums und der natürlichen Gleichheit orientiert war: der „atomistischen“ Konzeption, die die antike Anthropologie seit dem 5. Jh. v. Chr. parallel zum physikalischen Atomismus entwickelt hatte und die in hellenistischer Zeit im Epikureismus ihre stärkste Ausprägung erfuhr[177]. Auch hier hat Lukrez die Grundmotive in ein lebendiges Bild gefaßt:

> quod cuique obtulerat praedae fortuna, ferebat
> sponte sua sibi quisque valere et vivere doctus (V, 960f.).
>
> Was das Glück einem jeden an Beute gebracht, das trug er davon, jeder darin geübt, nach eigenem Willen für sich zu leben und zu gedeihen.

Es ist diese gemeinsame Basis, das Ausgehen vom Einzelnen als Grundlage auch für die Konstituierung des Staates, die Rousseau mit Hobbes verbindet, während sonst ihr Bild vom Naturzustand des Menschen weitgehend diver-

175 Plattner, a.a.O., 63ff., 73ff., betont zu Recht, daß Rousseau die Grundlage radikalisierte, auf der Hobbes mit den Klassikern brach: Der Mensch im Naturzustand erscheint nun als ein Wesen, das wichtige, für den späteren Menschen charakteristische Züge entbehrt, weil es Naturwesen ist. Damit ist die Frage nach den Motiven für diese Option aber noch nicht beantwortet.

176 Strauss, *Naturrecht und Geschichte*, 290: Rousseau sei am Begriff des Naturzustandes als einem natürlichen Maßstab interessiert gewesen, der im höchstmöglichen Grade die Unabhängigkeit des Individuums begünstigte. Der Naturzustand dient, um den Ursprung der sozialen Ungleichheit, die wahren Grundlagen des "Politischen Körpers", der gegenseitigen Rechte seiner Glieder und ähnlicher Fragen offenzulegen, wie Rousseau im Vorwort zum Zweiten Discours ausführt (III, 126).

177 Generell zur Gleichheitsvorstellung im politischen Denken der Antike G. Vlastos, „Isonomia politike“, in: J. Mau, E.G. Schmidt (Hg.), *Isonomia. Studien zur Gleichheitsvorstellung im griechischen Denken*, Berlin 1964, 1ff. (Deutsche Akademie der Wissenschaften zu Berlin, Arbeitsgruppe für hellenistisch-römische Philosophie, Veröffentlichungen Nr. 9) ; G.B. Kerferd, „The concept of equality in the thought of the sophistic movement“, in: I. Kajanto (Hg.), *Equality and inequality of man in Ancient thought*, Helsinki 1984, 7ff. Speziell zur klassischen Polis Chr. Meier, *Die Entstehung des Politischen bei den Griechen*, 2. Aufl., Frankfurt a.M. 1989, 283ff., 293ff. (stw 427). Zur Atomistik vgl. auch C.W. Müller, *Gleiches zu Gleichem. Ein Prinzip frühgriechischen Denkens*, Wiesbaden 1965, 95, Anm. 221.

giert[178]. Daß Hobbes einen „Krieg aller gegen alle", besonders in der Absicht der Einzelnen, einander Schaden zuzufügen, Rousseau dagegen einen insgesamt friedlichen Zustand und eine entsprechende Gesinnung des Einzelnen voraussetzt, hat in der historischen Entwicklung im 17. und 18. Jahrhundert und in sozialen Bindungen der beiden Theoretiker begründete Ursachen, auf die hier nicht eingegangen werden kann[179]. Wichtig scheint für unseren Zusammenhang freilich der Hinweis, daß die epikureische Theorie und vor allem Lukrez in dieser Hinsicht eine gewisse Unschärfe aufweisen, die es möglich machte, daß sowohl Hobbes wie auch Rousseau an das atomistische Konzept anknüpfen konnten[180]. Frühe epikureische Quellen wie Hermarchos und Kolotes weisen auf einen eher gewalttätigen Urzustand, den zu beenden eines der entscheidenden Motive für vertragliche Bindungen und eine Gesetzgebung darstellt, die die absichtliche Tötung mit außergewöhnlichen Strafen belegt (Hermarchos Fr. 34, 7 Longo Auricchio)[181]. An diesem wesentlichen Punkt ist auch Lukrez recht eindeutig: Epikurs „weder Schaden zufügen noch Schaden erleiden" ist das entscheidende Motiv auch für Lukrez' ersten, losen Vertrag unter Nachbarn (V, 1019 ff). Aber in Lukrez' Darstellung bildet die potentielle Gewalttätigkeit nicht ein so starkes Motiv wie in Hobbes' „Krieg aller gegen alle", so daß auch

178 Zu den Gemeinsamkeiten und Unterschieden Strauss, *Naturrecht und Geschichte*, 290ff. Als Ausgangspunkt für ein modernes Naturrecht, das sich von dem der klassischen antiken Tradition grundlegend unterscheidet, dagegen wesentlich von der epikureischen Anthropologie beeinflußt ist, erscheint ein von allen gesellschaftlichen Bindungen freies Individuum; das natürliche Gute ist dem Angenehmen ("d.h. im Grunde dem, was physisch angenehm ist") gleichgesetzt. Ergänzend zu Strauss ist zu bemerken, daß neben dieser individualethischen Bestimmung noch wichtiger Epikurs rechtsphilosophische Erklärung eines "der Natur gemäßen Rechts" erscheint: "ein den Nutzen betreffendes Abkommen (symbolon tou sympherontos) mit dem Ziel einander nicht zu schädigen noch sich schädigen zu lassen" (RS 31). Die sozialphilosophische Fragestellung wird auf diese Weise in gewissem Grade frei von den ethischen Prinzipien des Hedonismus verfügbar.
Die Hobbes und Rousseau gemeinsame Grundhaltung, daß der Mensch nicht von Natur ein Gesellschaftswesen ist, hat in der Antike im Epikureismus ihren nachhaltigsten Verfechter gefunden (R. Müller, *Die epikureische Gesellschaftstheorie*, 290f.). Nach Strauss, *Naturrecht und Geschichte*, 290f., liegt der Unterschied zwischen Hobbes und Rousseau darin, daß sich Hobbes auf Berechnung und Eigennutz, Rousseau auf die in Leidenschaften oder Empfindungen sich äußernde radikale Unabhängigkeit des Individuums berief. Für beide Motivationen waren in der epikureischen Tradition die Ausgangspunkte vorgebildet.

179 Es handelt sich um unterschiedliche Phasen in der Entwicklung der bürgerlichen Gesellschaft, die im einen Fall stärker auf die Errichtung einer starken Staatsmacht (in Gestalt der absoluten Monarchie), im anderen auf die theoretische Begründung des demokratischen Prinzips der Volkssouveränität orientiert war.

180 Zur inhaltlichen Spezifizierung des "Krieges aller gegen alle" vgl. Anm. 182.

181 Vgl. Ermarco, *Frammenti* (vgl. Anm. 173), 141ff.

Rousseaus friedvolle Version mit Lukrez nicht in einem prinzipiellen Widerspruch steht[182]. Rousseau hat zwar die Entstehung gesellschaftlicher Beziehungen nicht von vornherein für unabdingbar gehalten, aber, nachdem diese einmal entstanden waren, sie ebenso wie Lukrez (V, 1025ff.) für nicht mehr verzichtbar erachtet.

Wie sich der Einzelne gegenüber einer Umwelt verhält, die potentiell mancherlei Gefahren birgt, war unter den Vorgängern Rousseaus umstritten. Wir hatten bereits darauf verwiesen, daß Rousseau auch in dieser Hinsicht von einer durch Erfahrung gewonnenen relativen Selbstsicherheit des Einzelnen ausgeht, die hier in Auseinandersetzung mit Hobbes einerseits, Montesquieu, Cumberland und Pufendorf andererseits geltend gemacht wird: Unter den wilden Tieren lebend, habe er sich mit ihnen bald verglichen und den Vorteil erkannt, der in seiner Gewandtheit gegenüber ihrer Stärke lag (III, 136).

Auch in dieser Auseinandersetzung ist eine antike Tradition vorausgegangen, die Rousseau mindestens partiell bekannt gewesen ist. Ihre Bedeutung lag darin, daß der Kampf mit den wilden Tieren als Motiv für den Zusammenschluß in den Diskussionen über Gesellschaftsentstehung vielfach eine Rolle gespielt hat. Diodor hat den gesamten Vorgang der Sozialisierung wesentlich auf die Furcht vor den wilden Tieren zurückgeführt (I, 8, 2), damit in der Tradition des Sophisten Protagoras stehend, der nach Platons Zeugnis der Bedrohung durch die wilden Tiere eine wesentliche Rolle bei der Zusammenführung der getrennt lebenden Menschen zugemessen hatte (Platon, *Protagoras* 322 A f.)[183].

182 Morel, a.a.O., 167ff., hat gezeigt, daß Rousseau in der Frage eines mehr oder minder friedlichen Zustandes unter den "Naturmenschen" stark von Grotius und Pufendorf, vor allem aber von Barbeyracs vermittelnder Position bestimmt war, die den Kriegszustand nicht völlig leugnet, aber auf lange friedliche Zwischenzustände verweist. Rousseau mußte, ausgehend vom solitären Leben, den friedlichen Charakter der frühesten Zeit in spezifischer Weise begründen: "Krieg" konnte kaum entstehen, wenn die Menschen auf Grund der großen räumlichen Distanzen nur selten miteinander in Berührung kamen (III, 160), vgl. S. 152. Ferner spielte auch die anthropologische Grundkonstante des Mitleids eine Rolle (vgl. S. 125ff.).
Auch Hobbes' Konzeption vom "Kriegszustand" muß differenziert betrachtet werden. Hobbes verwendet das bereits in der Antike gebrauchte Motiv, die Lebensweise des vorgesellschaftlichen und vorstaatlichen Zustands aus den Zuständen abzulesen, die (hypothetisch oder real) beim Verlust der staatlichen Ordnung (bei Hobbes im Bürgerkrieg) eintreten. (Vgl. dazu den Epikureer Kolotes bei Plutarch, *Adv. Col.* 1124 D). Er führt für das Prinzip des 'bellum omnium contra omnes' den empirischen Befund der Nichtexistenz von Regierungen bei "wilden Völkern verschiedener Gebiete Amerikas" an (mit der Einschränkung: "Regierung über kleine Familien"). So kommt er zu der Schlußfolgerung, es habe niemals eine Zeit gegeben, "in der sich einzelne Menschen im Zustand des gegenseitigen Krieges befanden" (*Leviathan* I, 13).

183 Vgl. ferner Platon, *Staatsmann* 274 Bf.; Isokrates, *Panathenaikos* 163; Cicero, *Tuskulanische Gespräche* I, 62; Seneca, *Briefe* 90, 41.

Rousseau steht hier auf einem anderen Standpunkt, der fast wie in Auseinandersetzung mit den antiken Quellen gewonnen scheint. Hatte Platon im *Protagoras* vom Kampf gegen die wilden Tiere als einem Bestandteil der „Kriegskunst" gesprochen, so erklärt nun Rousseau, es sehe nicht danach aus, als ob irgendein Tier (außer im Fall der Verteidigung oder wegen extremen Hungers) von Natur aus gegen den Menschen Krieg geführt hat (III, 137), und wenn er davon spricht, daß nicht die eine Art von der Natur dazu bestimmt sei, der anderen als Futter zu dienen, scheint wiederum Platons *Protagoras* anzuklingen, nach dem bei der ursprünglichen Verteilung der Lebenssphären einige Tiere zur Nahrung anderer verordnet worden seien (321 B).

4. Sexualität und Arterhaltung

Rousseaus Auffassung von der Animalität des Menschen im Naturzustand fand in bestimmten Zügen der Anthropologie Buffons eine Stütze, wie zu zeigen war[184]. Obwohl beide sich in wichtigen Fragen unterschieden, vor allem was Buffons klare Differenzierung zwischen dem Menschen als Verstandeswesen und tierischen Formen der Wahrnehmung und ihrer Verarbeitung in Lernprozessen[185], ferner die grundsätzliche Soziabilität der menschlichen Gattung betraf[186], gab es doch auch Konvergenzen. Sie bezogen sich auf die bloße Wahrnehmung der gegenwärtigen Existenz, ohne Bewußtsein von Vergangenheit und Zukunft, die Buffon den Tieren zusprach und Rousseau auf den Menschen im Naturzustand übertrug[187], vor allem aber auf die Bewertung der Sinnlichkeit. Buffon hatte mit dem *Discours sur la nature des animaux* bei manchen Zeitgenossen Aufregung mit seinen Ansichten über die menschliche Sexualität hervorgerufen[188]. Seine Gedanken über die physische, in den elementaren Bedürfnissen begründete Liebe und ihr Verhältnis zu der auf Eitelkeit (vanité) beruhenden Liebesleidenschaft stehen in Kongruenz zu der radikalen Auffassung Rousseaus, nach der die individuelle Liebe nichts anderes darstellt als eine Erscheinungsform des menschlichen Strebens nach „Vorrang", des auf Eigenliebe beruhenden Bedürfnisses, die eigene Geltung gegenüber den anderen aufzubauen: ein „künstliches Gefühl" (sentiment factice), das in der realen Be-

184 Vgl. Starobinski, *Rousseau und Buffon*, 488f.; nach der treffenden Formulierung von Starobinski macht Rousseau den von Buffon beschriebenen Menschen zum Tier und nimmt ihm den Verstand. Umgekehrt humanisiert und idealisiert er bestimmte Empfindungen, die Buffon dem "inneren materiellen Sinn" der Tiere zugeschrieben hatte.

185 Duchet, a.a.O., 235ff.

186 Vgl. oben S. 76.

187 Zu diesem Fragenkomplex im antiken Denken Sorabji, a.a.O., 50ff.

188 *Histoire naturelle*, IV, Paris 1753, 78ff. Zu den zeitgenössischen Reaktionen vgl. Morel, a.a.O., 183.

dürfnisstruktur des Menschen nicht verankert sei. Darüber wird noch ausführlicher zu sprechen sein[189].

Gegenüber diesen hypertrophen Erscheinungen der späteren gesellschaftlichen Existenz zeichnet sich für Rousseau der solitär lebende Mensch des Naturzustandes durch die Reduktion auf eine rein physische Liebe aus, die gemäß dem umherschweifenden Leben der Individuen keinerlei tiefere Bindung hervorzurufen vermag[190]:

> ... *les mâles, et les femelles s'unissoient fortuitement selon la rencontre, l'occasion, et le desir...* Ils se quittoient avec la même facilité (III, 147).

> ... Männchen und Weibchen vereinigten sich zufällig, je nach dem Zusammentreffen, der Gelegenheit und dem Verlangen ...; mit der gleichen Leichtigkeit gingen sie auseinander.

Wieder scheint die Lukrezische Darstellung dem Autor vorzuschweben, die sich freilich auch hier durch eine größere Ausführlichkeit in der Ausmalung der Situation auszeichnet:

> *Et Venus in silvis iungebat corpora amantum;*
> *conciliabat enim vel mutua quamque cupido*
> vel violenta viri vis atque *inpensa libido* ... (V, 962ff.)

> Und Venus vereinte in den Wäldern die Körper der Liebenden. Denn es gewann entweder wechselseitiges Begehren das Weib oder die ungestüme Kraft und das heftige Verlangen des Mannes ...

Rousseaus Feststellung „Beginnen wir damit, daß wir im Gefühl der Liebe das Geistig-Seelische vom Physischen unterscheiden“ (Commençons par distinguer le moral du Physique dans le sentiment de l'amour, III, 157) stützt sich auf Buffon: „Unterscheiden wir also in den Leidenschaften des Menschen das Physische und das Moralische“ (Distinguons donc dans les passions de l'homme le

189 Vgl. unten S. 170ff.

190 Rousseau setzt sich in Anm. XII ausführlich mit der Auffassung von J. Locke im *Second Treatise of Government* auseinander, nach der die Menschen aus der Notwendigkeit einer längeren Fürsorge für die Kinder länger in der ehelichen Gemeinschaft verbleiben als andere Lebewesen (J. Locke, *Two treatises of Government*, ed. P. Laslett, II, 7, 80, Cambridge 1967). Rousseau stellt gegen diese Auffassung seine Vorstellung von völliger Promiskuität im Naturzustand, derzufolge es keinerlei Bindung zwischen den Partnern und daher auch nicht in der Aufzucht der Kinder gibt (III, 217f.). Mit dem Fehlen jeder affektiven und individualisierten Bindung werden für diese Zeit auch die Bedingungen für die Existenz der Familie geleugnet. Zu der modifizierten Auffassung im "Essai", die für den Anfang eine Art von "Familie", aber ohne affektive Bindung konzediert, vgl. unten S. 151f. Außer Lukrez V, 962ff. vgl. auch Horaz, *Sat.* I, 3, 107ff., über eine sich aus der Promiskuität ergebende Rivalität.

physique et le moral)[191]. Es handelt sich um einen der nicht seltenen Fälle, in denen Rousseau antikes Gedankengut bereits in zeitgenössischer Rezeption begegnet. Buffons Auffassung, daß „nur das Physische in der Leidenschaft gut" sei, das Geistig-Seelische dagegen nichts wert, weil es von der Eitelkeit in der Lust der Eroberung, von der Eifersucht im Streben nach Bewahrung bestimmt ist, hat in der Antike einen deutlichen Vorläufer in der Haltung der Epikureer gegenüber Sexualität und Liebe: in deren Absage an jede Art von leidenschaftlicher Bindung, in der Beschränkung auf die sexuelle Bedürfnisbefriedigung, wie sie Lukrez im 4. Buch (1058ff.) in Übereinstimmung mit der epikureischen Grundauffassung vertritt[192]. Die bei Buffon hervortretende Abwertung seelischer Leidenschaft folgt offenkundig derselben Einstellung: Hier werde eine Motivation wirksam, die beim Menschen zu dem eigentlichen Kern des Sexuellen hinzutritt, während die Tiere frei davon sind: der menschliche Drang, in der Liebe Selbstbestätigung zu finden - nach epikureischer Auffassung eine Quelle größter seelischer Unruhe und daher nach Möglichkeit zu meiden (SV 51).

Für Rousseau ist ausschlaggebend, daß die Liebe, die der Mensch im Naturzustand erfährt, in keiner Weise individualisiert ist:

> Ce sentiment (sc. le moral de l'amour) étant fondé sur certaines notions du merite ou de la beauté qu'un Sauvage n'est point en état d'avoir, et sur des comparaisons qu'il n'est point en état de faire, doit être presque nul pour lui ... il écoute uniquement le temperament qu'il a reçu de la Nature, et non le goût qu'il n'a pu acquerir, et toute femme est bonne pour lui (III, 158).

> Da dieses Gefühl (sc. das Geistig-Seelische in der Liebe) auf bestimmte Begriffe des Verdienstes oder der Schönheit gegründet ist, die ein Wilder nicht zu haben vermag, und auf Vergleiche, die er nicht anzustellen vermag, muß es für ihn nahezu null sein ... er folgt einzig und allein dem Temperament, das er von der Natur erhalten hat, und nicht dem Geschmack, den er nicht hat erwerben können, und jede Frau ist gut für ihn.

Wir werden noch ausführlicher über die Entwicklung im psychischen und emotionalen Leben zu sprechen haben, die mit der Herausbildung der Individualität, des Selbstbewußtseins und des Wettbewerbs zwischen den Individuen verbunden ist. Diese sind ausnahmslos Produkte der sich herausbildenden Sozialität. Wie noch zu zeigen sein wird, befindet sich Rousseau in dieser Auffassung in Übereinstimmung mit Teilen der hellenistischen Philosophie, vor allem mit der

191 Vgl. Goldschmidt, *Anthropologie*, 362ff.

192 Vgl. R. Flacelière, „Les Épicuriens et l'amour", in: *Revue des Études Grecques* 67 (1954), 69ff.; K. Kleve, „Lucrèce, l'épicurisme et l'amour", in: *Association Guillaume Budé, Actes du VIIIe Congrès (Paris, 5-10 avril 1968)*, Paris 1969, 376ff. (u.a. zur 'vulgivaga Venus' bei Lukrez IV, 1070ff.).

Auffassung von der Rolle der ‘doxa’, der Einbildung, im seelischen Haushalt des zivilisierten Menschen[193].

Rousseau sieht das Geistig-Seelische in der Liebe als das, „was dieses Verlangen bestimmt und es auf einen einzigen Gegenstand ausschließlich fixiert oder was ihm zumindest einen höheren Energiegrad für diesen bevorzugten Gegenstand verleiht“ (Le moral est ce qui détermine ce désir et le fixe sur un seul objet exclusivement, ou qui du moins lui donne pour cet objet préferé un plus grand dégré d’énergie, III, 158). In dieser inneren Abhängigkeit, die aus der Fixierung auf ein bestimmtes Objekt erwächst, haben die Epikureer eine Gefahr gesehen. Sie teilt diese Eigenschaft mit allen Begierden, die, aus menschlicher Einbildung (doxa) hervorgehend, „weder natürlich noch notwendig“ sind[194]. Ist die Sexualität als „natürlich“ akzeptiert, so gilt doch auch von ihr, daß eine Gefahr in der „Fixierung“ auf ein bestimmtes Objekt liegt: „Das Bedürfnis nach ganz bestimmten Speisen, einer bestimmten Kleidung oder einem besonderen Liebesgenuß ist weder natürlich noch notwendig“ (Fr. 456 Us.)[195]. So grob äußerlich die Zusammenstellung mit Nahrung und Kleidung hier wirkt: Im Kern ist mit der Fixierung die Individualisierung in der persönlichen Leidenschaft zumindest *mit* gemeint. Auch die Einbildungskraft (imagination) spielt eine wesentliche Rolle[196]:

> L’imagination qui fait tant de ravages parmi nous, ne parle point à des cœurs Sauvages; chacun attend paisiblement l’impulsion de la Nature, s’y livre sans choix avec plus de plaisir que de fureur, et le besoin satisfait, tout le désir est éteint (III, 158).
>
> Die Einbildungskraft, die so viele Verheerungen unter uns anrichtet, spricht nicht zu wilden Herzen; jeder wartet friedlich auf den Antrieb der Natur, überläßt sich ihm ohne Wahl, mit mehr Vergnügen als Raserei, und ist das Bedürfnis befriedigt, so ist das ganze Verlangen erloschen.

Allerdings ist der Kontext unterschiedlich: ethisch-paränetisch bei Epikur und Lukrez, historisch-genetisch bei Rousseau, dem es vor allem auf den Nachweis ankommt, daß die individuelle Liebesleidenschaft erst unter den Bedingungen der Gesellschaft entstehen konnte, zusammen mit den anderen Erscheinungen einer gesteigerten Einbildungskraft und der aus ihr resultierenden Bevorzugung

193 S. unten S. 155f.

194 S. unten S. 157f.

195 Sexuelle Begierden können nach dieser Auffassung leicht entarten, so daß sie in die Kategorie der "weder notwendigen noch natürlichen", d.h. der eingebildeten, Begierden fallen. Die individuelle Liebe kann hier auf eine Stufe mit Formen des Luxuskonsums gestellt werden.

196 S. unten S. 157.

(préférence), von der noch zu sprechen sein wird[197]. Was Rousseau fern liegt, ist freilich ebenso deutlich: die Engführung eines Verzichts auf die geistig-seelische Komponente, die Buffon in diesem Zusammenhang mit der epikureischen Tradition teilt[198]. Im Hinblick auf Liebe und Sexualität unterscheidet sich die hier auch bei Rousseau auftretende naturalistische Tendenz von der Buffons dadurch, daß sie in viel höherem Grade als bei diesem (und dem antiken Vorbild) historisch-phasenbedingt, d.h. auf den Naturzustand beschränkt ist.

Wichtig ist in diesem Fall der Unterschied zwischen moderner und antiker Einstellung. Aus ethischen Gründen, mit Rücksicht auf die Ataraxie als ethischen Höchstwert, setzen die Epikureer ihre ansonsten vorhandene Bereitschaft, die kulturelle Entwicklung zu respektieren, an bestimmten Punkten außer Kraft. Die Liebesleidenschaft ist ein solcher Punkt, an dem sie die Verfeinerung des Seelenlebens durch die gesellschaftliche Entwicklung, die ihnen sonst nicht wenig gilt, nicht zu würdigen bereit sind - ganz im Unterschied zu den im Schoße der Familie aufkommenden Beziehungen, besonders zwischen Eltern und Kindern - wie bei Lukrez, der hier (wie nach ihm Rousseau) einen wesentlichen Keimpunkt des emotionalen Lebens des Menschen sieht[199]. Eine vorbereitende Phase, und darin unterscheidet sich der moderne Denker vom antiken, wird in der aufkeimenden Liebe zweier Partner gesehen, die gleichfalls in die Zeit der 'société naissante', der patriarchalischen Gesellschaft, fällt[200].

5. Domestikation und Selbstdomestikation

Eine nicht unwichtige Rolle spielt für Rousseau die Domestikation der Tiere, da er sie in einen unmittelbaren Zusammenhang mit der Domestikation von Menschen durch die Gesellschaft im allgemeinen und durch die Sklaverei im beson-

197 S. unten S. 171f.

198 Vgl. dazu Goldschmidt, *Anthropologie,* 362f. In Lukrez' 5. Buch ist die Beschränkung auf die physische Seite eine nicht weiter diskussionsbedürftige Konsequenz bestimmter Grundauffassungen, vgl. die Verse 960ff. Goldschmidt betont zu Recht die Unterschiede, die in der Bewertung der geistig-seelischen Liebe zwischen Rousseau und Buffon bestehen. Allerdings reißt er eine zu tiefe Kluft auf, weil er Gemeinsamkeiten verkennt, die die epikureische Auffassung von der 'doxa' für beide Theorien (die der 'vanité' bei Buffon, der 'préférence' bei Rousseau) bereithält, s. unten S. 171. Auch im Hinblick auf das Problem der Eifersucht, auf das wir nicht näher eingehen können (Goldschmidt, *Anthropologie,* 364ff., in Auseinandersetzung mit Morel) scheint zwischen Buffon und Rousseau kein unüberbrückbarer Gegensatz zu bestehen, vgl. *Émile* (IV, 797f.): "...la jalousie a son motif dans les passions sociales plus que dans l'instinct primitif".

199 S. unten S. 148ff.

200 S. unten S. 160.

deren bringt. Als Maß für bestimmte Bewertungen erscheint hier der Naturzustand des solitären, seine Kräfte in Selbstbehauptung bewährenden Menschen. Die Domestikation der Tiere wird dadurch für Rousseau zu einem Schlüssel für die Bewertung der „Selbstdomestikation“ des Menschen im Leben der Gesellschaft:

> Le Cheval, le Chat, le Taureau, l'Ane même ont la plûpart une taille plus haute, tous une constitution plus robuste, plus de vigueur, de force, et de courage dans les forêts que dans nos maisons; ils perdent la moitié de ces avantages en devenant Domestiques, et l'on diroit que tous nos soins à bien traiter, et nourrir ces animaux, n'aboutissent qu'à les abatardir (III, 139).

> Das Pferd. die Katze, der Stier, selbst der Esel haben in den Wäldern zumeist einen höheren Wuchs, und alle haben eine robustere Verfassung, mehr Kraft, Stärke und Mut als in unseren Häusern; sie büßen die Hälfte dieser Vorzüge ein, indem sie domestiziert werden, und man möchte fast sagen, daß all unsere Sorge, diese Tiere gut zu behandeln und zu ernähren, nur zu ihrer Entartung führt.

Wir werden sehen, daß Rousseau hier unmittelbare Anregungen von Buffon erfahren hat. Es entsteht aber auch der Eindruck, daß er in einen stillschweigenden Dialog mit Lukrez eintritt, der aus einer anderen Sicht freilich zu einer anderen Bewertung der Domestikation kommt. Für Lukrez stellt diese einen Spezialfall im Kampf um das Überleben der Geeignetsten dar. Während Löwe, Fuchs und Hirsch durch natürliche Überlegenheit in Kraft, List und Schnelligkeit überleben, verdanken Hunde, Ochsen, Schafe und Esel ihr Überleben der menschlichen Fürsorge (V, 860ff.).

Die unterschiedliche Sichtweise bei dem neuzeitlichen und dem antiken Autor ist recht aufschlußreich. Lukrez geht es um einen natürlichen Vorgang, bei dem der Mensch kraft seiner Einsicht einen für die Natur wohltätigen Zustand schafft. Was sich als nützlich für den Menschen erweist, wird auch für die Natur zum Heil:

> Multaque sunt, nobis ex utilitate sua quae
> commendata manent, tutelae tradita nostrae (V, 860f.).

> Viele Tiere gibt es, die, da sie sich uns als nützlich erwiesen, erhalten bleiben, unserem Schutz anvertraut.

In einem Zusammenhang, der die Selbsterhaltungskraft der Natur durch das Überleben der Geeignetsten feiert, also eine zielstrebig arbeitende Natur vollständig ausschließt, tritt der Mensch mit seiner zielvoll planenden Tätigkeit als Korrektiv mit dem Vermögen ein, bewahrend nicht nur für sich selbst, sondern auch für die übrige Natur zu wirken: eine andere Art von „Teleologie", die ausschließlich mit dem Wirken des Menschen verbunden ist.

Für Rousseau, der den Naturzustand zum Ausgangspunkt seiner Anthropologie macht, erscheint gerade dieser Eingriff als Sinnbild einer negativen Wirkung, eine Depravation durch Überschreiten der von der Natur gesetzten Grenzen[201]. Rousseau geht es um etwas, das Lukrez völlig fernliegt: die Depravierung des Menschen durch Selbstdomestikation in der Gesellschaft. Wir werden abschließend zu untersuchen haben, wie die Frage der negativen Aspekte des Geschichtsprozesses sich bei Rousseau und bei Lukrez insgesamt darstellt. Hier geht Rousseau einen ganz eigenen Weg. Dem Gedanken der Selbstdomestikation kommt eine Schlüsselposition für seine Bewertung des Zivilisations- und Vergesellschaftungsprozesses zu. Dieser schlechthin, nicht nur bestimmte Auswüchse werden als Quelle von Fehlentwicklungen gedeutet. Wie sich dieser Gedanke in das Gesamtproblem der Ambivalenz des Geschichtsprozesses einordnet, wird noch zu untersuchen sein.

Gesellschaftlich von großer Tragweite ist ein anderer Gegensatz, der sich zwischen Rousseau und einem führenden Philosophen der Antike auftut. Für Aristoteles ist das Verhältnis Mensch - Tier in Gestalt der Zähmung nur *eine* Erscheinungsform einer naturgegebenen Ordnung, in der der Mensch von Natur zur Herrschaft über das Tier, der Mann zur Herrschaft über die Frau, der Herr zur Herrschaft über den Sklaven bestimmt ist (*Politik* I, 6, 1254 b 10ff.)[202]. Wir können voraussetzen, daß Rousseau auch diese Stelle bekannt ist, denn sie stammt aus dem Kontext des oben behandelten Mottos für den Zweiten Discours[203]. Rousseau widerspricht nicht nur implizit der Aristotelischen Sicht, sondern wendet sich gegen den gesamten teleologischen Zusammenhang der Aristotelischen Gesellschaftsauffassung, indem er die Sklaverei nur als einen Extremfall für bestimmte Tendenzen einer Fehlentwicklung ansieht, die mit der Vergesellschaftung prinzipiell gegeben sind. Vom Verhältnis Mensch - Tier führt der Weg unmittelbar zum Verhältnis zwischen den Menschen in der Gesellschaft:

> Il en est ainsi de l'homme même: En devenant sociable et Esclave, il devient foible, craintif, rampant, et sa maniére de vivre molle et efféminée

201 Starobinski, Rousseau und Buffon, 486, verweist auf die Einleitungssätze zum *Émile*, die diesen Gedanken aufgreifen (IV, 245).

202 Zum "Überleben" (soteria) durch Vereinigung im Herrschaftsverband: Aristoteles, *Politik* I, 2, 1252 a 30ff., mit Bezug auf die Sklaverei; *Politik* I, 5, 1254 b 10ff. im Hinblick auf das despotische Verhältnis Mensch - Tier. Vgl. Schütrumpf, Kommentar zu Aristoteles, *Politik* I, 188f., vgl. 258; vgl. H. Klees, *Herren und Sklaven, Die Sklaverei im oikonomischen und politischen Schrifttum der Griechen in klassischer Zeit*, Wiesbaden 1975, 14ff. (Forschungen zur antiken Sklaverei VI).

203 Vgl. oben S. 43f.

> acheve d'énerver à la fois sa force et son courage. Ajoutons qu'entre les conditions Sauvage et Domestique la différence d'homme à homme doit être plus grande encore que celle de bête à bête; car l'animal, et l'homme ayant été traités également par la Nature, toutes les commodités que l'homme se donne de plus qu'aux animaux qu'il apprivoise, sont autant de causes particuliéres qui le font dégénerer plus sensiblement (III, 139).
>
> Ebenso steht es mit dem Menschen selbst: Indem er soziabel und Sklave wird, wird er schwach, ängstlich, kriecherisch; und seine weichliche und weibische Lebensweise vollendet schließlich die Schwächung seiner Stärke und seines Mutes zugleich. Fügen wir hinzu, daß der Unterschied zwischen dem wilden und dem domestizierten Zustand beim Menschen noch größer sein muß als beim Tier; denn da das Tier und der Mensch von der Natur gleich behandelt worden sind, sind alle Annehmlichkeiten, die der Mensch sich mehr verschafft als den Tieren, die er zähmt, ebenso viele besondere Ursachen, die ihn spürbarer degenerieren lassen.

Die konträre Bewertung der Sklaverei (als Ausdruck eines natürlichen Verhältnisses bei Aristoteles, als prinzipiell widernatürlich bei Rousseau[204]) erweist sich als Spezialfall unterschiedlicher Grundprinzipien. Die Herrschaft des Menschen über die Tiere in der Domestikation, die Dienstbarmachung von Menschen durch Menschen in der Sklaverei und Erscheinungen der Selbstverstümmelung des Menschen in der Sozialisation stehen auf einer Stufe: Sie führen zur Depravation. Eine extremere Gegenposition gegen das hierarchische Prinzip des Aristoteles, in dem Tieren, Frauen und Sklaven immer nur eine Rolle zukommt, nämlich dem Herrn zu dienen, ist nicht denkbar.

Nun ist Rousseau auch im Falle der Domestikation zu einem Bezug auf antike Gedankenelemente in einem durchaus modernen Kontext gelangt. Funktion und Folgen der Domestikation hatten Buffon im 4. Band der *Histoire naturelle* im Hinblick auf die Veränderungen beschäftigt, die der Eingriff des Menschen im Verhalten der Tiere bewirkt. In einer klaren Weise, die auf Rousseau wohl eine stimulierende Wirkung bei seinen Überlegungen über Natur und Kultur gehabt hat, unterscheidet Buffon Züge einer „bloßen Natur" bei den wilden Tieren von den Ergebnissen der Domestikation, die aus Beispiel, Zwang und Macht der Gewohnheit hervorgegangen sind. Es müsse das Ziel des Naturforschers sein, deutlich zu unterscheiden, was vom Instinkt und was von der Erziehung herrührt[205]. In unserem Zusammenhang sei nur hervorgehoben, daß Buffon im Unterschied zu Rousseau hier ganz im Bann des Aristotelischen Weltbildes

204 Zu Aristoteles Klees, a.a.O., 200ff.; V. Goldschmidt, „La théorie aristotélicienne de l'esclavage et sa méthode", in: *Zetesis. Album amicorum. Festschrift E. de Strycker*, Antwerpen/Utrecht 1973, 153.

205 *Les animaux domestiques, Histoire naturelle*, IV, Paris 1753, 169ff.

steht, für das die Herrschaft des Menschen über die Tiere als die des Geistes über den Körper erscheint. Wenn Buffon das domestizierte Tier als „einen Sklaven" bezeichnet, dessen man sich bedient, dann steht der Aristotelische Gedanke des Sklaven als eines beseelten Werkzeugs, wenn auch nicht explizit, im Hintergrund[206]. Auch der für Buffon charakteristische Gedanke eines Wertbewußtseins, das für den Menschen aus seiner beherrschenden Stellung über die Tiere erwächst, entspricht nicht nur biblischer Lehre, sondern ist auch Ausdruck einer anthropozentrischen Teleologie, wie sie uns aus dem aristotelischen und dem stoischen Weltbild vertraut ist.

6. Das spezifisch Menschliche

Im anthropologischen Jahrhundert war es von zentralem Interesse, im Mensch-Tier-Vergleich die wesentlichen Merkmale des Menschen zu bestimmen, das spezifisch Menschliche verständlich zu machen. Ein entscheidender Punkt war dabei das seit der Antike geläufige Problem des Verhältnisses von menschlicher und tierischer Psychologie: Ob den Tieren Fühlen und Denken zugesprochen werden könne oder sie lediglich fühlende Wesen oder vielleicht nur fühllose Automaten seien, war und blieb ein umstrittenes Problem. Es kann nicht unsere Aufgabe sein, die Vielfalt der Antworten, die von Vertretern eines rigorosen Dualismus, von Empiristen und Sensualisten, von mechanischen Materialisten gegeben wurden, hier aufzuzeigen[207]. Rousseau setzt sich vor allem mit zwei zeitgenössischen Konzeptionen auseinander, die in profilierter Weise Stellung bezogen hatten: Buffons dualistische Position in der Tradition von Descartes, nach der beim Menschen zwischen einem materiellen und einem spirituellen Prinzip zu unterscheiden sei; Condillacs sensualistische Auffassung von einer großen Kontinuität zwischen Tier und Mensch. Anhänger der alten Auffassung von der „Kette der Wesen", die bei Leibniz eine bedeutende Ausprägung erfahren hatte[208], nahm Buffon zwischen dem Menschen und dem Tierreich auf seiner obersten Stufe, dem Affen, eine „unendliche", metaphysisch begründete Distanz an[209]. Dagegen hatte Condillac, der sensualistischen Tradition folgend und sie auf eine neue Stufe führend, den Tieren die Fähigkeit

206 Aristoteles, *Politik* I, 4, 1253 b 24ff. Vgl. O. Gigon, „Die Sklaverei bei Aristoteles", in: *Entretiens sur l'antiquité classique, 11, La "Politique" d'Aristote*, Vandœuvres - Genève 1965, 252ff.; Klees, a.a.O., 188ff.

207 Vgl. Krauss, *Zur Anthropologie des 18. Jahrhunderts*, Exkurs I: „Zur Tierseelentheorie im 18. Jahrhundert", 174ff. Zu den antiken Theorien vgl. Sorabji, a.a.O., 7ff.

208 Vgl. Lovejoy, *Die große Kette der Wesen*, 176ff., 307ff.

209 Vgl. Goldschmidt, *Anthropologie*, 273ff. Auf Einzelfragen der Entwicklung des Problems bei Malebranche, Maupertuis, d'Argens u.a. kann nicht eingegangen werden. Zur Theorie Condillacs und ihrer Bedeutung für Rousseau vgl. Morel, a.a.O., 144ff.

zugesprochen, über „Ideen" (Vorstellungen) zu verfügen und sie miteinander in Verbindung zu bringen (liaison des idées), so daß der Mensch sich vom Tier nicht grundsätzlich, sondern in einem „mehr oder weniger" unterscheidet.

Es ist in diesem Zusammenhang nicht möglich, die außerordentlich differenzierten Auffassungen der antiken Philosophen über das „Denkvermögen" der Tiere darzulegen. Der entschiedenen Stellungnahme des Aristoteles, der den Tieren Vernunft (logos), Denken (nus, dianoia) und Meinen (doxa) abspricht, stehen Auffassungen von graduellen Unterschieden des Nus bei allen Lebewesen (Anaxagoras), von der Gleichsetzung von Denken und Wahrnehmen (Empedokles), von einer „Geisteskraft" auch der Tiere (Diogenes von Apollonia) gegenüber. Die Stoiker sprachen den Tieren die Vernunft ab, die Epikureer im Prinzip ebenso, wenn auch mit geringerer Konsequenz.

Rousseau hat in dieser Frage eine Position bezogen, die mit keiner der vorhandenen Alternativen (schon gar nicht mit der hier nicht zu erörternden mechanisch-materialistischen) einfach identifiziert werden kann. Wie Condillac akzeptiert er die Kontinuität zwischen tierischen und menschlichen Potenzen, verschiebt aber die Problematik des spezifisch Menschlichen auf ein anderes Feld: das der Freiheit. Dabei ist Freiheit im Sinne des Determinismus des 17. und 18. Jahrhunderts, d.h., im Anschluß an Hobbes, Spinoza, Leibniz und Locke, als Eigenschaft des Handelns, nicht des Wollens zu verstehen. Rousseau gibt dem Freiheitsbegriff einen besonderen anthropologischen Gehalt, indem er in der Freiheit des Handelns, nicht in der Vernunft, eine Grundbestimmung des Menschen sieht. Zusammen mit der Perfektibilität schafft sie jenen Freiraum, der es dem Menschen gestattet, unter bestimmten Umständen die Eingebundenheit in die gegebene Existenzform zu überwinden.

Wie Condillac sieht Rousseau beim Unterschied zwischen Tier und Mensch nur Stufen im Hinblick auf den Verstand und die Entstehung und Verbindung von „Ideen" (Vorstellungen): „...und der Mensch unterscheidet sich in dieser Hinsicht vom Tier nur graduell" (... et l'homme ne différe à cet égard de la Bête que du plus au moins, III, 141)[210]. Rousseau beruft sich auf Montaigne, der, Plutarch variierend, festgestellt hatte[211], daß der Unterschied zwischen einem bestimmten Menschen und einem anderen größer sei als der zwischen manchen Menschen und manchem Tier. Während Descartes sich gegen diese egalisierende Tendenz in explizitem Gegensatz zu Montaigne gewendet und den Tieren jegliches Denkvermögen abgesprochen hatte[212], lehnt es Rousseau ab, in diesem

210 Zur Auseinandersetzung Condillacs mit Buffon vgl. Krauss, *Zur Anthropologie des 18. Jahrhunderts*, 188f.

211 Montaigne, *Essais*, I, 42; vgl. Plutarch, *Daß die Tiere von der Vernunft Gebrauch machen*, 992 D.

212 Descartes, *Discours de la méthode*, *Œuvres et Lettres*, Textes présentés par A. Bridoux, Paris 1953, 165f. (Bibliothèque de la Pléiade).

Bereich das spezifisch Menschliche zu suchen. Vielmehr sei es dessen Eigenschaft, ein frei Handelnder zu sein.

Das Tier handelt in instinktiver Eingebundenheit vollständig determiniert durch die Natur, während der Mensch als frei Handelnder (en qualité d'agent libre) mitwirkt (III, 141)[213]:

> Ce n'est donc pas tant l'entendement qui fait parmi les animaux la distinction spécifique de l'homme que sa qualité d'agent libre. La Nature commande à tout animal, et la Bête obéit. L'homme éprouve la même impression, mais il se reconnoît libre d'acquiescer, ou de resister; et c'est surtout dans la conscience de cette liberté que se montre la spiritualité de son ame ... (III, 141f.).

> Es ist daher nicht so sehr der Verstand, der die spezifische Unterscheidung des Menschen unter den Tieren ausmacht, als vielmehr dessen Eigenschaft, ein frei Handelnder zu sein. Die Natur befiehlt jedem Lebewesen, und das Tier gehorcht. Der Mensch empfindet den gleichen Eindruck, aber er erkennt sich frei, nachzugeben oder zu widerstehen, und vor allem im Bewußtsein dieser Freiheit zeigt sich die Geistigkeit seiner Seele ...

Man hat sich die Frage gestellt, ob diese Formel im Sinne eines metaphysischen Dualismus es gestattet, im Zweiten Discours bereits einen Vorgriff auf Auffassungen zu suchen[214], wie sie später bei Rousseau in Erscheinung treten. Man hat andererseits darauf aufmerksam gemacht, daß die Feststellung über den Menschen als frei Handelnden in einem biologischen Kontext erfolgt, daß es ein biologischer Vorteil ist, nicht durch starre Instinkte im Verhalten festgelegt zu sein[215]. Wir können auf diese umstrittene Frage nicht näher eingehen[216] und wollen uns vielmehr dem Problem zuwenden, ob und in welcher Weise die Freiheit des Menschen, aus dem vorgegebenen natürlichen Rahmen herauszutreten und durch die Kraft eigenen Handelns zu wirken, in der antiken Philosophie vorbereitet ist[217].

Rousseau hat in der Geschichte des Denkens über die Freiheit eine außerordentliche Rolle gespielt. Seine Auffassung, daß der Mensch sich durch die Frei-

213 Zu Rousseaus Begriff der Freiheit vgl. O. Köhler, *Rousseaus Freiheitslehre*, Göttingen 1963, 61ff.

214 Zur *Profession de foi du vicaire savoyard* Starobinski, Komm. z. St. 142, 1 : "Dans le Discours sur l'inégalité, ce mouvement religieux est singulièrement absent...". Bei Starobinski weitere Literaturhinweise.

215 Vgl. H. Meier, a.a.O., 99, Anm. 123.

216 Zum Verhältnis zwischen Rousseau und Diderot im Hinblick auf die Probleme eines moralischen Determinismus vgl. Proust, a.a.O., 320ff.

217 Generell zum Problem des Willens im antiken Denken A. Dihle, *The theory of will in classical antiquity*, Berkeley u.a. 1982.

heit des Handelns auszeichnet, die Fähigkeit zum bewußten und freiwilligen Tun, hat er im Gefolge von D. Humes Schrift *A treatise of Human Nature* entwickelt. Wie bei Hume gründet sich diese Theorie der Freiheit auf das Material, das uns die Sinne und die Erfahrung liefern, d.h. auf eine empirische Grundlage. Auch mit seiner Theorie der Freiheit steht Rousseau, wie wir sahen, in einem Kontext, der sich wesentlich auf den Mensch-Tier-Vergleich stützt. Auf antike Vorläufer kann hier nur verwiesen werden. Daß der Mensch durch das Fehlen einer vollständig bestimmenden instinkthaften Determination charakterisiert ist, zeichnet ihn auch nach der hellenistischen Philosophie, bei Epikureern und Stoikern, aus.

Epikur hatte als ein wesentliches Merkmal des Menschen hervorgehoben, daß er allein von allen Wesen nicht nur gemäß seiner Natur (kata physin), sondern auch gegen seine Natur (para physin), fehlgeleitet von (falscher) Meinung (doxa), handeln könne, folglich auch zu seinem Schaden[218]. Cicero hat in seiner Schrift *Vom höchsten Gut und vom größten Übel* (I, 30f., II, 33) die unterschiedliche Position der Epikureer und der Stoiker herausgearbeitet. Im Sinne Epikurs erstrebt jedes Lebewesen die Lust als höchstes Gut und meidet den Schmerz als schlimmstes Übel, solange es *unverdorben* ist (I, 31). Eine andere Konsequenz wird mit Hilfe der stoischen Lehre von der Oikeiosis aus der zentralen Position der Selbsterhaltung gezogen[219]. Die Natur treibt das Kind, wie jedes Lebewesen, nicht an, „Lust zu erstreben, sondern nur sich selbst zu lieben und gesund und unversehrt zu bleiben“ (II, 33). Sind auch die Formen unterschiedlich, so ist doch in beiden Fällen ein naturgegebenes Kriterium vorausgesetzt, wobei der Stoiker freilich behauptet, daß auch „das Tier gemäß seiner Anlage entarten kann, ohne daß die Entartung eine Folge schlechter Aufzucht ist“. Ohne daß eine unmittelbare Verbindung hergestellt werden soll, zeigt sich doch eine Verwurzelung bestimmter Elemente von Rousseaus Konzeption von Freiheit im antiken Denken.

In Verbindung mit der Freiheit ist ein zweites entscheidendes Merkmal des Menschen für Rousseau eine Potenz, die den Menschen auf einer bestimmten Stufe seiner Entwicklung aus dem Zusammenhang mit den anderen Lebewesen herauszuführen vermag: die ‘perfectibilité’[220]. Diese in der Mitte des 18. Jahr-

218 Vgl. R. Müller, *Die epikureische Ethik*, 18.
219 Zur stoischen Oikeiosis s. S. 119f.
220 Zur Geschichte des Begriffs Starobinski, Komm. z. St. 142, 3 (*Correspondance littéraire* vom Februar 1755). Zur 'perfectibilité' in der Geschichtsphilosophie generell: G. Buck, a.a.O., 78ff.; F.C. Tubach, „Perfectibilité: der zweite Diskurs Rousseaus und die deutsche Aufklärung“, in: *Études Germaniques* 15 (1960), 144ff.; W. Voßkamp, „‘Perfectibilité’ und Bildung. Zu den Besonderheiten des deutschen Bildungskonzepts im Kontext der europäischen Utopie- und Fortschrittsdiskussion“, in: S. Jüttner, J. Schlobach (Hg.), *Europäische Aufklärung(en)*, Hamburg 1992, 117ff.

hunderts sich erstmals artikulierende Kategorie hat eine Vorgeschichte, die wir hier nur in Kürze rekapitulieren können. Das seit der „Querelle" sich in Frankreich und in der Schottischen Moralphilosophie und Politischen Ökonomie entwickelnde Geschichtsdenken führte dazu, daß bestimmte Elemente einer Fortschrittskonzeption zu einer begrifflichen Kristallisation drängten. Die Begriffe 'perfection', 'perfectionner', 'perfectionnement' spielten dabei eine wesentliche Rolle. Den Rahmen bilden der innere Zusammenhang der geschichtlichen Entwicklung in Raum und Zeit und die Weitergabe wichtiger Errungenschaften, vor allem in der Bewältigung des praktischen Lebens, von Generation zu Generation mit den Mitteln von Sprache und Schrift. Um die Mitte des Jahrhunderts erhielten diese Gedanken konzentrierten Ausdruck in den frühen geschichtstheoretischen Schriften des jungen Turgot, die zwar in dieser Zeit nicht im Druck erschienen, wohl aber z.T. in handschriftlicher Form in interessierten Kreisen Verbreitung fanden[221]. Das Wort 'perfectibilité', das Turgot nach der Überlieferung zuerst gebraucht haben soll, kommt in den genannten postum veröffentlichten Schriften nicht vor, so daß seine erste Bezeugung sich im Zweiten Discours Rousseaus findet. Die Frage nach dem „Erfinder" des Neologismus kann für uns zurücktreten hinter der starken gedanklichen Übereinstimmung, die wir zwischen dem Zweiten Discours und den frühen Schriften Turgots *Tableau philosophique des progrès successifs de l'esprit humain* (1750) und *Plan de deux discours sur l'histoire universelle* (1751-1753) konstatieren[222]. Wohl angeregt durch Fontenelle, dessen Bekanntschaft er noch machen konnte, durch Montesquieu und Voltaires *Essai sur les mœurs* formuliert Turgot in hoher gedanklicher Konzentration fundamentale Prinzipien eines Fortschrittsdenkens, die in ähnlicher Weise, wenn auch mit anderer philosophischer Tendenz, in Rousseaus Zweitem Discours auftreten: die menschliche Gattung (genre humain) als Subjekt der universalhistorischen Entwicklung; Fortschritte und Fortschritt (im Plural und im Kollektivsingular) als Träger der Entwicklung; Sprache und Schrift als Instrumente der Weitergabe der kulturellen Erfahrungen von Generation zu Generation; die elementaren Bedürfnisse als erste Katalysatoren einer technischen Entwicklung im weitesten Sinn des Wortes. Es drängt sich die Vermutung auf, daß Rousseau in irgendeiner Weise Bekanntschaft mit den frühen Schriften Turgots gemacht hat.

221 Zur Entwicklung der Fortschrittstheorie Turgots vgl. J. Rohbeck, *Die Fortschrittstheorie der Aufklärung*, 87ff., 101ff., 202ff.

222 Zu den Umständen der handschriftlichen Verbreitung von frühen Texten Turgots vgl. Schelle (Anm. 355) I, 31ff.; generell zur Entstehung der frühen Schriften J. Rohbeck, „Turgot als Geschichtsphilosoph", in: J. Rohbeck, L. Steinbrügge (Hg.), *Turgot. Über die Fortschritte des menschlichen Geistes*, Frankfurt a.M. 1990, 7ff. - Es sind die im folgenden angedeuteten engen Berührungen mit Gedanken Turgots, die Rousseaus Bekanntschaft mit dessen frühen Schriften als wahrscheinlich erscheinen lassen.

Weitgehend eigenständig war aber die Zuspitzung auf die 'perfectibilité' als das Zentrum der geschichtsphilosophischen Konzeption Rousseaus. Ihr gedanklicher Kern ist die Auffassung, daß sich der Mensch von den Tieren, die durch ihre Instinkte festgelegt sind, unterscheidet durch

> ... la faculté de se perfectionner; faculté qui, à l'aide des circonstances, développe successivement toutes les autres, et réside parmi nous tant dans l'espéce, que dans l'individu, au lieu qu'un animal est, au bout de quelques mois, ce qu'il sera toute sa vie, et son espéce, au bout de mille ans, ce qu'elle étoit la premiere année de ces mille ans (III, 142)[223].

> ... die Fähigkeit, sich zu vervollkommnen; eine Fähigkeit, die, mit Hilfe der Umstände, sukzessive alle anderen entwickelt und bei uns sowohl der Art als auch dem Individuum innewohnt - während ein Tier nach einigen Monaten ist, was es sein ganzes Leben lang sein wird, und seine Art nach tausend Jahren, was sie im ersten dieser tausend Jahre war.

Die Perfektibilität ist eine Potenz, die in engstem Zusammenhang mit den Umständen (circonstances) zu sehen ist, von denen es abhängt, ob die Menschheit „sukzessive alle anderen Fähigkeiten" (Denken, Sprechen, technische und andere „Künste") entwickelt. Sie ist frei von teleologischen Aspekten, sofern die sie in die Aktualität rufenden Umstände keineswegs zwangsläufig eintreten müssen (III, 162). Von der Rolle des Zufalls und seiner konstitutiven Bedeutung für das Heraustreten des Menschen aus dem Naturzustand werden wir noch zu sprechen haben. Der nichtteleologische Charakter der Perfektibilität zeigt sich auch darin, daß sie die Korruptibilität einschließt: Der Mensch kann alles verlieren, was er durch die Perfektibilität erworben hat, und folglich tiefer fallen als das Tier (III, 142).

In einem weit gefaßten Sinn hat das Prinzip der Perfektibilität eine Vorgeschichte in der Entwicklung der Philosophie von der Antike bis zu Leibniz. Man kann auf den Gedanken der Vollkommenheit (teleion, teleiotes) in der antiken Philosophie verweisen wie auf den der Gottähnlichkeit des Menschen in seiner Bedeutung für die Geschichte der christlichen Anthropologie[224]. Im Humanismus der Renaissance treten relevante Bezüge vor allem in der Auffassung Pico della Mirandolas von der einzigartigen Stellung des Menschen im Kosmos in Erscheinung, der allein über sein Handeln in freier Entscheidung

223 Zur Herkunft dieses Gedankens aus der Antike, an Rousseau vermittelt durch Buffon, vgl. unten S. 189ff. und Anm. 438ff.

224 Vgl. J.B. Schoemann, „Gregors von Nyssa theologische Anthropologie als Bildtheologie", in: Scholastik 18 (1943), 31ff., 175ff.; W. Völker, *Gregor von Nyssa als Mystiker*, Wiesbaden 1955, 57ff.

verfügen kann und damit zum Gestalter seiner Möglichkeiten wird (*De hominis dignitate* 3f.)[225].

Für den Gedanken der Selbstvervollkommnung, Selbstvollendung lag in der Antike die teleologische Konzeption des Aristoteles bereit, die ihren konzentriertesten Ausdruck im Gedanken der Entelechie fand, ferner die gleichfalls teleologische Auffassung von der 'perfectio' im stoischen Denken. Vollendet ist nach Aristoteles das, was sein Ziel erreicht hat; jenseits dessen man nichts Zugehöriges finden kann; was in seiner Gattung nicht übertroffen werden kann. Mit dem Begriff der 'entelecheia' ist die Verwirklichung der in einem Seienden angelegten Möglichkeiten bezeichnet[226]. In der Stoa erscheint die Tugend „als eine Art Vollendung" (teleiosis), d.h. der im Menschen angelegten, auf Verwirklichung drängenden Natur. Wie jedes Lebewesen erreicht der Mensch seine Vollendung, wenn er seine Natur (hier den Logos) voll entwickelt.

Für Rousseaus im striktesten Sinn antiteleologische Konzeption der Perfektibilität waren diese antiken Gedanken als Vorbild nicht geeignet. Das gilt in dieser Hinsicht sogar für das stoische Prinzip der Oikeiosis, das neben der Selbsterhaltung auch die Selbstentfaltung des Lebewesens zum Inhalt hat, sofern es dank einer inneren Gesetzmäßigkeit beim Menschen zur Erkenntnis führt, daß sich sein Wesen nicht in der animalischen Natur erschöpft, sondern erst in der Tätigkeit des Logos vollendet. So sehr Rousseau an der zeitgenössischen Rezeption des stoischen Prinzips der Selbsterhaltung partizipiert, kann seine Konzeption von der Perfektibilität nicht mit den teleologischen Aspekten der Oikeiosis-Theorie in Verbindung gebracht werden.

Die 'perfectibilité' ist in ihrer spezifischen Form in der Antike nicht vorgebildet. Aber es gibt Elemente, die in das weitere Umfeld einer gedanklichen Vorbereitung gehören. Obwohl ein direkter Bezug auf solche Vorläufer nur z.T. angenommen werden kann, sollen diese doch hier in großen Zügen umrissen werden. Grundlegend ist für Rousseau der Gedanke der Befreiung aus einer instinktiven Eingebundenheit, die die Tiere auf immer gleiche Verrichtungen festlegt:

> L'Homme Sauvage, livré par la Nature au seul instinct, ou plûtôt dédommagé de celui qui lui manque peut-être, par des facultés capables d'y

225 G. Pico della Mirandola, *De hominis dignitate. Heptaplus. De ente et uno*, ed. E. Garin, Firenze 1942, 104ff. (131 r-131 v) und dazu E. Cassirer, *Individuum und Kosmos in der Philosophie der Renaissance*, Leipzig und Berlin 1927, 88ff. (Nachdruck Darmstadt 1963).

226 Zur Aristotelischen Teleologie vgl. W. Kullmann, „Zum Gedanken der Teleologie in der Naturphilosophie des Aristoteles", in: J.-E. Pleines (Hg.), *Zum teleologischen Argument in der Philosophie. Aristoteles - Kant - Hegel*, Würzburg 1991, 150ff.; zum Gedanken der Vollkommenheit in der Stoa M. Forschner, *Die stoische Ethik*, Stuttgart 1981, 196ff., 212ff.

> suppléer d'abord, et de l'élever en suite fort au-dessus de celle là ... (III, 142f.)
>
> Der wilde Mensch, von der Natur dem bloßen Instinkt überlassen, oder vielmehr für den Instinkt, der ihm vielleicht fehlt, durch Fähigkeiten entschädigt, die ihm zunächst den Instinkt zu ersetzen und ihn danach weit über die Natur hinauszuheben vermögen ...

Wir hatten bereits darüber zu sprechen, daß Rousseau sich begrenzter Elemente der „Mängeltheorie" bedient, um zu gewissen anthropologischen Feststellungen zu gelangen. Wir denken auch hier an Platons *Protagoras*: Die aus Kompensation und schließlicher Überkompensation fehlender Spezialisierungen erwachsende Möglichkeit, einen eigenen Lebensraum zu schaffen, ergibt sich für den Sophisten Protagoras aus der Fähigkeit zu handwerklicher Gestaltung (entechnos sophia), eine angeborene Anlage, die die Entwicklung der „Künste" im umfassenden Sinn des Wortes ermöglicht[227].

Aus der Sicht der antiken Philosophie bedient sich Rousseau einer Argumentation, die zunächst mehrdeutig erscheint. Wenn er davon spricht, daß der Naturmensch seine Fähigkeiten der Möglichkeit nach (en puissance) habe, scheint er einer Aristotelischen Terminologie zu folgen : 'dynamis' bezeichnet bei dem antiken Philosophen im Beziehungsgefüge von Akt und Potenz das, was, nur der Möglichkeit nach existierend, im Prozeß des Werdens Wirklichkeit gewinnt, dank des Vorhandenseins einer Formkraft, die, entelechisch wirkend, diese Wirklichkeit schafft[228]. Daß Rousseau ungeachtet dieser aus einer teleologischen Weltsicht stammenden Terminologie aber kausal-genetisch denkt,

227 Vgl. S. 60, ferner 254f. - Ein wesentlicher Unterschied zu Protagoras besteht freilich darin, daß Rousseau nicht wie dieser von einer technischen Fähigkeit (wie auch nicht vom Besitz von Sprache und Vernunft) ausgeht, sondern von einer latenten Potenz zur Entwicklung dieser Eigenschaften und Fähigkeiten. Wenn Rousseau (III, 134) davon spricht, daß der Mensch alle "künstlichen Fähigkeiten" (facultés artificielles) nur durch langwierige Fortschritte hat erwerben können, befindet er sich damit im Gegensatz zur antiken Kompensationstheorie bei Protagoras und Anaxagoras, die diese Fähigkeiten als "naturgegeben" (eine Art "Mitgift der Natur") ansehen. Seine Position ist eher der Demokrits vergleichbar, für den die "künstlerischen Fähigkeiten" ein Produkt der historischen Entwicklung sind (hervorgetrieben unter dem Druck der Not). Plattner, a.a.O., 50, und Anm. 69, verweist darauf, daß sich Rousseau in seiner Auffassung vom Begriff der Fähigkeiten an J. Locke, *An essay concerning human understanding* II, 21, anschließt.

228 Zu Rousseaus Auffassung vgl. III, 152: Die Fähigkeiten, die der Mensch der Möglichkeit nach hatte, entwickelten sich erst mit den Gelegenheiten, sie auszuüben. H.Meier, a.a.O., 134, Anm. 168, betont richtig, daß die von Rousseau verwendete Terminologie (facultés en puissance) nur scheinbar an Aristoteles anknüpft. In Wahrheit leugnet Rousseau gerade den entelechischen Zusammenhang von Akt und Potenz. Er spricht von der "faculté qui ... développe successeviment toutes les autres" (III, 142).

wird durch den antiteleologischen Verweis auf die entscheidende Rolle des Zufalls in der Realisierung der Perfektibilität verdeutlicht[229]:

> ... que la *perfectibilité*, les vertus sociales, et les autres facultés que l'homme Naturel avoit reçues en puissance ne pouvoient jamais se developper d'elles mêmes, qu'elles avoient besoin pour cela du concours fortuit de plusieurs causes étrangeres qui pouvoient ne jamais naître, et sans lesquelles il fut demeuré éternellement dans sa condition primitive ... (III, 162)

> ... daß die *Perfektibilität*, die gesellschaftlichen Tugenden und die anderen Fähigkeiten, die der natürliche Mensch der Möglichkeit nach erhalten hatte, sich niemals von selbst entwickeln konnten, daß sie hierfür des zufälligen Zusammentreffens mehrerer äußerer Ursachen bedurften, die auch niemals hätten entstehen können und ohne die er ewig in seinem anfänglichen Zustand geblieben wäre ...

Das Verhältnis von Anlage und Entwicklung, das hier zugrunde liegt, entspricht eher der sophistisch-demokritischen Auffassung von der natürlichen Veranlagung, die, durch äußere Faktoren (bei Demokrit Not bzw. Bedürfnis) ausgelöst, bestimmte menschliche Fähigkeiten bzw. „Künste" entstehen läßt.

Die Realisierung der Anlage hängt im antiken wie im modernen Kontext bei Rousseau von der Relation zwischen dem Subjekt und seinen äußeren Bedingungen ab, womit ein teleologischer Bezug nicht gegeben ist[230].

Nun hat man mit Recht auf die Besonderheit verwiesen, daß Rousseau durch seine Konstruktion die Möglichkeit behält, den tierähnlichen Charakter der Existenz im Naturzustand nicht anzutasten: Die Potenz bleibt, da für ihre Entfaltung kein Bedarf besteht, für die damalige Existenzform ohne einschneidende Bedeutung[231]. Andererseits ist Rousseau hier nicht konsequent. Schon im

229 Duchet (a.a.O., 332f.) hebt hervor, daß dank der 'perfectibilité' die Möglichkeit einer Deutung entsteht, die die gesamte Entwicklung des Menschen nicht unter das Zeichen einer Notwendigkeit stellt, sondern, durch die Rolle des Zufalls, auch andere Entwicklungswege offengelassen hätte. Der Fortschritt der geistigen Entwicklung erscheint gänzlich von den äußeren Umständen abhängig.

230 Ein teleologischer Bezug zwischen beiden Komponenten kann nur - wie bei Poseidonios - unter der Voraussetzung einer Pronoia hergestellt werden, vgl. unten S. 178.

231 Vgl. Goldschmidt, *Anthropologie,* 288ff.; Plattner, a.a.O., 46ff. Dennoch muß man hervorheben, daß der Mensch sich vermöge der 'perfectibilité' nicht nur graduell, sondern essentiell vom Tier unterscheidet. Broecken weist darauf hin, daß beim Menschen natürliche Potenzen zugrunde liegen, die als solche nicht erworben, sondern lediglich entwickelt sind (K.H. Broecken, "Homme" und "Citoyen". *Die Entstehung und Bedeutung der Disjunktion von natürlicher und politischer Erziehung bei Rousseau*, Diss. Köln 1974, 58). Hinzuzufügen ist freilich, daß der Mensch, solange diese Entwicklung nicht erfolgt ist, ein tierähnliches Leben führt. Es ist hier eine ähnliche Situation wie in der an-

Naturzustand fällt der Mensch aus einer totalen Determination durch Instinkte heraus, sofern er die Fertigkeiten der Tiere nachahmt und sich aneignet. Dieses Lernverhalten, im Naturzustand nur auf die Kompensation unvollständiger Instinktsteuerung zielend, fern von einer unendlichen Überkompensation (III, 142f.), zeigt den Menschen bereits in einem realen, nicht nur potentiellen Sonderstatus[232].

Freilich nimmt Rousseau eine merkwürdige Zielstrebigkeit der Natur in gleichsam negativem Sinne an. Nichts sollte dieses Lebewesen behindern. Erst mit den Gelegenheiten sie auszuüben, sollten sich die potentiellen Fähigkeiten entwickeln, „damit sie für ihn weder überflüssig und eine Belastung vor der Zeit noch zu spät und unnütz im Bedarfsfalle wären" (afin qu'elles ne lui fussent ni superflues et à charge avant le tems, ni tardives, et inutiles au besoin, III, 152). Rousseau scheut sich auch nicht, hier von einer „sehr weisen Vorsehung" (une Providence très sage) zu sprechen. Für den Kontext des Zweiten Discours ist diese wohl eher in einem metaphorischen Verständnis, als eine „weise Natur", die das Richtige zur richtigen Zeit hervorgehen läßt, als in einem metaphysischen Sinn zu verstehen[233]. Zugrunde liegt, ungeachtet der Terminologie, nicht eine zielvoll planende Natur im Sinne der Stoa, sondern eine innere Stimmigkeit alles dessen, was die Natur im Entwicklungsprozeß hervorbringt. Auch eine scheinbar als Analogie sich anbietende Verknüpfung von kausalem und teleologischem Denken, wie sie bei Poseidonios auftritt [234], der die Not als Stimulus im Dienste einer providentiell verfügten Entwicklung der menschlichen Potenzen begreift, ist durch die starke Betonung der Zufälligkeit des Gesamtprozesses und des Zusammentreffens heterogener Faktoren für Rousseau ausgeschlossen.

tiken Vorstellung vom 'theriodes bios' gegeben, der eine tierähnliche, aber nicht tiergleiche Existenzform darstellt, da der Mensch über eine spezifische Veranlagung verfügt. Ontogenetisch liegt auch für die Stoa der voll entwickelten Rationalität eine Phase überwiegend animalischer Bestimmtheit voraus (s. S. 119). Phylogenetisch ist aber sowohl bei den Stoikern wie bei den Atomisten die Vernunft als zumindest keimhaft angelegt vorausgesetzt.

232 Vgl. Buck, a.a.O., 87: "Menschliches Verhalten ist schon hier nicht-animalisch. Schon im 'état de nature' gibt es eine Vor-Geschichte, die 'Entdeckungen' einschließt. Aber, diese Vorgeschichte ist auf die kommunikationslosen Solitäre eingeschränkt: sie entspringt und vergeht mit dem Einzelnen". In diesem Sinne sind die Feststellungen von Broecken zu ergänzen.

233 Vgl. oben S. 66.

234 Vgl. K. Reinhardt, Art. „Poseidonios", in: *Realencyclopädie der classischen Altertumswissenschaft*, Bd. 22, 1, Stuttgart 1953, 807f.; H.-R. Hollerbach, *Zur Bedeutung des Wortes 'chreia'*, Diss. Köln 1965, 120ff.

7. Die Statik der Bedürfnisse

Die Bedürfnisse des Menschen spielen eine wesentliche Rolle in der theoretischen Grundlegung der Politischen Ökonomie und der Geschichtsphilosophie im 18. Jahrhundert, vor allem in dessen zweiter Hälfte[235]. Ihre Bedeutung für Rousseau wird besonders an dessen Auffassung von der sukzessiven Entwicklung der Bedürfnisse im Gesellschaftszustand zu zeigen sein. Für den Naturzustand ist die Statik der Bedürfnisse prägend. Es wird sich zeigen, daß Rousseaus Auffassung von diesen Zusammenhängen nicht nur von zeitgenössischen Erkenntnissen, sondern auch von speziellen Zügen antiker Theorie über die Rolle der Bedürfnisse geprägt ist.

In Rousseaus Anthropologie besteht ein enges Verhältnis wechselseitiger Bedingtheit zwischen Bedürfnissen, Leidenschaften und Verstand, das sich freilich erst mit der Entstehung von Gesellschaft und Kultur entfalten kann. Wenn Rousseau auf dieser Stufe die Bedeutung der Leidenschaften, auch für die Entwicklung des Verstandes, betont, ist dies ein wesentlicher Zug in einer Anthropologie, die sich im Gegensatz zu einer einseitigen Vernunftbestimmtheit des Menschen herausgebildet hat[236]. Im Naturzustand sind es die Bedürfnisse in ihrer Beschränkung, die den Menschen auf einer bestimmten Stufe festhalten, und sie sind es, die ihn später unter gewandelten Bedingungen über diese Stufe hinaustreiben.

In der langen Phase statischen Verharrens weisen die Bedürfnisse den Menschen nicht über den gegebenen Zustand hinaus:

> Les seuls biens, qu'il connoisse dans l'Univers, sont la nouriture, une femelle, et le repos; les seuls maux qu'il craigne, sont la douleur, et la faim ..., (III, 143)
>
> Die einzigen Güter, die er in der Welt kennt, sind Nahrung, ein Weibchen und Ruhe; die einzigen Übel, die er fürchtet, sind Schmerz und Hunger.

Entscheidend für das Verhalten des Menschen im Naturzustand ist: „Seine Begehren gehen nicht über seine physischen Bedürfnisse hinaus“ (Ses desirs ne passent pas ses besoins Physiques, III, 143).

Rousseau hat in Anm. XI auf die Grundvoraussetzung der Statik des Naturzustandes hingewiesen: Bedürfnisse, die das Naturnotwendige überschreiten, sind ein Produkt der historischen Entwicklung. Der Mensch im Naturzustand ist deshalb in seinen engen Zirkel eingeschränkt: „... man begehrt nicht, was zu

235 Vgl. Rohbeck, *Die Fortschrittstheorie der Aufklärung*, 109ff.

236 Vgl. Kondylis, a.a.O., 411ff., über die Rehabilitation der Leidenschaften in der Philosophie der Aufklärung; vgl. Morel, a.a.O., 129f. Zur Bedeutung der Leidenschaften für die Erkenntnis bei Condillac vgl. Morel, a.a.O., 145f.

kennen man nicht in der Lage ist" (...l'on ne desire point ce qu'on n'est pas en état de connoître, III, 214). Ein geistiger Fortschritt wird unter solchen Umständen nicht ausgelöst[237]:

> D'où il suit que l'homme Sauvage ne desirant que les choses qu'il connoît et ne connoissant que celles dont la possession est en son pouvoir ou facile à acquerir, rien ne doit être si tranquille que son ame et rien si borné que son esprit (III, 214).

> Woraus folgt, daß - da der wilde Mensch nur die Dinge begehrt, die er kennt, und er nur jene kennt, deren Besitz in seiner Macht oder leicht zu erlangen ist - nichts so ruhig sein muß wie seine Seele und nichts so beschränkt wie sein Geist.

In einem allgemeinen Sinn ist Rousseaus Auffassung von den Bedürfnissen des Menschen im Naturzustand vom Grundgedanken der „Autarkie" des naturgemäß lebenden Menschen bestimmt. Der Gedanke der „Selbstgenügsamkeit", der in der Morallehre zu feinsten Differenzierungen einer Theorie der Freiheit, der Eudämonie, der sittlichen Selbstermächtigung geführt hat (von Sokrates bis zu den Stoikern), findet im Hinblick auf die elementaren Lebensbedingungen seine Grundlage in jenem Sichbescheiden mit dem physischen Existenzminimum, das im Kynismus die ausgeprägteste Form des antiken Ideals vom „einfachen Leben"[238] hervorgebracht hat. Obwohl Rousseau von diesem Konzept nicht unbeeindruckt geblieben ist, wird sich zeigen, daß der Kynismus im ganzen nicht für seine Auffassung von einem „naturgemäßen" Leben auf den verschiedenen Stufen der historischen Entwicklung bestimmend wurde[239].

237 In diesem Zusammenhang macht Rousseau auch bedeutsame Ausführungen über jene Fehlentwicklungen des Menschen, die in der 'perfectibilité' grundsätzlich einbeschlossen liegen: "... daß sie es ist, die, indem sie mit den Jahrhunderten seine Einsichten und seine Irrtümer, seine Lasten und seine Tugenden zum Aufblühen bringt, ihn auf die Dauer zum Tyrannen seiner selbst und der Natur macht" (... que c'est elle qui faisant éclore avec les siécles ses lumiéres et ses erreurs, ses vices et ses vertus, le rend à la longue le tiran de lui-même, et de la Nature, III, 142). In Anm. IX wird dieser Gedanke in Ausführungen breit entwickelt, die zum Wichtigsten gehören, was Rousseau über die Ambivalenz des menschlichen Fortschritts gesagt hat.

238 Generell zum Thema der Einschränkung der Bedürfnisse in der antiken Philosophie R. Vischer, *Das einfache Leben*, Göttingen 1965, 60ff., 83ff. Über Konvergenzen und Unterschiede des kynischen und des epikureischen Gedankens der Autarkie M. Gigante, „Cinismo e epicureismo", in: Goulet-Cazé, Goulet (Hg.), *Le cynisme ancien...* (vgl. Anm. 92), 186ff.; vgl. R. Schottlaender, „Kynisiert Epikur?", in: Hermes 82 (1954), 444ff. Zur Rolle der 'autarkeia' in der kynischen Theorie und Praxis vgl. H. Niehues-Pröbsting, *Der Kynismus des Diogenes und der Begriff des Zynismus*, Frankfurt a.M. 1988, 184ff.

239 Vgl. unten S. 239ff.

Betrachtet man die antiken Auffassungen über den Naturzustand im einzelnen, so steht Rousseau einer Tendenz am nächsten, zwischen den natürlichen Bedingungen und den Bedürfnissen der Menschen anfänglich eine weitgehende Übereinstimmung zu konstatieren. Signifikant sind vor allem die Auffassungen von der „Mutter Erde“, die im Urzustand dem Menschen alles bietet, wessen er bedarf (Seneca, *Briefe* 90, 18; Lukrez V, 937ff.)[240]. Bei Lukrez ist jene Übereinstimmung vor allem in dem ursprünglichen Stadium gegeben, in dem die „Mutter Erde“ (V, 821) für die Erhaltung der Gattung Mensch und der übrigen Gattungen, die sie hervorgebracht hat, Sorge trägt: für ausreichende Nahrung ebenso wie für die Schlafstatt, während jegliche Kleidung überflüssig ist dank eines ausgeglichenen Klimas, das extreme Hitze und Kälte nicht kennt (V, 816ff.). Aber auch später, als sich mit dem Altern der Erde die Bedingungen geändert haben, existiert zunächst weiterhin eine prinzipielle Übereinstimmung: Ein physisch starkes Menschengeschlecht wird mit Hitze und Kälte, Ernährungswechsel und Krankheit fertig (V, 925ff.). Für Rousseau ist die anfängliche Übereinstimmung, die letztlich durch gravierende Veränderungen in den natürlichen Bedingungen zerstört wird, in gleicher Weise vorausgesetzt. Inhaltliche Nähe bis in den Wortlaut zeigt Rousseau auch hier deutlich von Lukrez inspiriert:

> Accoutumés des l'enfance *aux intempéries de l'air, et à la rigueur des saisons ... les Hommes se forment un temperament robuste et presque inaltérable* ... (III, 135)
>
> Von Kindheit auf an die Unbilden der Witterung und die Strenge der Jahreszeiten gewöhnt, ... entwickeln die Menschen ein robustes und nahezu unverwüstliches Temperament.

> *Et genus humanum multo fuit illud in arvis*
> *durius, ut decuit,* tellus quod dura creasset ...
> *nec facile ex aestu nec frigore quod caperetur* ... (V, 925ff.)
>
> Und das Menschengeschlecht, das auf den Fluren lebte, war natürlich viel härter, da eine harte Erde es hervorgebracht hatte .... Hitze und Kälte ergriffen es nicht leicht ...

Bei Rousseau geht es um eine Art von geschlossenem Kreis, der nur von exogenen, aus der Sicht des Menschen jeder Zwangsläufigkeit entbehrenden Kräften zerstört werden konnte: „... jene singulären und zufälligen Zusammentreffen von Umständen, über die ich später noch sprechen werde und die sehr gut niemals eintreten konnten“ (... ces concours singuliers et fortuits de

240 Vgl. oben S. 67f. und Anm. 143.

circonstances, dont je parlerai dans la suite, et qui pouvoient fort bien ne jamais arriver, III, 140). Hier treibt die Verneinung der Teleologie in ein Extrem, bei dem die Vergleichbarkeit mit dem prinzipiell gleichfalls antiteleologischen Lukrez nicht mehr gegeben ist. Für Rousseau wird der natürliche Zusammenhang Mensch - Umwelt durch zufällige Ereignisse und Katastrophen in der Natur unterbrochen. Bei Lukrez entscheidet nicht der Zufall, sondern ein Prozeß von physischer Notwendigkeit für die ganze Erde: deren Altern (II, 1157ff.), in dessen Konsequenz die Mühen, die zu ihrer Bearbeitung aufzuwenden sind, immer mehr zunehmen[241]. Bei Lukrez sind im Verhältnis zwischen dem Menschen und seiner natürlichen Umwelt zwei Phasen festzustellen. Auf die völlige Kongruenz im „jugendlichen Alter“ der Erde mit für den Menschen günstigen Bedingungen folgt eine zweite Phase der Anpassung eines „harten“ Geschlechts an verschärfte Lebensbedingungen, die schließlich elementare Errungenschaften der Zivilisation hervortreiben. Lukrez bleibt im ganzen der sophistisch-demokritischen Tradition verpflichtet, sofern (bei ihm durch das Altern der Erde) der Not eine Auslösefunktion zukommt. Bei Rousseau haben wir den akzidentiellen Charakter von in verschiedenen Regionen und Klimazonen sich wandelnden Lebensbedingungen. Für die spätere Entwicklung betonen beide die schöpferische Leistung der innovativen Kulturprozesse, die schließlich weit über das zur Lebenserhaltung erforderliche Maß hinausgehen: die durch die Perfektibilität ermöglichten Prozesse bei Rousseau, die vom schöpferischen Logos bewirkten Kulturleistungen bei Lukrez: „die Übung und Erfahrung des unermüdlichen Geistes“ (usus et impigrae simul experientia mentis, V, 1452).

Als eine der wichtigsten Folgen sich wandelnder und zunehmender Bedürfnisbefriedigung erscheint seit den frühesten Theorien von der Entstehung der Kultur die Herausbildung der Künste im umfassenden Sinn des Wortes. Wir werden sehen, wie Rousseau im zweiten Teil des Discours, in dieser Tradition stehend, die Entstehung der Künste Metallurgie und Agrikultur mit dem Gebrauch des Feuers zum Nutzen des Menschen ursächlich in Verbindung bringt. Der enge Zusammenhang mit der ihn stark beschäftigenden Rolle der Bedürfnisse veranlaßt ihn aber bereits im ersten Teil zu einer Art Vorgriff auf diese spätere Entwicklung. Immer wieder nach Triebkräften für das Heraustreten des Menschen aus dem in sich ruhenden Naturzustand suchend, stellt er einen Bezug zu den verschiedenen Regionen und Klimazonen der Erde her, den er im zweiten Teil noch weiter ausbauen wird. Die gedankliche Brücke bildet die bereits erwähnte Feststellung, daß die Fortschritte des Geistes unterschiedlich sind je nach den Bedürfnissen, „welche die Völker von der Natur erhalten oder de-

241 Vgl. R. Müller, „Zu einem Entwicklungsprinzip der epikureischen Anthropologie“, 243, Anm. 40.

nen sie die Umstände unterworfen hatten“ (que les Peuples avoient reçus de la Nature, ou auxquels les circonstances les avoient assujetis, III, 143). Rousseau bezieht sich auf klassische Beispiele antiker Ableitung der Kulturentstehung aus besonderen geographischen Bedingungen: das Überschwemmungsgebiet des Nils[242], die karge Landschaft Attikas[243] im Gegensatz zum fruchtbaren Eurotastal, wo Sparta keine ähnliche Kulturblüte erlebte. Im engen Anschluß an die antike Klimatheorie, die uns zuerst in der Hippokratischen Schrift *Über die Umwelt* begegnet, erscheinen die Völker des Nordens als im allgemeinen kunstfertiger, weil sie ungünstige klimatische Bedingungen ausgleichen müssen[244]. In der Hippokratischen Schrift wird am Beispiel der Skythen und dann verallgemeinernd festgestellt, daß in Europa der ständige Wechsel von starker Hitze und strengen Wintern, Regen und Dürre eine größere Herausforderung an die geistige Kraft, Standhaftigkeit und Tapferkeit darstellt als in vom Klima begünstigten Regionen (c. 16ff.), eine Gedankenführung, an die sich Rousseau im Hinblick auf die geistigen Fähigkeiten anlehnt (III, 143f.), wohl angeregt durch die Rezeption der antiken Klimatheorie bei Montesquieu[245].

Immer wieder geht es Rousseau darum, die lange Dauer des statischen Zustands und die unendlichen Schwierigkeiten eines Ausbruchs aus ihm seinem Leser vor Augen zu führen. Schon Lukrez hatte die Statik des tierähnlichen Lebens bildhaft umschrieben, unter Hinweis auf den „Kreislauf vieler Jahre, den die Sonne am Himmel beschrieb“ (V, 931)[246]. Rousseau betont neben der Beendigung dieser Statik die Ablösung des solitären Lebens als Voraussetzung für die Entstehung der Kultur: Nicht ein isoliertes Einzelwesen hätte aus eigener Kraft, ohne Hilfe der Kommunikation, ohne den Stachel der Notwendigkeit aus

242 Vgl. den "Essai" (V, 405) über den Nil.

243 Vgl. Aristoteles über die bevorzugte geographische Situation bestimmter griechischer Stämme im Sinne der Klimatheorie (*Politik* VII, 7, 1327 b 33ff.). Vgl. M. Fuhrmann, *Alexander von Roes: ein Wegbereiter des Europagedankens?*, Sitzungsberichte der Heidelberger Akademie der Wissenschaften, Phil.-hist. Kl., Jg. 1994, Ber. 4, 13f. Zu diesem Gedanken bei dem Mittelstoiker Panaitios R. Müller, „Das Barbarenbild des Poseidonios und seine Stellung in der philosophischen Tradition“, in: *Emerita* 61 (1993), 46.

244 In einer spielerisch-teleologischen Fassung der Klimatheorie formuliert Rousseau : "...als ob die Natur damit die Dinge ausgleichen wollte, indem sie den Geistern die Fruchtbarkeit gibt, die sie dem Boden verweigert" (...comme si la Nature vouloit ainsi égaliser les choses, en donnant aux Esprits la fertilité qu'elle refuse à la Terre, III, 144).

245 Zur Hippokratischen Schrift *Über die Umwelt* (*Über Lüfte, Gewässer und Örtlichkeiten*) vgl. K.E.Müller, a.a.O., I, 137ff. Zur Klimatheorie bei Montesquieu vgl.oben Anm. 49. Über das Verhältnis der Nord- und Südvölker im "Essai" s. S. 178f.

246 Der Faktor Zeit war bereits ein wichtiges Thema in der antiken Theorie der Kulturentstehung (vgl. Spoerri, a.a.O., 148, Anm. 28f.).

dem Naturzustand heraustreten können[247]. Die Tradition der Erfahrung unzähliger Einzelner in der Auseinandersetzung mit der Natur wird als Voraussetzung für die Entstehung der Kultur betont. Bevor der Übergang zu den ersten Kulturleistungen im zweiten Teil vollzogen wird, resümiert Rousseau noch einmal den vorausgegangenen Zustand: *Noch gab es nicht* die Nutzbarmachung des Feuers für den Menschen, *noch gab es keinen Ackerbau*:

> ... art, qui demande tant de travail et de prévoyance; qui tient à d'autres arts ... (III, 144)

> ... eine Kunst, die soviel Arbeit und Voraussicht verlangt, die von anderen Künsten abhängt.

Ganz ähnlich bereits Lukrez:

> *nec robustus erat curvi moderator aratri*
> *quisquam*, nec scibat ferro molirier arva ...(V, 933f.)

> Noch gab es keinen kräftigen Lenker des gebogenen Pfluges, noch verstand sich keiner darauf, mit der Hacke das Feld zu bestellen.

Im ganzen bedeutet das „Noch nicht" (ähnlich wie bei Lukrez an der zitierten Stelle) die zusammenfassende Beschreibung eines langwährenden Zustandes, dessen Überwindung einer Kette von Einzelschritten bedurfte. Alles in allem: Das alles kann nicht geschehen „solange der Naturzustand nicht vernichtet ist" (tant que l'état de Nature ne sera point anéanti, III, 145).

Mit dem statischen Naturzustand verbunden ist die Statik des Erlebens. Rousseau steht hier unter dem Eindruck zeitgenössischer Vorstellungen über den „Wilden", der in völliger Hingabe an die gegenwärtige Existenz lebt. Der Satz über den Kariben, der am Morgen nicht einmal die Sorge für die Bedürfnisse des Abends kennt, weist auf einen berühmten Reisebericht, auf den

247 Der unermeßliche Abstand zwischen dem statischen Naturzustand und der dann einsetzenden Entwicklung ist für Rousseau auch der Abstand von "den reinen Empfindungen zu den einfachsten Erkenntnissen" (des pures sensations aux plus simples connoissances, III, 144). Hier kommt Rousseau, entgegen seiner Grundtendenz der Betonung der Animalität, der Auffassung Buffons über die Zäsur zwischen tierischer und menschlicher Entwicklung etwas näher. - Rousseaus als rhetorisch zu verstehende Frage, wie man ohne die Hilfe der Götter die Entstehung der wichtigsten Kulturerrungenschaften (Ackerbau, Metallurgie) erklären kann (III, 145), wird im zweiten Teil historisch-genetisch beantwortet. Goldschmidt, *Anthropologie*, 299, verweist auf die parallele Argumentation (Sprachentstehung nicht ohne die Hilfe der Götter) bei der Auseinandersetzung mit Condillac (s. S. 109), wo die Götter gleichfalls hypothetisch ins Spiel gebracht werden, um den circulus vitiosus (Priorität von Gesellschaft oder Sprache) aufzulösen. Antike mythische Denkformen werden rhetorisch zitiert, um die Schwierigkeit einer rationalen, historisch-genetischen Erklärung zu unterstreichen, wie sie dann doch versucht wird.

Rousseau sich auch sonst bezogen hat[248]. Der Gedanke des vollen Beisichseins, des Glücks im Genuß des gegenwärtigen Augenblicks, der für Rousseau eine dauerhafte Bedeutung behalten sollte und noch in den *Rêveries du promeneur solitaire* beispielhaften Ausdruck findet, ist im Zweiten Discours hervorgehoben:

> Son ame, que rien n'agite, se livre au seul sentiment de son existence actuelle, sans aucune idée de l'avenir, quelque prochain qu'il puisse être, et ses projets bornés comme ses vûes, s'étendent à peine jusqu'à la fin de la journée (III, 144).

> Seine Seele, die durch nichts in Unruhe versetzt wird, überläßt sich dem bloßen Gefühl ihrer gegenwärtigen Existenz, ohne irgendeinen Gedanken an die Zukunft, wie nah sie auch sein mag, und seine Pläne, die so beschränkt sind wie seine Ansichten, erstrecken sich kaum bis ans Ende des Tages.

Da der Gedanke für Rousseau so wichtig ist[249], kann man mit einiger Wahrscheinlichkeit annehmen, daß er sich der philosophischen Implikationen bewußt war, die auch in diesem Fall in die Antike zurückreichen. Es besteht eine große Nähe zu dem antiken Prinzip der Zeitenthobenheit des Glücks. Das Horazische 'Carpe diem' drückt den Gedanken in prägnanter Weise aus: Das Leben in voller Intensität hier und heute zu genießen, aber auch von der zeitlichen Erstreckung unabhängig zu machen, ist das Ziel epikureischer Glücksvorstellung. Sie findet auch Ausdruck in der Verurteilung des stoischen Prinzips der 'praemeditatio futurorum malorum", wie sie Horaz (*Oden*, I, 11, 1ff.), gleichfalls im Sinne Epikurs (Fr. 444 Us.) zum Ausdruck bringt. In Anlehnung an Buffon hatte Rousseau einen Wesenszug tierischer Existenz zu einem bestimmenden Faktor im Leben des Menschen im Naturzustand gemacht: Beschränkung des Existenzbewußtseins auf die gegenwärtigen Empfindungen, keine Vorstellungen von vergangener und künftiger Existenz[250], die an die Fähigkeit zur Reflexion gebunden sind. Positive Erinnerungen spielen freilich bei Epikur eine ganz wesentliche Rolle: als eine der wichtigsten Quellen „geistiger" Lust (Fr. 452 Us.).

248 Jean-Baptiste Du Tertre, *Histoire générale des Antilles habitées par les François*, Paris 1667; vgl. Starobinski, Komm. z. St. 144, 2-4. Die Betonung der Zeitempfindung als Wesensmerkmal des Menschen im Unterschied zum Tier ist in der hellenistischen Philosophie vor allem bei den Stoikern zu beobachten, vgl. Cicero, *Über die Pflichten* I, 11.

249 Starobinski, Komm. z. St. 144, 3, vergleicht Montesquieu, *Sur l'esprit des lois* I, 1, und Cicero, *Über die Pflichten* I, 11.

250 Buffon, *Discours sur la nature des animaux, Histoire naturelle*, IV, Paris 1753, 53ff.

8. Die ersten Formen der Kommunikation

Mit seiner Konzeption der 'perfectibilité' stellt Rousseau bei aller Annäherung des Naturmenschen an die tierische Existenz doch eine von Anfang an gegebene Differenz her, die freilich im Naturzustand in der Potentialität verharrt. Das hat Konsequenzen für die elementaren Funktionen des seelischen Lebens:

> L'Homme sauvage ... commencera donc par les fonctions purement animales: appercevoir et sentir sera son premier état, qui lui sera commun avec tous les animaux (III, 142).
>
> Der wilde Mensch ... wird also mit den rein tierischen Funktionen beginnen: Wahrnehmen und Empfinden wird sein erster Zustand sein, der ihm mit allen Tieren gemeinsam sein wird.

Im Hinblick auf die Mechanismen des seelischen Haushalts bestehen für Rousseau im Anschluß an Condillac, wie wir sahen, nur graduelle Unterschiede zwischen Mensch und Tier: hinsichtlich der Vorstellungen (idées) und deren Verbindungen (liaisons), die auch bei den Tieren „bis zu einem gewissen Punkt" (jusqu'à un certain point) möglich sind (III, 141). Condillac hatte als Fortsetzer und Vollender des Sensualismus der Aufklärung auch eine enge Beziehung zwischen Verstand und Leidenschaften hergestellt, ein Gedanke, der auch sonst im 18. Jahrhundert, vor allem bei Diderot, Ausdruck gefunden hat und von Rousseau lebhaft unterstützt wird[251]:

> Quoiqu'en disent les Moralistes, l'entendement humain doit beaucoup aux Passions, qui, d'un commun aveu, lui doivent beaucoup aussi ... Les Passions, à leur tour, tirent leur origine de nos besoins, et leur progrès de nos connoissances ... (III, 143)
>
> Was immer die Moralisten darüber sagen mögen, der menschliche Verstand verdankt den Leidenschaften viel, die ihm - nach einem allgemeinen Urteil - ebenfalls viel verdanken ... Die Leidenschaften ihrerseits beziehen ihren Ursprung aus unseren Bedürfnissen und ihren Fortschritt aus unseren Kenntnissen ...

Die Verbindung, die hier zwischen Leidenschaften, Bedürfnissen und Verstand hergestellt ist, wird freilich erst in der Phase, in der es um die Herausbildung der artikulierten Sprache und damit des Denkens geht, voll zur Geltung kommen.

251 Vgl. Kondylis, a.a.O., 326ff., zum Gesamtkomplex; zum speziellen Zusammenhang bei Condillac und Rousseau Goldschmidt, *Anthropologie*, 296f.

Seit der zweiten Hälfte des 17. Jahrhunderts bildet die Frage nach dem Ursprung der Sprache einen wesentlichen Bestandteil der Bemühungen um die tiefere Erkenntnis der ursprünglichen Existenzbedingungen des Menschen, der frühen Formen der menschlichen Kultur und der Entstehung gesellschaftlicher Strukturen. Auch hier gibt es unterschiedliche Ausgangspositionen für das Herangehen an eine komplexe Problematik. Bei den Theoretikern des Naturrechts wird wiederum die Frage nach dem göttlichen oder rein natürlichen Ursprung zu einem Hauptpunkt der Betrachtung. Wie hinsichtlich der Soziogenese stützt sich Pufendorf in seinem Werk *De jure naturae et gentium* auch hier auf antike Autoren wie Lukrez und Diodor, wenn es darum geht, der biblischen Schöpfungsgeschichte Auffassungen von einer natürlichen Sprachentstehung gegenüberzustellen. Dasselbe beobachten wir bei B. Lamy, dem Autor der im ausgehenden 17. und im 18. Jahrhundert wirkungsträchtigsten rhetorischen Ars (*La rhétorique, ou L'art de parler*), der in eindrucksvoller Weise von der Möglichkeit einer rein hypothetischen Fragestellung Gebrauch macht, um die Lehre des Diodor von Sizilien der biblischen Schöpfungsgeschichte zu konfrontieren[252].

Die bereits berührten Auseinandersetzungen um die spezifischen Fähigkeiten des Menschen, die mit der Entwicklung der Erkenntnistheorie durch Descartes verbunden waren und in der Folgezeit bei Rationalisten und Sensualisten eine unterschiedliche Bewertung fanden, bildeten einen wesentlichen Ausgangspunkt für die philosophische Untersuchung auch dieser Frage. Condillac hat im Rahmen seiner sensualistischen Erkenntnis- und Sprachtheorie eine Konzeption des Sprachursprungs geschaffen, die eine starke Wirkung bei den Zeitgenossen (Maupertuis, Diderot, Rousseau u.a.) auslöste. Rousseaus Darstellung des Sprachursprungs dreht sich vor allem um zwei Fragen: den natürlichen Ursprung der Sprache und das Verhältnis von Sprache, Denken und sozialer Einbettung dieser Phänomene. In beiderlei Hinsicht hatten Traditionen der antiken Sprachursprungslehre, die von Demokrit einerseits, von Epikur und den Epikureern (vor allem Lukrez) andererseits ausgingen, einen gedanklichen Vorlauf geschaffen. Die „Natürlichkeit“ ist hier im Sinne der Ablehnung transzendenter Kräfte zu verstehen, darüber hinaus in einem engeren Sinn als Stellungnahme in der umstrittenen Frage von Physis und Thesis, Natur und konventioneller Setzung, die von Epikureern und Demokriteern in unterschiedlicher Weise beantwortet wurde.

Es wird sich zeigen, daß Rousseau (ungeachtet starker eigener Akzentsetzungen) in der zeitgenössischen Theorie alle wesentlichen Ausgangspunkte seiner eigenen Darstellung des Sprachursprungs vorfand. Wenn er gleichwohl in einzelnen Elementen unmittelbar auf antike „Quellen“ zurückgriff, wird sich

252 Vgl. unten S. 141.

auch in dieser Hinsicht die Frage nach den Ursachen für diese Entscheidung stellen.

Rousseaus Auseinandersetzung mit dem Problem des Sprachursprungs vollzieht sich auf zwei Ebenen: Als Bestandteil quasi tierischer Kommunikation wird er in der Darstellung des „reinen Naturzustands" beleuchtet, als wirklich menschliche Sprache auf der Stufe der 'société naissante': im Kontext der Sozialisierung des Menschen in Familie, Horde und Stammesverband. Hier sind zunächst die tierähnlichen Vorformen menschlicher Sprache zu erörtern.

Wir kehren zu unseren Feststellungen über die Statik der Bedürfnisse im Naturzustand zurück: Wo es keine Entwicklung der Bedürfnisse gibt, ist auch eine geistige Entwicklung des Menschen nicht möglich[253]. An die Frage nach den Ursachen für das Ausbleiben einer kulturellen Entwicklung (Erfindung der Künste und Wissenschaften, III, 144) auf dieser Stufe schließt sich auch das Problem eines entsprechenden „Aufschubs" im Hinblick auf den Sprachursprung an. Rousseau setzt sich mit der für ihn hypothetischen Frage auseinander, ob ein Sprachursprung allein mit menschlichen Kräften möglich gewesen sei. Er wird im zweiten Teil des Discours diese Frage positiv beantworten und beschränkt sich im ersten Teil auf die Erörterung der Hindernisse, die der Entwicklung der Sprache im Naturzustand entgegenstanden. Sie führt zunächst zur Auseinandersetzung mit den naturrechtlichen Auffassungen vom Menschen als 'animal sociale et rationale', wie sie Rousseau bei Grotius, Pufendorf, Cumberland und Burlamaqui fand. Wieder treffen wir auf eine gewisse Aktualität antiker Konzeptionen: der aristotelischen und der stoischen im Fall der traditionellen Naturrechtstheorien, der epikureischen im Hinblick auf eine partielle Antizipation einer sensualistischen Erkenntnis- und Sprachtheorie.

Im ersten Teil des Zweiten Discours beginnt Rousseau seine Überlegungen über die Sprache mit dem Hinweis auf jenen Zeitgenossen, der zur Sprachtheorie des 18. Jahrhunderts einen außerordentlichen Beitrag geleistet hat, den Abbé de Condillac[254]. Er spricht eine hohe Anerkennung für eine Konzeption aus, die seine Ansicht vollständig bestätigt und ihm vielleicht die erste Vorstellung von ihr gegeben habe (III, 146). Condillacs Werk *Essai sur l'origine des connais-*

253 Vgl. oben S. 100f.

254 Zur Sprachphilosophie vgl. J. Sgard (Hg.), *Condillac et les problèmes du langage (Actes du Colloque Condillac Grenoble 1980)*, Genf, Paris 1982; H. Aarsleff, *From Locke to Saussure. Essays on the study of language and intellectual history*, London 1982, 146ff.; U. Ricken, *Sprache, Anthropologie, Philosophie...*, 94ff.; ders., „Sensualistische Sprachtheorie als Medium der Aufklärung: Condillac", in: U. Ricken in Zusammenarbeit mit ..., *Sprachtheorie und Weltanschauung in der europäischen Aufklärung*, Berlin 1990,70 ff. (Sprache und Gesellschaft 21).; vgl. auch R. Schottlaender, „Die verkannte Lehre Condillacs vom Sprachursprung", in: *Beiträge zur Roman. Philologie* 7 (1969), 158ff.

sances humaines war 1746 erschienen, konnte also von Rousseau bei der Abfassung des Zweiten Discours in ruhiger Auseinandersetzung rezipiert werden. Zudem ist an das biographische Faktum eines engen Gedankenaustauschs zwischen beiden Philosophen in der Zeit der Entstehung dieser Schrift zu erinnern[255]. Bei aller Übereinstimmung in der Gesamtkonzeption hatte Rousseau Kritik an nicht unwesentlichen Aspekten zu üben, wie er sogleich im Anschluß an die Erwähnung Condillacs betont. Die Divergenz bezieht sich auf das Verhältnis von Sprache und Gesellschaft, sofern Condillac „eine Art von Gesellschaft unter den Erfindern der Sprache bereits etabliert“ sah (une sorte de société déja établie entre les inventeurs du langage, III, 146) - wenn auch in der mythisch gefärbten Form der Begegnung zweier Kinder beiderlei Geschlechts, die „einige Zeit nach der Sintflut“ in der Wüste herumirrten, ehe sie den Gebrauch irgendeines Zeichens kannten (II, 1, Präamb.[256]). Condillacs Aufstellung über die Zeit nach der Sintflut ist wie Pufendorfs Hypothesen über den Naturzustand zu verstehen: als heuristisches Instrument für die Entschlüsselung anthropologischer Probleme, hier des schwierigen Verhältnisses zwischen Gesellschaft, Sprechen und Denken[257].

Condillacs Theorie der Entstehung und Entwicklung von Sprache und Denken erwuchs auf der Grundlage und in bedeutsamer Weiterentwicklung der sensualistischen Prinzipien von J. Locke; dazu kam die Auseinandersetzung mit älteren Theoretikern, die wie Locke und Condillac auch mit Lehren der antiken Sprachphilosophie vertraut waren[258]. Rousseau kannte wie die anderen Theoretiker, wie sich zeigen wird, bestimmte Auffassungen von Platon, Aristoteles, Demokrit und Lukrez. Auch hier kommt Lukrez eine markante Position zu, ohne daß dieser Autor namentlich erwähnt würde. Eine von uns schon mehrfach gemachte Beobachtung wiederholt sich auch in der Sprachfrage: Hinter bestimmten oberflächlichen Übereinstimmungen mit Elementen von Lukrez' historisch-fiktiver Narration über die Frühzeit des Menschen wird eine Affinität in Grundfragen einer sensualistisch fundierten Psychologie und Erkenntnistheorie sichtbar.

Der tierähnliche Mensch des reinen Naturzustandes zeichnet sich für Rousseau durch Merkmale aus, die für eine Theorie der Sprachentstehung nicht ohne Folgen bleiben[259]. Er ist „von Natur“ nicht soziabel. Weder ist ein Famili-

255 S. oben Anm. 79 (Bouchardy, a.a.O.).

256 *Essai sur l'origine des connoissances humaines. Œuvres philosophiques de Condillac*, texte établi et présenté par G. Le Roy, I, Paris 1947, 60 (Corpus général des philosophes Français, Auteurs modernes, T. XXXIII).

257 Vgl. Ricken, *Sprache, Anthropologie, Philosophie* ..., 171f.

258 Vgl. Ebenda, 94ff.

259 Zu Rousseaus Theorie des Sprachursprungs vgl. J. Starobinski, „Rousseau und der Ursprung der Sprachen“, in: *Rousseau. Eine Welt von Widerständen*, 450ff.; E. Claparède,

enverband vorausgesetzt, noch wird der sprachlichen Kommunikation beim sexuellen Verkehr wechselnder Partner und dem Verhältnis zwischen Mutter und Kind eine über die individuelle Beziehung hinausreichende Bedeutung zuerkannt (III, 146f.). Wie die Gesellschaft ist die Sprache für Rousseau das Produkt einer langen Entwicklung. Beide entstehen in unablässiger Wechselwirkung. Die Herausbildung der artikulierten Sprache beruht auf der Verbindung bestimmter Sinnesempfindungen mit Zeichen, die ihrerseits die Voraussetzung für die Entstehung des Denkens bilden.

Die modernen Entwicklungen einer sensualistisch bestimmten Sprachtheorie beruhen z.T. auf Voraussetzungen, die im Ansatz von antiken Vorläufern geschaffen wurden[260]. Es ist jene Lehre vom Sprachursprung, die die Entstehung der Sprache in der „Natur“ begründet sieht. Demgemäß bildet ein Substrat für die spätere Entwicklung der artikulierten Sprache, die allein dem Menschen vorbehalten ist, das den Tieren und frühen Menschen gemeinsame Ausdrucksbedürfnis, das sich der Geste und des elementaren Schreis bedient. Zwischen ihnen besteht ein komplementäres Verhältnis. So steht auch bei Rousseau neben dem ‘cri de la nature’ als eine erste Ausdrucksform die Sprache der Gebärden[261]. Beide ergänzen sich wechselseitig, sofern die Gebärden „die sichtbaren und beweglichen Gegenstände“ (les objets visibles et mobiles), die nachahmenden Laute solche, „die das Gehör wahrnimmt“ (ceux qui frappent l'ouye), ausdrücken (III, 148). Ohne eine derartige Differenzierung im einzelnen anzudeuten, erscheinen Laut- und Gebärdensprache bei Lukrez in gleicher Weise verbunden. Der erste Vertrag der Freundschaft, der bei Lukrez auf einer frühen

„Rousseau et l'origine du langage“, in: *Annales de la Société Jean-Jacques Rousseau* 24 (1935), 95ff.; J. Derrida, a.a.O., 173ff.; 283ff.; G. Rodis-Lewis, „‘L'Art de parler’ et ‘L'Essai sur l'origine des langues’“, in: *Revue internationale de philosophie* 21 (1967), 407ff.; M. Duchet, M. Launay, „Synchronie et diachronie: ‘l'Essai sur l'origine des langues’ et le second ‘Discours’“, in: Ebenda, 421ff.; Ricken, *Sprache, Anthropologie, Philosophie ...*, 173ff.

260 Zur antiken Sprachphilosophie vgl. H. Steinthal, *Geschichte der Sprachwissenschaft bei den Griechen und Römern*, Berlin 1863 (zum Verhältnis von 'physis', 'nomos' und 'thesis' 312ff.); E. Coseriu, *Die Geschichte der Sprachphilosophie von der Antike bis zur Gegenwart*, I-II, Tübingen 1970; W. Ax, *Laut, Stimme und Sprache. Studien zu drei Grundbegriffen der antiken Sprachtheorie*, Göttingen 1986. Zu Lukrez' Theorie des Sprachursprungs seien nur die neueren Untersuchungen erwähnt: P.H. Schrijvers, „La pensée de Lucrèce sur l'origine du langage (de rerum natura, V 1019-1090)“, in: *Mnemosyne* 27 (1974), 337ff.; J. Pigeaud, „Épicure et Lucrèce et l'origine du langage“, in: *Revue des Études Latines* 61 (1983), 122ff.; G. Pfligersdorffer, „Zur Sprachentstehung nach Lukrez“, in: O. Gigon, M. Fischer (Hg.), *Antike Rechts- und Sozialphilosophie*, Frankfurt a.M. 1988, 138ff. (Salzburger Schriften zur Rechts-, Staats- und Sozialphilosophie 6).

261 Ausführlicher zu dieser Frage der "Essai" (V, 375f.) und dazu unten S. 179. Zum Problem der Natürlichkeit der ersten Sprache vgl. J. Trabant, *Neue Wissenschaft von alten Zeichen: Vicos Sematologie*, Frankfurt a.M. 1994, 66ff.

Stufe der Gesellschaftsbildung in Erscheinung tritt, beruht auf einer solchen Kombination, die sich als eine rudimentäre Form der Sprache darbietet:

> ... et pueros commendarunt muliebreque saeclum,
> *vocibus et gestu cum balbe significarent* ... (V, 1021f.)

> ... und empfahlen der Schonung die Kinder und das Geschlecht der Frauen,
> indem sie stammelnd durch Laute und Gebärden zu erkennen gaben ...

Bei Lukrez ist an dieser Stelle eine Stufe der sich herausbildenden Gesellschaft bezeichnet (nach der Entstehung der Familie), aber die Verbindung von Laut- und Gebärdensprache kann gewiß auf eine frühere Phase zurückprojiziert werden. Entscheidend ist für Lukrez die „Natürlichkeit" der Sprachentstehung mit der Tendenz, die „elementaren" Lautäußerungen als das Ergebnis eines Ausdrucksbedürfnisses zu verstehen. Sie zielen zunächst nicht unbedingt auf Kommunikation mit den Artgenossen (V, 1028-1040). Bei Epikur sind bestimmten Empfindungen und Vorstellungen (nach den verschiedenen ethnischen Bedingungen) unterschiedliche Reaktionen im Sinne eines mechanisch ausgelösten Reflexes zugeordnet[262]. Daher heißt es, ihre Natur habe die Menschen „gezwungen, verschiedene sprachliche Laute auszusenden" (V, 1028)[263]. Ausgangspunkt ist der Vergleich mit den Tieren, die „verschiedene und mannigfaltige Töne hervorzubringen pflegen", wenn Furcht, Schmerz oder Freude sie bewegt (V, 1059f.)[264]. Im Unterschied zu Lukrez sieht Rousseau bereits im frühesten Schrei ein Kommunikationsbedürfnis, um bei großen Gefahren Hilfe oder bei heftigen Schmerzen Linderung zu erreichen.

Lange Zeit vor der Gesellschaftlichkeit, die die Notwendigkeit zu vielseitiger Interaktion mit sich bringt (bei Rousseau als höchste Stufe die Notwendigkeit, Menschen auf Versammlungen zu überreden) liegt der „Naturschrei" (cri de la nature) als „die erste Sprache des Menschen, die universellste, die kraftvollste und die einzige Sprache, die er nötig hatte ..." (le premier langage de l'homme, le langage le plus universel, le plus énergique, et le seul dont il eut besoin ..., III, 148).

Die Stufe der voll realisierten Kommunikation ist bei Rousseau erst mit der artikulierten Lautsprache erreicht, deren Entstehung mit der der Gesellschaft zusammenfällt, also auf einer späteren Stufe erfolgt. Für Rousseau ist die artikulierte Lautsprache „Institution" schlechthin, d.h. Ausdrucksform und Produkt

262 Vgl. Epikur, *Brief an Herodotos* 75f., bei Diogenes Laertios X, 75f., bei Pufendorf, *De jure naturae et gentium* IV, 1, 3; vgl. A. Manuwald, Die Prolepsislehre Epikurs, Bonn 1972, 91ff.

263 at varios linguae sonitus natura subegit
mittere ...

264 ... cum denique saecla ferarum
dissimilis soleant voces variasque ciere ...

gesellschaftlicher Entwicklung. Über die Stufen dieses späteren historischen Prozesses wird im Zusammenhang der ‘société naissante’ ausführlicher zu sprechen sein, wo die Entsprechungen zu Lukrez noch deutlicher hervortreten als auf der hier besprochenen Stufe tierhafter Existenz[265]. Generell können Einzelzüge der von Rousseau im Zweiten Discours und im „Essai“ entwickelten Auffassungen über den Sprachursprung hier nur erörtert werden, sofern sie Berührungen mit antiken Theorien zeigen.

Zwei Aspekte des Unterschieds und der (partiellen) Übereinstimmung sollen bereits hier dargelegt werden. In der antiken Diskussion um den Sprachursprung spielten eine entscheidende Rolle die unterschiedlichen Auffassungen über die Bedeutung des „natürlichen“ und des „konventionellen“ Moments. Die epikureische Theorie geht in der Präferenz für das erstere Prinzip so weit, daß sie nicht nur den letztlichen Ursprung der Sprache im „Schrei der Natur“ und in der Gebärdensprache sucht, sondern darüber hinaus auch die Anfänge der artikulierten Sprache „natürlich“ begründet sieht[266]. Die Fähigkeit des Menschen (genauer der menschlichen Zunge, die als Körperorgan mit den Sinnesorganen verglichen wird), die Dinge in artikulierter Rede zu benennen, sei so natürlich wie Hören und Sehen (Fr. 335 Us.), werde instinktgeleitet geführt wie das „Blöken, Niesen, Brüllen, Bellen, Stöhnen“ der Tiere (Fr. 335 Us.), wie Proklos ironisch interpretiert. Daß die Benennung der Dinge auf einer ersten Stufe ‘physei’ erfolgte, wird damit begründet, daß die ersten Menschen gewisse Laute gemäß (dem Wesen) der Dinge hervorbrachten (Fr. 334 Us.). Ihr Naturalismus führte die Epikureer in der Frage des Sprachursprungs so weit, daß sie einen offenkundigen Widerspruch zu ihrer Theorie der Gesellschaftsentstehung in

265 Vgl. unten S. 144f. Ein wesentlicher Unterschied gegenüber Hobbes besteht darin, daß dieser, zwar die Soziabilität "von Natur" bestreitend, doch davon ausgeht, daß der Mensch von vornherein mit der Macht der Sprache ausgestattet war. Für Rousseau gehen Sprache und Gesellschaft zusammen: artikulierte Sprache kann nicht "natürlich" sein für ein nichtsoziales Wesen. Eine definitive Entscheidung trifft Rousseau demgemäß für die voll artikulierte Sprache: Sie ist "Sprache als Institution". Das schließt nicht die Erklärung des *Ursprungs* der Sprache aus tierhaften Kommunikationsformen aus, wie das bei Lukrez bereits vorgezeichnet war.

266 Zur (je nach ethnischer Zugehörigkeit) unterschiedlichen Ausprägung gemäß Empfindung und Vorstellung vgl. Epikur, *Brief an Herodotos* 75f. Für Rousseau kann die instinktive Verwurzelung nur für den "Schrei der Natur" gelten, den der Mensch im reinen Naturzustand, d.h. in einer tierartigen Lebensform hervorbringt: "da ihm dieser Schrei nur durch eine Art von Instinkt in dringenden Fällen entlockt wurde“ (comme ce cri n'étoit arraché que par une sorte d'instinct dans les occassions pressantes, III, 148). Das Faktum, daß auch die Äußerungen artikulierter Sprache in ihren Anfängen von den Epikureern auf reflexartige, physiologisch fundierte Funktionen des Sprachorgans zurückgeführt werden, bezeichnet einen grundlegenden Unterschied: Für Rousseau (wie einen großen Teil der antiken Theoretiker) beruht die artikulierte Sprache auf arbiträr festgelegten Zeichen.

Kauf nahmen: Nicht die Gesellschaft, die nach ihrer Auffassung nur auf Grund vertraglicher Regelungen entstehen kann, wohl aber die artikulierte Sprache ist in der 'physis' unmittelbar verwurzelt[267]. Rousseau hat mit diesen Aufstellungen über den Ursprung der artikulierten Sprache aus physiologisch bedingten Reflexen auf von den Dingen ausgehende Reize nichts zu tun. Er macht hier eine deutliche Zäsur, die die Gesellschafts- und Sprachentstehung auf eine und dieselbe Ebene bringt. Im Hinblick auf den emotionalen Schrei und die Gebärdensprache sowie deren Verwurzelung im biotischen Bereich mit Lukrez übereinstimmend, entscheidet sich Rousseau hinsichtlich der artikulierten Sprache eindeutig anders: Sie ist von Anfang an Institution, verbunden mit der Entwicklung der Gesellschaft, ist Produkt der Kultur[268].

Eine gewisse Übereinstimmung gibt es dagegen in einer anderen Frage[269]. Bereits Lukrez hatte die Annahme von „Spracherfindern" abgelehnt:

> proinde putare aliquem tum nomina distribuisse
> rebus et inde homines didicisse vocabula prima,
> desiperest. nam cur hic posset cuncta notare
> vocibus et varios sonitus emittere linguae,
> tempore eodem alii facere id non quisse putentur? (V, 1041ff.)

> Zu glauben, daß damals jemand die Namen der Dinge zugeteilt und daß daher die Menschen die ersten Wörter gelernt hätten, ist Unsinn. Denn wieso sollte jener alle Dinge mit Worten zu bezeichnen und verschiedene sprachliche Laute hervorzubringen vermögen, wenn zur selben Zeit die anderen dies vermeintlich nicht konnten?

Es ist nicht möglich, hier im einzelnen auf die engen Beziehungen einzugehen, die auch für die Epikureer zwischen der Entstehung der Sprache und dem Denken (Beziehungen zwischen Sinneseindrücken, Begriffen und Wörtern) bestehen. Wenn auch auf unterschiedlicher Ebene sahen sich Rousseau und Lukrez ähnlichen Problemen konfrontiert. Für Rousseau, der dem Menschen im reinen Naturzustand keine Denkfähigkeit zuspricht, geht es um die Unmöglichkeit

267 Vgl. R. Müller, *Die epikureische Gesellschaftstheorie*, 43ff.

268 Vgl. "Essai", Kap. IV (V, 382ff.).

269 Starobinski, Komm. z. St. 149, 1: "Les arguments de Lucrèce annoncent ceux de Rousseau..." Im folgenden geht es um strukturelle Gemeinsamkeiten, die sich auf der Grundlage partieller Übereinstimmungen in Auffassungen der Gesellschafts- und Sprachentstehung ergeben. Nicht behauptet wird eine unmittelbare Abhängigkeit Rousseaus von Lukrez in der Darstellung der einzelnen Stufen der Sprachentwicklung. Übereinstimmungen und Differenzen sind in vieler Hinsicht durch die Weiterentwicklung der Sprachtheorie und einer ihr entsprechenden Erkenntnistheorie, vor allem durch Condillac, bedingt.

einer Sprachentstehung durch „Erfinder“, ohne ein ausgebildetes Denken vorauszusetzen:

> ... car si les Hommes ont eu besoin de la parole pour apprendre à penser, ils ont eu bien plus besoin encore de savoir penser pour trouver l'art de la parole ... (III, 147)

> ... denn wenn die Menschen die Sprache nötig hatten, um denken zu lernen, so hatten sie noch viel nötiger, denken zu können, um die Kunst der Sprache herauszufinden ...

Wir können hier nicht ausführen, wie von Rousseau dieses Problem durch das Prinzip der Einheit der Entstehung von Sprechen und Denken (gleichfalls im Anschluß an Condillac) gelöst wird. Wenn auch auf einer anderen Ebene stellt sich auch für Lukrez das Problem des Zirkelschlusses, bei ihm unter dem pragmatischen Gesichtspunkt des Spracherfinders:

> cogere item pluris unus victosque domare
> non poterat, rerum ut perdiscere nomina vellent.
> nec ratione docere ulla suadereque surdis,
> quid sit opus facto, facilest; neque enim paterentur
> nec ratione ulla sibi ferrent amplius auris
> vocis inauditos sonitus obtundere frustra (V, 1050ff.).

> Desgleichen als einziger die Mehrzahl zu zwingen und die Bezwungenen gewaltsam dazu zu bewegen, daß sie die Namen der Dinge bereitwillig lernten, hätte er nicht vermocht. Denn es ist keineswegs leicht, Leute, die nichts verstehen, darüber auf irgendeine Weise zu belehren und zu beraten, was sie tun sollen. Sie würden es nämlich nicht dulden und keineswegs ertragen, daß noch weiterhin ihre Ohren nie gehörte stimmliche Laute nutzlos betäuben.

Die Lösungen, die Rousseau und die antiken Verfechter des „natürlichen“ Sprachursprungs fanden, um den Zirkelschluß zu vermeiden[270], sind, gemäß dem Entwicklungsstand der Wissenschaft, durchaus unterschiedlich. Beiden ist gemeinsam, daß sie eine Lösung für die Entstehung der artikulierten Sprache nur im prozessualen Sinn für möglich halten, der wechselseitigen Verschmelzung der Genese von Gesellschaft, Sprache und Denken[271].

270 Auf die Stelle Lukrez V, 1028ff. verweist Pufendorf, *De jure naturae et gentium* IV, 1, 3.

271 Zu dem ganzen Komplex Ricken, *Sprache, Anthropologie, Philosophie* ..., 170ff. Die Antithese (Primat der Gesellschaft vor Entstehung der Sprache oder umgekehrt) wird in III, 151 scharf formuliert. Zuvor hatte Rousseau über die Bedeutung der Wortsprache für die Bildung von Allgemeinvorstellungen gesprochen. Am Beispiel der Zahlen wird in Anm. XIV unter Bezug auf Platon, *Staat* 522 D, die Schwierigkeit hervorgehoben, die

Bei allen Unterschieden ihrer Sprachtheorien stimmen Rousseau und Lukrez in einer Hinsicht überein: Die frühesten Ursprünge der Sprache sind im vorgesellschaftlichen Naturzustand zu suchen. Auch wenn Rousseau mit der Kennzeichnung der artikulierten Sprache als gesellschaftliche Institution eine deutlichere Zäsur setzt als Lukrez, ist beiden doch gemeinsam der Rückgang auf eine Stufe tierhaften Lebens, aus der die menschliche Sprache letztlich hervorgegangen ist.

Für Rousseau ist ungeachtet dieser Tendenz, natürliche Ursprünge aufzusuchen, die die tierische und die menschliche Kommunikation verbinden, die entschiedene Betonung der singulären Stellung des Menschen charakteristisch, die sich nicht zuletzt im Besitz der artikulierten, d.h. zugleich einer auf Übereinkunft gegründeten Sprache äußert. Im „Essai“ heißt es:

> Ceux d'entre eux (sc. les animaux) qui travaillent et vivent en commun, les Castors, les fourmis, les abeilles ont quelque langue naturelle pour s'entre-communiquer, je n'en fais aucun doute ... Quoiqu'il en soit, par cela même que les unes et les autres de ces langues sont naturelles, elles ne sont pas acquises; les animaux qui les parlent les ont en naissant, ils les ont tous, et partout la même: ils n'en changent point, ils n'y font pas le moindre progrès. La langue de convention n'appartient qu'à l'homme. Voilà pourquoi l'homme fait des progrès soit en bien soit en mal, et pourqoi les animaux n'en font point (V, 379).

> Diejenigen unter ihnen (sc. den Tieren), die in Gemeinschaft arbeiten und leben - Biber, Ameisen, Bienen -, besitzen eine naturgegebene Sprache, um sich untereinander zu verständigen, daran zweifle ich nicht ... Wie dem auch sei - selbst wenn die eine oder andere dieser Sprachen natürlich ist, sie sind nicht erlernt. Die Tiere, die sie sprechen, besitzen sie von Geburt an, und zwar alle, und überall die gleiche. Sie verändern sie nicht und machen auch nicht die geringsten Fortschritte. Die auf Übereinkünfte gegründete Sprache ist nur dem Menschen eigen. Hier liegt der Grund, weshalb der Mensch Fortschritte macht, sei es im Guten oder im Bösen, und weshalb die Tiere keine machen.

Indem Rousseau die artikulierte Sprache als eines der herausragenden Merkmale des Menschen mit der Perfektibilität in Verbindung bringt, wird der anthropologische Rang der ganzen Fragestellung nachdrücklich zum Ausdruck gebracht.

Die Berührungspunkte, die in der Betrachtung des „reinen Naturzustandes“ vor allem in der Betonung der „Natürlichkeit“ der gewisssermaßen biologischen

mit der Entstehung der Vorstellungen von der "diskreten Quantität", von den Zahlen und vom Rechnen, verbunden waren.

Vorformen sprachlicher Kommunikation bestehen, führen in diesem Teil von Rousseaus Darstellung nur zu geringfügigen direkten Rückgriffen auf die antike Theorie. Auf der zweiten Stufe, wo es darum geht, eine komplizierte Vermittlung zwischen Sprechen und Denken, Physis und Thesis, der „universellen Sprache" und den Einzelsprachen der historisch entstandenen Ethne herzustellen, wird sich zeigen, daß die Beziehungen enger sind.

9. Selbsterhaltung und Mitleid

Noch einmal müssen wir auf die aristotelische und die stoische Bestimmung des Menschen als 'animal sociale' (sie behielt in der Scholastik und im traditionellen Naturrecht Gültigkeit) zurückkommen. Hobbes revolutionierte die Auffassung vom Menschen: „Die meisten, welche über den Staat geschrieben haben, setzen voraus oder erbitten oder fordern von uns den Glauben, daß der Mensch von Natur ein zur Gesellschaft geeignetes Wesen sei, also das, was die Griechen 'zoon politikon' nennen" (*De cive* I, 2). Hobbes erklärt dieses Axiom für falsch und gelangt zu der Überzeugung, daß die Haupttriebkraft zu einem gesellschaftlichen Leben das Streben nach Selbsterhaltung ist, das er zur Hauptgrundlage des natürlichen Rechts erklärt: „Es ist daher weder absurd noch tadelnswert noch gegen die rechte Vernunft, wenn der Mensch sich alle Mühe gibt, seine Glieder zu schützen und gesund zu erhalten, seinen Körper vor Tod und Schmerzen zu bewahren ... Durch das Wort Recht ist nichts anderes bezeichnet als die Freiheit, die jeder hat, seine natürlichen Vermögen gemäß der rechten Vernunft zu gebrauchen. Daher ist die erste Grundlage des natürlichen Rechts, daß jeder sein Leben und seine Glieder nach Möglichkeit zu schützen suche" (*De cive* I, 7). Diese Auffassung teilt auch Spinoza[272].

Rousseau stimmt mit Hobbes in dieser Konzeption vom Streben nach Selbsterhaltung als der entscheidenden Triebkraft menschlichen Handelns überein. Aber ein wesentlicher Unterschied wird geltend gemacht: Hier wirke sich der große Fehler von Hobbes aus, auf den Menschen im Naturzustand alle jene Bedürfnisse, Begierden, Leidenschaften zurückzuprojizieren, die den Menschen im Gesellschaftszustand charakterisieren: das Streben nach Macht und Ruhm und überhaupt das kompetitive Verhalten des 'bellum omnium contra omnes'[273]. Der Mensch im Naturzustand, der in einem ausgewogenen Verhält-

272 Übersetzung von G. Gawlick: Th. Hobbes, *Vom Menschen. Vom Bürger*, Hamburg 1959. Zu Spinoza vgl. W. Bartuschat, *Spinozas Theorie des Menschen*, Hamburg 1992, 234ff. - Über Vorstufen zu Hobbes' Konzeption der Selbsterhaltung im neuzeitlichen Denken Buck, a.a.O., 39ff.

273 Vgl. III, 132, 153f. - Über das Verhältnis zwischen "animalischem" Machtstreben und einem moralisch zu deutenden Bedürfnis nach Befriedigung eitler Selbstliebe (d.h. zwi-

nis zu seiner Umwelt lebt und autark ist, kenne auch nicht jene Todesangst, die nach Hobbes eine der stärksten Triebkräfte menschlichen Verhaltens im Naturzustand darstellt (III, 143)[274].

Rousseau kommt zu dem Schluß, daß Hobbes bei seinem Rückgang auf den Naturzustand etwas Wesentliches verfehlt hat. Offenbar gegen die Naturrechtslehrer alter und neuer Observanz gewendet, die den Menschen nicht anders denn als Vernunftwesen sehen können, macht Rousseau deutlich, daß es darum gehe, zwei Prinzipien zur Geltung zu bringen, die „der Vernunft vorausliegen" (deux principes antérieurs à la raison"): Selbsterhaltung und Mitleid (III, 125f.). Wenn Rousseau unter Verweis auf die „ersten Operationen der menschlichen Seele", d.h. auf Condillac Bezug nehmend, auf das Prinzip der Selbsterhaltung zurückkommt, folgt er Hobbes mit einer wesentlichen Radikalisierung: Indem er am Menschen im Naturzustand die animalische Seite hervorhebt, entfernt er ihn noch weiter vom Gesellschaftswesen. Rousseau konzipiert ein Menschenbild der Anfänge, zu dem viele Komponenten beigetragen haben: neben Hobbes auch Condillac und Buffon, auch bestimmte Bilder, die die Reiseberichte liefern. Es sind aber auch Elemente antiker Tradition zu nennen, deren Bedeutung auch in diesem Zusammenhang nicht unterschätzt werden darf. Es ist eine Erkenntnis der älteren Forschung, daß die starke Betonung der Selbsterhaltung in der neuzeitlichen Anthropologie eine wesentliche Wurzel im stoischen Denken hat[275]. Auch wenn in den letzten Jahrzehnten in einer lebhaften Debatte an

schen einer naturalistisch-anthropologischen und einer moralphilosophischen Deutung) Buck, a.a.O., 61ff., in Auseinandersetzung mit L. Strauss, *Hobbes' politische Wissenschaft* (vgl. Anm. 25). Hobbes konnte beide Argumentationsketten im Epikureismus in einem inneren Zusammenhang vorfinden. Rousseau hat sich letztlich beider Aspekte bedient, indem er den einen auf den reinen Naturzustand (Selbsterhaltung), den anderen auf den Gesellschaftszustand (Entfremdung in Gestalt der Herrschaft der 'opinion') bezog.

274 In der Frage des Todesbewußtseins des Menschen im Naturzustand scheint Hobbes den Epikureern näher zu stehen, die Menschen und Tieren gleichermaßen ein Gefühl der Todesfurcht zusprachen, während Rousseau für den Menschen im Naturzustand dieses Gefühl bestreitet. Die Epikureer hielten bei den Tieren sogar ein größeres Gefühl der Todesfurcht für möglich, weil ihnen die Vernunft fehle (die in Gestalt philosophischer Reflexion die Todesfurcht als gegenstandslos aufzuheben vermag): Philodem, *Über die Götter* I, col XI, 18ff., 32ff.= p. 19 Diels; I, col. XIII, 5ff., 29ff. = p. 22f. Diels; col. XV, 21ff. = p. 26 Diels. Vgl. H. Diels (Hg.), Philodemos, *Über die Götter*, Erstes Buch, in: Abhandl. der Königlich Preußischen Akademie der Wiss., Jg. 1915, Philos.-Hist. Kl., Nr. 7, p. 61; K.-D. Zacher, *Plutarchs Kritik an der Lustlehre Epikurs*, Königstein 1982, 234. Vgl. Dierauer, a.a.O., 196f.; Sorabji, a.a.O., 58.

275 Vgl. W. Dilthey, *Die Autonomie des Denkens, der konstruktive Rationalismus...*, in: *Gesammelte Werke*, II, 283ff.

diesem Bild Modifikationen vorgenommen wurden[276], die sich vor allem auf ontologische Aspekte dieses Prinzips beziehen, kann es an der Bedeutung der Stoa für den politisch-ethischen Begriff der Selbsterhaltung in der Neuzeit keinen Zweifel geben[277].

Die Frage ist, ob diese Tradition für Rousseau auch eine unmittelbare Bedeutung gehabt hat. Es geht um jenen Bestandteil der stoischen Ethik, der mit der starken Betonung der im Individuum wirksamen natürlichen Antriebskräfte an einer gesamthellenistischen Tendenz Anteil hat. Wenn Rousseau von „einfachen Antrieben der Natur“ (simples impulsions de la Nature, III, 152) spricht, ist ein Bezug auf diese Tradition deutlich. Nach der stoischen Lehre von der Oikeiosis hat das erste Streben des Menschen, die ‘prote horme’, die Selbsterhaltung zum Ziel. Die frühesten Stufen der ontogenetischen Entwicklung beziehen sich auch für die Stoiker auf ein zunächst in höherem Grade animalisches Wesen, das durch Selbstwahrnehmung und Selbstaffirmation zum Streben nach Selbsterhaltung gelangt[278]. Wie jedes andere Lebewesen empfindet der Mensch gleich nach der Geburt, daß er sich selbst „zugeeignet“ (oikeion) ist. Diese Empfindung zielt auf Selbsterhaltung und Selbstentfaltung. Der daneben bestehende Fortpflanzungstrieb ist auf die Erhaltung der Art gerichtet. Erst auf einer höheren Entwicklungsstufe richtet sich nach dieser Auffassung das Streben des Menschen auf die Entfaltung der Vernunft, das Eigentliche seines Wesens. Wie wir sahen, kann Rousseaus Prinzip der Perfektibilität mit diesem teleologischen Aspekt der Oikeiosis-Lehre nicht in Verbindung gebracht werden[279].

In der stoischen Theorie der Selbstakzeptierung und Selbstsorge (oikeiosis) gibt es auch eine Berührung mit epikureischen Prinzipien. Wenn die Epikureer die Lust als ein „Verwandtes“ (oikeion) deuten, wird dieser Zusammenhang sichtbar: „Was die Affekte betrifft, so erkennen sie (sc. die Epikureer) nur zwei an, Lust und Schmerz, die in jedem Lebewesen entstehen, und zwar die Lust als etwas seinem Wesen Verwandtes (oikeion), den Schmerz als etwas Fremdes (allotrion)“ (Fr. 260 Us.). Daß Rousseau diese tieferen Zusammenhänge zwischen den hellenistischen Schulen bewußt waren, darf bezweifelt werden. Sein Bezug auf die Ethik der Selbsterhaltung konnte etwa bei Seneca Anregungen

276 H. Blumenberg, *Selbsterhaltung und Beharrung. Zur Konstitution der neuzeitlichen Rationalität*, 144ff. Zu den Auffassungen von Dilthey und Blumenberg vgl. die Kritik von Abel (vgl. oben Anm. 13).

277 Vgl. H. Niehues-Pröbsting, *Der Kynismus des Diogenes...*, 150ff.

278 Vgl. M. Forschner, *Die stoische Ethik*, Stuttgart 1981, 150ff. Zur Theorie der Oikeiosis vgl. G. Striker, „The role of 'Oikeiosis' in Stoic ethics“, in: *Oxford Studies in Ancient philosophy* 1 (1983), 145ff.; T. Engberg-Pedersen, *The Stoic theory of Oikeiosis. Moral development and social interaction in Early Stoic philosophy*, Aarhus 1990 (zu Selbsterhaltung und Selbstaffirmation 68ff.).

279 Vgl. oben S. 96.

finden, in dessen *Epistulae morales* das Prinzip der Selbsterhaltung im Zusammenhang mit der Selbstliebe hervorgehoben wird, aber auch bei dem Stoiker Epiktet. Beide Autoren hat Rosseau gut gekannt[280].

Unter dem Stichwort 'amor sui' erscheint bei Seneca das Motiv der Selbstliebe unter doppeltem Aspekt: zur Bezeichnung des stoischen Oikeiosis-Gedankens, aber auch für die 'philautia' im Sinne der Eigensucht[281]. Bei dem ihm vertrauten Autor Epiktet begegnete Rousseau der stoische Oikeiosis-Gedanke auch in Gestalt der Sorge für ein größeres Ganzes: des Universums und des Staates als Haus der Götter und Menschen[282]. Zeus habe das rationale Wesen so eingerichtet, daß es nichts für sich selbst gewinnen kann, wenn es nicht etwas für das Gemeinwohl beiträgt. Der letztere Gedanke, der für Rousseaus Bestimmung des Gemeinwillens bedeutsam werden konnte, ist hier nicht weiterzuverfolgen.

Es ist für den ideengeschichtlichen Hintergrund von Rousseaus Prinzip der Selbsterhaltung nicht unwichtig, daß in der Antike die Prinzipien der Selbstliebe und der Eigenliebe eine lange Zeit der Vorbereitung hatten, die von der dichterischen Spruchweisheit (bei Homer und bei den Tragikern) bis zur theoretisch-ethischen Fundierung bei Platon und Aristoteles und in der hellenistischen Ethik reicht. Von dieser Entwicklung wird im Zusammenhang mit der Vorgeschichte der Kategorien 'amour de soi' und 'amour-propre' noch zu sprechen sein[283].

Um die Bedeutung antiker Gedanken für das moderne Prinzip der Selbsterhaltung in der Gesellschafts- und Staatstheorie würdigen zu können, muß man den Bereich der Individualethik, von dem bisher ausschließlich die Rede war, verlassen. Die schon mehrfach für unseren Zusammenhang als relevant erwiesene sophistische und atomistische Gesellschafts- und Kulturkonzeption zeigt auch hier eine nicht geringe Bedeutung. Im Mythos des Protagoras reicht die handwerkliche „Kunst" nicht aus, um das Leben der Menschen zu sichern. Die Menschen, ursprünglich zerstreut lebend, gründen, aus Furcht vor wilden Tieren, zwar Gemeinwesen: „Wenn sie sich aber versammelt hatten, taten sie einander Unrecht, da sie die Staatskunst (politike techne) noch nicht besaßen, so daß sie sich wieder zerstreuten und zugrunde gingen" (Platon, *Protagoras* 322 Bf.). Erst nachdem Achtung vor den anderen Menschen und Sinn für Gerechtigkeit (aidos und dike) ihnen als Prinzipien menschlichen Zusammenlebens

280 Zu Seneca s. S. 166ff.; zu Epiktet vgl. E.E. Malkin, „Rousseau and Epictetus", in: *Studies on Voltaire and the Eighteenth century* 106 (1973), 113ff.

281 Vgl. H.-J. Fuchs (Anm. 474), 39f. Zum Gedanken der Selbstliebe vgl. *Briefe* 82, 15, zur Eigenliebe *Briefe* 109, 16.

282 Malkin, a.a.O., 148ff. Zur Ausweitung des Oikeiosis-Gedankens auf Familie, Volk und schließlich die gesamte Menschheit (Cicero, *Über das höchste Gut und das schlimmste Übel* III, 62ff.), vgl. Engberg-Pedersen, a.a.O., 12ff.

283 Vgl. unten S. 208f.

zuteil geworden waren und damit die Fähigkeit zu staatlicher Organisation (politike techne), war der Bestand der menschlichen Gattung, mithin auch die Selbsterhaltung der Einzelnen gesichert. Bei Protagoras' Begründung von Gesellschaft und Staat mit den Mitteln einer Vereinigungstheorie handelt es sich um eine Vorstufe der Vertragstheorie. Aidos und Dike sind nicht angeborene Dispositionen, sondern Verhaltensweisen, die sich im Verlauf des Prozesses der Vergesellschaftung herausgebildet haben[284].

Auch der sophistische Autor Anonymus Iamblichi spricht von einem Zustand, als „die Menschen nicht imstande waren, in der Vereinzelung zu leben, und sich, der Not gehorchend, zueinander gesellten...". Freilich: „... miteinander zu leben und dabei in Gesetzlosigkeit zu existieren, erwies sich als unmöglich (denn auf diese Weise wäre ihnen ein größerer Schaden entstanden als durch jenes Leben in der Vereinzelung); aus diesen Zwängen heraus haben unter den Menschen das Gesetz und die Gerechtigkeit die Herrschaft errungen, und sie werden niemals vergehen" (6, 1).

Die eigentlichen antiken Theorien des Gesellschaftsvertrages beruhen gleichfalls auf dem Grundgedanken, daß das Überleben der menschlichen Gattung nur auf dem Wege der Vereinigung der Individuen und ihrer vertraglichen Übereinkunft möglich war. Platon hat im 2. Buch seines *Staates* das diesen Vertragstheorien zugrunde liegende Prinzip zusammengefaßt: Wenn sich die Menschen gegenseitig Gewalt antun, scheint es vorteilhaft, einen Vertrag darüber abzuschließen, einander weder Unrecht zuzufügen noch Unrecht zu erleiden. So habe man angefangen, Gesetze zu geben und gegenseitige Verträge zu schließen (358 Ef.). „Weder Unrecht tun noch Unrecht erleiden", ist die entscheidende Formel der antiken Vertragstheorie, von der Hobbes wesentlich beeinflußt wurde. So heißt es bei Epikur: „Es gibt keine Gerechtigkeit an sich, sondern es gibt sie in den gegenseitigen Beziehungen der Menschen in Gebieten gleich welcher Größe als eine Art Vertrag, einander nicht zu schädigen noch sich schädigen zu lassen" (RS 33)[285]. Wie stark der Gedanke der Selbsterhaltung der Einzelnen und des ganzen Menschengeschlechts berührt ist, wird besonders bei Lukrez deutlich:

> nec tamen omnimodis poterat concordia gigni,
> sed bona magnaque pars servabat foedera caste;
> aut genus humanum iam tum foret omne peremptum
> nec potuisset adhuc perducere saecla propago (V, 1024ff.).

284 Vgl. R. Müller, *Die epikureische Gesellschaftstheorie*, 52ff. Zur antiken und modernen Vertragstheorie vgl. S. 210f. und Anm. 480.

285 Vgl. R. Müller, „Der antike Ursprung der Lehre vom Gesellschaftsvertrag", in: *Polis und Res publica*, 55ff.

> Freilich konnte noch nicht auf jede Weise die Eintracht verwirklicht werden, aber ein guter, ein großer Teil hielt treu den Vertrag, sonst wäre die Menschheit schon damals gänzlich vernichtet worden und hätte nicht ihr Geschlecht bis auf den heutigen Tag fortpflanzen können.

Es wird noch von der unterschiedlichen Rolle zu sprechen sein, die das Prinzip „nicht zu schädigen noch sich schädigen zu lassen" in Hobbes' und Rousseaus Vorstellungen gespielt hat. Rousseau sieht bei den über große Räume zerstreuten, solitär lebenden Individuen die Gelegenheiten für Kontakte als sehr eingeschränkt. Dennoch findet er es nicht unangemessen, über die Rolle moralischer Prinzipien in diesem Zustand nachzudenken. Mit der Feststellung, daß die Menschen weder irgendeine Art moralischer Beziehung noch anerkannter Pflichten hatten (III, 152), wendet sich Rousseau zunächst gegen alle Konsequenzen, die aus der traditionellen Vorstellung vom Menschen als 'animal sociale et rationale' zu ziehen wären. Hiermit leugnet er ein 'commu ne bonum' stoischer Observanz, wie das bereits Lukrez getan hatte:

> ... *n'ayant entre eux aucune sorte de relation morale, ni de devoirs connus* ... (III, 152).
>
> ... da sie untereinander weder irgendeine Art moralischer Beziehung noch erkannter Pflichten hatten ...
>
> *nec commune bonum poterant spectare neque ullis*
> *moribus inter se scibant nec legibus uti* (V, 958f.).
>
> Sie vermochten auch nicht das gemeinsame Wohl zu beachten, noch wußten sie untereinander Sitten und Gesetze anzuwenden.

Damit sind die Begriffe Tugend und Laster sensu stricto ausgeschlossen, wie auch Hobbes es nicht nur ablehnt, von Natur existierende Gesetze einzuräumen, sondern auch für den Naturzustand die Existenz eines bestimmten Maßes leugnet, mit dem Tugend und Laster eingeschätzt und festgelegt werden können (... propter defectum mensurae certae, qua virtus et vitium aestimari et definiri possint, *De homine* XIII, 8). Wenn Rousseau diese Begriffe in einem weiteren Rahmen dennoch für relevant hält, dann im Sinne des Prinzips der Selbsterhaltung, dem er den eigentlich moralischen Gehalt abspricht und nur eine physische Konnotation zubilligt: Laster sind auf dieser Stufe Eigenschaften im Individuum, die seiner eigenen Erhaltung schaden, Tugenden jene, die zu ihr beitragen können (III, 152).

Es ist ein wichtiger Kontext, in dem sich auf diesem Feld eine Auseinandersetzung zwischen Rousseau und seinem Vorläufer Hobbes abspielt. Es geht um die Frage, ob der Mensch im Naturzustand im Hinblick auf sein elementares

Verhalten als „gut“ oder „böse“ bezeichnet werden kann. Rousseau sah sich hier auch einer antiken Tradition gegenüber, die wohl nicht ohne Wirkung auf seine eigenen Gedanken geblieben ist. Die Auffassung, daß von moralischen Kategorien im strikten Sinn vor allem der Tugenden nicht vor Entstehung der moralischen Reflexion die Rede sein kann, ist Gemeingut der hellenistischen Philosophie, das man bei Stoikern und Epikureern gleichermaßen findet. Rousseau ist es wohl besonders eindrucksvoll in Senecas 90. Brief begegnet, wo es (im Anschluß an Poseidonios) heißt, daß „die ersten Menschen und ihre Nachkommen unverdorben der Natur folgten“ (sed primi mortalium quique ex his geniti naturam incorrupti sequebantur ..., *Briefe* 90, 4). Seneca setzt sich mit der Auffassung von den moralischen Qualitäten der Urmenschen kritisch auseinander. Eine „Weisheit“, wie sie Poseidonios zumindest Einzelnen, die dann als Vorbild wirkten, zuspricht, könne es zu jener Zeit noch nicht gegeben haben: „Nicht nämlich verleiht die Natur die Tugend: eine Kunst ist es, ein guter Mensch zu werden“ (non enim dat natura virtutem: ars est bonum fieri, *Briefe* 90, 44). Rousseaus Auffassung, daß die Menschen im Naturzustand, da sie untereinander weder irgendeine Art moralischer Beziehung noch erkannter Pflichten hatten, weder gut noch böse sein konnten und weder Tugenden noch Laster hatten (n'ayant entre eux aucune sorte de relation morale, ni de devoirs connus, ne pouvoient être ni bons ni méchans et n'avoient ni vices ni vertus ..., III, 152), ist bei Seneca deutlich vorgeprägt: „Durch Unwissenheit waren sie unschuldig: es ist aber ein großer Unterschied, ob sich einer nicht vergehen will oder nicht vergehen kann. Es fehlte ihnen Gerechtigkeit, es fehlte Klugheit, es fehlte Selbstbeherrschung und Tapferkeit“ (ignorantia rerum innocentes erant: multum autem interest, utrum peccare aliquis nolit an nesciat; *deerat illis iustititia, deerat prudentia, deerat temperantia ac fortitudo*, *Briefe* 90, 46).

Für Rousseau ist das „Böse“, die Gewalttätigkeit, ein Produkt der Schwäche. Es erwächst aus der Abhängigkeit von anderen Menschen, also aus jenen Verhältnissen von Herrschaft und Knechtschaft, die dem Naturzustand fremd sind. Der Zustand des solitären Lebens in einem Verhältnis relativ großer Ausgewogenheit mit der umgebenden Natur schließt für Rousseau eine „natürliche Güte“ (bonté naturelle) ein (III, 156), die mit dem Freisein von den negativen Triebkräften des Schädigenwollens, der Unterwerfung, des Besitzanspruchs identisch ist[286]. Um diesen Zustand zu beschreiben, der die Existenz des Bösen, das erst die Gesellschaft gebiert, ausschließt, benutzt Rousseau ein antikes Zitat, das er bereits bei Grotius und Pufendorf fand: 'tanto plus in illis proficit vitiorum ignoratio quam in his cognitio virtutis' (Um so viel mehr bewirkt bei

286 Goldschmidt, *Anthropologie*, 311ff. Zum Problem der 'bonté naturelle' und ihrer Inspiration durch Reiseberichte Starobinski, Komm. z. St. 202, 3. Generell vgl. G.R. Havens, „La théorie de la bonté naturelle de l'homme chez J.-J. Rousseau“, in: *Revue d'Histoire Littéraire de la France* 31(1924), 629ff. (bes. 633ff.).

jenen die Unkenntnis der Laster als bei diesen die Kenntnis der Tugend). So heißt es bei dem römischen Historiker Justin (Auszug aus Pompeius Trogus II, 2)[287]. Den Kontext bilden Ausführungen über die Skythen, bevorzugtes Beispiel eines „Naturvolkes", das in der Antike gedient hatte, eine positive Folie für den Sittenverfall in einer hochentwickelten Zivilisation zu liefern[288]: Die natürliche Bedürfnislosigkeit bewirkt Gerechtigkeit. Da es Gier nach Reichtum nur dort geben kann, wo dieser existiert und eine wichtige Rolle spielt, kann Unkenntnis des Lasters bei den Skythen mehr bewirken als bei den Griechen die Kenntnis der Tugend (ungeachtet der Errungenschaften einer philosophischen Ethik).

Obwohl Hobbes und Rousseau gleichermaßen die Selbsterhaltung zur zentralen Triebkraft des menschlichen Verhaltens erheben, kommen sie doch zu sehr unterschiedlichen Schlußfolgerungen in der Frage, was dieses Streben für das Verhältnis zu den anderen Vertretern der Gattung bedeutet. Die Kritik Rousseaus an Hobbes macht es deutlich. Nach seiner Auffassung kommt im Naturzustand eine Interessenkollision am wenigsten in Frage:

> N'allons pas surtout conclure avec Hobbes que pour n'avoir aucune idée de la bonté, l'homme soit naturellement méchant, qu'il soit vicieux parce qu'il ne connoît pas la vertu, qu'il refuse toujours à ses semblables des services qu'il ne croit pas leur devoir, ni qu'en vertu du droit qu'il s'attribue avec raison aux choses dont il a besoin, il s'imagine follement être le seul propriétaire de tout l'Univers (III, 153).

> Schließen wir vor allem nicht mit Hobbes, daß der Mensch, weil er keine Vorstellung von der Güte hat, von Natur aus böse sei; daß er lasterhaft sei, da er die Tugend nicht kennt; daß er seinen Mitmenschen Dienste, die er ihnen nicht zu schulden glaubt, stets verweigere; noch daß er sich, vermöge des Rechts, welches er sich mit Grund in bezug auf die Dinge beilegt, deren er bedarf, törichterweise einbilde, der alleinige Eigentümer des ganzen Universums zu sein.

287 III, 154. Das Zitat konnte Rousseau bei Grotius, *De jure belli ac pacis* II, 2, 2, n. 6, und bei Pufendorf, *De jure naturae et gentium* II, 3, 7 , finden.

288 Generell über die Rolle der Fremden: H. Schwabl, „Das Bild der fremden Welt bei den frühen Griechen", in: *Grecs et barbares, Entretiens sur l'antiquité classique,* 8, Genève 1961; A. Dihle, *Die Griechen und die Fremden*, München 1994; speziell zu den Skythen: J. Harmatta, „Herodotus, Historian of the Cimmerians and Scythians", in: *Hérodote et les peuples non Grecs, Entretiens sur l'antiquité classique,* 35, Vandœuvres-Genève 1988, 115ff.; Ch. Triebel-Schubert, „Anthropologie und Norm: Der Skythenabschnitt in der hippokratischen Schrift 'Über die Umwelt'", in *Medizinhistorisches Journal* 25 (1990), 90ff.; Nippel, a.a.O., 19ff. Vgl. auch B.D. Shaw, „Eaters of flesh, drinkers of milk. The ancient Mediterranian ideology of the Pastoral nomad", in: *Ancient Society* 13/14 (1982/83), 5ff.

Rousseau sucht in Anknüpfung an das Prinzip der Selbsterhaltung einen Weg, der den radikalen Egoismus des Hobbesschen Menschenbildes überwinden soll. Er sieht ihn in der Einführung des Mitleidsprinzips. Nach Rousseau ist es ein Vorzug des Prinzips der Selbsterhaltung, daß es an die Triebkräfte Machtstreben und Machtbehauptung im Naturzustand nicht gebunden ist:

> En raisonnant sur les principes qu'il établit, cet Auteur devoit dire que l'état de Nature étant celui où le soin de nôtre conservation est le moins préjudiciable à celle d'autrui, cet état étoit par conséquent le plus propre à la Paix, et le plus convenable au Genre-humain (III, 153).

> Beim Nachdenken über die Prinzipien, die er aufstellt, hätte dieser Autor sagen müssen, daß, da der Naturzustand derjenige Zustand ist, in dem die Sorge um unsere Erhaltung der Erhaltung anderer am wenigsten abträglich ist, jener Zustand folglich für den Frieden am geeignetsten und für das Menschengeschlecht am angemessensten war.

Stellt man diesen Gedanken in den Zusammenhang der sophistisch-epikureischen Tradition der Vereinigungs- und Vertragstheorien, so wird der prinzipielle Unterschied deutlich, der Rousseaus Konzeption vom Naturzustand ihre Sonderstellung gibt: Gelöst wird die Verbindung, die seit Sophisten wie Protagoras und dem Anonymus Iamblichi die Entstehung menschlicher Sozialität an die Überwindung eines ursprünglichen Zustands wechselseitiger Bedrohung und Feindseligkeit geknüpft hatte. Indem Epikur die Formel „weder Schaden zufügen noch Schaden erleiden“ zum Kern seiner Vertragstheorie und gesamten Rechtsphilosophie machte, hatte er einen Zusammenhang hergestellt, auf den Hobbes seine Konzeption der Überwindung des 'bellum omnium contra omnes' aufbauen konnte. Rousseau koppelt das Prinzip der Selbsterhaltung von dem des „Krieges aller gegen alle“ ab und stellt es in einen neuen Zusammenhang, indem er es mit dem Prinzip des Mitleids verbindet:

> Il y a d'ailleurs un autre Principe que Hobbes n'a point apperçû et qui, ayant été donné à l'homme pour adoucir, en certaines circonstances, la férocité de son amour propre, ou le désir de se conserver avant la naissance de cet amour, tempere l'ardeur qu'il a pour son bien-être par une répugnance innée à voir souffrir son semblable (III, 154).

> Es gibt im übrigen noch ein anderes Prinzip, das Hobbes nicht bemerkt hat und das - da es dem Menschen gegeben worden ist, um unter bestimmten Umständen die Grimmigkeit seiner Eigenliebe oder das Verlangen nach Selbsterhaltung vor der Entstehung dieser Liebe zu mildern - den Eifer, den er für sein Wohlbefinden hegt, durch einen angeborenen Widerwillen mäßigt, seinen Mitmenschen leiden zu sehen.

Wichtig ist die zeitliche Abstufung, die Rousseau hier einführt: Auch in der Phase *vor* Entstehung des 'amour-propre' - d.h. im reinen Naturzustand - wird ein Gegenprinzip wirksam, das das Verlangen nach Selbsterhaltung (den 'amour de soi' als Vorläufer des 'amour-propre') einzuschränken vermag. Die antike Theorie des Gesellschaftsvertrages hat ein solches Prinzip nicht gekannt.

In der Aufklärung gab es eine Tradition, als besonderen Ausdruck der Soziabilität des Menschen das Sympathiegefühl zu betonen. In der Schottischen Moralphilosophie spielt dieser Gedanke eine große Rolle; dank Diderots Shaftesbury-Übersetzung hat er auch in Frankreich gewirkt[289]. Als Gegner der Auffassung von der natürlichen Soziabilität des Menschen hat Rousseau von diesem Gedanken keinen Gebrauch gemacht. Statt dessen knüpfte er an ein Element aus der Tradition des Selbsterhaltungsdenkens an, das die Konzeption von Hobbes fortführt, indem es den Gedanken der Selbstliebe (als Voraussetzung der Selbsterhaltung) mit dem der Selbstverleugnung in einer sehr spezifischen Weise verbindet[290]. Während Hobbes die Bedeutung des Mitleids nicht erkannt habe, sei dies Mandeville vorbehalten geblieben, dem „überspanntesten Herabsetzer der menschlichen Tugenden" (le Detracteur le plus outré des vertus humaines, III, 154)[291]. Für Rousseau ist das Mitleid ein Korrektiv gegenüber dem an sich legitimen Verlangen nach Selbsterhaltung, später gegenüber der Eigenliebe (amour-propre) als einem im Leben der Gesellschaft entstandenen Zerrbild der Selbstliebe (amour de soi). Wieder geht es darum, in der ursprünglichen Natur des Menschen ein „Prinzip" angelegt zu finden. Es teilt mit dem Selbsterhaltungstrieb, daß es sich nicht um ein Prinzip im Sinne einer voll entwickelten Moral handelt, gleichwohl um die „einzige natürliche Tugend" (la seule vertue Naturelle) in einem vormoralischen Sinn (III, 154). Wie der Selbsterhaltungstrieb reicht dieses Bestreben gewissermaßen in das „physische" Fundament der animalischen Existenz[292]. Der Eifer, für das eigene Wohlbefinden zu sorgen, soll durch den Widerwillen gemäßigt werden, seinen Mitmenschen leiden zu sehen. Das Mitleid (ja eigentlich ein spiegelbildlicher Reflex der Sorge um das eigene Befinden) ist der kreatürlichen

289 Ph. Mercer, *Sympathy and ethics: A study of the relationship between sympathy and morality, with special reference to Hume's Treatise*, Oxford 1972; vgl. L.G. Crocker, *Nature and culture. Ethical thought in the French Enlightenment*, Baltimore 1963, 75ff., 80 .

290 Vgl. W.H. Schrader, *Ethik und Anthropologie in der englischen Aufklärung. Der Wandel der moral-sense-Theorie von Shaftesbury bis Hume*, Hamburg 1984, 41ff.

291 Mandevilles im Prinzip ganz von der utilitaristischen Tradition bestimmtes Bild von den menschlichen Tugenden als Ausfluß egoistischer Motive erfährt mit der Hervorhebung des Mitleids eine erstaunliche Modifikation. Mitgefühl und Anteilnahme am Mißgeschick anderer erscheinen freilich als Charakteristikum der "schwächsten Geister" (The Fable of the Bees or Private Vices, Publick Benefits, ed. F.B. Kaye, 2. Aufl., Oxford 1957, I, 254f.).

292 Zur Rousseauschen Auffassung vom Mitleid vgl. Goldschmidt, *Anthropologie*, 331ff.

Schwäche des Menschen angemessen und zeigt seine „Natürlichkeit“ darin, daß es jeder Reflexion vorausgeht und selbst die Tiere manchmal wahrnehmbare Zeichen davon erkennen lassen. Es gibt kein Anzeichen dafür, daß eine derartige Rolle des Mitleids im Naturzustand in den antiken Auffassungen vorgebildet gewesen wäre.

Rousseaus Position wird deutlich gerade in der in dieser Frage abweichenden Stellung gegenüber Lukrez. Die Rolle des Mitleids in dessen Darstellung der Frühgeschichte scheint zwar auf den ersten Blick zweideutig, profiliert sich aber bei genauer Betrachtung durch den Rückgang auf die Grundlagen der epikureischen Ethik. Lukrez macht zu einem wesentlichen Gegenstand des ersten Vertrages (der Freundschaft), wie wir sahen, die Schonung der Kinder und der Frauen:

> imbecillorum esse aequum miserier omnis (V, 1023).
>
> Es sei billig, daß sich alle der Schwachen erbarmten.

Der Hinweis auf die Schwäche könnte zunächst als für unseren Zusammenhang relevant gedeutet werden. In der Tat hat man versucht, die Lukrez-Stelle in einem Sinn zu interpretieren, der ihr eine ähnlich weitreichende Funktion wie der des Mitleids bei Rousseau geben würde. Abweichend von der sonstigen epikureischen Auffassung über die Triebkräfte des Verhaltens bei der Gesellschafts- und Staatsbildung sei hier eine „instinktive Moral“, eine angeborene Sittlichkeit wirksam geworden[293]. Wir haben an anderer Stelle gezeigt, daß das nicht zutrifft, vielmehr gerade die Schonung von Frauen und Kindern als Gegenstand des *Vertrages* in die allgemeine utilitaristische Sicht der Staats- und Rechtstheorie eingeordnet ist[294]. Wie wir sehen werden, besteht eine größere Nähe zwischen beiden Autoren in der Auffassung von der Familie als jener Sphäre, in der tiefere emotionale Bindungen erstmals entstehen[295].

Bemerkenswert ist, daß Rousseau in einem Nachtrag (erschienen in der Edition von 1782) an Hand einiger antiker Beispiele die Wirkung des Mitleids im Theater illustriert, ein aus dem Kontext der antiken Ästhetik geläufiger Topos. Rousseau verwendet ihn auch in der *Lettre à d'Alembert sur les spectacles* (1758), wo ein Vorbehalt gegen ein durch Schrecken produziertes Mitleid (gemäß einer Fehldeutung der Katharsis-Theorie des Aristoteles) sichtbar wird. Die Beispiele Sulla und Alexander von Pherai auch hier für das Mißverhältnis von individueller Empfindlichkeit der „Privatperson“ und Grausamkeit des Politikers oder Tyrannen verwendend, spricht Rousseau in diesem Text der Tra-

293 H. Klepl, *Lukrez und Virgil in ihren Lehrgedichten*, Diss. Leipzig 1940, 38f.; Westphalen, a.a.O., 34f.

294 Vgl. R. Müller, *Die epikureische Gesellschaftstheorie*, 42ff.

295 S. unten S. 148f.

gödie jede tiefere moralische Wirkung ab[296]. Auch die im Nachtrag zum Zweiten Discours zitierte Juvenal-Stelle *Satiren* 15, 131ff. über die 'mollissima corda', die die Natur den Menschen gab, entstammt einem solchen Kontext: der Widerspruch zu einer folgenlosen Empfindsamkeit, die die Menschen von den Tieren unterscheidet, die doch gegenüber ihren Artgenossen nicht zu Gewalttaten, bis hin zu grausamster Tötung, fähig sind[297].

Wie ausgeprägt Rousseaus Bestreben ist, seine eigene Mitleidskonzeption der Auffassung von der alleinigen Wirkung von Selbsterhaltungstrieb und Aggressivität gegenüberzustellen, wird auch im Bezug auf die Erhaltung der Gattung deutlich. Die Vertreter der antiken Vertragstheorien hatten in der rücksichtslosen Durchsetzung des Selbsterhaltungstriebes eine tödliche Gefahr für die Weiterexistenz der menschlichen Gattung gesehen[298]. Rousseau erhebt das Mitleid zu einem wichtigen Mittel, das das Überleben der Gattung sichern hilft:

> Il est donc bien certain que la pitié est un sentiment naturel, qui modérant dans chaque individu l'activité de l'amour de soi même, concourt à la conservation mutuelle de toute l'espéce ... c'est elle qui, dans l'état de Nature, tient lieu de Loix, des mœurs, et de vertu, avec cet avantage que nul n'est tenté de désobéir à sa douce voix ... (III, 156)
>
> Es ist also ganz gewiß, daß das Mitleid ein natürliches Gefühl ist, das, da es in jedem Individuum die Aktivität der Selbstliebe mäßigt, zur wechselseitigen Erhaltung der ganzen Art beiträgt; ... im Naturzustand vertritt es die Stelle der Gesetze, der Sitten und der Tugend - mit dem Vorteil, daß keiner versucht ist, seiner süßen Stimme den Gehorsam zu versagen ...

Rousseaus weitgehende Schlußfolgerungen über eine zentrale Stellung des Mitleids als Ersatz für Gesetze, Sitten und Tugend (weiter entwickelt im „Essai" und im *Émile*) haben neben dem philosophisch-systematischen Aspekt (die voll entwickelte 'pitié' in Verbindung mit dem 'amour-propre' und wie dieser zu größerer Wirksamkeit erst gelangend mit dem Wachsen der Einbildungskraft[299]) eine historisch-genetische Bedeutung. Die Rolle des Mitleids auf dieser frühen Stufe beleuchtet einen Gegensatz zur Tradition konventionalistisch-utilitaristischen Denkens, der Hobbes voll gefolgt war. Mit der These, das Mitleid vertrete im Naturzustand die Stelle der *Gesetze*, der Sitten und der Tugend, schafft Rousseau den Ansatz für eine Konzeption, die letztlich unvereinbar ist mit Prinzipien, die ausschließlich auf den wechselseitigen Nutzen gegründet sind.

296 V, 23f.

297 III, 155. Über Sullas Rührseligkeit Plutarch, *Sulla* 30, 6 (471 F); über Alexander von Pherai Plutarch, *Pelopidas* 29, 9f. (293 E f.). Vgl. bereits Montaigne, *Essais* II, 27.

298 Vgl. oben S. 120ff.

299 Vgl. "Essai" c. IX (V, 395f.).

Rousseau, der mit seiner Konzeption vom solitären Menschen so stark unter dem Eindruck der atomistischen Tradition mit ihren utilitaristischen Konsequenzen zu stehen scheint, weicht in dieser Hinsicht von ihr ab. Mit seinem Bestreben, bestimmte Wurzeln des Sozialen, ungeachtet der Absage an die natürliche Soziabilität des Menschen, in „natürlich" bedingten Emotionen zu finden, stellt er sich gegen die Tendenz, die moralischen und rechtlichen Prinzipien ausschließlich aus dem egoistischen Interesse des Einzelnen zu erklären.

Rousseau wendet sich sogar gegen den Rationalismus der Sokratischen Ethik. Als Kern des Prinzips der „natürlichen Güte" (bonté naturelle) wird das Mitleid gegen die Maxime der „Goldenen Regel" gestellt[300]. Das Prinzip „Tue anderen, wie du willst, daß man dir tue", als Maxime der „durch Vernunft erschlossenen Gerechtigkeit" soll hinter diese Ethik des Mitleids zurücktreten (III, 156f.).

Es scheint wichtig, nochmals darauf hinzuweisen, daß es für die Denkrichtung, Triebkräfte des menschlichen Handelns in einem vorrationalen Bereich aufzufinden, im 4. Jahrhundert und in der hellenistischen Philosophie - bei Kynikern, Stoikern und Epikureern - einen wesentlichen Vorlauf gab. Erinnert sei an das Prinzip der 'autarkeia' bei den Kynikern, das der 'oikeiosis' bei den Stoikern und die Bedeutung von Lust und Schmerz für die Epikureer. Die genannten Schulen stützen ihre Beweisführung darauf, daß die jeweiligen Prinzipien in reiner Form bereits bei Kleinkindern und Tieren aufzufinden seien[301]. Daß es von dort zur Rolle der Animalität bei Rousseau eine Brücke gibt, ist unbezweifelbar.

Wichtig war daher auch die Erkenntnis, daß die Zweistufigkeit des Mitleids (primär eine gewissermaßen biologisch verankerte Kraft der Emotion, sekundär eine durch Imagination ermöglichte Erscheinung des entwickelten Gesellschaftslebens) der Einstellung entspricht, die wir in der Ableitung ethischer Kategorien in der Antike finden: bei den Stoikern Selbsterhaltung als vorrationales Prinzip des Lebens, bei den Epikureern Lust und Schmerz als Kriterien, die „von Anfang an" gegeben sind.

Hätte man diese Unterschiede einer vorrationalen und rationalen Moralität beachtet, wäre es nicht zu jenen Auseinandersetzungen gekommen, die sich um Rousseaus Mitleidsprinzip entsponnen haben. V. Goldschmidt hat gezeigt[302], daß es die Kohärenz der anthropologischen Konzeption Rousseaus zerstören würde, wollte man Prinzipien der späteren Stufe wie Identitätsbewußtsein, Imagination u.a. auf das Niveau der animalischen Existenz zurückprojizieren.

300 Vgl. H. Meier, a.a.O., 150, Anm. 187.

301 Vgl. J. Brunschwig, „The cradle argument in Epicureanism and Stoicism", in: M. Schofield, G. Striker, *The norms of nature. Studies in Hellenistic ethics*, Cambridge u.a. 1986, 113ff.

302 Vgl. Goldschmidt, *Anthropologie*, 336ff.

Die Konzeption des Mitleids hat sich bei Rousseau vom Zweiten Discours bis zum *Émile* nicht geändert[303]. Eine höher entwickelte Stufe des Mitleids ist an Imagination und Reflexion gebunden, wie der Autor im „Essai" ausführt (V, 395). Zwischen dem Mitleid als einer natürlichen Mitgift aller Lebewesen, die dem Gebrauch der Vernunft vorausgeht, und einer entwickelten Eigenschaft, die zur Quelle aller gesellschaftlichen Tugenden wird (III, 155), besteht eine Spannung: Einerseits kann sich das Mitleid dank der Imagination im Gesellschaftszustand höher entfalten, andererseits wird es hier durch den vernunftgesteuerten 'amour-propre' in seiner Wirksamkeit beeinträchtigt (III, 155f.). Imagination und Vernunft, beide Produkte einer Entwicklungsstufe *nach* dem reinen Naturzustand, wirken in entgegengesetzter Richtung. So wird die durch Imagination ermöglichte höhere Intensität des Mitleids durch Vernunfterwägungen sogleich wieder eingeschränkt. Auch an dieser Spannung bewährt sich die Auffassung von einer Zwischenphase zwischen reinem Naturzustand und entwickelter Gesellschaft als der besten Zeit für den Menschen:

> Ainsi quoique les hommes fussent devenues moins endurans, et que la pitié naturelle eût déja souffert quelque altération, ce période du developpement des facultés humaines, tenant un juste milieu entre l'indolence de l'état primitif et la pétulante activité de nôtre amour propre, dut être l'époque la plus heureuse, et la plus durable (III, 171).
>
> Obwohl die Menschen bereits weniger auszuhalten vermochten und das natürliche Mitleid schon eine gewisse Veränderung erlitten hatte, muß diese Periode der Entwicklung der menschlichen Fähigkeiten, da sie die rechte Mitte zwischen der Indolenz des anfänglichen Zustandes und der ungestümen Aktivität unserer Eigenliebe hielt, so die glücklichste und dauerhafteste Epoche gewesen sein.

303 In der Einleitung zum "Essai" korrigiert Starobinski seine frühere Auffassung, daß zwischen dieser Schrift und dem Zweiten Discours im Hinblick auf die Bewertung des Mitleids prinzipielle theoretische Unterschiede bestehen. Generell gelangt er zu der Feststellung (unter Heranziehung des *Émile* und der Schrift *Rousseau juge de Jean-Jacques*), daß die verschiedenen Definitionen des Mitleids bei Rousseau nicht zu verschiedenen Perioden seines Denkens gehören und daher keine chronologischen Rückschlüsse zulassen (V, CCI f.). Es spricht alles dafür, im "Essai", der ursprünglich als Bestandteil des Zweiten Discours konzipiert war, einen von Rousseau für eine Einzeledition bearbeiteten Text zu sehen, der gegenüber dem Zweiten Discours eine fortgeschrittene Stufe darstellt. Zu den Einzelheiten dieser editorischen Vorbereitung Starobinski, Einleitung zur Edition des "Essai", Bd. V, CXCVII ff. - Zum Problem zweier Stufen in der Entwicklung des Mitleids vgl. oben S. 128.

Von diesem Gedanken einer „besten Zeit" zwischen den Epochen wird noch zu sprechen sein.

10. Naturzustand als Norm?

Es ist eine umstrittene Frage, ob bzw. in welchem Sinn Rousseau den „reinen Naturzustand" des Menschen als Ausdruck seines Wesens, vielleicht gar als Norm oder Ideal verstanden hat[304]. Das gilt auch von dem uns speziell beschäftigenden Problem, in welchem Sinn antike Vorstellungen über die Normhaftigkeit der Natur, die für verschiedene Schulen besonders der hellenistischen Philosophie Bedeutung hatten, Rousseau beeinflußt haben. Hier sollen zunächst einige prinzipielle Überlegungen angestellt werden.

Daß die Frage einer Normhaftigkeit des „reinen Naturzustandes" bei Rousseau immer wieder diskutiert wird, hängt mit dem methodischen Grundgestus zu Beginn des Zweiten Discours zusammen: Die Absicht, alles „abzuziehen", was der Mensch im Zivilisationsprozeß erworben hat, um auf diese Weise den Naturzustand zu rekonstruieren, kann leicht als eine primäre Intention verstanden werden, alle Verhüllungen abzustreifen, um auf diese Weise den Kern einer Menschennatur schlechthin (nicht nur im Naturzustand) freizulegen. Gerade auch Rousseaus kritische Wendung gegen frühere Versuche dieser Art, die alle ohne ausreichende Konsequenz erfolgt seien, konnte zu einer solchen Interpretation führen[305].

Man muß aber stark differenzieren, wie die Resultate der Forschung der letzten Jahrzehnte ergeben haben. Es hat sich mit großer Klarheit gezeigt, daß Rousseau eine *historische* Auffassung von der menschlichen Natur vertreten hat: daß diese, nicht ein für allemal festgelegt, im Laufe eines historischen Prozesses verschiedene Stufen ihrer Entfaltung erfährt[306]. Damit wird es vornherein unmöglich, eine dieser Stufen, also auch die des „reinen Naturzustandes", als Ausdruck des eigentlichen Wesens des Menschen zu verstehen. Ein Verständnis dieser Art müßte bereits die Rolle ausschließen, die die 'perfectibilité' in

304 Zur Fragestellung vgl. Lovejoy, *The supposed primitivism of Rousseau's Discourse on Inequality*, 14ff.

305 Vgl. oben S. 51f.

306 Vgl. Buck, a.a.O., 73ff., über die Stellung Rousseaus in der zeitgenössischen Bewegung, mit der Natur insgesamt auch die Natur des Menschen zu historisieren (bes. 78ff.). Vgl. auch die neueren Arbeiten von Plattner und Horowitz (s. oben Anm. 63). Zur Historisierung der menschlichen Natur wesentliche Erkenntnisse bereits bei Fetscher, a.a.O., 62ff. - Über den Zusammenhang von Rousseaus Auffassungen von Ursprung und Entwicklung der Gesellschaft mit Gedanken Diderots, der die Idee der Sukzession in seine Definition der Natur in den *Pensées sur l'interprétation de la nature* (LVIII) eingeführt hatte, Morel, a.a.O., 133f.

Rousseaus anthropologischer Konzeption spielt. Das Prinzip nahezu unbegrenzter Entwicklungsfähigkeit, das im Naturzustand im Menschen noch schlummert und nicht zur Entfaltung gelangt, gestattet nur *eine* grundsätzliche Aussage über das Wesen des Menschen: im Unterschied zum Tier ein nicht festgestelltes, durch Instinkte und Verhaltensweisen nicht völlig determiniertes Wesen zu besitzen. Hinzu kommt die mit der 'perfectibilité' in innerstem Zusammenhang stehende Handlungsfreiheit, die in jeder Lage eine Entscheidung für oder wider ermöglicht, damit den Weg zur Entfaltung der 'perfectibilité' freimachend.

Bei Rousseau heißt es zu Anfang seines Resümees des Gesamtwerks vom aufmerksamen Leser, dem die Rolle zufällt, die richtigen Konsequenzen zu ziehen:

> En un mot, il expliquera comment l'ame et les passions humaines s'altérant insensiblement, changent pour ainsi dire de Nature; pourquoi nos besoins et nos plaisirs changent d'objets à la longue; pourquoi l'homme originel s'évanouissant par degrés, la Société n'offre plus aux yeux du sage qu'un assemblage d'hommes artificiels et des passions factices qui sont l'ouvrage de toutes ces nouvelles rélations, et n'ont aucun vrai fondement dans la Nature (III, 192).

> Mit einem Wort: er wird erklären, wie die Seele und die menschlichen Leidenschaften, indem sie unmerklich entstellt werden, sozusagen ihre Natur verändern; warum unsere Bedürfnisse und Vergnügungen auf die Dauer ihre Gegenstände wechseln; warum der ursprüngliche Mensch nach und nach verschwindet und die Gesellschaft in den Augen des Weisen nur mehr eine Ansammlung artifizieller Menschen und künstlicher Leidenschaften darstellt, die das Werk all dieser neuen Verhältnisse sind und keine wahre Grundlage in der Natur haben.

Bei dieser radikalen Feststellung der Historizität des menschlichen Wesens ist freilich unübersehbar, daß Rousseau an der Antithese natürlich - artifiziell festhält, d.h. an der Unterscheidung zwischen dem Ausgangspunkt eines „ursprünglichen" Menschen (l'homme originel') und den späteren Ausformungen „artifizieller" Menschen (les hommes artificiels). Damit wird zwar der ursprüngliche Mensch nicht automatisch zur Norm für alle späteren Stufen. Aber es bleibt doch dabei, daß die artifiziellen Menschen und die künstlichen Leidenschaften von der ursprünglichen Natur abzuheben sind. Nimmt man die Historisierung so ernst, wie sie es verdient, kann der Bezug auf eine „fixe Natur" sich nur auf den Status des Menschen im Naturzustand beziehen. Wir hatten gesehen, daß die Statik aller Verhältnisse (des Menschen und seiner natürlichen Umgebung) das Hauptmerkmal des Naturzustandes - vor Einsetzen der historischen Entwicklung - bildet. Erinnern wir uns der Zielsetzung, wie sie Rousseau im Vorwort erklärt hat: Die Herausarbeitung des „reinen Naturzustandes“ wird benötigt, um einen *Ausgangspunkt* für die historisch-genetischen Untersuchungen zu haben, die den Ursprung der moralischen (d.h. gesellschaftlichen) Ungleichheit und des Politischen Körpers (d.h. der bürgerlichen Gesellschaft) zu erklären vermögen (III, 127). Wenn man davon gesprochen hat, daß Rousseau zwischen Anthropologie und Politischer Philosophie ein Fundierungsverhältnis annehme[307], dann ist das auch im Sinne dieses Ausgangspunktes für die historisch-genetische Untersuchung zu verstehen.

Unsere bisherigen Ausführungen haben gezeigt, daß Rousseau mit dieser historisch orientierten Anthropologie in einer Tradition steht, die ihren Ursprung letztlich in der Antike hat. Antike Lehren von der Kulturentstehung, wie sie uns begegnet sind, weisen das Merkmal der Offenheit für eine historische Entwicklung in z.T. prägnanter Weise auf: Wenn Demokrit die menschlichen Künste nicht in fertigen Fähigkeiten, sondern in angelegten Potenzen begründet sieht, die unter dem Druck äußerer Notwendigkeit die Kultur als eine „zweite Natur“ entstehen lassen, dann ist dem Gedanken der Historizität aller menschlichen Wesensmerkmale der Weg bereitet, mit den Worten Demokrits: „Die Natur und die Erziehung (hier könnte in einem modernen Text auch 'Kultur' stehen) sind etwas Ähnliches. Denn die Erziehung formt den Menschen um, aber durch diese Umformung schafft sie Natur (physiopoiei)“ (Fr. 33 D.-K.). Diese Aufhebung des schematischen Gegensatzes von Natur und Kunst, die von Aristoteles weiterentwickelt wurde[308], schafft eine Grundlage für den Gedanken einer Selbstschöpfung der menschlichen Natur (bzw. Naturen) im historischen Prozeß, wie wir sie neben anderen Vertretern der Aufklärung auch bei Rousseau in bedeutsamen Ansätzen finden[309].

Rousseau gelangte zu der Konsequenz, in den späteren Ausprägungen des in die historische Bewegung geratenen „Wesens“ des Menschen eine Art „zweite Natur“ zu erblicken. Wichtig war es ihm, den Ausgangspunkt der ursprünglichen Natur mit jener Deutlichkeit herauszuarbeiten, die er im Sinne seiner Zielsetzung - der Erklärung der gesellschaftlichen Bedingtheit wesentlicher Phänomene - benötigte. Etwas anderes kam hinzu. Rousseau benötigte den Ausgangspunkt auch für seine Bewertung der Wandlungsprozesse (Perfektion und Depravation) des Menschen in ihrer Geschichtlichkeit. Gäbe es diesen Bezugspunkt nicht, wäre die Rede von Perfektion und Depravation nicht möglich; auch nicht die Rede von Entfremdung, die den Kern der Zivilisationskritik Rousseaus

307 H. Meier, a.a.O., 59, Anm. 68.

308 Zu Aristoteles s. S. 192.

309 Der Mensch ist zugleich Schöpfer und Geschöpf im historischen Prozeß. Wenn man in der menschlichen Natur nichts Statisches sehen kann, muß man die Varietäten der sozialen Formierung beachten.

bildet. Es ist diese Spannung, die die eigentliche Beziehung von Naturzustand und Gesellschaftszustand schafft: in dem Sinn, daß der Naturzustand den Bezugspunkt für die vergleichende Betrachtung der nachfolgenden Phasen darstellt.

In ein besonderes Licht rücken dabei die Beziehungen zwischen den Menschen. Rousseau, der die Tradition vom Menschen als einem von „von Natur“ soziablen Wesen ablehnt, stellt sich, wie wir sahen, in eine andere Tradition, die das isolierte Individuum am Anfang der Gattungsgeschichte sieht[310]. Rousseau sagt es in voller Klarheit: Das Soziale im Menschen ist ein Produkt der historischen Entwicklung. Auch hier ist es zwar nicht möglich, Rousseau eine Verherrlichung des Naturzustandes in seiner Gesamtheit als Ideal zu unterstellen. Gleichwohl liegt in der Negation des Sozialen als eines ältest-ursprünglichen Faktors eine Demonstration für die Freiheit und Unabhängigkeit des Einzelnen. Letztlich bildet sie den Hintergrund für Rousseaus Konstituierung der politischen Strukturen aus der freien Willensbildung der Einzelnen im Vertrag. Es wiederholt sich hier etwas, das in der politischen Theorie der Antike - bereits in ersten Keimen in der klassischen Polis und dann im Hellenismus - angelegt war: ein starker Akzent auf Selbständigkeit und Freiheit des Einzelnen, die, ohne daß eine völlige Negierung des Sozialen und des Politischen intendiert wäre, einen hohen Wert repräsentieren[311]. In *dieser* Hinsicht - im Hinblick auf Freiheit und Unabhängigkeit - vermag der Naturzustand sogar zum Maßstab für ein Leben in der Zukunft zu werden[312].

Generell ist der Mensch also offen für eine Entwicklung, sowohl im kulturellen wie im sozialen Bereich. Um diese Offenheit geht es ganz entscheidend. Wie im Hinblick auf die ‘perfectibilité’, die in Verbindung mit dem Moment der Freiheit und den (für den Menschen) zufälligen äußeren Existenzbedingungen vor allem den Ausschluß eines teleologisch bestimmten Entwicklungszusammenhangs bedeutet, so gilt dies auch für die Existenz des solitären Menschen im Naturzustand, die in ihrer Offenheit gleichfalls die Befreiung aus der teleologischen Weltsicht bewirken soll. Gewisse Züge der Idealität weist im historischen Prozeß die nächste Phase der „entstehenden Gesellschaft“ auf, in der sich positive und negative Züge gewissermaßen die Waage halten: die „Jugend der Welt“, die in dieser Form niemals wiederkehren wird. Gibt es bei Rousseau eine Sehnsucht nach Vergangenem, dann gilt sie diesem Zustand; nicht dem tierhaften Leben der Anfänge, sondern dem maßvoll ausbalancierten Zustand eines „Nicht mehr“ und „Noch nicht“, der zwar auch nicht wiederhol-

310 Vgl. die Kritik von Marx, *Einleitung zu den Grundrissen der Kritik der politischen Ökonomie*, in: Karl Marx, Friedrich Engels, *Gesamtausgabe (MEGA)*, II, 1.1, Berlin 1976, 21f.

311 Vgl. oben S. 78f.

312 Strauss, *Naturrecht und Geschichte*, 295.

bar ist, aber am besten als Maßstab für die Bewertung der menschlichen Gesamtsituation - sozial *und* kulturell - dienen kann. Es wird dem nächsten Kapitel unserer Untersuchung und dem Schlußkapitel vorbehalten sein, nach möglichen antiken Vorläufern eines solchen Bildes von der historischen Entwicklung zu fragen.

IV. Die „Jugend der Welt“

1. Der Übergang vom „reinen Naturzustand“ zur Gesellschaftsentwicklung

Es war auf die Statik und Geschlossenheit der Naturprozesse im ersten Teil des Zweiten Discours zu verweisen, denen auch der Mensch als animalisches Wesen unterworfen ist[313]. Mit dieser Charakteristik verfolgt Rousseau eine strategische Richtung, die sich von den früheren Deutungen des Naturzustands, vor allem durch die Naturrechtstheoretiker, betont absetzt. Nicht mehr ist der „reine Naturzustand“ als Vorstufe für die Zivilisations- und Gesellschaftsentwicklung gedeutet, deren hauptsächliche Funktion darin besteht, eben diese Entwicklung zielgerichtet aus sich hervorzubringen. Es war dies der Rahmen, in dem teleologische Konzepte den Naturmenschen sahen. Im Weltbild der Stoa, in dem der Mensch als Telos der kosmischen Entwicklung erscheint, nicht nur als deren Krone, sondern als tiefster innerer Zweck, um dessentwillen alles - der Kosmos, die Pflanzen, die Tiere - existiert, ist diese Bezogenheit von Naturzustand und sich aus ihm entwickelnder Zivilisation vorausgesetzt[314]. Auch wenn der Mensch in anderen Konzeptionen als „Mängelwesen“ definiert wird, kann das im Sinne einer Art von „Naturteleologie“ gedeutet werden, die in Kompensation bestimmter biologischer Defizite sichert, daß der Mensch die in ihm angelegten Kräfte zur Entfaltung bringt.

Sogar in einer Konzeption wie der von Hobbes, die in Antithese zur teleologischen Verfaßtheit des ‘zoon physei politikon’ entwickelt wurde, ist der Naturzustand von vornherein unter dem Gesichtspunkt gesehen, Vorstufe und Ausgangspunkt der gesellschaftlich-politischen Entwicklung zu sein.

Rousseaus anthropologische Konzeption bedeutet hier einen Einschnitt. Der Mensch hätte nach Rousseau auch als reines Naturwesen im Gleichmaß der per-

313 Vgl. oben S. 100ff.

314 Wie das System des Aristoteles hier einzuordnen ist, unterliegt noch immer der Diskussion in der Frage, ob seine Teleologie auf den Menschen in einer der Stoa vergleichbaren Weise zentriert ist. Für eine anthropozentrische Deutung neuerdings wieder D. Sedley, „Is Aristotle's teleology anthropocentric?“, in: *Phronesis* 36 (1991), 179ff.

manent sich abspielenden Naturprozesse „in alle Ewigkeit“ weiter existieren können, wenn nicht bestimmte „Zufälle“ diesen Ablauf unterbrochen hätten. Die im Menschen angelegten Potenzen wären in diesem Falle unentwickelt geblieben (III, 162). Rousseau bedient sich des *Zufalls* in einer betont antiteleologischen Tendenz. Nichts soll darauf hindeuten, daß die spätere zivilisatorische und gesellschaftliche Entwicklung von einer Art „Weltplan“ vorherbestimmt gewesen sei. Auch in dieser Hinsicht stimmt Rousseau mit Lukrez überein. Er gerät auch in ähnliche Begründungszusammenhänge, wenn es darum geht, den Wandel vom Gleichmaß des Naturzustandes zur zivilisatorischen Entwicklung plausibel darzustellen: den Übergang vom Zustand maximaler Harmonie zwischen Mensch und Umwelt zu ersten Friktionen, die den Menschen veranlassen, sich gegenüber nun auftretenden Härten der Natur zu behaupten[315]. Zunächst gab es Probleme, die im Rahmen der „normalen“ Auseinandersetzung mit der Natur verblieben, den Naturmenschen aber bereits zwangen, seine körperlichen Kräfte zu üben (III, 164f.). Zu tieferen Konflikten führten Klimaunterschiede, die im Gefolge der Bevölkerungsvermehrung und der damit verbundenen geographischen „Expansion“ wirksam wurden: „Die Unterschiede der Böden, der Klimate, der Jahreszeiten konnten sie zu Unterschieden in ihren Lebensweisen zwingen. Unfruchtbare Jahre, lange und rauhe Winter, brennendheiße Sommer, die alles verzehrten, verlangten ihnen eine neue Kunstfertigkeit ab“ (La difference des terrains, des Climats, des saisons, put les forcer à en mettre dans leurs maniéres de vivre. Des années stériles, des hyvers longs et rudes, des Etés brulans qui consument tout, exigérent d’eux une nouvelle industrie, III, 165). Die zunächst überwiegende Harmonie zwischen Mensch und Umwelt weicht *allmählich* diesen Veränderungen. Später lösen erdgeschichtliche Katastrophen gewaltigen Ausmaßes Entwicklungen aus (V, 168). Es ist klar, daß diese Faktoren schon vorher existent gewesen sein mußten[316], wie sie tatsächlich im „Essai“ erscheinen[317]. Wir müsssen davon ausgehen, daß die (im Hinblick auf den Menschen) zufälligen klimatischen und erdgeschichtlichen Bedingungen schließlich in eine Konstellation kommen, in der sie zu entscheidenden entwicklungsauslösenden Faktoren werden. Diese werden in der Übergangsphase der „entstehenden Gesellschaft“ wirksam, um die es im folgenden geht. Von der nach Rousseaus Konzeption zufälligen Entdeckung der „Metallschmelze“, die

315 Zweifellos richtig ist die Feststellung, daß Rousseau zugleich interne und externe Faktoren wirksam werden läßt: aber eben nicht in einem "vorbestimmten" Zusammenspiel. Bei den gleitenden Übergängen vom einen Zustand in den anderen haben für Rousseau die widerständigen externen Zustände die Funktion des Auslösers beim Heraustreten aus dem Naturzustand. Vgl. Starobinski zum Prinzip des Widerstands im Denken Rousseaus: *Eine Welt von Widerständen*, bes. 43ff., 437ff.

316 Goldschmidt, *Anthropologie*, 236ff.

317 Vgl. unten S. 173ff.

zum endgültigen Heraustreten aus dem Naturzustand geführt hat, wird anschließend zu sprechen sein.

2. Seßhaftigkeit, Familie und Sprache

Mit dem zweiten Teil tritt der Zweite Discours aus dem Bereich sich gleichbleibenden, statischen Seins in den der geschichtlichen Entwicklung; aus dem der solitären Existenz in den der ‘société naissante’; aus dem des „reinen Naturzustands“ in eine Übergangsphase zwischen Natur und Gesellschaft, Natur und Kultur. In ihr sind die Lebensformen noch relativ primitiv und haben sich vom Naturzustand noch nicht so weit entfernt, daß negative Züge der beginnenden Gesellschaftsentwicklung bestimmend hervortreten[318]. Erwies sich der reine Naturzustand nicht als Anwärter auf den Rang einer idealen Lebensform des Menschen, so erscheint in einem anderen Licht die nun folgende Phase, der Rousseau (mit einem aus anderen Zusammenhängen übertragenen Begriff des Lukrez) den Namen einer „Jugend der Welt“ (novitas mundi)[319] zubilligt.

Die einleitenden Partien des zweiten Teils werfen, teils zusammenfassend, teils neue Gesichtspunkte hervorhebend, einen Blick zurück auf die vorgesellschaftliche Phase, in der die im Menschen potentiell verankerte ‘perfectibilité’ noch kaum in Funktion getreten war:

> Telle fut la condition de l’homme naissant; telle fut la vie d’un animal borné d’abord aux pures sensations, et profitant à peine des dons que lui offroit la Nature, loin de songer à lui rien arracher ... (III, 164f.)[320].
>
> Dies war der Zustand des entstehenden Menschen; dies war das Leben eines Tieres, das zunächst auf die reinen Sinnesempfindungen beschränkt war

318 Vgl. unten S. 162f.

319 III, 171, vgl. Lukrez V, 780, 818, 943. - Daß mit der Evokation von Lukrez' 'novitas mundi' die "unverwechselbarste Referenz" im Zweiten Discours auf Lukrez gegeben sei, gilt freilich in dem eher etwas äußerlichen Sinn der wörtlichen Anspielung. Wie die Bedeutung von einem anderen Zusammenhang her übertragen wird (vgl. unten S. 164), ist gegenüber dem ursprünglichen Zusammenhang der Wortverbindung bei Lukrez auch eine inhaltliche Veränderung festzustellen. Ihre kosmologische Bedeutung hat die 'novitas mundi' bei Rousseau verloren. Bei ihm handelt es sich um jene Phase, in der der Mensch seine Passivität gerade in ersten Ansätzen zu überwinden beginnt, die den reinen Naturzustand zunächst im Rahmen der ausgeglichenen Naturbedingungen charakterisiert hatte.

320 Wie wenig der Naturzustand im ganzen geeignet ist, eine Normativität zu begründen, zeigt noch einmal deutlich diese Stelle. Die Animalität wird wieder für den "reinen Naturzustand" als wesensbestimmend hervorgehoben, was impliziert, daß die 'perfectibilité' hier noch weitgehend ohne Folgen bleibt (vgl. aber S. 98f. u. Anm. 231).

> und sich kaum die Gaben zunutze machte, die ihm die Natur anbot, weit davon entfernt, daran zu denken, ihr irgend etwas abzuringen ...

Doch nun werden am Naturzustand Züge hervorgehoben, die den Menschen immer mehr zwangen, in eine aktive Auseinandersetzung mit der ihn umgebenden Natur einzutreten: die von den wilden Tieren ausgehenden Gefahren; die Notwendigkeit einer Bewaffnung gegen sie und menschliche Artgenossen in der Auseinandersetzung um den Lebensunterhalt; die mit der Ausbreitung der menschlichen Gattung verbundene Notwendigkeit, sich veränderten Lebensbedingungen anzupassen (III, 165).

Eine neue Kunstfertigkeit, die dem Menschen abverlangt wird, drückt sich in ersten Kulturleistungen aus: Angel und Haken, Bogen und Pfeile, Tierhäute als Kleidung, der Gebrauch des Feuers für Wärme und Speisenzubereitung (III, 165).

Die Zeit der frühesten Kulturerrungenschaften ist zugleich die der beginnenden Sozialisierung. Die Voraussetzung für erste Anfänge eines Zusammenschlusses bilden die Erkenntnis von artspezifischen Gemeinsamkeiten im Verhalten, daraus abgeleitete Rückschlüsse auf Übereinstimmungen in der Art zu denken und zu fühlen (III, 166). Als Triebkraft für erste, noch zeitweilige Verbindungen wirkt das gemeinsame Interesse, das auf die Hilfe der Gattungsgenossen zählen läßt. So entsteht eine „Herde“ (troupeau)[321] oder eine Art von freier Assoziation (quelque sorte d'association libre), die in ihrer Dauer auf das vorübergehende Bedürfnis beschränkt ist, das sie hervorgebracht hatte (III, 166). Auch bei der Gesellschaftsbildung erweist sich wie im solitären Leben die Liebe zum Wohlbefinden (amour de bien-être), letztlich also der ‘amour de soi’, als Triebfeder der menschlichen Handlungen.

Rousseau interessieren hier in besonderem Maße Fortschritte in der geistigen Entwicklung, die denen der Auseinandersetzung mit der Umwelt entsprechen. Aus der Fülle dessen, was die sensualistische Erkenntnistheorie von Locke und Condillac bietet, trifft Rousseau hier eine Auswahl in äußerster Verknappung. Aus der Vielzahl der „Operationen der Seele“ wird (im Anschluß an Buffon) als entscheidende Differenz gegenüber den Tieren die Fähigkeit zum Vergleichen hervorgehoben, die eine „Art von Reflexion“ oder „mechanischer Klugheit“ hervorbringt. Diese schafft die Möglichkeit einer Orientierung in der den Menschen umgebenden Welt: die Erkenntnis der Superiorität über die Tiere und die Einsicht in die Gattungsidentität des Menschen (III, 165ff.). Aus den verschiedenen Situationen der Lebensbewältigung erwachsen erste, tastende Versuche, zeitweilige Beziehungen zu Artgenossen herzustellen, bestimmt von Hilfe oder gegenseitiger Konkurrenz (III, 166).

321 Über den 'état de troupeau' bei Diderot vgl. oben S. 76f.

Generell fand Rousseau für die Darstellung der ersten Kulturleistungen ebenso wie der Anfänge der Sozialisierung Anregungen in einer umfänglichen Literatur: bei Grotius, Pufendorf und Barbeyrac, Buffon und Condillac, in Texten der Littérature clandestine wie den *Curiositates philosophicae*. Sowohl Darstellungen, die z.T. einen toposhaften Charakter hatten, wie auch die in einem modernen Sinn wissenschaftlichen Texte konnten sich auf eine ausgebreitete antike Tradition stützen, die von Platon und Aristoteles, Dikaiarchos und Theophrast bis zu Lukrez, Diodor und Seneca reicht[322]. Rousseau wurde, wie bei der Darstellung des Naturzustandes, auch jetzt von Textstellen antiker Autoren, die sich durch philosophisch-spekulativen Gehalt und eine große Anschaulichkeit auszeichnen, inspiriert, wie ihn auch die frühgeschichtlichen Partien bei Buffon oder ethnographische Beobachtungen in der Reiseliteratur des 17. und 18. Jahrhunderts inspirierten. Aus vielfach engen, nicht selten nahezu wörtlichen Übereinstimmungen können wir auf den Einfluß der antiken Texte schließen. Oft stellt sich die Frage, inwieweit solche Gedanken und Motive bereits in der vorangegangenen zeitgenössischen Literatur rezipiert worden waren, was zweifellos für Buffon und Condillac gilt. Direkter war der Zugang zu antikem Gedankengut in den gerade zu dieser Thematik sich als wahre Zitatennester darbietenden Darstellungen von Grotius und Pufendorf.

Die von den wilden Tieren ausgehenden Gefahren waren als eine Triebkraft für die Vergesellschaftung bereits bei den Sophisten und bei Demokrit (Protagoras bei Platon, Demokrit besonders bei Diodor) erschienen, desgleichen auch das von Rousseau weniger favorisierte ursprüngliche Recht des Stärkeren (die Sophisten Kallikles, Thrasymachos). Das generelle Motiv der Not als Triebkraft der Entwicklung finden wir, wie bereits hervorzuheben war, besonders deutlich bei Demokrit in der Überlieferung durch Diodor. Die Bedeutung der ersten Kulturerrungenschaften wie Werkzeuge und Waffen ist ein Hauptgegenstand der antiken Lehren von der Kulturentstehung, ebenso der Gebrauch des Feuers zum Nutzen des Menschen. seit dem Prometheusmythos und seinen unterschiedlichen Deutungen, von Hesiod und Aischylos über Protagoras bis in die römische Kaiserzeit. Auf die Einzelfragen werden wir an Ort und Stelle zurückzukommen haben.

322 Es geht zunächst um die Phase, in der mit der Überwindung des 'theriodes bios' die antiken Theorien den Menschen erstmals in einer Rolle zeigen, die nun zu einem wesentlichen Merkmal wird: als "Erfinder" (heuretes), der mit seinen (zunächst rein technischen) Errungenschaften der Natur Schritt für Schritt als Gestalter gegenübertritt, wie Rousseau sagt, "ihr etwas abringt" (III, 165). Zur Rolle des Erfinders in der antiken Kulturentstehungslehre A. Kleingünther, *Protos heuretes*, Leipzig 1933 (Philologus-Suppl. 26, 1); K. Thraede, „Das Lob des Erfinders. Bemerkungen zur Analyse der Heuremata-Kataloge", in: *Rheinisches Museum* 105 (1962), 158ff.

Betrachten wir zunächst einige Details in Rousseaus Darstellung des Anfangs der Sozialisierung, mit denen er die Überwindung der solitären Existenz zu begründen versucht. Einer der zentralen Texte der antiken Kulturentstehungslehre, den Rousseau bei Pufendorf z.T. dokumentiert fand, scheint für die Phase der Soziogenese, der Kulturentstehung und des Sprachursprungs Rousseau beeinflußt zu haben: die der Lehre Demokrits nahestehende Darstellung im 1. Buch Diodors, auf die wir im folgenden mehrfach zurückkommen werden.

Rousseaus Bezug auf den Abriß, den Diodor von Sizilien von der Entstehung der menschlichen Kultur (im Anschluß an Kosmo- und Zoogonie) gibt (I, 8), einen Text, der offenbar den ursprünglichen Gehalt der Konzeption Demokrits mit einer gewissen Authentizität erhalten hat[323], ist für den Umgang des Aufklärungsphilosophen mit der antiken Tradition so charakteristisch, daß hier einige Erklärungen am Platze scheinen. Rousseau konnte diesen Text (wie den des Lukrez und anderer antiker Stimmen zur Kultur- und Gesellschaftsentstehung) aus Pufendorfs umfänglicher Zitatensammlung kennen. Auf besonders eindringliche Weise trat er ihm aber in Bernard Lamys Werk *La Rhétorique, ou L'art de parler* (in 4., erweiterter Auflage Amsterdam 1699) entgegen. Der Autor, dessen Bedeutung für die Entwicklung der Rhetorik und Sprachtheorie der Aufklärung kaum überschätzt werden kann (seine *Entretiens sur les sciences* waren im übrigen ein Lieblingsbuch Rousseaus, von dem er in den *Confessions* sagt, daß er es immer wieder gelesen habe[324]), hatte in seinem Kapitel „De l'origine de langues“ einen Versuch, die Sprachentstehung auf rein natürliche Ursachen zurückzuführen - mit dem in der Aufklärung (gerade auch bei Rousseau) häufig zu beobachtenden Kunstgriff, eine hypothetische Darstellung vorzugeben, um nicht mit den Glaubenswahrheiten in Konflikt zu kommen -, an Diodor von Sizilien geknüpft[325]. Es ist charakteristisch, wie sich Rousseau der

323 Die Rückführung der bei Diodor überlieferten Kulturtheorie (im Anschluß an die Kosmo- und Zoogonie) durch K. Reinhardt („Hekataios von Abdera und Demokrit“,in: *Hermes* 47 (1912), 492ff.) ist umstritten. Zur Auffassung des Verf. vgl. *Die epikureische Gesellschaftstheorie*, 55ff. Die Kritiker einer engeren Bindung des Textes an Demokrit verkennen die inhaltliche Homogenität und Konsistenz des Textes, die diesen über eine Ansammlung topischen Materials aus der hellenistischen Bildung (Spoerri, a.a.O.) oder über gängige Proömien, die die Kulturentstehungslehre in den Dienst bestimmter Disziplinen wie Philosophie, Rhetorik, Architektur, Dichtkunst und Musik stellen (Pöhlmann, „Lukrez als Quelle griechischer Kulturentstehungslehre“), hinausheben.

324 Vgl. *Confessions* (I, 232).

325 Vgl. dazu die Einleitung von R. Behrens zu der zweisprachigen Ausgabe von Lamys Werk (*De l'art de parler - Kunst zu reden*, hg. von E. Ruhe, München 1980, 50ff.), der darauf verweist, daß Lamy am Ende des 4. Buches das hypothetische Erklärungsmodell durch die Darstellung der göttlichen Schöpfung des Hebräischen aufhebt, wobei die weitere Entwicklung (über das Griechische und Lateinische) zur Vielfalt der Sprachen erläu-

Anregungen, die er hier gewinnen konnte, bedient. Von Lamy auf das antike Original (natürlich in Übersetzung) zurückgehend, gibt er eine wesentlich detailliertere Darstellung der bei Diodor vorgefundenen Konzeption, in der philosophisch bedeutsame Momente wie die Entdeckung der Gattungsidentität, die Rolle des gemeinsamen Interesses, die Bedeutung der arbiträren Festlegung der Zeichen in der Sprache, der Übergang von Horden zu Stämmen bzw. Stammesverbänden und die damit verbundene Entstehung der Sprachenvielfalt aufgegriffen und in die eigene Konzeption integriert werden. Wie bei Lukrez haben wir hier einen Fall, in dem Rousseau in engem sachlichem und sprachlichem Anschluß an einen antiken Autor einen höheren Grad von historisch-genetischer Plausibilität erreicht.

Bei Diodor wird dem Bewußtwerden der charakteristisch menschlichen Eigenschaften bei der Begegnung mit den Artgenossen eine bestimmte Bedeutung beigemessen. Auslöser ist die Furcht vor wilden Tieren, das Ergebnis ein erste Stufe keimenden Gattungsbewußtseins:

> ... und dadurch daß sie infolge ihrer Furcht zusammenkamen, *hätten sie allmählich Gestalt und Aussehen voneinander (tous allelon typous) kennengelernt* (I, 8, 2).

Was bei Diodor nur eben angedeutet wird, ist bei Rousseau explizit: Durch Vergleich mit den typischen Merkmalen ihrer Artgenossen werden sich die Menschen ihrer eigenen Eigenschaften bewußt. Was bei Diodor zunächst nur auf den optischen Phänotyp bezogen scheint, wird bei Rousseau auf das gattungstypische Verhalten expliziert[326]:

> *Les conformités* que le temps put *lui faire appercevoir entre eux (sc. ses semblables)*, sa femelle et lui-même, le firent juger de celles qu'il n'appercevoit pas, et voyant qu'ils se conduisoient tous, comme il auroit

tert wird. Lamy hatte in kurzen Worten auf Diodor und dessen Kosmo- und Zoogonie Bezug genommen, um über die Gesellschaftsbildung zur Sprachentstehung zu gelangen, wobei die Vielfalt der Sprachen aus der Entstehung verschiedener Gesellschaften in verschiedenen Teilen der Erde erklärt wird (a.a.O., 58f.). Zur Verwendung, die Rousseau von diesem Teil des antiken Texts macht, vgl. auch unten S. 176f.

326 Vgl. zu Diodor R. Müller, *Die epikureische Gesellschaftstheorie*, 58ff. Bei der hier erörterten Begründung der Soziogenese handelt es sich wahrscheinlich um eine anthropologisch-psychologische Ausdeutung der atomistischen Denkstruktur "Gleiches zu Gleichem" (Demokrit Fr. 164 D.-K.). Vgl. C.W. Müller, *Gleiches zu Gleichem. Ein Prinzip frühgriechischen Denkens* (s. Anm. 177). - Rousseau greift zwar auf das utilitäre Prinzip des gemeinsamen Nutzens (Interesses) zurück, aber der Schwerpunkt seiner Darstellung liegt doch auf einem anderen Gebiet: von der phänotypischen Ähnlichkeit der äußeren Gestalt geht er zum Vergleich der Verhaltensformen und zu der Schlußfolgerung auf Übereinstimmung auch im Denken und Fühlen über.

> fait en de pareilles circonstances, il conclut que leur maniére de penser et de sentir étoit entierement conforme à la sienne ... (III, 166).
>
> Die Übereinstimmungen, welche die Zeit ihn zwischen ihnen (sc. seinen Mitmenschen), seinem Weibchen und ihm selbst wahrnehmen lassen konnte, ließen ihn über jene urteilen, die er nicht wahrnahm; und da er sah, daß sie sich alle so verhielten, wie er sich unter ähnlichen Umständen verhalten hätte, schloß er, daß ihre Art zu denken und zu fühlen mit der seinen gänzlich übereinstimmte ...

Noch bedeutsamer für die Prozesse der Sozialisierung erscheint die Erkenntnis der gemeinsamen Interessen, die zur gegenseitigen Hilfeleistung führt. Bei Diodor ist der Auslöser wiederum die Furcht vor den wilden Tieren:

> Und wenn sie von den wilden Tieren bekämpft wurden, *hätten sie einander geholfen, da sie durch das Interesse belehrt wurden (hypo tou sympherontos didaskomenous)*... I, 8, 2[327].

Bis in die Wortwahl stimmt Rousseau mit dem antiken Text überein, gibt der Sache freilich, verallgemeinernd, eine höhere Bedeutsamkeit:

> *Instruit par l'expérience* que l'amour du bien-être est le seul mobile des actions humaines, il se trouva en état de distinguer les occasions rares *où l'intérêt commun* devoit le faire compter *sur l'assistance de ses semblables* ... (III, 166)[328].
>
> Durch die Erfahrung darüber belehrt, daß die Liebe zum Wohlbefinden die einzige Triebfeder der menschlichen Handlungen ist, sah er sich imstande, die seltenen Gelegenheiten herauszufinden, bei denen das gemeinsame Interesse ihn auf die Hilfe seiner Mitmenschen zählen lassen sollte ...

Die Kategorie des „Interesses" ist die exakte moderne Entsprechung des 'sympheron', aus dem sie sich auch herleitet. Durch die vermittelnde Rolle des 'bien-être', das mit dem Prinzip der Selbsterhaltung gedanklich vorbereitet ist, erhält Rousseaus Formulierung einen stärker theoretischen Anstrich. Auch im weiteren ist die Übereinstimmung frappierend. Bei Diodor kommt es zur Bil-

327 Über die für die gesamte antike Anthropologie und Ethik bedeutsame Kategorie des Nutzens (to sympheron) vgl. Spoerri, a.a.O., 144ff. Zur Weiterentwicklung in der modernen Kategorie des Interesses vgl. J. Habermas, *Erkenntnis und Interesse*, Frankfurt a.M. 1968.

328 Die bei Rousseau hier auftretende Koppelung von Erfahrung und Nutzen (Interesse) als Grundtriebkraft der kulturellen und sozialen Entwicklung hat eine antike Vorgeschichte, vgl. neben Diodor I, 8, 5ff. (Erfahrung im Hinblick auf das Wohnen in Höhlen und die Lebensmittelbevorratung) auch Lukrez V, 1452f.: *usus* et impigrae simul *experientia* mentis paulatim docuit pedetemptim progredientis. Vgl. bereits Anaxagoras Fr. 21 b D.-K. über die Bedeutung der 'empeiria' als Vorzug des Menschen gegenüber den Tieren.

dung von „Vereinigungen“ (systemata), die mit den „Herden“ bzw. „Horden“ Rousseaus zu vergleichen sind. Auch bei Rousseau erscheinen sie als Konsequenz des gemeinsamen Bedürfnisses, das zeitweilig sein konnte und dadurch zu einer lockeren Fügung führte[329]:

> ... *il s'unissoit avec eux en troupeau,* ou tout au plus par quelque sorte d'association libre qui n'obligeoit personne, et qui ne duroit qu'autant que *le besoin passager qui l'avoit formée* (III, 166).

> ... vereinigte er sich mit ihnen in einer Herde oder höchstens vermittels einer Art von freier Assoziation, die niemanden verpflichtete und die nur so lange dauerte wie das vorübergehende Bedürfnis, das sie hervorgebracht hatte.

Während sich bei Diodor die Sprachfrage im Sinne einer dezidierten Thesis-Theorie in den Vordergrund drängt (Kommunikation innerhalb der „Vereinigungen“ auf der Grundlage arbiträr festgelegter Zeichen[330]), wird diese Frage bei Rousseau in einer komplexen Weise behandelt, in der sich Physis - und Thesis-Elemente vereinigen. Zunächst sind in Übereinstimmung mit dem früher Ausgeführten und (daher auch mit Lukrez) auch an dieser Stelle „unartikulierte Schreie, viele Gebärden und einige nachahmende Geräusche“ (des cris inarticulés, beaucoup des gestes, et quelques bruits imitatifs) jene Faktoren, aus denen sich eine elementare Sprache aufbaut (III, 167)[331]. Erste Anfänge der Sprachentstehung liegen im Schoße der Familie:

329 Der zeitweilige Charakter der ersten Formen "freier Assoziation" wird aus jeweils spezifischen Interessen abgeleitet. So schon Diodor I, 8, 2, wie auch Lukrez V, 1019ff. Als Grundlage für die Vereinigung zu 'nations' (ethne) entsprechen die 'systemata' Diodors auch den 'troupes' (Horden) von III, 169.

330 Vgl. Diodor I, 8, 3-4. Die dezidierte Ausprägung der Thesis-Theorie ist ein nicht unwichtiges Zeichen der Nähe zu Demokrit.

331 Wie wichtig für Rousseau der Rückgang auf die natürlichen Bedingungen der Sprachentstehung ist, kann man im "Essai" nachlesen, in dem diese Probleme auf einer höheren Stufe der Verallgemeinerung erörtert werden. Die Spannung, die zwischen den beiden Polen der natürlichen Bedingungen der Sprache und der Charakteristik der artikulierten Sprache als soziale Institution, d.h. auch als kulturelle Errungenschaft, besteht, wird hier deutlich formuliert, wobei die Vorstufen der artikulierten Sprache (Geste, Schrei) in ihrem "natürlichen", sinnenhaften Wesen charakterisiert werden (V, 375). Rousseau lehnt sich mit diesen Ausführungen offenkundig an Condillacs *Essai* (II, 1, 1) an, der seinerseits auf Warburton und Du Bos zurückgeht, von denen Rousseau auch eine direkte Kenntnis haben konnte (Starobinski, Komm. z. St., 375, 3, der außerdem zur Sprache der Gesten auf Platon, *Kratylos* 422 Eff., verweist). Mit Lukrez haben theoretische Überlegungen solcher Art unmittelbar nichts zu tun, obwohl sie in der Grundtendenz der Ableitung kommunikativer Formen aus natürlichen Bedingungen mit ihm übereinstimmen.

On entrevoit un peu mieux ici comment l'usage de la parole s'établit ou se perfectionne insensiblement dans le sein de chaque famille ... (III, 168)

Man vermag hier ein wenig besser abzusehen, wie der Gebrauch der Sprache im Schoße einer jeden Familie unmerklich aufkommt oder sich vervollkommnet ...

Dieselbe Vorstellung liegt bei Lukrez zugrunde, wo eine rudimentäre (offenbar im Schoße der Familie entstandene) Sprache die ersten Verträge zwischen benachbarten Familien ermöglicht (V, 1019ff.)[332]. Die Nähe zu Lukrez geht wiederum bis in Einzelheiten, wenn Rousseau davon spricht, daß ein derartiger Verkehr keine viel verfeinertere Sprache als *die der Krähen* (oder Affen) erfordere (III, 167), vgl. Lukrez V, 1084f.: „... wie zum Beispiel das alte Krähen- und Rabengeschlecht“ (*cornicum ut saecla vetusta* corvorumque gregis). Dazu kommen auf einer zweiten Stufe die arbiträr festgelegten Zeichen der bereits artikulierten Sprache[333]:

... à quoi (sc. la langue universelle) joignant dans chaque Contrée *quelques sons articulés, et conventionels, ... on eut des langues particuliéres*, mais grossiéres, imparfaites et telles à peu près qu'en ont encore aujourd'hui *diverses Nations Sauvages* (III, 167).

... fügte man in jedem Land einige artikulierte und konventionelle Laute hinzu..., so hatte man besondere Sprachen, aber rohe, unvollkommene, ungefähr solche, wie verschiedene wilde Nationen sie heute noch haben.

Die Verschiedenheit der historisch entstandenen Sprachen, die aus der konventionellen Festlegung von Besonderheiten im Rahmen bestimmter „Vereinigungen“ hervorgeht, bildet auch bei Diodor die Quelle von Einzelsprachen, wobei die „Vereinigungen“ zu den Ahnherren der Ethne wurden:

Indem solche Vereinigungen (systemata) auf der ganzen bewohnten Erde entstanden, hätten nicht alle eine einheitlich lautende Sprache gehabt, da die einzelnen (Vereinigungen) *willkürlich ihre Wörter festgelegt hatten (hekaston hos etyche syntaxanton tas lexeis)*. Daher habe es *auch alle möglichen Eigentümlichkeiten von Sprachen* gegeben, und die zuerst entstandenen

332 Vgl. S. 159f.

333 Der Zweistufigkeit "universelle Sprache" - "artikulierte Sprache konventioneller Zeichen" entspricht erkenntnistheoretisch der Fortschritt von der Wahrnehmung zum begrifflichen Denken: d.h. in der epikureischen Theorie von aus Wahrnehmungen entstandenen Allgemeinvorstellungen zu "höheren" Prolepseis, vgl. A. Manuwald, a.a.O., 103ff.; F. Jürß, *Die epikureische Erkenntnistheorie*, Berlin 1991, 84ff.

Vereinigungen (ta prota genomena systemata) seien *die Ahnherren aller Ethne (ton hapanton ethnon archegona)* geworden (I, 8, 4)[334].

Nach der starken Orientierung am tierischen Schrei und der Gebärdensprache im ersten Teil folgt jetzt bei Rousseau eine deutliche Wendung zu einer Theorie der Zweistufigkeit, in der neben dem Physis-Element das der Thesis voll zur Geltung kommt. Lukrez dokumentiert diese bei den Epikureern sonst gleichfalls angenommene Stufe in seinem Text nicht bzw. nur in spärlichen Andeutungen. Diodor bietet hier gewissermaßen einen Ausgleich und neben der Thesis ein Element, das für Rousseau sehr wichtig war: die Verbindung zwischen dem Sprach- und dem ethnischen Problem, das die Erklärung der Sprachenvielfalt ermöglicht. Im Unterschied zu jener Sprache der unartikulierten Schreie, Gebärden und onomatopoetischen Laute, die Rousseau als eine *universelle* Sprache den sich differenzierenden Idiomen vorausgehen läßt[335], geht es um die artikulierten Einzelsprachen.

Im Übergang zur Phase der „entstehenden Gesellschaft" betont Rousseau noch einmal die lange Dauer aller dieser Prozesse und den nahezu unmerklichen Fortschritt in den Anfängen. Beide Gesichtspunkte haben eine lange Vorgeschichte in den antiken Lehren von der Kulturentstehung und werden, wie wir bereits sahen, von Lukrez besonders markiert: die lange Dauer im Hinblick auf den Naturzustand (V, 931f.), die Allmählichkeit des Prozesses im Resümee am Ende der Darstellung (V, 1452ff.)[336].

Vor allem wichtig im Hinblick auf entstehende Sozialstrukturen war die „erste Revolution", die

334 Rousseaus Auffassung von zwei Stufen - erstens einer universellen "Sprache" (unartikulierte Schreie, Gebärden und nachahmende Laute), zweitens durch Hinzufügung artikulierter und konventioneller Wörter Entstehung der Einzelsprachen - ist bei Diodor vorgebildet: "Da die Stimme (phone) bedeutungslos (asemos) und konfus (synkechymene) war, hätten sie allmählich die Wörter artikuliert und hätten miteinander Zeichen für jedes Ding festgesetzt und so sich selber die Verständigung über alle Dinge ermöglicht" (I, 8, 3). Ax, a.a.O., 100f. (vgl. Anm. 260), hebt als Fortschritt der bei Diodor wiedergegebenen Konzeption hervor, daß Artikulation und Semantizität gleichberechtigt wirksam sind; die semantische Funktion des Sprachzeichens wird beschrieben und semiotisch als konventionell qualifiziert. Daraus ergibt sich der regionalsprachliche Aspekt. Die Nähe Rousseaus zu diesem Konzept wird durch diese Analyse besonders deutlich.

335 Diodors Grundtendenz, die Entstehung der Einzelsprachen mit der Entstehung der ursprünglichen Einheiten zu verbinden, die zu Urahnen der späteren 'ethne' wurden, hat ihre genaue Entsprechung bei Rousseau, bei dem dieser Prozeß als das Fortschreiten von der "Universalsprache" zu den Einzelsprachen erscheint. Zur Bedeutung der Ethne für Rousseaus Auffassung vom Geschichtsverlauf s. unten S. 173ff.

336 Vgl. Spoerri, a.a.O., 148, Anm. 27; 160f. und Anm. 6 u. 7.

> ... forma l’établissement et la distinction des familles, et qui introduisit une sorte de propriété; d’où peut-être naquirent déjà bien des querelles et des Combats (III, 167).
>
> ... die Gründung und die Unterscheidung der Familien hervorbrachte und eine Art von Eigentum einführte - woraus vielleicht schon viele Streitereien und Kämpfe entstanden.

Hinweise auf die Seßhaftigkeit, den Bau von Hütten, erste Formen von Eigentum, wobei an Vieh gedacht ist (V, 396f.), deuten darauf hin, daß Rousseau in diesem Zusammenhang schon im Zweiten Discours eine Art von Hirtengesellschaft vor Augen hat, obwohl die Andeutungen noch etwas vage sind. Erst im „Essai“ arbeitet Rousseau die Konturen der Hirtengesellschaft unter klarer Bezugnahme auf die Dreistadientheorie deutlich heraus[337]:

> L’industrie humaine s’étend avec les besoins qui la font naitre. Des trois maniéres de vivre possibles à l’homme, savoir la chasse, le soin des troupeaux et l’agriculture, la prémiére exerce le corps à la force, à l’addresse, à la course, l’ame au courage, à la ruse, elle endurcit l’homme et le rend féroce ... L’art pastoral, pére du repos et des passions oiseuses est celui qui se suffit le plus à lui même. Il fournit à l’homme presque sans peine la vie et le vétement; Il lui fournit même sa demeure; les tentes des prémiers bergers étoient faites de peaux de bêtes ... (V, 399f.).
>
> Die Betriebsamkeit der Menschen entwickelt sich kraft der Bedürfnisse, die sie anregen. Von den drei dem Menschen möglichen Lebensformen - Jagd, Pflege der Herden und Ackerbau - verhilft die erste dem Körper zu Kraft, Gewandtheit, Schnelligkeit und Beweglichkeit und der Seele zu Mut und List... Die Lebensweise der Hirten, Inbegriff der Ruhe und der müßiggängerischen Neigungen, ist diejenige, die am stärksten sich selbst genügt. Sie liefert dem Menschen nahezu mühelos Lebensunterhalt und Kleidung, sie liefert ihm sogar seine Wohnung. Die Zelte der ersten Hirten waren aus Tierhäuten gemacht ....

Die hier angesprochenen „müßiggängerischen Neigungen“ als ein Merkmal der Hirtenexistenz stellen im Zweiten Discours ebenso wie im „Essai“ den Zusammenhang zur ausführlichen Darstellung der Entstehung von „Gesang und Tanz, wahren Kindern der Liebe und der Muße“ (le chant et la danse, vrais enfans de l’amour et du loisir, III, 169) und der ausführlichen Beschreibung des ländlichen Festes in beiden Texten her (III, 169f., V, 405f.): in beiden Fällen in enger Anlehnung an Lukrez’ Darstellung der (idealisierten) Hirtengesellschaft, die

337 Vgl. Meek, a.a.O., 85f.

wiederum in einer langen antiken Tradition steht, von der noch zu sprechen sein wird.

Für den Gesamtrahmen dessen, was Rousseau hier ausführt, ist es wichtig, sich das Verhältnis von Familien und übergreifenden Einheiten zu vergegenwärtigen. Rousseau definiert dieses Verhältnis nicht ausdrücklich. Er läßt auf den solitären Zustand eine Phase folgen, die er sich jedenfalls wie Buffon und Diderot als ein Leben in „Horden" vorstellt. Auch hier verläuft die Entwicklung analog zu Lukrez' Darstellung der Soziogenese: Nach der Annahme festerer Wohnsitze (ayant pris une assiéte plus fixe) vereinigen sie sich zu Horden (troupes) und bilden schließlich in jedem Land einen besonderen Stammesverband (nation), der durch Sitten und Charaktere, „nicht auf Grund von Vorschriften und Gesetzen" geeint ist (III, 169). Über diese Charakteristik des Ethnos wird noch an anderer Stelle zu sprechen sein. Hier ist zunächst zu konstatieren, daß Rousseau einerseits mit Lukrez übereinstimmt (Zusammenschluß benachbarter Familien), andererseits von ihm darin abweicht, daß die Entstehung des Stammes nicht auf vertraglichen Vereinbarungen (bei Lukrez 'foedera' V, 1025), sondern auf einer langen Entwicklung unter dem Einfluß von Lebensweise, Ernährung und Klima beruht (III, 169).

Ansonsten bleiben die Übereinstimmungen auffällig eng. Bei dem modernen wie bei dem antiken Autor erscheint die Familie als eine Quelle großer zivilisatorischer Fortschritte[338]. Lukrez ordnet sich mit dieser Sicht in Zusammenhänge ein, die in der vorausgehenden antiken Theorie bereits vorbereitet sind. War Platon von anfänglichen gesellschaftlichen Organisationsformen mit Sippenstrukturen ausgegangen (Gesetze 680 A)[339], so stellte Aristoteles mit dem Oikos und der patriarchalischen Herrschaft des Hausherrn die Familie als Sozial- und Wirtschaftseinheit an den Anfang der Gesellschaftsentwicklung, mit den Zielen der Fortpflanzung und gemeinsamen Lebensführung (*Politik* I, 2, 1252 a 26ff.)[340]. Der Oikos wie die Dorfgemeinschaft bilden im Sinne der Aristotelischen Teleologie Stufen hin zur Polis, die die früheren Formen in sich integriert.

Rousseau sieht wie Lukrez in der Gründung der Familie und dem mit ihr verbundenen Bau von Behausungen (Hütten aus Reisig, die mit Lehm und Schlamm bestrichen werden[341]) eine entscheidende Grundlage nicht nur der äußeren Zivilisierung, sondern auch einen wesentlichen Beitrag zur Sozialisierung

338 Die erste Arbeitsteilung wurde bewirkt durch soziale Überformung des Geschlechtsunterschieds (häusliche Arbeit, Jagd).

339 Vgl. R. Weil, *L'Archéologie de Platon*, Paris 1959, 59ff.

340 Vgl. R. Weil, *Aristote et l'histoire. Essay sur la "Politique"*, Paris 1960, 28f., 334f.

341 Wie der Vergleich der Darstellungen bei Seneca (*Briefe* 90, 10) und Vitruv (*Über die Architektur* II, 1, 2-3) zeigt, war die besondere Rolle der Hütte bei Poseidonios vorgezeichnet.

des Menschen. Das gemeinsame Leben von Ehemann, Ehefrau und Kindern gilt Rousseau als jene Lebensform, in der durch Gatten- und Elternliebe die Menschen eine erste große Bereicherung ihres Gefühlslebens erfahren[342]. Auch hier besteht eine enge Übereinstimmung mit Lukrez, dem Rousseau darin folgt, daß das Leben in der Familie eine doppelte Wirkung gehabt habe:

> Les deux Séxes commencérent aussi *par une vie un peu plus molle à perdre quelque chose de leur férocité et de leur vigueur*... (III, 168)
>
> Die beiden Geschlechter begannen auch, durch ein ein wenig weichlicheres Leben etwas von ihrer Grimmigkeit und ihrer Kraft einzubüßen ...

Was Rousseau auf das seßhafte Leben in der kleinen Gemeinschaft zurückführt, ein bestimmtes Maß an Verweichlichung gegenüber der Härte des reinen Naturzustandes, ist bei Lukrez ganz entsprechend vorgebildet:

> tum genus humanum *primum mollescere coepit.*
> ignis enim curavit, ut alsia corpora frigus
> non ita iam possent caeli sub tegmine ferre,
> *et Venus inminuit viris* puerique parentum
> blanditiis facile ingenium fregere superbum (V, 1014ff.).
>
> In dieser Zeit begann das Menschengeschlecht zuerst an Härte zu verlieren. Denn das Feuer bewirkte, daß ihr fröstelnder Körper die Kälte nicht mehr wie früher unter freiem Himmel zu ertragen vermochte. Die Liebe schwächte die Kräfte, und die Kinder brachen mit Schmeichelworten leicht den stolzen Sinn ihrer Eltern.

Physische und psychische Faktoren tragen zur „Verweichlichung“ gleichermaßen bei. Rousseau spricht von Eltern- und Gattenliebe als den süßesten Gefühlen, die die Menschen kennen. Die Familie bildet die erste soziale Einheit:

> Chaque famille devint une petite Société d’autant mieux unie que l’attachement réciproque et la liberté en étoient les seuls liens ... (III, 168)
>
> Jede Familie wurde zu einer kleinen Gesellschaft, die um so einträchtiger war, als die gegenseitige Zuneigung und die Freiheit ihre einzigen Bande waren ...

Auch die Arbeitsteilung zwischen Frau und Mann trug zur Gestaltung der Familie als kleinster sozialer Einheit bei.

Daß die erste Verfeinerung der zwischenmenschlichen Beziehungen sich im Bereich der Familie vollzogen habe, ist in der antiken Philosophie bei Lukrez

342 Die Familie hat, da sie nicht ausschließlich auf biologische Gegebenheiten gegründet ist, sondern die erste Gesellschaftsform darstellt, eine große Bedeutung für den Nomos.

am deutlichsten betont. Aristoteles hebt dagegen das Unterordnungsverhältnis zwischen Mann und Frau (außerdem zwischen Herr und Sklave) im patriarchalisch regierten Familienverband des Ursprungs hervor[343]. Die Tatsache, daß Lukrez die emotionale Seite so stark in den Vordergrund rückt, hat in der Forschung zeitweilig eine verunklärende Wirkung gehabt. Wie wir sahen, leitete man aus der Betonung der Emotionen eine Art „angeborene Sittlichkeit" ab, die zur Bildung der Gesellschaft geführt habe[344]. Wie bei Lukrez wäre auch bei Rousseau eine solche Schlußfolgerung verfehlt. Auch bei ihm bildet sich eine wirkliche Moralität erst im Bereich intensiverer Beziehungen zwischen den Mitgliedern der 'société naissante' heraus.

Die Tendenz, der Familie bei der Entstehung erster emotionaler Bindungen eine größere Rolle zuzumessen, hat wohl bei Rousseau und bei Lukrez ähnliche Ursachen. Die Familie erscheint als ein Zwischenbereich, in dem biologische und entstehende soziale Beziehungen sich verbinden. Bei beiden Autoren sind Gatten- und Elternliebe zunächst überwiegend natürlich-instinktive Regungen, die erst sekundär eine im eigentlichen Sinn sozial-moralische Relevanz erhalten[345]. Bei Lukrez wird die Sorge um die besonders gefährdeten Frauen und Kinder zum Gegenstand des ersten Sozialvertrages, des Vertrages der Freundschaft zwischen benachbarten Familien. Der utilitaristisch verstandene (nach dem Prinzip von Schaden und Nutzen konstruierte) Vertrag erhält zum Inhalt etwas, das nur innerhalb der Familie, nicht aber außerhalb als selbstverständlicher Gegenstand einer gegenseitigen Rücksichtnahme erscheint[346]. Auch Rousseau bleibt wie Lukrez in der Bewertung der Familie ungeachtet der biologisch-instinktiven Komponente letztlich im Rahmen dieses Denkansatzes. In seiner Auseinandersetzung mit J. Locke über diese Frage wiederholt sich eine Antithese, die schon in der Antike zwischen dem Physis- und dem Nomosstandpunkt bestanden hatte.

Bei Aristoteles heißt es, der Mensch sei in noch höherem Grade zur ehelichen als zur staatsbürgerlichen Gemeinschaft bestimmt, da die Familie früher und notwendiger ist als die Polis und „die Fortpflanzung in höherem Grade allen Lebewesen gemeinsam ist" (*Nikom. Eth.* VIII, 12, 1162 a 17ff.). Die Ehe bestehe aber nicht nur um der Zeugung, sondern vor allem um der Lebensge-

343 Rousseau bringt das Verhältnis Herrschaft - Knechtschaft im Stadium der "großen Revolution" mit der Einführung des Eigentums (III, 175f.) in Verbindung. Das Verhältnis erscheint also nicht (wie bei Aristoteles) als von der Natur bedingt bzw. legitimiert.

344 Vgl. oben S. 127.

345 Epikur (und Lukrez ihm folgend) neigte dazu, der Familie als Übergang vom biologischen zum sozialen Bereich eine wichtige Stellung einzuräumen.

346 Bis zu diesem Punkt kann man bestimmten Auffassungen über die Rolle des Mitleids in Lukrez' Konzeption der Soziogenese folgen. Aber keineswegs handelt es sich um deren Ableitung aus dem Mitleid schlechthin, vgl. oben S. 127.

meinschaft willen, zu der beide Partner ihren Beitrag leisten. Für Epikur sind Ehe und Familie, ungeachtet ihrer biologischen Verwurzelung, im ganzen durch den Nomos, nicht durch die Physis geprägt[347].

In der Philosophie der Aufklärung hat J. Locke im Anschluß an Aristoteles im Sinne der ehelichen Lebensgemeinschaft argumentiert. Seine Beweisführung erstreckt sich, auf die früheste Lebensphase des Kindes bezogen, auf eine von Natur gegebene gemeinsame Aufzucht der Kinder (*Second treatise of civil government* II, 7, 79f.).

Rousseau setzt sich mit dieser Aussage in Anm. XII in detaillierter Argumentation auseinander. Seinem Ausgangspunkt einer Promiskuität der Geschlechtsbeziehungen im Naturzustand entsprechend, kommt er zu der Schlußfolgerung, daß die beständige Verbindung von Mann und Frau wie andere soziale Institutionen (die bürgerliche Gesellschaft, Künste und Handel) zwar für den Menschen nützlich, aber nicht von der Natur „eingerichtet" sei (III, 214ff.)[348].

Rousseau leugnet im Zweiten Discours im Sinne seiner Auffassung von der solitären Lebensweise im Naturzustand die Existenz der Familie in dieser „vorgesellschaftlichen" Phase. Anders stellt sich das Problem im „Essai" dar, wo die Familie bereits dem Naturzustand zugewiesen wird: In den „ersten Zeiten"[349] hätten die Menschen „über die Erde zerstreut, keine andere Gesellschaft als die der Familie, keine anderen Gesetze als die der Natur, keine andere Sprache als die der Gesten und einiger unartikulierter Laute" gehabt (épars sur la face de la terre n'avoient de société que celle de la famille, de loix que celles de la nature, de langue que le geste et quelques sons inarticulés, V, 395). Offenbar verschiebt sich hier die Argumentation in Richtung der *biologisch*-sozialen Deutung, auf diese Weise zeitgenössischen Einwänden gegen die Auffassung von einem solitären Naturzustand etwas ausweichend[350]. Im „Essai" handelt es sich um eine Familie, der noch jene affektiven Bindungen zwischen den Partnern fehlen, die sich nach dem Zweiten Discours mit deren Begründung herausgebildet haben:

347 Vgl. R. Müller, *Die epikureische Gesellschaftstheorie*, 42 u. Anm. 74, 96 u. Anm. 219.

348 Rousseau spricht zwar vom unmerklichen Aufkommen der Sprache im Schoße einer jeden Familie (III, 168), bestreitet aber im "Essai" (V, 395), daß die auf Konvention beruhende artikulierte Sprache sich bereits im häuslichen Verkehr zwischen Eltern und Kindern herausgebildet habe. Nach seiner Konzeption im Zweiten Discours hatte zur Zeit der ersten Anfänge der Kommunikation die Familie noch nicht existiert, und auch dem Verhältnis zwischen Mutter und Kind wird in dieser Hinsicht keine besondere Bedeutung beigemessen (III, 146f.), vgl. oben S. 110f.

349 Zu Rousseaus Begriff der 'prémiers tems' (V, 395) vgl. Derrida, a.a.O., 432, der auf den sehr allgemeinen Charakter dieser Bezeichnung verweist: prähistorisch, präsozial, vorsprachlich.

350 H. Meier, a.a.O., 362, Anm. 448.

> ... il y avoit des mariages, mais il n'y avoit point d'amour. Chaque famille se suffisoit à elle-même et se perpetuoit par son seul sang. Les enfans nés des mêmes parens croissoient ensemble ...; le penchant naturel suffisoit pour les unir, l'instinct tenoit lieu de passion, l'habitude tenoit lieu de préférence ... (V, 406)[351].

> ... es gab Ehen, aber keine Liebe. Jede Familie war sich selbst genug und pflanzte sich in ihrem eigenen Blute fort. Die von den gleichen Eltern stammenden Kinder wuchsen gemeinsam auf ...; und der natürliche Trieb reichte aus zur Vereinigung, der Instinkt ersetzte die Leidenschaft, Gewohnheit die Wahl ...

Wenn Rousseau auf diese Weise die Vereinzelung auf die zerstreut lebenden Familien, nicht auf die Individuen bezieht, kommt er im „Essai" der Argumentation der zeitgenössischen Anthropologie etwas näher, die generell die „Herde" oder „Horde" an den Anfang stellt, oder aber, wie Diderot, betont, daß von Anfang an jeder Mensch in einer Familie geboren sei[352].

Im „Essai" werden die Beziehungen der frühesten Existenzformen des Menschen in einer Weise ausgeführt, die wesentliche Merkmale der solitären Existenz reproduziert, nun aber auf eine andere Ebene geschoben. Auch unter den modifizierten Bedingungen beharrt Rousseau auf seiner Grundeinstellung. „Wenn man so will, griffen die Menschen einander an, wenn sie sich begegneten, aber sie begegneten sich selten. Allgemein herrschte Kriegszustand, aber die ganze Welt lag in Frieden" (Les hommes, si l'on veut, s'attaquoient dans la rencontre, mais ils se rencontroient rarement. Par tout régnoit l'état de guerrre, et toute la terre étoit en paix, V, 396).

In ältester antiker Tradition wird der Zustand einer Existenz, in der sich Recht und Eigentum auf ein enges Umfeld patriarchalischer „Herrschaft" beschränken, mit der Lebensform der Kyklopen in der Homerischen *Odyssee* in Verbindung gebracht, in der die Familien unter der Herrschaft des Familienoberhaupts isoliert leben und „jeder eigene Gesetze für seine Frauen und Kinder handhabt, und keiner von ihnen beachtet die anderen" (*Odyssee* IX, 114f.): „Wenn der Kyklop den Stein vor den Eingang seiner Höhle gewälzt hat, sind er und seine Herden sicher" (Quand le Cyclope a roulé la pierre à l'entrée de sa caverne ses troupeaux et lui sont en sureté ..., V, 397).

Für die Frage des Sprachursprungs hat die Verschiebung gegenüber dem Zweiten Discours keine grundlegende Bedeutung. Rousseau, der erst der

351 Wenn Rousseau im "Essai" (V, 406) aussagt, daß es Ehen, aber keine Liebe gegeben habe, bezieht er sich auf die hier gewandelte Auffassung der Existenz von "Familien" bereits im reinen Naturzustand. Die individuelle Geschlechtsliebe zwischen den Partnern entstand auch nach dieser Auffassung erst in der 'société naissante'.

352 S. oben S. 76f.

'société naissante', die den reinen Naturzustand zu überwinden beginnt, die Entstehung von individueller Liebe, Moral, artikulierter Sprache und Denken zuweist, konnte um der Durchführung des Prinzips willen der rudimentären Familie der „ersten Zeiten“ auch im „Essai“ nichts von allem zusprechen, was der 'société naissante' vorbehalten bleiben sollte.

3. Die Entwicklung der Bedürfnisse

Rousseau sieht mit der Entstehung der Familie und dem Beginn der Seßhaftigkeit nicht nur wesentliche Elemente der sich herausbildenden Gesellschaft verbunden. Auch die Entwicklung der Lebensweise erhält starke Impulse. Die Bedürfnisse, die sich bereits bei der Betrachtung des reinen Naturzustandes als wichtiges Kriterium erwiesen hatten, werden nun zu einem Schlüsselbegriff. Der bestimmte Grad von „Verweichlichung“, den Rousseau mit dem Seßhaftwerden und dem Leben in der Familie verbunden sieht, bewegte sich immer noch im Rahmen „sehr begrenzter Bedürfnisse“ (des besoins très bornés, III, 168). Aber technische Verrichtungen mit einfachen Werkzeugen ermöglichten es doch, sich mancherlei Bequemlichkeiten zu verschaffen (III, 168)[353]. Diese zunächst fast unmerkliche Entwicklung führte zu einer Kettenreaktion. Entstanden im Rahmen des frühen Familienverbandes auf eine scheinbar „natürliche“ Weise, enthüllten die sich steigernden Bedürfnisse im Laufe der Zeit immer mehr, was ihr Wesen von Anfang an geprägt hatte: Zunächst „künstliche“ Bedürfnisse verwandeln sich durch Gewohnheit in „wahre“, obwohl sie sich jenseits der physischen Notwendigkeit herausgebildet hatten.

Mit der Bewertung der Bedürfnisse als eines entscheidenden Faktors für ein Fortschreiten aus den ursprünglichen Lebensbedingungen steht Rousseau ganz im Kontext zeitgenössischen Denkens[354]. Um die Mitte des Jahrhunderts spricht A.-R.-J. Turgot in seiner frühen Schrift *Tableau philosophique des progrès successifs de l'esprit humain* (1750) von der „Notwendigkeit, sich in unfruchtbaren Steppen, die nur wilde Tiere darboten, um die dringenden Bedürfnisse nach Nahrung zu kümmern“ (La nécessité de s'occuper des besoins pressants de la nourriture dans des déserts stériles et qui n'offraient que des bêtes sauvages)[355].

353 Die langsame, über lange Zeiträume sich erstreckende Anreicherung einfachster Errungenschaften, die das Leben zunächst fast unmerklich verändern, ist bereits ein Merkmal der antiken Kulturentstehungslehre, vgl. Spoerri, a.a.O., 145, zur Bedeutung von 'empeiria', 'chresis' oder 'peira' (experientia, usus): Vergil, *Über den Landbau* I, 133f.; Lukrez, V, 1452ff. u.a.

354 Zum Folgenden vgl. Rohbeck, *Die Fortschrittstheorie der Aufklärung*, 109ff.; J. Kuczynski, "Vorbemerkung" zu: *Eine Jugendarbeit von Turgot. Philososophisches Gemälde ...*, übers. von M. Kuczynski, *Jahrbuch für Wirtschaftsgeschichte*, 1988/1, 9ff.

355 *Œeuvres de Turgot et documents le concernant*, ed. G. Schelle, I, Paris 1913, 216.

In der Entwicklung von Ackerbau, Handel, nützlicher und angenehmer Künste, in der Arbeitsteilung, in der Differenzierung der Bildung und einer größeren Ungleichheit der Stände sieht er die Grundlage für das Entstehen „jener Muße, die es dem Genie erlaubt, aus der engen Sphäre herauszutreten, in der ihn die Last der Grundbedingungen zurückhält, und seine ganze Kraft auf die Pflege der Künste zu richten" (ce loisir par lequel le génie dégagé du poids des premiers besoins sort de la sphère étroite où ils le retennient, et dirige toutes ses forces à la culture des arts)[356]. Dieser Gedanke (in der Tradition des Aristoteles über die Befriedigung der notwendigen Bedürfnisse als Voraussetzung für die Entstehung von Wissenschaften und Philosophie stehend[357]) basiert auf der Unterscheidung von „natürlichen" und „unnatürlichen" Bedürfnissen, die D. Hume in seiner Abhandlung „Of refinement in the arts" im Rahmen der *Essays* (1741)[358] getroffen hatte. A. Smith hat später in der Herausbildung verfeinerter Bedürfnisse (im Unterschied zu den elementaren) die Grundlage für den ökonomischen und technischen Fortschritt gesehen (*Lectures on Jurisprudence*, Bericht 1766)[359].

Diderot hat im 2. Band der *Enzyklopädie* im Artikel „Besoin" der Unterscheidung von natürlichen und künstlichen Bedürfnissen eine entscheidende Funktion für die Beurteilung des zivilisatorischen Fortschritts zugewiesen: Die Gesellschaft erleichtert und sichert den Menschen den Besitz der Dinge, nach denen sie ein natürliches Bedürfnis haben. Gleichzeitig gibt sie ihnen den Be-

356 Ebenda, 217.

357 Zu Aristoteles' Dreiteilung der Künste (notwendige, schöne, wissenschaftlich-philosophische) im Anschluß an Demokrits Zweiteilung in Künste der Notwendigkeit und des Überflusses vgl. *Metaphysik* I, 1, 981 b 13ff. Zur fundamentalen Bedeutung der Muße für die von den notwendigen Arbeiten freigestellten Bürger und für die Entwicklung der griechischen Kultur bzw. ihre Reflexion in der antiken philosophischen Theorie vgl. E.Ch. Welskopf, *Probleme der Muße im alten Hellas*, Berlin 1962.

358 *Essays moral, political, and literary*, I, in: D. Hume; *The philosophical works*, ed. by Th.H. Green and Th.H. Grose, III, London 1882, 301 (Nachdruck Aalen 1992).

359 A. Smith, *Lectures on Jurisprudence*, ed. by R.L. Meek, D.O. Raphael, P.G. Stein, Oxford 1978, 487ff. (*The Glasgow edition of the works and correspondence of Adam Smith* V). Zur Rolle der "künstlichen" Bedürfnisse als Triebkraft des ökonomischen, politischen und kulturellen Fortschritts in Smith' Geschichtsphilosophie vgl. Medick, a.a.O., 251ff. Über die Gemeinsamkeit bestimmter Grundvoraussetzungen bei Rousseau und Smith (Bedürfnisse, Arbeitsteilung, soziale Ungleichheit), ungeachtet unterschiedlicher Prämissen (etwa im Hinblick auf die "natürliche" Soziabilität des Menschen), vgl. M. Ignatieff, „Smith, Rousseau and the republic of needs", in: T.C. Smout (Hg.), in: *Scotland and Europe 1200 - 1850*, Edinburgh 1986, 187ff. Vgl. jetzt auch F. Oz-Salzberger, „Die Schottische Aufklärung in Frankreich", in: D. Brühlmeier, H. Holzhey, V. Mudroch (Hg.), *Schottische Aufklärung - "A hotbed of Genius"*, Berlin 1996, 111f. (Aufklärung und Europa. Beiträge zum 18. Jahrhundert).

griff einer unendlichen Zahl chimärischer Bedürfnisse, die sie tausendfach mehr bedrücken als die realen[360].

Auch Rousseaus Feststellung, daß die Körper und Geist verweichlichenden Bequemlichkeiten (commodités), die sich im Schoße der „entstehenden Gesellschaft“ herausgebildet hatten, „in wahre Bedürfnisse ausgeartet waren“ (dégénérées en de vrais besoins, III, 168), gründet sich auf die zeitgenössische Unterscheidung von echten und eingebildeten Bedürfnissen[361]. Sie hat eine lange Vorgeschichte in der antiken Unterscheidung von notwendigen und nichtnotwendigen Begierden, die wir vor allem bei den Kynikern und den Epikureern in einer zentralen Bedeutung für die ethische Theorie finden. Der Gedanke erscheint zuerst bei Platon, geht aber wohl auf die Sophistik zurück[362]. Er spielt bei Epikur eine große Rolle im Zusammenhang mit einer Auffassung, die dieser Philosoph zwar mit anderen hellenistischen Schulen teilt, aber klarer als die anderen herausarbeitet: Um zur Eudämonie zu gelangen, müsse der Mensch sich nach Möglichkeit auf das beschränken, was ihm unmittelbar verfügbar ist[363]. Zu diesem Zweck versucht Epikur, das Maß dessen zu finden, was der Mensch zur Lebensgestaltung unabdingbar benötigt bzw. was im Rahmen des Natürlichen bleibt, sich aber von dem frei zu machen, was auf leerer Meinung (kene doxa) beruht[364]:

360 Vgl. Art. „Besoin“, in: Diderot. *Œuvres complètes*, VI, Paris 1976, ed. J. Lough et J. Proust, 178f.

361 In der prozessualen Deutung bei Rousseau liegt zugleich eine Relativierung des absoluten Gegensatzes: Zum "echten" Bedürfnis kann werden, was ursprünglich nur ein "eingebildetes" war. Zum historischen Charakter der Bedürfnisse in diesem Sinn vgl. K. Marx, *Einleitung zu den Grundrissen der Kritik der politischen Ökonomie*, in: Karl Marx, Friedrich Engels, *Gesamtausgabe (MEGA)*, II, 1.1, Berlin 1976, 29; II, 1.2, Berlin 1981, 427f. - Zu den sekundär "wahren" Bedürfnissen vgl. Rousseau: "...ihr Entzug (wurde) viel grausamer, als ihr Besitz süß war; und man war unglücklich, wenn man sie verlor, ohne glücklich zu sein, wenn man sie besaß" (... la privation en devint beaucoup plus cruelle que la possession n'en étoit douce, et l'on étoit malheureux de les perdre, sans être heureux de les posseder, III, 168).

362 Zur Vermehrung der Bedürfnisse mit fortschreitender Zivilisierung Platon, *Staat* 369 Bff., zugleich über den Zusammenhang von Bedürfnisentwicklung und Arbeitsteilung. Zum sophistisch-demokritischen Hintergrund der Darstellung bei Platon vgl. Reinhardt, „Hekataios von Abdera und Demokrit“, 503ff.

363 Vgl. M. Hossenfelder, *Die Philosophie der Antike, III: Stoa, Epikur und Skepsis*, München 1985, 32ff.

364 Außer RS 29 die wichtigsten Stellen bei Epikur: RS 15. 21. 30; *Brief an Menoikeus* 130. 133; Fr. 468ff. Us. Vgl. R. Müller, *Die epikureische Ethik*, 81ff. - Die Unterscheidung verschiedener Kategorien von Bedürfnissen steht hinter Aussagen in Anm. IX des Zweiten Discours, wo es über den Menschen in der Gesellschaft heißt: "Zuerst handelt es sich darum, für das Notwendige zu sorgen, und dann für das Überflüssige; danach kommen die Genüsse, dann die unermeßlichen Reichtümer und dann Untertanen und dann Skla-

> Von den Begierden sind die einen natürlich und notwendig, andere natürlich, jedoch nicht notwendig, wieder andere sind weder natürlich noch notwendig, sondern entstehen auf Grund von leerer Meinung (RS 29).

Da sich erweisen wird, daß Rousseau mit dieser Einteilung aufs genaueste vertraut war, müssen wir noch etwas näher erläutern, welche Bedürfnisse im Rahmen der Begierden den einzelnen Kategorien zugeteilt sind. Notwendig sind Essen und Trinken, soweit sie zur Sicherung des natürlichen Existenzminimums unerläßlich sind, ebenso die Kleidung; nur natürlich, aber nicht notwendig Begierden, die nur die Lust variieren, aber keinen Schmerz beseitigen, wie Luxusspeisen und die Sexualität; weder natürlich noch notwendig sind Begierden, die auf bestimmte Attribute der Macht und einer herausgehobenen gesellschaftlichen Stellung zielen, wie „Ehrenkränze und die Aufstellung von Standbildern", überhaupt alles, was auf der Grundlage der 'kene doxa' (d.h. hier einer gegenstandslosen Meinung von den menschlichen Bedürfnissen) entstanden ist: „die Begierde nach ganz bestimmten Speisen, einer bestimmten Kleidung oder einem besonderen Liebesgenuß" (Scholion zu RS 29, Fr. 456 Us.).

Daß wir hier auf einer zuverlässigen Spur sind, zeigt Rousseaus Gliederung der Bedürfnisse in einem Fragment (*Fragments polititiques*, III, 529ff.). Die Bedürfnisse der ersten Klasse sind physische Bedürfnisse: „weil sie uns von Natur gegeben sind und uns nichts von ihnen befreien kann" (parce qu'ils nous sont donnés par la nature et que rien ne peut nous en délivrer, III, 529) - für Rousseau Ernährung und Schlaf. Die Bedürfnisse der zweiten Klasse haben den Luxus an Sinnlichkeit und Weichlichkeit, Vereinigung der Geschlechter und alles was sonst unseren Sinnen schmeichelt (le luxe de sensualité, de mollesse, l'union des sexes et tout ce qui flatte nos sens, III, 530), zum Gegenstand. Zur dritten Klasse gehören jene Bedürfnisse, die von der Meinung (opinion) herrühren: die Ehren, die Reputation, der Rang, der Adel und „alles, was nur in der Wertschätzung der Menschen Existenz hat, aber durch diese Wertschätzung zu wirklichen Gütern führt, die man ohne sie nicht erhielte" (Tels sont les honneurs, la réputation, le rang, la noblesse, et tout ce qui n'a d'existence que dans l'estime des hommes, mais qui mène par cette estime aux biens réels qu'on n'obtiendrait point sans elle, III, 530).

ven; er hat nicht einen Augenblick der Ruhe; was am eigenartigsten dabei ist: je weniger die Bedürfnisse natürlich und dringlich sind, um so mehr nehmen die Leidenschaften zu und, was schlimmer ist, die Macht, sie zu befriedigen ... (...il s'agit premiérement de pourvoir au nécessaire, et puis au superflu; ensuite viennent les délices, et puis les immenses richesses, et puis des sujets, et puis des Esclaves; il n'a pas un moment de relâche; ce qu'il y a de plus singulier, c'est que moins les besoins sont naturels et pressans, plus les passions augmentent, et, qui pis est, le pouvoir de les satisfaire ..., III, 203).

Wir kommen hier in eine tiefere Region der Übereinstimmung in der Grundbewertung des Menschen als Natur- und Gesellschaftswesen. R. Brandt hat bereits erkannt, daß der Kerngedanke von einem ‘être borné’ bzw. ‘besoin borné’, das nur begehrt, was die Natur gibt, zu Rousseau offenkundig aus der epikureischen Tradition gelangt ist[365]. Eine Übereinstimmung gibt es in einem weiteren wichtigen Punkt. Bei Epikur hat die ‘doxa’ (opinion) eine wesentliche Bedeutung für die Herausbildung jener Bedürfnisse, die über das Maß des Naturnotwendigen hinausgehen[366]. Zugrunde liegt eine Auffassung, die auch für Rousseaus Vorstellung von einem Naturzustand und den ihm gemäßen Bedürfnissen von Bedeutung ist. Eine über die elementaren Bedürfnisse hinaustreibende Funktion hat neben der ‘doxa’ (opinion) für Rousseau vor allem die Einbildungskraft (imagination). Sie wird am Beispiel des „Wilden“ demonstriert:

> Son imagination ne lui peint rien; son cœur ne lui demande rien. Ses modiques besoins se trouvent si aisément sous sa main, et il est si loin du degré de connoissances necessaire pour désirer d’en acquérir de plus grandes, qu’il ne peut avoir ni prévoyance, ni curiosité (III, 144).
>
> Seine Einbildungskraft malt ihm nichts aus, sein Herz verlangt nichts von ihm; seine bescheidenen Bedürfnisse sind für ihn so leicht bei der Hand und von dem Grad an Kenntnissen, der erforderlich wäre, um danach zu trachten, größere zu erwerben, ist er so weit entfernt, daß er weder Voraussicht noch Neugierde haben kann.

Das Fehlen oder Vorhandensein einer entwickelten ‘imagination’ ist ein entscheidendes Kriterium für die Entwicklung von nur natürlichen oder von „Phantasiebedürfnissen“[367].

Wie deutlich die Differenzierung der Bedürfnisse in der Theorie der hellenistischen Philosophie vorgebildet war, zeigt ein Satz Epikurs aus dem Geist jener

365 Vgl. K.H. Broecken, a.a.O., 288, Anm. 135, im Anschluß an R. Brandt, „Der einzelne und die anderen. Eine Studie zur Entwicklung Rousseaus“, in: *Archiv für Rechts- und Sozialphilosophie* 52 (1966), 271f., Anm. 10.

366 Vgl. RS 15. 29. 30.

367 Über das Zusammenwirken von Einbildungskraft, Eigenliebe u.a. bei dem Auseinandertreten von Sein und Scheinen und den Auswirkungen auf die Entwicklung neuer Bedürfnisse: "Auf der anderen Seite ist der Mensch, der früher frei und unabhängig war, jetzt durch eine Vielzahl neuer Bedürfnisse sozusagen der ganzen Natur untertan und vor allem seinen Mitmenschen, zu deren Sklave er in gewissem Sinne wird, selbst wenn er zu ihrem Herrn wird ..." (D'un autre côté, de libre et independant qu'étoit auparavant l'homme, le voilà par une multitude de nouveaux besoins assujéti, pour ainsi dire, à toute la Nature, et surtout à ses semblables dont il devient l'esclave en un sens, même en devenant leur maître..., III, 174f.).

Harmonie zwischen Mensch und Natur, die auch Rousseau zu einem wesentlichen Merkmal des Menschen im frühen Naturzustand gemacht hat:

> Dank sei der glückseligen Natur, daß sie das Notwendige leicht zu beschaffen, das schwer zu Beschaffende nicht notwendig gemacht hat (Fr. 469 Us.).

Es entspricht der Auffassung Rousseaus, daß die darüber hinausreichende Entwicklung auf Wertvorstellungen beruht, die sich nur in der Gesellschaft entwickeln konnten und dabei einen Mechanismus ausgelöst haben, in dem sich eine „natürliche" Begrenzung der Bedürfnisse nicht mehr finden läßt. Epikur formuliert es so:

> Der naturgemäße Reichtum ist begrenzt und leicht zu beschaffen; Reichtum nach dem Maß der leeren Einbildungen (ton kenon doxon) verliert sich ins Unendliche (RS 15).

Bei Rousseau heißt es über den Menschen des „reinen Naturzustandes":

> Ses desirs ne passent pas ses besoins Physiques (III, 143).

> Seine Begehren gehen nicht über seine physischen Bedürfnisse hinaus.

Und in '*L'état de guerre*':

> L'homme veut son bien-être et tout ce qui peut y contribuer ... Mais naturellement ce bien être de l'homme se borne au nécessaire physique ...(III, 611f.)

> Der Mensch will sein Wohlbefinden und alles was dazu beitragen kann ... Aber natürlicherweise beschränkt sich dieses Wohlbefinden des Menschen auf das physisch Notwendige ...

Bei gleicher Diagnose stellen sich der antike und der moderne Theoretiker freilich unterschiedlich zur Bewältigung des Problems. Unter dem Einfluß moderner Theorieentwicklung gelangte Rousseau zu einer Konzeption, die eine stärkere Historisierung möglich machte. Wie Diderot und Turgot erblickte er in den Bedürfnissen einen wesentlichen Faktor in der historischen Entwicklung. Die Unterscheidung von „wahren" und „künstlichen" Bedürfnissen bildete dabei einen Gesichtspunkt weiterführender Art, der besonders für die Bewertung der Triebkräfte auf höheren Entwicklungsstufen der Gesellschaft wichtig wurde: Luxusbedürfnisse einerseits, die intensivere Pflege von Künsten und Wissenschaften andererseits. Der innere Zusammenhang zwischen beiden Aspekten wurde seit dem Ersten Discours zu einem Hauptthema Rousseaus. Aber die Entwicklung der Theorie ging weiter. Erst die Herausbildung der Politischen Ökonomie in der zweiten Hälfte des 18. Jahrhunderts (bei Ferguson, Millar u.a.) stellte jene innere Beziehung zwischen Produktion, Arbeitsprodukten und Bedürfnissen her, die einen tieferen Einblick in die gesellschaftlichen Mechanismen ermöglichte. Rousseau blieb demgegenüber in der Art seiner Fragestellung den antiken Vorgängern erstaunlich nahe. Ihm ging es um dieselbe Frage: die moralische Bewältigung einer grenzenlosen Entwicklung der Bedürfnisse und eines damit verbundenen Strebens nach Besitz und Reichtum. Es ist jene Frage, die bereits in der Antike (unter vergleichsweise begrenzten Bedingungen wirtschaftlicher Entwicklung) die Theoretiker von Platon und Aristoteles bis zu den Kynikern und Epikur bewegt hatte[368]. Der unmittelbare Rückgriff auf die antike Dreiteilung der Begierden und den Gedanken, in der 'doxa' einen auslösenden Faktor für weitreichende Fehlentwicklungen zu sehen, zeigt, wie Rousseau mit seinem letztlich moralisch fundierten Herangehen an die Fragestellung der antiken Ethik anknüpfen konnte.

4. Die frühe Gesellschaft: Leidenschaften, Sprache und Musik

Wenn Rousseau auf die Familie als eine frühe Form gesellschaftlicher Entwicklung seine besondere Aufmerksamkeit richtet, erscheint es ihm, wie wir sahen, doch auch wichtig, diese in ein weiteres Umfeld einzubetten. Die Familien gehen Verbindungen infolge ihres ständigen Umgangs miteinander ein:

> *Un voisinage permanent* ne peut manquer *d'engendrer enfin quelque liaison entre diverses familles* (III, 169).
>
> Eine beständige Nachbarschaft kann nicht verfehlen, schließlich eine Verbindung zwischen verschiedenen Familien hervorzubringen.

Dieser Satz weist auf Lukrez zurück, der in diesem Teil der Darstellung wiederum stark anregend gewirkt hat:

> tunc et *amicitiem* coeperunt *iungere ...*
> *finitimi ...* (V, 1019f.)
>
> Damals begannen die Nachbarn Freundschaft zu schließen ...

368 Besonders wichtig auch hier Aristoteles mit seiner Analyse der aus der Entwicklung der Chrematistik (Erwerbskunst) im Rahmen der Warenwirtschaft sich ergebenden ethischen Probleme; vgl. Aristoteles, *Politik* I, 9, 1256 b 40ff., und dazu: E. Ch. Welskopf, *Probleme der Muße im alten Hellas*, 217ff.; M.I. Finley, „Aristotle and economic analysis“, in: *Studies in Ancient society*, London, Boston 1974, 40ff.; P. Koslowski, „Haus und Geld. Zur aristotelischen Unterscheidung von Politik, Ökonomik und Chrematistik“, in: *Philosophisches Jahrbuch* 86 (1979), 60ff. (bes. 67ff.).

Allerdings steht der Gedanke bei Lukrez in einem anderen Kontext, dem der Vertragstheorie, die, wie wir sahen, die übergreifenden Einheiten aus einer Verbindung zum gegenseitigen Schutz entstehen läßt[369].

Die Darstellung im Zweiten Discours findet eine bemerkenswerte Bereicherung in sachlichen Details und an poetischer Färbung im „Essai". Im Kapitel „Bildung der Sprachen des Südens" setzt Rousseau in umfassenderer Weise seine Konzeption von der weiteren Differenzierung der Emotionalität um. Am Brunnen, der in den südlichen Ländern zum Zentrum geselliger Kontakte wird, kommt es zu Begegnungen zwischen jugendlichen Vertretern der beiden Geschlechter, die das Gefühlsleben bereichern. Hier entsteht eine neue Welt der Empfindungen: „Dort begannen die Augen, die von Kindheit an immer die gleichen Gegenstände zu sehen gewohnt waren, reizendere Dinge zu erblicken. Das Herz neigte sich ihnen zu, ein bislang unbekannter Zauber sänftigte seine Wildheit, und es empfand Freude daran, nicht allein zu sein" (Là des yeux accoutumés aux mêmes objets dès l'enfance commencérent d'en voir de plus doux. Le cœur s'émut à ces nouveaux objets, un attrait inconnu le rendit moins sauvage, il sentit le plaisir de n'être pas seul, V, 405f.).

Die Zeit der „entstehenden Gesellschaft" (société naissante) hat eine besondere Bedeutung auch darin, daß in ihr die artikulierte Sprache entsteht. Wenn auch Vorformen der artikulierten Sprache im Schoße der Familie unmerklich aufkommen (III, 168), gilt doch:

> Les véritables langues n'ont point une origine domestique, il n'y a qu'une convention plus générale et plus durable qui les puisse établir (V, 395).
>
> Die wirklichen Sprachen haben keinen häuslichen Ursprung. Es gibt nur eine allgemeinere und dauerhaftere Übereinkunft, die sie begründen konnte.

Rousseau, der zu Condillacs Theorie zugleich immer in einem Verhältnis der Abhängigkeit und des Widerspruchs steht, widerspricht ebenso deutlich wie in der Frage der Gesellschaftlichkeit des Menschen in den frühen Phasen der Kommunikation: Er wendet sich gegen die Auffassung, daß die Menschen das Wort erfunden hätten, um ihre Bedürfnisse zu artikulieren[370]. Mit der These, daß die ersten Bedürfnisse die Menschen auseinandergetrieben hätten, statt sie

369 S. oben S. 127.

370 Rousseaus Auffassung ist dagegen, daß Bedürfnisse die ersten Gesten diktierten und daß Leidenschaften die ersten Laute hervorriefen (V, 380). Zur Ableitung der artikulierten Sprache aus den Bedürfnissen vgl. Condillac, *Essai* II, 1, 10, 103. Im "Essai" (V, 380f., 410f.) entwickelt Rousseau die Auffassung von einer ursprünglichen Identität von Singen und Sprechen, die auf eine berühmte Stelle in Strabons *Geographika* (I, 2, 6) zurückgeht. Ob Rousseau Vicos *Scienza Nuova* gekannt hat, in der diese Auffassung nachdrücklich vertreten wird, ist umstritten (Starobinski, Komm. z. St. 381, 1). Zur Bedeutung Rousseaus für die Theorie des Sprachsingens Trabant, a.a.O., 152ff.

zusammenzuführen, begründet er seine Auffassung vom Ursprung der Sprache in der Welt der Emotionen und Leidenschaften:

> D'où peut donc venir cette origine? Des besoins moraux, des passions. Toutes les passions rapprochent les hommes que la necessité de chercher à vivre force à se fuir. Ce n'est ni la faim ni la soif, mais l'amour la haine la pitié la colére qui leur ont arraché les prémiéres voix (V, 380).

> Wo also kann man diesen Ursprung suchen? In moralischen Bedürfnissen, in Leidenschaften. Die Leidenschaften bringen die Menschen einander näher, wie die Notwendigkeit zu leben sie auseinanderzulaufen zwingt. Nicht Hunger oder Durst, sondern Liebe, Haß, Mitleid, Zorn haben ihnen die ersten Worte entrissen.

In gewisser Weise setzt sich in der Ableitung der artikulierten Sprache aus der emotionalen Welt die Tendenz fort, die sich bereits bei der Verwurzelung der frühesten Kommunikationsformen im emotionalen „Schrei der Natur“ beobachten ließ. Es ist Rousseaus Fixierung auf den sinnenhaften Bereich der Wahrnehmungen, Empfindungen, Emotionen. Der Ursprung der Sprache wird im Ausdrucksbedürfnis gesucht. Wir hatten bereits gezeigt, welche Nähe hier zur Lukrezischen Auffassung vom Sprachursprung besteht. Sie gilt in einem noch weiterreichenden Sinn: Die ersten Formen der artikulierten Sprache entwickeln sich beim Aufeinandertreffen von Familienverbänden (Lukrez V, 1019f., Rousseau V, 405f.)[371].

Rousseau bleibt Lukrez auch nahe, wenn er das Leben in der patriarchalischen Dorfgemeinschaft beschreibt. Das Verhältnis von noch gering entwickelter Arbeit und reicher Mußezeit läßt Spielraum für heitere Geselligkeit, die im „Essai“ eindringlich beschrieben wird:

> *Sous de vieux chênes* vainqueurs des ans une ardente jeunesse oublioit par dégrés sa férocité ... Là se firent les prémiéres fêtes, *les pieds bondissoient de joye*, le geste empressé ne suffisoit plus, la voix l'accompagnoit d'accens passionnés, *le plaisir et le desir* confondus ensemble se faisoient sentir à la fois (V, 406).

> Unter alten Eichen, die die Jahre hatten kommen und gehen sehen, vergaß eine feurige Jugend allmählich ihre frühere Wildheit ... Nun fanden auch die ersten Feste statt; die Füße sprangen vor Freude, die ausdrucksvolle Geste

371 Die artikulierte Sprache ist auch das Reich der Moralität, wie Rousseau betont (V, 380). Zu erinnern ist an die Aristotelische Auffassung, nach der die Sprache der Kommunikation über die menschlichen Werte dient: Mit Hilfe der Sprache kann der Mensch das Nützliche und das Schädliche, das Gerechte und das Ungerechte kundtun (*Politik* I, 2, 1253 a 14ff.).

reichte nicht mehr aus, die Stimme begleitete sie mit leidenschaftlichen Ausbrüchen. Freude und Begehren, mit einander vermischt, wurden nun zugleich empfunden.

Was Rousseau hier darstellt, ist nicht weniger als die Entstehung der Künste, von Musik, Tanz und Dichtung, aus den Festen der patriarchalischen Gesellschaft[372].

Die unmittelbare Wirkung von Lukrez' Darstellung der Hirtengesellschaft ist nicht zu übersehen. Nach der Darstellung bukolischer Szenen, die die Entstehung der Musik mit der ländlichen Kunstübung von Rohrpfeife und Flöte verbindet, heißt es:

saepe itaque inter se prostrati in gramine molli
propter aquae rivom *sub ramis arboris altae*
non magnis opibus iucunde corpora habebant.
...
tum caput atque umeros plexis redimire coronis
floribus et foliis *lascivia laeta* movebat,
atque extra numerum procedere *membra moventes*
duriter et *duro terram pede pellere matrem* (V, 1392ff.).

Oft haben sie so miteinander, ausgestreckt auf weichem Rasen, an dem plätschernden Bach, unter den Ästen eines hohen Baumes mit geringem Aufwand sichs wohl sein lassen ... Um Haupt und Schuldern Kränze zu winden, die man aus Blumen und Blättern flocht, trieb sie die frohe Ausgelassenheit, ließ sie auch, ohne den Takt zu beachten, im Tanze die Glieder schwerfällig bewegen und mit hartem Fuß die Mutter Erde stampfen.

Die wunderbar poetische Beschreibung des römischen Dichters, mit der die Prosa Rousseaus durchaus in Wettbewerb treten kann, erfüllt eine ähnliche Funktion wie die entsprechende Partie im Zweiten Discours: Es geht um die Darstellung einer idealen Zeit in der Geschichte der Menschheit, die ihren besonderen Glanz aus der Unentwickeltheit der Verhältnisse bezieht. Weder bei Lukrez noch bei Rousseau fällt dieser Glanz einer „besten Zeit", wie wir sahen, auf den Naturzustand[373]. Bei beiden ist es neben der Familie die größere Gemeinschaft, die das Gefühlsleben bereichert und mit der Heiterkeit des Festes

372 Vgl. Derrida, a.a.O., S. 449ff.; J. Starobinski, „Musik und Gesellschaftlichkeit bei Rousseau", in: *Rousseau und die Folgen, Neue Hefte für Philosophie* 29 (1989), 39ff.

373 Vgl. oben S. 131ff. Zum Zusammenhang dieses Ideals der frühen Gesellschaft, in der die Gleichheit noch nicht zerstört ist, obwohl bereits "Präferenzen" wirksam werden, mit den Reiseberichten über die "Wilden" Starobinski, Komm. z.St. 171, 4.

die Kunst hervorbringt. Dank der Unentwickeltheit der Beziehungen bleibt für die positiven Aspekte der Gemeinschaftsbildung viel Raum[374].

Das ländliche Fest ist vor allem Ausdruck eines reichen Maßes an Muße:

> *Dans cet âge heureux* où rien ne marquoit les heures, rien n'obligeoit à les compter; le tems n'avoit d'autre mesure que *l'amusement* et l'ennui (V, 406).
>
> In dieser glücklichen Zeit, da die Stunden nicht eingeteilt waren, gab es keinen Zwang, sie zu zählen. Die Zeit hatte kein anderes Maß als das der Belustigung und der Langeweile.

Auch bei Lukrez ist die Einheit von Muße, Glücksgefühl und glückhaftem Verkehr zwischen den Menschen bestimmend. Die Musik vor allem löste solche Wirkung aus:

> *haec animos ollis mulcebant atque iuvabant*
> cum satiate cibi ...
> ...
> *tum ioca, tum sermo. tum dulces esse cachinni*
> *consuerant*; agrestis enim tum musa vigebat (V, 1390ff.)
>
> Das hat die Herzen der Menschen sanft berührt und mit Freude erfüllt, wenn sie von Speise gesättigt waren ... Da gab es gewöhnlich Scherze, Gespräche und heiteres Gelächter. Denn die ländliche Muse stand damals in Blüte.

Und so ist auch die Wirkung des Tanzes (V, 1401ff.)[375]. Rousseau summiert sein Bild im Sinne einer Apotheose der Liebe (V, 406).

Rousseau hat den Begriff „Goldenes Zeitalter“ nur einmal im „Essai“ benutzt (V, 396)[376]. Der Glanz, den er auf diese idealisierte frühe Gesellschaft

374 Bei seiner in Anm. XII geäußerten Kritik an Lockes These vom "natürlichen" Charakter der Familie, den dieser aus der verlängerten Abhängigkeit des menschlichen Kindes von der Mutter ableitet, geht es Rousseau letztlich um die Frage, ob die Gesellschaft gewissermaßen die Schöpferin der Familie sei oder umgekehrt (Horowitz, a.a.O., 77f.).

375 Vgl. oben S. 161f. Für die ursprüngliche Einheit von Gesang und Tanz verweist Starobinski, Komm. z. St. 406, 2, auf Condillacs *Essai* II, 1, 8 im Anschluß an Du Bos und an Batteux, *Les Beaux-arts réduits à un même principe*, 1754, III, 3, 5.

376 Zur 'Aurea aetas' vgl. B. Gatz, *Weltalter, goldene Zeit und verwandte Vorstellungen*, Hildesheim 1967; K. Kubusch, *Aurea saecula: Mythos und Geschichte. Untersuchung eines Motivs in der antiken Literatur bis Ovid*, Frankfurt a.M. u.a. 1986. Zum Problem des "Goldenen Zeitalters" bei Rousseau vgl. Goldschmidt, *Anthropologie*, 456f.; vgl. J. Terrasse, *J.-J. Rousseau et la quête de l'âge d'or*, Brüssel 1970; D. Beyerle, „Rousseaus zweiter 'Discours' und das Goldene Zeitalter“, in: *Romanistisches Jahrbuch* 12 (1961), 105ff. Zum Goldenen Zeitalter allgemein H.-J. Mähl, *Die Idee des goldenen Zeitalters*, Heidelberg 1965. - Zum Goldenen Zeitalter unter dem Aspekt des utopischen Denkens der Antike R. Günther, R. Müller, *Sozialutopien der Antike*, Leipzig 1987 (unter dem Ti-

fallen läßt, kommt im Zweiten Discours in dem Begriff „Jugend der Welt" zum Ausdruck: 'la véritable jeunesse du Monde' (III, 171). Er ist von Lukrez entlehnt, der ihn freilich für einen anderen Zusammenhang benutzt hat: den jugendlichen Zustand der Mutter Erde, die ihren Geschöpfen damals noch alles, was sie brauchten, in reichem Maße gewährte[377]. Rousseau hat den von der Tradition vorgegebenen Terminus „Goldenes Zeitalter" im Zweiten Discours nicht verwendet (wahrscheinlich bewußt, da er für eine bestimmte Auffassung vom Naturzustand geprägt war, die der seinen widersprach). Er verleiht aber der Periode des patriarchalischen Lebens eine Aura, die sie zu einem unwiederholbaren Höhepunkt der geschichtlichen Entwicklung erhebt:

> Plus on y réflechit, plus on trouve que cet état étoit le moins sujet aux révolutions, le meilleur à l'homme ... L'exemple des Sauvages ... semble confirmer, que le Genre-humain étoit fait pour y rester toujours, que cet état est la véritable jeunesse du Monde ... (III, 171).
>
> Je mehr man darüber nachdenkt, desto mehr findet man, daß dieser Zustand der am wenigsten den Revolutionen ausgesetzte, der beste für den Menschen war ... Das Beispiel der Wilden ... scheint zu bestätigen, daß das Menschengeschlecht dazu geschaffen war, für immer in ihm zu verbleiben, daß dieser Zustand die wahrhafte Jugend der Welt ist ...

Unter der ausdrücklichen Prämisse, daß es einen Stillstand nicht mehr geben konnte, als die Entwicklung einmal in Gang gekommen war, hält Rousseau doch an dem Gedanken fest, daß die patriarchalische Phase am angemessensten für den Menschen erscheint.

Freilich löst sich der von Rousseau hier bezeichnete Zustand nicht in die bloße Idealität einer längst überholten Phase historischer Entwicklung auf. Er ist im Sinne historischer Ungleichzeitigkeit mit der europäischen Zivilisation koexistent: „Das ist präzise die Stufe, auf der die meisten wilden Völker, die uns bekannt sind, angelangt waren ..." (Voilà précisement le degré où étoient parvenus la plûpart des Peuples Sauvages qui nous sont connus ..., III, 170). Es ist jene Stufe, als deren Repräsentanten in der Rousseau vorliegenden Reiselite-

tel: *Das Goldene Zeitalter*, Stuttgart 1988). Zur Rolle Rousseaus im utopischen Denken vgl. B. Lypp, „Rousseaus Utopien", in: W. Voßkamp (Hg.), *Utopieforschung. Interdisziplinäre Studien zur neuzeitlichen Utopie*, III, Frankfurt a.M. 1985, 113ff.

377 S. oben S. 102f. über die Bedeutung eines ausgewogenen Verhältnisses zwischen Mensch und Umwelt für die frühe Phase des reinen Naturzustandes. Bei Rousseau bezeichnet die Formel 'novitas mundi' eine andere Phase: die des Übergangs vom Zustand der animalischen Existenz zu den Anfängen einer gesellschaftlichen Lebensform.

ratur vor allem die Kariben erscheinen[378]. Diese Stufe darf nicht mit der des „reinen Naturzustandes" vermengt werden, von der diese Völker sich bereits entfernt haben (III, 170)[379].

Bereits in der Antike wies das Leben der Hirten und Jäger traditionell idealisierende Züge auf. In Platons *Gesetzen* lebt man auf dieser Stufe friedlich, da der Lebensunterhalt gesichert ist:

> Denn an Herden gab es, wenn nicht für einige am Anfang, keinen Mangel, wodurch sie größtenteils immer ihren Unterhalt hatten. Denn es fehlte ihnen durchaus nicht an Milch und Fleisch, und außerdem verschafften sie sich durch die Jagd eine gute und reichliche Nahrung (679 A).

Das für Rousseau konstitutive Element einer fehlenden Differenzierung in Arm und Reich tritt bereits bei Platon bestimmend in Erscheinung[380]:

> Besonders bedürftig waren sie unter diesen Umständen nicht, noch gerieten sie durch Dürftigkeit untereinander in Streit; reich jedoch wurden sie, ohne Besitz von Gold und Silber, was damals bei ihnen der Fall war, nicht. Wo aber mit einer Vereinigung weder Reichtum noch Dürftigkeit verbunden ist, dürfte wohl die edelste Gesinnung entstehen, denn in ihr entwickeln sich weder Frevel noch Ungerechtigkeit, weder Neid noch Mißgunst (679 Bf.).

In einem weiteren Sinn hat die Tendenz, eine bestimmte Periode der Frühzeit mit einer besonderen Aura zu umgeben, in der Antike eine lange Geschichte, die sich in manchen Fällen auch mit den Vorstellungen von einem „Goldenen

378 Über Rousseaus Benutzung der Reiseliteratur vgl. oben S. 22f. Über das Verhältnis von Reiseliteratur und antiken Traditionen bei der Herausbildung des Ideals des 'Bon sauvage' vgl. Krauss, *Zur Anthropologie des 18. Jahrhunderts*, 81ff.

379 Von einer Idealität im Sinne des Traumbildes vom 'Bon sauvage' ist diese Gesellschaft in ihrer realen Existenz weit entfernt. Auf der entwickelteren Stufe der Realität ist es eher das Bild des "Bösen Wilden", das Rousseau vorfindet. Zu dieser historisch-ethnologischen Kategorie und ihren ideengeschichtlichen Wurzeln vgl. R.L. Meek, a.a.O. (vgl. Anm. 36). Der gesellschaftliche Zustand des "Wilden", wie er Rousseau in der Reiseliteratur entgegentrat, hat zwar ein bestimmtes Maß an historischer Konkretheit (vgl. Fink-Eitel, a.a.O., 170ff.), das bedeutet aber keineswegs, daß er zum Idealbild, das der gegenwärtigen zivilisierten Gesellschaft gegenübergestellt wird, nicht geeignet wäre. Es wiederholen sich hier Prozesse der gesellschaftlichen Idealbildung, die aus der Antike in ähnlicher Weise bekannt sind. Nicht allein das "Goldene Zeitalter" im ursprünglichen Sinne Hesiods hat die Idealbildung bestimmt. Immer wieder wurden Stufen der frühen gesellschaftlichen Entwicklung (vor allem die patriarchalische Hirtengesellschaft) und "Naturvölker" vom Rande der Oikumene (Skythen, Geten, Germanen u.a.) in idealisierter Gestalt zum Vorbild erhoben.

380 Zur Platonischen Idealisierung des Hirtenzeitalters besonders in den *Gesetzen* R. Müller, „Platon und Aristoteles über die Entstehung von Gesellschaft und Staat", in: *Polis und Res publica*, 207ff.

Zeitalter" verbindet[381]. Rousseaus Nähe zu Lukrez, dem Antipoden der Vorstellungen von einer am Anfang stehenden „Goldenen Zeit", macht einen Einfluß dieses Gedankens auf sein Bild von der patriarchalischen Gesellschaft eher unwahrscheinlich. Man hat versucht, Seneca einen starken, ja bestimmenden Einfluß auf den Zweiten Discours zuzusprechen[382]. Dabei hat die Auseinandersetzung des römischen Philosophen im 90. Brief mit der spezifischen Auffassung des Poseidonios vom „Goldenen Zeitalter" eine Rolle gespielt[383]. Senecas Haltung zu diesem Ideal ist keineswegs eindeutig. Er selbst spricht, in altstoischer Tradition, von der Freigebigkeit der Natur, die den ersten Menschen alles Notwendige ohne mühevollen Aufwand zur Verfügung gestellt hat[384]. Zwischen dieser altstoischen Idealisierung der Frühzeit und der von Seneca kritisierten Konzeption des Poseidonios ist deutlich zu unterscheiden[385].

Partielle Übereinstimmungen zwischen Rousseau und Lukrez einerseits, Rousseau und Senecas 90. Brief andererseits beruhen auf einer gewissen Konvergenz stoischer und epikureischer Auffassungen, die den Gegensatz von Primitivismus und Antiprimitivismus zu überbrücken vermögen, weil beiden Richtungen eine positive Einstellung zu Formen des „einfachen Lebens" in der

381 Vgl. oben Anm. 376.

382 Zu dem Versuch von Bosshard vgl. oben S. 31.

383 Über Senecas geschichtsphilosophische Anschauungen vgl. A. N. Motto, „The idea of progress in Senecan thought", in: *The Classical Journal* 79 (1984), 225ff.

384 Gerade in dieser Hinsicht heben sich die altstoisch inspirierten Partien in Senecas 90. Brief von der von Seneca kritisierten Geschichtsphilosophie des Poseidonios deutlich ab, vgl. K.E. Müller, a.a.O., 336, über die überschwengliche Verklärung der Urzeit bei Seneca.

385 Die bei Seneca im 90. Brief überlieferten Elemente der Poseidonischen Kulturentstehungslehre deuten auf einen primitiven, harten Urzustand (*Briefe* 90, 5), eine Tendenz, die, obwohl auch der epikureischen Konzeption des Lukrez gemäß, bei diesem doch für die früheste Zeit vom Gedanken eines Ausgleichs zwischen Mensch und Umwelt überdeckt wird (s. oben S. 65f.). Bei Poseidonios erscheint der Zustand eines Goldenen Zeitalters (aurea aetas) als Ergebnis eines Entwicklungsprozesses, der aus der uranfänglichen Not herausgeführt hat, d.h. in einem der ursprünglichen Intention des Goldenen Zeitalters gegensätzlichen Sinn. Vgl. R. Müller, „Theorie der Kulturentstehung und Anthropologie bei Cicero", in: *Acta classica universitatis scientiarum Debreceniensis* 31 (1995), 189ff.
Generell zu Poseidonios' Kulturtheorie K. Reinhardt, *Poseidonios*, München 1921, 19ff.; ders. Art. „Poseidonios", in: *Paulys Realencyclopädie der classischen Altertumswissenschaft*, Bd. 22, 1, Stuttgart 1953, 805ff.; S. Blankert, *Seneca (epist. 90) over natuur en cultuur en Posidonius als zijn bron*, Amsterdam 1941. Zu Senecas Auseinandersetzung mit Poseidonios' Kulturentstehungslehre vgl. G. Pfligersdorffer, „Fremdes und Eigenes in Senecas 90. Brief an Lucilius", in: *Aspekte der Kultursoziologie. Aufsätze zur Soziologie, Philosophie, Anthropologie und Geschichte der Kultur. Zum 60. Geburtstag von M. Rassem*, Berlin 1982, 303ff.; W. Theiler (Hg.), *Poseidonios, Die Fragmente*, Berlin 1982, II, 384ff.; 412ff.

Frühzeit der Menschheit gemeinsam ist. Sie bezieht sich auch auf Lebensformen, denen durch das Fehlen des privaten Eigentums eine Ursache späterer tiefer Verwerfungen fremd war. Wie Platon und Dikaiarchos preist auch Seneca die frühe Zeit in diesem Zusammenhang (*Briefe* 90, 37). Er zitiert Vergil:

> ... nulli subigebant arva coloni;
> ne signare quidem aut partiri limite campum
> fas erat: in medium quaerebant, ipsaque tellus
> omnia liberius nullo poscente ferebat (*Über den Landbau* I, 125ff.)

> ... keine Bauern pflügten die Fluren, auch nicht als Eigentum zu bezeichnen oder mit einer Grenze das Feld aufzuteilen, war Recht: Gemeingut erstrebte man, und von selbst schenkte alles die Erde freiwillig, niemand brauchte zu fordern.

Wie sich hier in Vergils Versen das Motiv des Gemeineigentums mit dem der freigebig spendenden Erde verbindet, entsteht bei Seneca das Gegenbild einer Ablösung des Gemeineigentums der Frühzeit durch eine Zeit, in der Habgier zur Entfremdung führte und für viele zur Armut: „In vorzüglich geordnete Verhältnisse brach die Habgier ein, und während sie etwas beiseite zu bringen und zum Eigentum zu machen wünschte, machte sie alles fremd und versetzte sich aus unbegrenztem (Gemeineigentum) auf engen (Besitz). Habsucht brachte Armut mit sich, und indem sie vieles begehrte, verlor sie alles" (Inrupit in res optime positas avaritia et, dum seducere aliquid cupit atque in suum vertere, omnia fecit aliena et in angustum se ex inmenso redegit. avaritia paupertatem intulit et multa concupiscendo omnia amisit, *Briefe* 90, 38).

So wenig Rousseau der Gedanke eines anfänglichen Gemeineigentums beschäftigte (eine Folge seines Ausgehens vom solitären Einzelnen), so sehr konnte ihn die Schilderung der moralisch schädlichen Folgen des privaten Eigentums (Habgier, Entfremdung) beeindrucken.

Auf Allgemeingut der hellenistischen Philosophie stieß Rousseau auch bei Senecas Darstellung des Luxus als Folge einer Pervertierung der Bedürfnisse: „Von der Natur hat sich der Luxus losgesagt, der sich täglich selbst aufreizt und in so vielen Jahrhunderten wächst und mit geistreicher Erfindung die Laster fördert. Zuerst hat er begonnen, Überflüssiges zu begehren, dann Naturwidriges, zuletzt hat er den Geist dem Körper untergeordnet und ihn veranlaßt, seiner Begierde zu dienen" (A natura luxuria descivit, quae cotidie se ipsa incitat et tot saeculis crescit et ingenio adiuvat vitia. primo supervacua coepit concupiscere, inde contraria, novissime animum corpori addixit et illius deservire libidini iussit, *Briefe* 90, 19).

Wir sehen, daß die Aufgliederung in notwendige, natürliche und nichtnotwendige Begierden, die Rousseau offenbar in der detaillierten Beschreibung aus epikureischen Quellen übernommen hatte, ihm als Gemeingut der hellenistischen Philosophie auch bei Seneca begegnet ist.

Gemeinsam war der kynischen, stoischen und epikureischen Theorie der Ausgangspunkt für eine Konzeption vom „einfachen Leben“. Auch bei Seneca konnte Rousseau finden, daß man für die Frühzeit von einer primären Übereinstimmung von Mensch und Umwelt ausgehen kann: „Auf einfacher Sorge beruht das Notwendige, für Luxus müht man sich ab. Du wirst nicht Künstler vermissen: folge der Natur. Sie wollte nicht, daß wir im Übermaß belastet seien; für alles, wozu sie uns zwang, hat sie uns ausgerüstet“ (simplici cura constant necessaria; in delicias laboratur. non desiderabis artifices: sequere naturam. illa noluit esse districtos: ad quaecumque nos cogebat, instruxit, *Briefe* 90, 16).

Alles was hier gesagt ist, war für Rousseau eindrucksvolles Zeugnis einer Naturauffassung, die die menschliche Kultur als ein Überschreiten primär vorgegebener Grenzen deutet. So sehr die verschiedenen Schulen im Ausgangspunkt übereinstimmten, so unterschiedlich waren die Gedanken, wenn es darum ging, Schlußfolgerungen für die Beurteilung der Kulturerrungenschaften zu ziehen. Wir werden noch sehen, daß Rousseau die kynische Negation der Kultur nicht akzeptiert hat. Der Auffassung Senecas, es wäre besser gewesen, man hätte bei den frühen Errungenschaften gewissermaßen Halt gemacht (*Briefe* 90, 16f.), kommt er mit seiner Verherrlichung der frühen Hirtengesellschaft näher. Aber schließlich ist für ihn doch, wie wir sehen werden, die geschichtsphilosophische Einsicht in die Unumkehrbarkeit bestimmter Entwicklungen maßgeblich für die Auffassung, daß es letztendlich am Menschen liegt, welchen Gebrauch er von den Dingen macht. Dieser Standpunkt ist dem des Lukrez nahe.

Dagegen ist das Bild des Poseidonios von einem „Goldenen Zeitalter“, das Seneca darstellt und mit dem er sich auseinandersetzt, eine Konstruktion, der Rousseau denkbar fernsteht. Die frühe Gesellschaft erscheint bei Rousseau als herrschaftsfrei. Nicht einmal eine patriarchalische Herrschaft über Sippen oder Großfamilien wie bei Platon (*Gesetze* 680 Aff.) oder von Familienoberhäuptern wie bei Aristoteles (*Politik* I, 2, 1252 a 31ff.) tritt bei ihm in Erscheinung. Dagegen haben wir bei Poseidonios eine gesellschaftliche Struktur, die dem Naturprinzip der Herrschaft des Stärkeren folgt, das beim Menschen als eine Herrschaft des Besseren wirksam wird: d.h. als Herrschaft der Weisen[386]. Diese üben eine umfassende Funktion aus: Schutz der Schwächeren vor den Stärkeren, Aufmunterung und Mahnung zur Vorsicht, Belehrung über Nützlichkeit und Schädlichkeit, Bekämpfung des Mangels, Abwendung von Gefahren, Fürsorge für ein reicheres und schöneres Leben der ihnen Anvertrauten[387]. Von einer solchen eli-

386 Seneca, *Briefe* 90, 4: 'naturae est enim potioribus deteriora summittere'.
387 Seneca, *Briefe* 90, 5.

tären Instanz mit Hege- und Schutzfunktion eines Einzelnen über die ganze Gemeinschaft gibt es bei Rousseau keine Spur. Sie stünde im Widerspruch zu seinem Ideal der Unabhängigkeit und Freiheit, das nicht nur das Leben im solitären Naturzustand, sondern auch in der „entstehenden Gesellschaft" auszeichnet, ja geradezu einen ihrer zentralen Werte ausmacht. Da man noch nicht auf gesellschaftliches Zusammenwirken bei der Gewinnung der Subsistenzmittel angewiesen war, konnte man sich der Unabhängigkeit erfreuen (III, 171).

5. Wurzeln der sozialen Ungleichheit

Rousseaus 'société naissante' weist Züge des Übergangs, besonders in sozialpsychologischer Hinsicht, auf: die Qualität eines Wertesystems, das wesentliche Merkmale ursprünglicher Ungebundenheit der Einzelnen beweist; den Schwebezustand zwischen innerer Freiheit und allmählicher Entstehung von sozialen Spielregeln, die letztlich zur Fremdbestimmung führen sollten. Diese besteht nach Rousseau vor allem darin, sich der *Meinung* der anderen zu fügen. Vergleicht man hier den modernen Autor mit antiken Traditionen der Anthropologie und Sozialphilosophie, so gibt es in der Antike zwar den Gedanken der Unterwerfung unter die Fremdbestimmung (doxa, fr. opinion), aber noch nicht ein voll ausgebildetes Individualitätsbewußtsein, das in seiner reifen Form erst aus einer komplexen Entwicklung in der Gesellschaft der Neuzeit hervorgehen sollte[388].

Die Lebensform der frühen Gesellschaft ist noch immer auf ein Kreisen in sich angelegt (V, 400). Das Sich-selbst-Genügen, die Autarkie, versteht Rousseau in dem ursprünglichen Sinn, daß, wenn es nötig ist, auch jeder einzelne die Fähigkeit hat, das, was er benötigt, allein, ohne die Hilfe der anderen, herzustellen. Die Freiheit des Naturzustandes bleibt noch bewahrt, aber ist bereichert durch beglückende menschliche Beziehungen (III, 171).

388 Vieles spricht aber dafür, in der Antike deutliche Ansätze eines Bewußtseins der Individualität zu sehen. Zu dem Problemkreis von Individuum, Individualität und Persönlichkeit in der Antike vgl. H. Drexler, *Die Entdeckung des Individuums*, Salzburg 1966; K.H. Abel, „Die Selbstauffassung der Persönlichkeit in der römischen Geistesgeschichte", in: *Antike und Abendland* 13 (1967), 165ff.; M. Fuhrmann, „Persona, ein römischer Rollenbegriff", in: *Brechungen. Wirkungsgeschichtliche Studien zur antik-europäischen Bildungstradition*, Stuttgart 1982, 21ff.; A. Puhle, *Persona. Zur Ethik des Panaitios*, Frankfurt a.M. 1987. - Erst recht bei Rousseaus Bild der Frühzeit muß man zwischen Individuum und Individualität unterscheiden. Individuum ist bereits der solitär lebende Einzelne, zur Individualität kann sich der Mensch erst in einem langen Prozeß herausbilden, der in seinen ersten Anfängen mit der Entstehung von Sprache, Familie und Gesellschaft verbunden ist: nicht zuletzt dank der 'préférence', die zur Entfaltung eines individuellen Profils entscheidend beiträgt.

Es war zu zeigen, wie im „Essai" in Anlehnung an Lukrez die Entwicklung des Gefühlslebens und die Pflege sozialer Kontakte mit Gesang und Tanz im ländlichen Fest verbunden sind. Im Zusammenhang dieser Schilderung im Zweiten Discours setzt Rousseau einen spezifischen Akzent:

> ... le chant et la danse, vrais enfans de l'amour et du loisir, devinrent l'amusement ou plûtôt l'occupation des hommes et des femmes oisifs et attroupés. Chacun commença à regarder les autres et à vouloir être regardé soi-même, et l'estime publique eut un prix. Celui qui chantoit ou dansoit le mieux; le plus beau, le plus fort, le plus adroit ou le plus éloquent devint le plus consideré ... (III, 169)

> Der Gesang und der Tanz, wahre Kinder der Liebe und der Muße, wurden das Vergnügen oder vielmehr die Beschäftigung der müßigen und zusammengekommenen Männer und Frauen. Jeder begann, die anderen zu beachten und selbst beachtet werden zu wollen, und die öffentliche Wertschätzung hatte einen Wert. Derjenige, der am besten sang oder tanzte, der Schönste, der Stärkste, der Gewandteste oder der Eloquenteste wurde zum Geachtetsten ...

Rousseau sieht die Anfänge künftiger Fehlentwicklungen in einer unauflösbaren Einheit mit den positiven Zügen schon früh sich abzeichnen, im Unterschied zu Lukrez, der Positives und Negatives eher auf verschiedene Phasen verteilt. Gerade die erwachende Emotionalität, die Fähigkeit, Glück in der Gemeinschaft zu erleben, kann auch zur Quelle negativer Entwicklungen werden. Aus dem Vergleich der eigenen Leistungen mit denen der anderen erwächst ein Selbstwertgefühl, das seine Energie aus der wechselseitig gewährten Beachtung (considération) bezieht. Der Beste in Gesang und Tanz, der Schönste, der Stärkste, der Gewandteste und der Eloquenteste wurden zum Geachtetsten: „... und das war der erste Schritt hin zur Ungleichheit und gleichzeitig zum Laster" (... et ce fut là le premier pas vers l'inégalité, et vers le vice en même tems, III, 169f.). Was also in Gesang und Tanz zunächst peripher sich auszudrücken scheint, erweist sich als ein Wesensmerkmal, das mit der Ausprägung erster Züge des Individuellen untrennbar verbunden ist. Eine aus unterschiedlichen physischen und geistigen Voraussetzungen der Einzelnen sich ergebende Konkurrenzsituation bereitet soziale Ungleichheit durch die Art vor, in der sich Vorzüge und Nachteile in der Meinung der anderen spiegeln. Das entscheidende Stichwort ist 'préférence':

> ... de ces premiéres préférences nâqirent d'un côté la vanité et le mépris, de l'autre la honte et l'envie; et la fermentation causée par ces nouveaux levains produisit enfin des composés funestes au bonheur et à l'innocence (III, 170).

> ... Aus diesen ersten Bevorzugungen wurden einerseits die Eitelkeit und die Geringschätzung, andererseits die Scham und der Neid geboren; und die Gärung, die durch diese neuen Gärstoffe verursacht wurde, brachte schließlich Zusammensetzungen hervor, die für das Glück und die Unschuld unheilvoll waren.

Wir sehen, daß Rousseau psychologische Ursachen für die Entstehung der sozialen Ungleichheit annimmt, die der Herausbildung des Eigentums vorausgehen: die physische und geistige Ungleichheit in Verbindung mit dem Drang des Menschen, sich vor anderen hervorzutun. Auch dies ist ein Feld, für das es in der hellenistischen Philosophie einen Vorlauf gibt. In anderem Zusammenhang werden wir sehen, welche Bedeutung dieser Faktor für die Herausbildung der politischen Ungleichheit hat. Wir müßten „chronologisch" weit vorgreifen, um bei Lukrez an ein Stichwort zu gelangen, das für Rousseaus Beurteilung der sozialen Ungleichheit zentrale Bedeutung hat: die Meinung der anderen, das Ansehen bei den anderen. Wie noch zu zeigen sein wird, tritt bei Lukrez wie auch sonst in der epikureischen Theorie der Wettlauf um Ehre und Ansehen unmittelbar als politisches Machtstreben in Erscheinung[389]. Was dort Ausdruck des Willens zur Selbsterhaltung ist, erscheint bei Rousseau als ein allgemeines anthropologisches Merkmal, das mit der Herausbildung der Individualität verbunden ist.

Die anthropologische Bedeutung der 'préférence' zeigt sich darin, daß sie auch zu einem zentralen Punkt der Beziehungen zwischen Mann und Frau wird. Aus den Kontakten in der patriarchalischen Gesellschaft erwächst die individuelle Liebe durch 'préférence'. Das Vergleichen führt zur „Bevorzugung", die schnell zu einer Fixierung wird und leicht Eifersucht und Zwietracht nach sich zieht (III, 169). Von Anfang an ist der individuellen Liebe ein Gift beigemischt. Wie in jedem Fall ist auch hier nach Rousseau für die Herausbildung der Individualität ein Preis zu zahlen.

Es ist nicht mehr erstaunlich, daß sich wiederum eine gewisse Nähe zu Lukrez und zur epikureischen Theorie zeigt. Mit einer für unser modernes Empfinden radikalen Konsequenz haben die Epikureer die individuelle Liebesleidenschaft als eine Fehlentwicklung betrachtet, der man aus dem Weg gehen soll, da sie eine große Bedrohung für die menschliche Seelenruhe (Ataraxie) darstellt. Kein uns erhaltener Text zeigt das so deutlich wie das 4. Buch des Lukrez (1058ff.), wo die nachteiligen Folgen der individuellen Liebesleidenschaft beschrieben sind[390]. Mit einer satirischen Schärfe, die in der antiken Literatur ih-

389 S. Anm. 468.

390 Für Lukrez ist die Liebesleidenschaft für einen einzigen, besonderen Menschen eine große Gefahr für die Ataraxie:

resgleichen sucht[391], werden deren nachteilige Folgen beschrieben: Sorge, Sehnsucht, Eifersucht, Kräfteverfall, Pflichtversäumnis, Vermögensverlust. Lukrez bezieht sich auf eine weit fortgeschrittene Phase der zivilisatorischen Entwicklung, in der sich auch die Liebesleidenschaft in alle nur denkbaren Bereiche des gesellschaftlichen Lebens verwickelt zeigt.

Die Epikureer empfehlen, diesen Bereich seelischer Verstrickungen nach Möglichkeit ganz zu meiden, und raten statt dessen Beschränkung auf die bloße Sexualität und Promiskuität an[392]. Es muß betont werden, daß Rousseau von einer solchen Gesamtbewertung der individuellen Liebe weit entfernt ist. Ganz im Gegenteil stellt sie für ihn (neben der Entstehung eines ersten emotionalen Reichtums im Kreis der Familie) eine Quelle der Differenzierung der menschlichen Individualität dar, auch wenn ihr wie allen diesen Entwicklungen das Zeichen der Ambivalenz von Anfang an aufgeprägt ist. In der individuellen Liebe entstehende Vorstellungen von „Verdienst" (mérite) und „Schönheit" (beauté). die im Akt des Vergleichens möglich werden, bedeuten nicht nur eine seelische Bereicherung, sondern sind (verbunden mit der 'imagination') auch eine Quelle ästhetischer Wahrnehmung.

Die Liebe zu einem einzigen Menschen (unius amor) als Gefahr für das seelische Gleichgewicht: Hier scheint vorausgedacht, was Rousseau unter dem Namen der 'préférence', weit über den Bereich der individuellen Liebe hinaus, als anthropologisches Merkmal zu analysieren unternimmt - im Sinne der Ambivalenz, nicht mit jener Radikalität, die die Epikureer im Bereich der Erotik und Sexualität zu ihrem Prinzip gemacht hatten.

Nach Rousseaus Auffassung wurde die 'préférence' generell zu einem wesentlichen Element im Zusammenleben der Menschen. Ein sich herausbildendes Bezugssystem wechselseitiger Verhältnisse von Achtung und Nichtachtung führte zu Racheakten und Grausamkeiten, die für die entstehende Gesellschaft prägend wurden - im Unterschied zum Naturzustand, wie ihn Rousseau sah (III, 170). Rousseau stellt die Erscheinungen, für die er dann vor allem das Ei-

sed fugitare decet simulacra et pabula amoris
absterrere sibi atque alio convertere mentem
et iacere umorem coniectum in corpora quaeque
nec retinere semel conversum unius amore
et servare sibi curam certumque dolorem ... (IV, 1063ff.)

Aber man sollte die Bilder meiden, man sollte, was die Liebe nährt, von sich fernhalten, den Sinn anderswohin richten und den gesammelten Saft auf beliebige Leiber verschleudern und ihn nicht aufbewahren, durch die Liebe zu einem einzigen Menschen gefesselt, um sich damit Sorge und sicheren Schmerz zu bewahren...

391 Vergleichbar ist allenfalls Horaz' *Satire* I, 2 , die, gleichfalls aus epikureischem Geist, diese Phänomene karikiert.

392 Zu diesem Aspekt der epikureischen Ethik Flacelière, a.a.O., 72ff.

gentum verantwortlich machte, in einen weiteren anthropologischen Rahmen. Kernpunkt, in dem alle relevanten Einzelzüge zusammentreffen, alle Formen des Wettbewerbs und der 'préférence', ist die Eigenliebe (amour-propre), über deren Entwicklung noch zu sprechen sein wird[393].

Der Streit, der aus dem Wirken der 'préférence' hervorgeht, dreht sich um Formen des Ansehens und der Ehre, die noch nicht mit direkten materiellen Interessen verbunden sind wie auf der nächsten Stufe, auf der das Eigentum sich herausgebildet hat. Die 'bonté naturelle' umschließt noch „Tugend" und „Laster" in einer unentwickelten „Naturform", während das „wahre Laster" erst nach der Herausbildung des Eigentums entsteht und rein sozialen Ursprungs ist. Alles das unterstreicht auch von dieser Seite die herausragende Bedeutung einer Entwicklungsstufe, auf der sich das Individuum in einem bestimmten Maße entfalten kann, ohne bereits dem korrumpierenden Einfluß von Habgier und Entfremdung zu unterliegen.

6. Ethne und Sprachen

Am Endes des ersten Teils des Zweiten Discours resümiert Rousseau noch einmal die theoretischen Voraussetzungen für das Zusammenwirken innerer und äußerer Faktoren, das die Statik des Urzustandes durchbrach und eine Entwicklung auslöste. Fest steht der nichtteleologische Charakter der Konstellation: Perfektibilität, gesellschaftliche Tugenden und die anderen Fähigkeiten, die der Mensch der Möglichkeit nach erhalten hatte, bedurften „des zufälligen Zusammentreffens mehrerer äußerer Ursachen, die auch niemals hätten entstehen können und ohne die er ewig in seinem anfänglichen Zustand geblieben wäre ..." (du concours fortuit de plusieurs causes étrangers qui pouvoient ne jamais naître, et sans lesquelles il fut demeuré éternellement dans sa condition primitive, III, 162)[394]. Generell ist festzustellen, daß Rousseau in Übereinstimmung mit Montesquieu von einer wesentlichen Wirkung der klimatischen Bedingungen auf die Entwicklung der menschlichen Gattung ausgeht. Was aber bei Montesquieu ein Element relativer Statik gewesen war, aus dem historische Abläufe abzuleiten schwierig erschien, wird durch die Verbindung mit Buffons Theorie der Erdgeschichte zu einem dynamischen Moment.

393 Vgl. unten S. 209.

394 Es ist bemerkenswert, daß Rousseau an dieser Stelle, wie wenige Jahre zuvor Turgot in einer damals noch unveröffentlichten Vorlesung an der Sorbonne (die aber handschriftlich eine gewisse Verbreitung fand, vgl. Anm. 222) von 'progrès dans les développemens successifs de l'Esprit humain' spricht. Wie im Falle des Gebrauchs von 'genre humain' als Subjekt der Fortschrittsbewegung (vgl. S. 252) könnte auch diese Übereinstimmung auf einer Bekanntschaft mit den Gedanken Turgots beruhen.

Der Übergang vom Zustand des Gleichgewichts zwischen dem Menschen und seiner Umwelt in eine neue Qualität, die eine nahezu unabsehbare Entwicklung in Gang setzte, bedurfte nach Rousseaus Auffassung eines Auslösers besonderer Art. Da das Leben im Naturzustand nichts in sich trägt, was zur Überschreitung des Horizonts hätte führen können, mußten es exogene Kräfte sein, die so Ungeheures in Bewegung setzten.

Entscheidend war der Gedanke, daß große Veränderungen der erdgeschichtlichen Entwicklung nicht ohne Folgen für den Menschen bleiben konnten. Buffon hatte in seiner *Histoire et théorie de la terre* dargelegt, daß die Erdoberfläche in den „ersten Zeiten seit der Erschaffung“ tiefreichende Revolutionen erfahren habe[395]. Im Zweiten Discours spricht Rousseau von diesen Faktoren im Hinblick auf die Entstehung großer Sprachverbände, die sich infolge der Ablösung von Teilen des Kontinents bei gewaltigen Überschwemmungen oder Erdbeben bilden konnten. Auf diese Weise entstandene Inseln sind für Rousseau der ideale Ort für die Herausbildung spezifischer Idiome[396].

Was sich hier andeutet, wird im „Essai“ als Triebkraft der Entwicklung explizit gemacht, sofern auf diese Weise größere Zusammenschlüsse von Menschen entstehen können: als Ergebnis von Naturkatastrophen, Sintfluten, insbesondere über die Ufer getretenen Meeren, Vulkanausbrüchen, großen Erdbeben, durch Blitze entfachten Feuersbrünsten, die die Wälder verwüsteten. Was die Bewohner auseinandertrieb, mußte sie wieder zusammenführen, um gemeinsam die Schäden zu beheben (V, 402)[397]. Sowohl im Zweiten Discours (III, 168) wie im „Essai“ (V, 402) verbindet Rousseau diese die Entwicklung vorantreibende Rolle der Naturereignisse mit der Herausbildung übergreifender ethnisch-sprachlicher Einheiten.

Die unmittelbare Aufnahme von Anregungen bei Buffon erklärt die Rolle, die die Erdrevolutionen in der frühen Geschichte der Menschheit bei Rousseau spielen. Diese Art der Einbettung der Menschengeschichte in die Entwicklung der Erdoberfläche weist eine unübersehbare Ähnlichkeit mit antiken Katastrophentheorien bei Platon und Aristoteles auf, die hier Erwähnung verdienen.

Nach der Konzeption des 3. Buches von Platons *Gesetzen* hat eine unendliche Folge kosmischer Abläufe auf der Erde Naturkatastrophen wie Über-

395 *Histoire naturelle*, I, Paris 1749, 77ff.

396 "Man begreift, daß sich unter Menschen, die auf diese Weise zusammengebracht und gezwungen waren, zusammen zu leben, eher ein gemeinsames Idiom bilden mußte als unter jenen, die in den Wäldern des Festlandes frei umherschweiften" (On conçoit qu'entre des hommes ainsi rapprochés, et forcés de vivre ensemble, il dut se former un Idiome commun plûtôt qu'entre ceux qui erroient librement dans les forêts de la Terre ferme, III, 168f.).

397 Zur teleologischen Tendenz, mit der dieser Gedanke im "Essai" eingeführt wird, vgl. unten S. 178.

schwemmmungen und Seuchen hervorgerufen, die die Menschheit in ihrer Entwicklung einerseits weit zurückwarfen, andererseits zu neuem Anfang zwangen[398]. Eine große Sintflut (677 A) läßt die Menschen auf eine primitive Stufe zurücksinken, auf der sie verstreut und in weiten Entfernungen voneinander leben (678 C). Es ist diese Stufe, die zum Ausgangspunkt aller weiteren Entwicklungen wird: Vereinigung zu patriarchalischen Gemeinschaften (680 Aff.), in denen die Menschen „jeweils nach Wohnstätte und Sippe getrennt leben" (680 D), dann die Begründung von politischen Organisationsformen in Gestalt der Poleis (681 D).

Aristoteles hat gleichfalls eine unendliche Abfolge von Katastrophen angenommen, sie aber ihres kosmischen Charakters entkleidet und auf rein irdische Entwicklungen beschränkt (Hochwasser, Dürren, Kriege, Seuchen usw.), die sich auf begrenzte Gebiete der Erdoberfläche erstrecken, wo sich die Entwicklung der Kultur nach einem jeweiligen Zusammenbruch von Neuem vollziehen muß[399].

Was Rousseaus Darstellung, besonders im „Essai", mit diesen Theorien verbindet, ist die unmittelbare historisch-genetische Beziehung, die zwischen Erdkatastrophen und früher Menschheitsentwicklung hergestellt wird. Im einzelnen gestalten sich die Dinge aber anders als bei Platon und Aristoteles. Das liegt daran, daß sich Rousseau an anderen Konzeptionen antiker und moderner Provenienz orientiert.

Über die Rolle extrem kalter Winter und heißer Sommer im Zweiten Discours war schon zu sprechen. Die Analogie zu Lukrez liegt darin, daß die Menschen sukzessive mit Schwierigkeiten fertig werden mußten, die sie vorher nicht gekannt hatten: bei Rousseau wegen der Auswanderung in andere Gebiete unter dem Druck der Bevölkerungsvermehrung (III, 165), bei Lukrez wegen des erwähnten Prozesses des Alterns der Erde (V, 826ff.), der den Menschen zur Kompensation durch kulturelle Leistungen zwingt (II, 1157ff.). Diese spezielle Vorstellung ist Rousseau fremd. Das tertium comparationis liegt generell in der Rolle der Erdentwicklung als exogener Faktor für die Herausbildung von Kultur und Gesellschaft.

Es ist nun ein Blick auf die Rolle der ethnischen Einheiten im Geschichtsprozeß zu werfen. Wie zu sehen war, entstehen Horden (troupes) als erste Gemeinschaftsformen neben der Familie, die schließlich in einem Territorium eine gemeinsame 'nation' (Stammesgemeinschaft) bilden. Sie beruhen auf Gemeinsamkeiten der Sitten und der Charaktere (III, 169). Die „Nationen" gründen sich nicht auf „gesetzliche Regelungen" (non par des Réglements et des Loix),

398 Vgl. Weil, *L'Archéologie de Platon*, 59ff.

399 R. Zoepffel, *Historia und Geschichte bei Aristoteles*, Abh. der Heidelberger Akad. d. Wiss., Phil.-hist. Klasse, Abh. 2 (1975), S. 45ff., 51ff., 58f.

wie ausdrücklich hervorgehoben wird, sondern auf jene umfassenden natürlichen Bedingungen, die für das Verständnis des Ethnos bereits in der antiken Theorie eine Rolle spielen: Ethnos als Volks- und als Sprachgemeinschaft verstanden[400].

Morel hat gezeigt, daß sich Rousseau an Buffons Konzeption von den *Variétés dans l'espèce humaine* anschließt[401], in der von den Ursachen die Rede ist, die Varietäten hervorrufen: Einfluß des Klimas, der Nahrung, der Lebensweise, wobei die beiden letzteren von der ersten abhängen. Buffon weist auf die Dauer und Kontinuität dieser Einflüsse hin, worin ihm Rousseau in Anmerkung X folgt. Rousseaus Konzeption von den Ethne zeigt also im Anschluß an Buffon einen starken Einfluß der Klimatheorie. Hatte Montesquieu entscheidend dazu beigetragen, daß die antike Klimatheorie im 18. Jahrhundert eine neue Bedeutung für die Erklärung anthropologischer und historischer Zusammenhänge erhielt, so wurde sie durch Buffon für eine moderne Konzeption des Ethnos fruchtbar gemacht. Gibt es bei Rousseau Spuren eines unmittelbaren Rückgriffs auf die antike Theorie des Ethnos?

Man hat für die antike Bestimmung des Ethnos festgestellt, daß sie biologisch-rassische, soziale und kulturelle Komponenten aufweist[402]. Frühe Konzeptionen von einem Zusammenhang von Ethnos und Klima im weitesten Sinn finden sich in der Hippokratischen Schrift *Über die Umwelt*[403]. Bei Aristoteles stellt das Ethnos unter staatstheoretischem Gesichtspunkt zusätzlich eine gesellschaftliche Organisationsform dar, die monarchisch regiert wird, aber die höhere Form der Polis nicht erreicht hat (*Politik* I, 2, 1252 b 19ff.)[404]. Rousseau neigt offenkundig mehr der biologisch-klimatischen als der politischen Erklärung zu, wie der Ausschluß von „Vorschriften und Gesetzen“ und die Berufung auf die gleiche Art des Lebens und der Nahrungsmittel und den gemeinsamen Einfluß des Klimas (III, 169) im Anschluß an Buffon zeigt.

Es ist bemerkenswert, daß Rousseau für den speziellen Zusammenhang der Herausbildung von Ethne und Sprachen unmittelbar auf einen antiken Autor zurückgreift. Wir finden diesen Zusammenhang bei Diodor von Sizilien, von dem

400 H. Meier, a.a.O., 187, Anm. 231, betont zu Recht, daß für Rousseau die "Nationen" *vor* der bürgerlichen Gesellschaft existieren: "Sie liegen aller Politik voraus".

401 *Histoire naturelle*, III, Paris 1749, 371ff., besonders die Zusammenfassung 529f., vgl. Morel, a.a.O., 185f.

402 Vgl. Pigeaud, a.a.O., 127f.

403 K.E. Müller, a.a.O., I, 137ff.; vgl. die Einleitung zur neuen kritischen Ausgabe der Schrift *Über die Umwelt*: Hippocrate, *Airs, Eaux, Lieux*, text établie et traduit par J. Jouanna, Paris 1996, 60ff. Vgl. W. Backhaus, „Der Hellenen-Barbaren-Gegensatz und die Hippokratische Schrift peri aeron hydaton topon“, in: Historia 25 (1976), 170ff.

404 Vgl. R. Müller, „Polis und Ethnos...“, in: *Polis und Res publica*, 226ff.

bereits mehrfach zu sprechen war[405]. Bei Diodor ist vorgeprägt, was Rousseau im Zweiten Discours entwickelt: der Zusammenschluß von Horden (troupes) zu Stammesgemeinschaften (nations). Indem er diese Einheiten mit dem Namen ‘nations’ belegt, will Rousseau zum Ausdruck bringen, was schon Diodor explizit formuliert hatte: die Zusammenschlüsse der „Vereinigungen“ (systemata) sind zu Ahnherren der bestehenden Völker und Sprachgemeinschaften (ethne) geworden (I, 8, 4).

Aber es gibt noch einen spezielleren Zusammenhang, der uns im „Essai“ begegnet. In antiken Theorien über die Einwirkung des Klimas auf die Entstehung verschiedener „Rassen“ mit unterschiedlichen physischen und psychischen Eigenschaften, verschiedener Kulturen und politischer Organisationsformen gab es immer wieder Überlegungen über die Wirkung milder, rauher und ausgeglichener Klimata auf die Entwicklung des Menschen. Schon in der Hippokratischen Schrift *Über die Umwelt* und bei Herodot findet sich die Antithese von Asien mit einem extrem günstigen Klima, das angeblich zur Erschlaffung der Menschen führte, und Europa mit seinen extremen Klimaschwankungen, die die geistige Beweglichkeit und Tapferkeit der Menschen begünstigt hätten[406].

Rousseau interessiert diese Frage im Zusammenhang mit seinen Überlegungen über Bedingungen, die über die Statik der anfänglichen Verhältnisse hinausführen konnten. Er stimmt mit der antiken Theorie überein in der negativen Bewertung allzu günstiger Naturvoraussetzungen: Im milden Klima, in „fetten“ und fruchtbaren Ländern hätten die Menschen zuerst gewohnt, sich aber zuletzt zu Völkern zusammengefunden, weil sie hier großer Gemeinschaften nicht bedurften. Immerwährender Frühling im Lande, überall Wasser, Vieh und Weiden seien Bedingungen, die nicht zu einer Überwindung statischer Verhältnisse von innen heraus führen konnten (V, 400). Die „unwirtlichen“ Länder trieben dagegen ihre Bewohner zur Auswanderung, könnten also als Ausgangspunkt großer historischer Bewegungen erscheinen. Aber: „Um ein unwirtliches Land zu verlassen, muß man zuvor dort gelebt haben. Weshalb nun werden so viele Menschen vorzugsweise dort geboren? Man sollte doch denken, daß die unwirtlichen Länder nur vom Überschuß der fruchtbaren bevölkert werden, und nun sehen wir, daß es genau umgekehrt ist“ (Pour sortir d’un pays ingrat il y faut être. Pourquoi donc tant d’hommes y naissent-ils par préférence? On croiroit

405 Vgl. besonders S. 145f.

406 In der Schrift *Über die Umwelt*, wo zu Asien auch Ägypten und Libyen, zu Europa auch Skythien gerechnet werden, sollen die klimatischen Einflüsse im Osten und Süden die Bereitschaft der Menschen erklären, sich der asiatischen Despotie zu fügen, während die Menschen in Europa als standhaft und tapfer erscheinen (12, 1ff.; 16, 1ff.; 23, 1ff.). Auffällig ist, daß neben der 'physis' auch der 'nomos' ins Spiel gebracht wird. Er wirkt fördernd oder korrigierend auf die Ausprägung der verschiedenen Eigenschaften (16, 3ff.).

que les pays ingrats ne devroient se peupler que de l'excédent des pays fertiles, et nous voyons que c'est le contraire V, 402).

Allerdings ist zwischen dem Zweiten Discours und dem „Essai" noch ein Unterschied festzustellen. Im Zweiten Discours ist nur vom Zufall die Rede, der an verschiedenen Stellen der Erdoberfläche zu einschneidenden Veränderungen durch Katastrophen unterschiedlicher Art führte. Im „Essai" tritt an dessen Stelle eine undeutlich bezeichnete Kraft. Ob man an eine göttliche Kraft, an eine Vorsehung denken soll, bleibt unbestimmt, aber ein teleologisches Moment, das dem Zweiten Discours fremd ist, zeigt sich in jedem Fall[407]:

> Celui qui voulut que l'homme fut sociable toucha du doigt l'axe du globe et l'inclina sur l'axe de l'univers. À ce léger mouvement je vois changer la face de la terre et décider la vocation du genre humain ... (V, 401)

> Derjenige welcher wünschte, daß der Mensch gesellig werde, berührte mit dem Finger die Achse des Globus und neigte ihn zur Achse des Universums. Durch diese kleine Bewegung sehe ich das Antlitz der Erde verändert und das Geschick der menschlichen Rasse entschieden ...

In antiken Denkzusammenhängen gesprochen, hört im „Essai" jede Vergleichbarkeit mit der dezidiert nicht-teleologischen Welt des Lukrez auf, der der Zweite Discours in so vieler Hinsicht entspricht. Hier könnten wir uns eher in der Welt eines Poseidonios befinden, für den eine zielbewußt wirkende göttliche Vorsehung die Entwicklung des Menschen zur Zivilisation auslöst, indem sie die Not, das Bedürfnis zum Stachel menschlicher Selbsthilfe werden läßt[408]. Freilich interessiert sich Poseidonios mehr für die kulturelle Seite des Aufstiegs. Für Rousseau steht der Übergang zu größeren gesellschaftlichen Einheiten im Mittelpunkt, der das „Geschick der menschlichen Rasse" entscheidet.

Wie zu zeigen war, hatte Rousseau gegenüber Condillac Vorbehalte hinsichtlich dessen Auffassung angemeldet, das Bedürfnis habe beim Sprachursprung eine entscheidende Rolle gespielt, und statt dessen Emotionen und Leidenschaften ins Spiel gebracht. Aber das gilt nur partiell. Innerhalb der Dichotomie von südlichen und nördlichen Sprachen, die im „Essai" Rousseaus Auffassung vom Sprachursprung unter dem starken Eindruck der Klimatheorie zeigt, kommen bei der Erklärung der nördlichen Phänomene die Bedürfnisse doch noch zu ihrem Recht. Die nördlichen Länder erscheinen als jene Region, in der die gesamte Entwicklung durch die Bedürfnisse vorangetrieben wird: „Bevor man daran dachte, glücklich zu leben, mußte man ans Überleben denken" (Avant de songer *à vivre heureux*, il faloit songer *à vivre*, V, 408), heißt es in einer Formulierung, die deutlich an Kategorien der Aristotelischen Ethik

407 Vgl. dazu S. 136f..
408 Vgl. K. Reinhardt, Art. „Poseidonios", 807f.

(*zen, eu zen*) erinnert[409]. Im Gegensatz zu Aussagen aus dem 2. Kapitel des „Essai", die man nun auf den Süden begrenzt deuten muß, heißt es:

> Le besoin mutuel unissant les hommes bien mieux que le sentiment n'auroit fait, la société ne se forma que par l'industrie ... (V, 408).
>
> Das wechselseitige Bedürfnis führte die Menschen stärker zusammen, als es das Gefühl vermocht hätte, Gemeinschaft wurde ausschließlich durch Produktionsformen erzwungen ...

Der Einfluß der zeitgenössischen Theorie der Bedürfnisse wird hier deutlich. Nun ist auch die im 2. Kapitel des „Essai" vertretene Antithese von Gesten (im Dienst der Bedürfnisse) und Lautsprache (im Dienste der Leidenschaften) gegenstandslos. Im Wortspiel mit dem zufälligen französischen Sprachmaterial heißt es:

> ... le continuel danger de périr ne permettoit pas de se borner à la langue du geste, et le prémier mot ne fut pas chez eux *'aimez moi'*, mais *'aidez-moi'* (V, 408).
>
> In der ständigen Gefahr zugrunde zu gehen, konnte man sich nicht auf eine Sprache der Gesten beschränken; der erste Satz hieß dort nicht *'aimez-moi'*, sondern *'aidez-moi'*.

Es geht um die von Rousseau für die nördlichen Sprachen vorausgesetzte größere Deutlichkeit als Ziel der artikulierten Sprache: „An die Stelle eines vom Herzen diktierten Tonfalls traten hier starke, anschauliche Artikulationen ..." (À l'accent que le cœur ne fournissoit pas, on substitua des articulations fortes et sensibles ..., V, 408). Der Charakter der nördlichen Sprachen wird so letztlich aus dem Klima abgeleitet.

Hinter der Nutzanwendung für die Charakterisierung der nördlichen Sprachen werden die antiken Muster für die Charakterprägung der Menschen Europas im Corpus Hippocraticum, gewiß vermittelt durch Montesquieu[410], sichtbar.

409 Vgl. *Politik* I, 2, 1252 b 27ff.

410 *De l'esprit des lois* XIV - XVIII (Introduction, chronologie, bibliographie, relevé de variantes et notes par R. Derathé, I, Paris 1973, 245ff.).

V. Die „große Revolution“ und der Vertrag

1. Metallurgie und Ackerbau

Bedurfte es des Anstoßes von außen, um die Aufhebung der patriarchalischen Gesellschaft auszulösen, so mußten doch auch bestimmte innere Voraussetzungen gegeben sein, die eine Entwicklung über diese Stufe hinaus überhaupt möglich machten. Die Grundlagen waren in der ‘société naissante’ gelegt worden: Mit der Entstehung frühester Formen von Geräten und Werkzeugen, mit dem Bau von Hütten, mit der Herstellung von Kleidung wurde eine Entwicklung in Gang gesetzt, die über die primitiven Formen der Arbeit des Einzelnen für sich selbst allmählich hinauswies. Die Zerstörung der Gleichheit, verbunden mit der Herausbildung des Eigentums, ist für Rousseau eine Folge der Kooperation und der Arbeit im strikten Sinn des Wortes. Wechselseitige Hilfeleistung, Vorratswirtschaft, Eigentum sind Marksteine der Entwicklung: „... und die weiten Wälder verwandelten sich in lachende Felder, die mit dem Schweiß der Menschen getränkt werden mußten und in denen man bald die Sklaverei und das Elend sprießen und mit den Ernten wachsen sah“ (... et les vastes forêts se changérent en des Campagnes riantes qu'il falut arroser de la sueur des hommes, et dans lesquelles on vit bientôt l'esclavage et la misére germer et croître avec les moissons, III, 171).

Dies ist der historische Rahmen, in den Rousseau seine Konzeption vom endgültigen Heraustreten aus dem Naturzustand stellt. Nach der geschichtsphilosophischen Gesamtkonstruktion, daß der vorausgehende „Zustand“ einer „entstehenden Gesellschaft“ „...der beste für den Menschen war und daß der Mensch nur auf Grund irgendeines unheilvollen Zufalls aus ihm herausgetreten sein muß...“ (...que cet état étoit... le meilleur à l'homme et qu'il n'en a du sortir que par quelque funeste hazard ..., III, 171), mußte Rousseau hier ein Ereignis finden, das als Auslöser größter Entwicklungen angesehen werden konnte. Auch wenn er davon ausging, daß keine inneren Verhältnisse über den Zustand der Autarkie, des Gleichgewichts zwischen dem Einzelnen und der Gesellschaft hinausdrängten, wird doch aus seiner Darstellung deutlich, daß ein technisches und gesellschaftliches Potential entstanden war, das gewissermaßen nur eines zündenden Funkens bedurfte, um den Umschlag in eine neue Qualität zu bewirken. Rousseau sieht diesen Faktor in der Entdeckung der Metallverarbeitung. Goldschmidt hat darauf hingewiesen, daß, was vom Moralisten ursprünglich als ein „unglücklicher Zufall“ beklagt worden war, vom Historiker schließlich als ein „außerordentlicher Umstand“ (circonstance extraordinaire, III, 172) interpretiert wird: charakterisiert durch die Verkettung in die Notwendigkeit, wenn sich im folgenden Begriffe wie ‘nécessaire’, ‘nécessairement’, ‘il falut’, ‘il faut’ (III, 173) in auffälliger Weise häufen[411]. Der Zufall spielt eine Rolle ähnlich der, die der Atomdeklination bei der Entstehung eines Kosmos in der epikureischen Theorie zukommt: Wenn auch am Anfang einer neuen „Verkettung“ ein Zufall steht, gilt doch dann überwiegend die Notwendigkeit.

Aus der Sicht der Bedürfnisentwicklung, von der schon vielfach zu sprechen war: Es ist ein Damm gebrochen, der die Bedürfnisse zuvor in einem äußerst beschränkten Rahmen gehalten hatte. Nun, da die Grenze überschritten ist, entsteht mit der sich zunehmend entfesselnden Produktion eine Welt sich im Prinzip grenzenlos erweiternder Bedürfnisse.

Generell ist Rousseau im Rahmen einer Entwicklung des geschichtsphilosophischen Denkens zu sehen, das in der zweiten Hälfte des 18. Jahrhunderts seinen systematischen Ausbau vor allem in der Politischen Ökonomie der Schottischen Schule erfahren sollte. Doch bereits um die Mitte des Jahrhunderts ist bei Turgot die Lehre von den Stadien der Bedürfnisentwicklung als Auslöser der Arbeitsteilung und Ursache der Ungleichheit feststellbar[412]. Die Abhängigkeit der Technik und der Lebensformen vom Charakter der Subsistenzweise erscheint bereits mit erstaunlicher Klarheit formuliert in Rousseaus „Essai“[413]:

> Soit donc qu’on recherche l’origine des arts soit qu’on observe les premiéres mœrs on voit que tout se raporte dans son principe aux moyens de pourvoir à la subsistance ... (V, 400).

> Sei es nun, daß man nach dem Ursprung der Kunstfertigkeiten forscht, sei es, daß man die ersten Gebräuche betrachtet: immer sieht man, daß im Grunde alles auf die Mittel bezogen ist, mit denen er seine Existenz sichert...

Bei Montesquieu fand Rousseau die Unterscheidung dreier großer Geschichtsepochen: „Der Wilde ist Jäger, der Barbar Hirte, der zivilisierte Mensch Bauer“ (Le sauvage est chasseur, le barbare est berger, l’homme civil est laboureur, V, 400)[414]. Diese Einteilung geht letztlich auf die Antike zurück. Unter den

411 Goldschmidt, *Anthropologie*, 480ff.

412 Vgl. unten S. 193ff.

413 Zu dieser Theorie generell: Rohbeck, *Die Fortschrittstheorie der Aufklärung*, 91ff.

414 Montesquieu, *De l'esprit des lois* XVIII, 11. - Goldschmidt, *Anthropologie*, 418, hat hervorgehoben, daß die Dreistadientheorie im Zweiten Discours nicht so deutlich hervortritt

Ansätzen zu einer Beschreibung unterschiedlicher Subsistenzformen bei Platon, Aristoteles, Lukrez, aber auch bei Historikern wie Herodot, Caesar und Tacitus hat vor allem die bereits erwähnte Unterscheidung von drei Stadien bei Dikaiarchos Bedeutung: Sammler, Viehzüchter, Ackerbauern (Fr. 49 Wehrli)[415]. Die Darstellung des Dikaiarchos ist die deutlichste Beschreibung einer auf verschiedenen Subsistenzweisen basierenden Entwicklung, die aus der Antike überkommen ist[416].

Hinsichtlich der besonderen Rolle des Ackerbaus als Grundlage für die Entwicklung der Kultur, der Gesellschaft und des Staates steht Rousseau bewußt in antiker Tradition: Der Ackerbau bringt Eigentum, Regierungsformen, Gesetze:

> Aussi les Grecs ne regardoient-ils pas seulement Triptoléme comme l'inventeur d'un art utile, mais comme un instituteur et un sage duquel ils tenoient leur prémiére discipline et leurs prémiéres loix (V, 400).

> Betrachten nicht auch die Griechen den Triptolemos nicht nur als den Erfinder einer nützlichen Kunst, sondern als Gesetzgeber und Weisen, der ihnen ihre erste Ordnung und ihre ersten Gesetze gab?

Die zweite, die „große Revolution", ist für Rousseau ein Produkt der Metallurgie und des Ackerbaus[417]. Die Entwicklung, die letztlich zur Herausbildung der bürgerlichen Gesellschaft führt, ist das Ergebnis gewaltiger Umwälzungen im Bereich der Zivilisation, besonders der technischen Prozesse im weitesten Sinn des Wortes. Es gab für diesen Aspekt der historischen Entwicklung eine Fülle von Anregungen in der zeitgenössischen Wissenschaft. Von dem großen Interesse, das die kulturschaffende Kraft der „mechanischen Künste" fand, war schon zu sprechen[418].

Besonders aufschlußreich ist der von Diderot verfaßte Artikel 'Art', der, von dem umfassenden Charakter des antiken Begriffs 'techne/ars' ausgehend,

wie im "Essai". Offenbar hatte Rousseau (wie auch im Hinblick auf Klima, Erdevolution, Sprachursprung) im "Essai" das Bestreben, den Stand der wissenschaftlichen Diskussion exakter zu referieren als im Zweiten Discours. Die Drei (bzw. Vier) stadienlehre hatte vor der Mitte des 18. Jahrhunderts eine recht diffuse Entwicklung, wie R. Meek gezeigt hat (vgl. Anm. 36). Erst in den 50er Jahren des 18. Jahrhunderts (bei Turgot und Smith) wurde sie deutlich herausgearbeitet (Meek, a.a.O., 68ff., 99ff.). Wahrscheinlich ist bei Rousseau auch die Lehre von den Subsistenzweisen mit Turgot in Verbindung zu bringen.

415 Vgl. R. Meek, a.a.O., 10f. Bei A. Smith tritt als vierte Stufe "the age of commerce" hinzu („Lectures on Jurisprudence"), vgl. Meek, a.a.O., 116ff. Turgot spricht für die vierte Stufe von Städten, Handel, Arbeitsteilung (*Œuvres*, I, ed. Schelle, 278ff.).

416 Meek, a.a.O., 7ff.

417 Zur Frage von früheren Stufen der Bodenbearbeitung bei Rousseau und in der modernen Forschung zur neolithischen Revolution, Starobinski, Komm. z. St. 173, 1.

418 Vgl. S. 22.

nach dem Kriterium der Praxisorientierung Wissenschaften (scientiae) und Künste (artes) unterscheidet[419]. Wie die Vertreter der Kulturentstehungslehre der Antike interessiert sich Diderot für die Herausbildung und Entwicklung der Künste, bei deren Rekonstruktion man, auf philosophische Annahmen rekurrierend, von einer wahrscheinlichen Hypothese, einem zufälligen ersten Ereignis ausgehen und bis zu dem Punkt vordringen müsse, den die betreffende Kunst in ihrer Entwicklung erreicht hat. Es ist die Methode, die bereits von antiken Theoretikern wie Poseidonios angewendet wurde[420]. Diderot behandelt die Einteilung der Künste in freie und mechanische und verwahrt sich gegen eine Wertung, die sich berechtigt glaubt, die mechanischen Künste herabzusetzen, weil die Beschäftigung mit Experimenten und materiellen Einzelgegenständen eine Entwürdigung des menschlichen Geistes bedeute[421]. Mit Bacon, der die Geschichte der mechanischen Künste für den wichtigsten Zweig der wahren Philosophie gehalten habe, wendet er sich gegen die Auffassung, daß die Ausübung, ja sogar das Studium der mechanischen Künste erniedrigend sei.

Wir können hier nur andeuten, daß die Auseinandersetzung des 17. und 18. Jahrhunderts um den Wert der „mechanischen Künste“ eine Entwicklung fortführt, die ihre Wurzeln in der Antike hat. Die nach den Wertmaßstäben der platonisch-aristotelischen Tradition oft unterschätzte Technik hat in anderen Zusammenhängen durchaus eine positive Würdigung erfahren. Das gilt besonders von den seit dem 5. Jahrhundert angestellten Untersuchungen über Entstehung und Entwicklung der Kultur, in denen ein ausgeprägtes Bewußtsein für Würde und Wert der handwerklichen Künste zutage tritt[422]. Die neuzeitliche Tradition, die mit F. Bacon beginnt und von der Aufklärung aufgenommen wird, stimmt, so sehr sie sich von manchen antiken Auffassungen unterscheidet, doch mit der Konzeption der Kulturentstehungslehren des 5. Jahrhunderts von der herausragenden Rolle der technischen Künste in der Entwicklung der Kultur überein[423].

Die Bedeutung der Technik im umfassenden Sinn des Wortes für die Entwicklung der Menschheit wurde von der Geschichtstheorie der Aufklärung vor

419 Diderot, *Œuvres complètes*, V, Ed. J. Lough et J. Proust, Paris 1976, 495ff.

420 Vgl. die in Anm. 385 genannten Untersuchungen.

421 Zur Auseinandersetzung des Aufklärungsdenkens über das Verhältnis zwischen mechanischen und schönen Künsten M. Fontius, „Produktivkraftentfaltung und Autonomie der Kunst“, in: G. Klotz, W. Schröder, P. Weber (Hg.), *Literatur im Epochenumbruch, Funktionen europäischer Literaturen im 18. und beginnenden 19. Jahrhundert*, Berlin und Weimar 1977, 409ff.

422 R. Müller, *Poiesis - Praxis - Theoria. Zur Bewertung der Technik in der Kulturtheorie der griechischen Antike*, Sitzungsberichte der Akademie der Wissenschaften der DDR, Jg. 1988, Nr. 12/G, Berlin 1989, 7ff.; Chr. Meier, „Ein antikes Äquivalent des Fortschrittsgedankens: Das ‘Könnens-Bewußtsein’ des 5. Jahrhunderts v. Chr.“, in: *Historische Zeitschrift* 26 (1978), 265ff.

423 Vgl. S. 256.

und gleichzeitig mit Rousseau in besonderem Maße betont. Bei dem angedeuteten Zusammenhang zwischen modernen und antiken Diskussionen wundert es nicht, daß Rousseau auch auf diesem Gebiet aufgeschlossen für Anregungen aus der antiken Tradition war.

Eine Frage, die Rousseau besonders interessierte, das Verhältnis der technischen und der gesellschaftlichen Faktoren, spielte schon früh eine Rolle, ohne daß freilich in der Antike ein wirklicher innerer Zusammenhang zwischen diesen Bereichen hergestellt wurde[424]. Bei dem Sophisten Protagoras steht am Anfang die Schaffung der Voraussetzungen für den Lebensunterhalt (Nahrung, Kleidung, Wohnung) vermittels der Handwerkskunst (demiourgike techne); auf sie folgt die politische Kunst (politike techne), mit deren Hilfe die Menschen nicht nur die Bedrohung von außen durch wilde Tiere abwehrten, sondern auch erste Versuche eines Zusammenlebens in Siedlungen (poleis) unternahmen (Platon, *Protagoras* 322 Aff.). Auch der sophistische Autor Anonymus Iamblichi setzt eine solche Abfolge voraus. „Lebenseinrichtungen und technische Errungenschaften" werden unter dem Druck der Not entwickelt, bedürfen aber unabdingbar der „Ergänzung" durch gesetzlich geregelte politische Ordnungen (6, 1).

Man sieht, daß die sophistische Vereinigungstheorie zwar die Unabdingbarkeit sowohl technischer wie sozialer Lösungen erkennt, aber für deren inneren Zusammenhang kein Interesse oder Verständnis zeigt. Wieder weckt Lukrez unsere Aufmerksamkeit, sofern bei ihm umgekehrt auf die Entstehung erster gesellschaftlicher Einheiten (Familie und Stammesgenossenschaft) die Entdeckung der technischen Nutzbarkeit des Feuers folgt. Allerdings wird bald deutlich, daß es sich bei Lukrez um ein nach bestimmten Prinzipien strukturiertes *Darstellungs*schema, nicht um eine chronologische oder gar genetische Abfolge handelt. An die Begründung von „Städten", die Entstehung des Eigentums, monarchische Herrschaftsformen, Gesetzesstaaten, Religion (V, 1105ff.) schließt sich die Darstellung der technischen Errungenschaften (Metallurgie, Kriegstechnik, Webkunst, Baumzucht) an (V, 1241ff.). So wenig wie den sophistischen Autoren geht es Lukrez darum, einen inneren plausiblen Zusammenhang zwischen gesellschaftlicher und technischer Entwicklung herzustellen[425]. Rousseau mußte also dort, wo er antike Zeugnisse für die Darstellung der „großen Revolution" nutzte, einen solchen Zusammenhang erst schaffen oder dort herausheben, wo er zwar angelegt, aber nicht explizit gemacht war. Wir

424 Zur Kulturentstehungslehre vgl. Anm. 42.

425 Zu dem Lukrezischen Schema B. Manuwald, a.a.O., 37ff. Das moderne Denken markiert hier einen fundamentalen Fortschritt gegenüber den antiken Theorien: Der soziale Charakter der Arbeit, in enger Verbindung und Wechselwirkung mit Sprechen und Denken, bezeichnet den eigentlichen Kern des Übergangs vom statischen Naturzustand über die 'société naissante' zur "großen Revolution" (vgl. Horowitz, a.a.O., 75ff.).

werden sehen, daß für Rousseau wie für die gesamte Theorie des 18. Jahrhunderts dieser Zusammenhang durch die Arbeitsteilung hergestellt war. Auch hier waren antike Theoretiker in Ansätzen vorausgegangen. Ob und in welchem Maße dies Rousseau bewußt war, wird sich zeigen.

Zunächst erhob er Widerspruch gegen eine antike Tradition über die Rolle der Metalle im Zivilisationsprozeß, die nach Chronologie und Bewertung einen Vorrang der „Edelmetalle“ Gold und Silber behauptete:

> La Métallurgie et l'agriculture furent les deux arts dont l'invention produisit cette grande révolution. Pour le Poëte, c'est l'or et l'argent; mais pour le Philosophe ce sont le fer et le bled qui ont civilisé les hommes, et perdu le Genre-humain (III, 171).

> Die Metallurgie und der Ackerbau waren die beiden Künste, deren Erfindung diese große Revolution hervorbrachte. Für den Dichter ist es das Gold und das Silber, für den Philosophen aber ist es das Eisen und das Getreide, das die Menschen zivilisiert und das Menschengeschlecht ins Verderben geführt hat.

Hier sind offensichtlich unterschiedliche Motive zusammengeflossen. Man denkt zunächst an die im antiken Mythos zuerst bei Hesiod greifbare Weltalterlehre, die die Sukzession der Zeitalter an die jeweilige Herrschaft von Gold, Silber, Bronze und Eisen bindet (*Werke und Tage*, 109ff.). Dieser Mythos hatte in Dichtung und Geschichtsdenken der Antike eine ungeheure Wirkung[426]. Rousseau konnte ihn etwa bei Ovid, *Metamorphosen* I, 89ff., lesen. Er widerspricht der Sicht der Dichter, die Gold und Silber eine einschneidende Rolle, sei es im Guten oder Bösen, zuweisen. Für die negativen Aspekte (et perdu le Genre-humain) mag auch an Dichter wie Horaz gedacht werden, für die das Gold ein Symbol des Luxus in einer hochentwickelten Zivilisation darstellt und, gemessen an den altrömischen Idealen, dem Verdikt anheimfällt[427]. Es handelt sich um eine Tradition der Zivilisationskritik, an die sich Rousseau im Ersten Discours eng angeschlossen hatte[428]. Hier aber geht es um etwas Anderes: um Kräfte und Potenzen im Prozeß der Zivilisation. Hier kommt Eisen und Getreide eine starke Symbolkraft zu, stellvertretend für die „große Revolution“, die dem Zivilisationsprozeß eine ungeheure Dynamik verliehen hat[429].

426 Vgl. Gatz, a.a.O., 52ff.; H. Schwabl, Art. „Weltalter“, in: *Realencyclopädie der classischen Altertumswissenschaft*, Supplementband XV, München 1978, 783ff.

427 Vgl. etwa Horaz, *Oden* III, 24, 45ff. Die römischen Dichter stehen hier in einer hellenistisch-römischen Tradition, an deren Entstehung Philosophen und Historiker maßgeblich beteiligt waren, vgl. unten S. 262.

428 Vgl. unten S. 243f.

429 Wenn Rousseau die Zivilisierung des Menschen im Naturzustand beginnen und der bürgerlichen Gesellschaft vorausgehen läßt, entspricht das der kulturphilosophischen Tradi-

Einen umfassenden Kontext bietet auch hier Lukrez, der (im Sinne von Rousseaus Polemik) keineswegs die Rolle des Dichters, sondern die des Philosophen spielt, indem er Gedanken der Kulturentstehungslehre, verbunden mit moralischer Kritik, gegen die zeitgenössische Verehrung des Goldes stellt[430]. Lukrez unterstellt der mythischen Abfolge Gold, Silber, Bronze, Eisen einen technologischen Sinn: Um Messer, Schwerter, Äxte, Hobel und Bohrer herzustellen, habe man zunächst einen Versuch mit Gold und Silber gemacht, der aber scheiterte, weil sich diese Metalle als nicht genügend hart und widerstandsfähig erwiesen. So rangierte, gemessen am Gebrauchswert, die Bronze bereits weit vor dem Gold:

> nam fuit in pretio magis <aes> aurumque iacebat
> propter inutilitatem hebeti mucrone retusum;
> nunc iacet aes, aurum in summum successit honorem (V, 1273ff.).

> Da nun stand die Bronze hoch im Kurs, und das Gold wurde verachtet wegen seiner Nutzlosigkeit, mit seiner stumpfen Schneide zerstoßen. Jetzt wird die Bronze verachtet, und das Gold rückte auf zu höchstem Ansehen.

Erst das Eisen schloß diese Entwicklung ab, sowohl bei der Waffenherstellung wie bei der technischen Anwendung:

> inde minutatim processit ferreus ensis
> versaque in obprobrium species est falcis ahenae,
> et ferro coepere solum proscindere terrae
> exaequataque sunt creperi certamina belli (V, 1293ff.).

> Dann erst drang nach und nach das eiserne Schwert vor und die Form der bronzenen Sichel geriet in Verachtung. Und man begann mit Eisen den Grund der Erde zu pflügen, und die Kämpfe des schwankenden Krieges wurden ausgeglichen.

Führt man den technologischen Gesichtspunkt des Gebrauchswertes ein, dann ergibt sich also eine späte Prävalenz des Eisens. Da es bereits bei dem römischen Autor gegen Gold und Silber gestellt wird, scheint es angemessen, auch hier eine Bezugnahme Rousseaus auf Lukrez zu vermuten, zumal der römische Dichter seine Betrachtung über die wechselnde Wertschätzung mit einer verallgemeinernden Betrachtung schließt, die wiederum die Abwertung des Goldes bekräftigt (V, 1279f.).

Sind wir hier nur auf Vermutungen angewiesen, so wird der Bezug (diesmal ein polemischer) ganz deutlich, wenn Rousseau die Auffassung kritisiert, die

tion z.B. bei Protagoras. Für Rousseau ist der Prozeß der Zivilisation die Voraussetzung für die Entstehung des "Politischen Körpers".

430 Vgl. Goldschmidt, *Anthropologie*, 475ff.

Möglichkeit, Eisen zu schmieden, sei dem Menschen, wie die Schmelze der übrigen Metalle, durch riesige Waldbrände bekannt geworden, ausgelöst durch Blitzschlag, Kriegführung mit Feuer, Waldrodung oder Jagd auf wilde Tiere mit Hilfe von Feuer (Lukrez V, 1243ff., Rousseau III, 172). Dieser multikausale Ansatz von Möglichkeiten scheint Rousseaus Tendenz, bei allen diesen Vorgängen im Übergang zur ausgebildeten Gesellschaft einen extraordinären Zufall anzusetzen, nicht ausreichend zu entsprechen. Die Waldbrandschmelze ausschließend (den Gedanken konnte er übrigens auch bei Seneca, *Briefe* 90, 12, finden)[431], greift er zu dem merkwürdigen Argument, daß solche fast regulären Waldbrände deshalb ausscheiden, weil „die Minen nur an unfruchtbaren, von Bäumen und Pflanzen entblößten Orten entstehen“ (les mines ne se forment que dans des lieux arides, et denués d'arbres et de plantes, III, 172) - als ob die Natur Vorkehrungen getroffen hätte, um uns dieses verhängnisvolle Geheimnis zu verbergen[432]. Entsprechend seiner Form einer Katastrophentheorie, die die gesamte Entwicklung zur Zivilisation als rein zufallsbedingt erscheinen lassen möchte, sucht Rousseau auch hier nach einem besonderen „Umstand“: Ein Vulkan hätte wohl metallische Stoffe in geschmolzenem Zustand ausgestoßen. Beobachter seien auf die Idee gebracht worden, das Verfahren der Natur nachzuahmen. Sehen wir davon ab, daß Rousseau der in der gesamten Antike geläufigen Theorie von der Technik als Nachahmung der Natur seinen Tribut zollt[433], so überrascht doch die Hartnäckigkeit, mit der er den teleologisch anmutenden Gedanken vorbringt, die wohltätige Natur hätte Sorge getragen, dem Menschen alles Elend fernzuhalten, das er in seiner Verblendung dann doch heraufbeschwört (III, 139, 151, 202).

Daß der Mensch eigentlich auf seinem von der Natur zugewiesenen Platz hätte verharren sollen, statt sich gegen deren Absichten zu wenden, ist ein Gedanke, den Rousseau bei Seneca (*Briefe* 94, 56, und 110, 10) finden konnte[434]. Der Gedanke, der Mensch sei auch im Hinblick auf die technische Nutzung des Feuers nur auf Grund eines unheilvollen Zufalls aus dem Zustand der harmonischen Übereinstimmung mit der Natur ausgebrochen, entspricht den Ausführun-

431 Die gemeinsame Quelle ist wohl Demokrit, vgl. Westphalen, a.a.O., 108ff.

432 Vgl. bereits Seneca, *Briefe* 110, 10. Die gewissermaßen "negative" Teleologie, die hier, wie an anderen Stellen zutage tritt, hat dennoch bei Rousseau nichts mit der anthropozentrischen Teleologie zu tun, wie sie etwa in der Stoa ausgeprägt ist. Zugrunde liegt Rousseaus Auffassung von einer wechselseitigen Angepaßtheit von Natur und Mensch. Im Sinne dieser Übereinstimmung ist die pseudo-teleologische "Vorkehrung" zu verstehen, gewissermaßen zu "verbergen", was über diesen Zustand hinausführen könnte.

433 Vgl. S. 191ff.

434 Zu Senecas Position in der Auseinandersetzung mit Poseidonios vgl. S. 166 und Anm. 384f.

gen über den besten Zustand, von dem er meint, daß er niemals hätte beendet werden sollen (III, 171).

Für Rousseau ist der Zusammenhang von Metallgewinnung und Ackerbau sehr wichtig, wie wir noch sehen werden. Dagegen steht in der Darstellung des Lukrez der Gebrauch des Metalls für die Waffenherstellung im Vordergrund. Allerdings erwähnt auch Lukrez den eisernen Pflug (V, 1295), wenn auch nur in zweiter Linie nach den Waffen[435]. Natürlich ist Rousseau bewußt, daß es auch vor der Erfindung des eisernen Pfluges schon Bodenbearbeitung gegeben hat. Hier spielt das Motiv der Nachahmung der Natur durch den Menschen eine Rolle:

> ... et il n'est guéres possible que les hommes sans cesse occupés à tirer leur subsistance *des arbres et des plantes* n'eussent assés promptement *l'idée des voyes, que la Nature employe pour la génération des Végétaux* (III, 172).
>
> ... und es ist kaum möglich, daß die Menschen, die unablässig damit beschäftigt waren, ihren Lebensunterhalt von Bäumen und Pflanzen zu beziehen, nicht ziemlich rasch eine Vorstellung von den Wegen hatten, welche die Natur zur Erzeugung der Pflanzen einschlägt.

Das entspricht einem bemerkenswerten Gebrauch des Imitationsprinzips bei Lukrez, angewendet auf die Bäume, die dann auch bei Rousseau eigens erwähnt sind:

> *At specimen sationis et insitionis origo*
> *ipsa fuit rerum primum natura creatrix,*
> *arboribus quoniam bacae glandesque caducae*
> tempestiva dabant pullorum examina supter ... (V, 1361ff.)
>
> Aber als Muster für das Säen und als Ursprung des Pfropfens erwies sich zuerst die Natur, die Schöpferin der Dinge. Denn Beeren und Eicheln, die von den Bäumen herabgefallen waren, brachten zur rechten Zeit große Mengen von jungen Trieben unten hervor.

Es ist hier der Ort, etwas über die Rolle der Nachahmung in der Technikauffassung der Antike und der Aufklärung zu sagen. Wir hatten bereits darauf hinzuweisen, daß der Eintritt in die Zivilisation nunmehr in vollem Maße zur Entfaltung kommen läßt, was in der Phase der „entstehenden Gesellschaft“ bereits in

435 Im Zusammenhang der Kulturentstehung besteht bei Lukrez im Vergleich mit Rousseau insofern eine "Lücke", als der Ackerbau als entscheidende Kulturleistung nicht eigens gewürdigt wird, sondern nur in einer Andeutung V, 1104 erscheint (dann auch in Gestalt des Pfluges V, 1295); generell ist die Entstehung des Ackerbaus bei der Darstellung der gesellschaftlichen Entwicklung vorausgesetzt (B. Manuwald, a.a.O., 43).

Ansätzen wirksam geworden war: Die 'perfectibilité' als das entscheidende Merkmal des Menschen, das mit der Entstehung von Sprache und Denken, Musik und Dichtung, erster Formen der Naturbewältigung und des gesellschaftlichen Zusammenlebens schon vieles bewirkt hatte, wird nun mit dem Wachstum der Technik in ein neues Bezugssystem gesetzt.

Der Gedanke der Nachahmung der Natur durch den Menschen bekommt bei Rousseau eine besondere Wendung dadurch, daß er mit der Antithese von der völligen Determinierung der Tiere durch die Instinkte einerseits, der nicht „festgestellten" Natur des Menschen andererseits in Verbindung gebracht wird[436]:

> Les Hommes dispersés parmi eux (sc. les animaux), observent, imitent leur industrie, et s'élévent ainsi jusqu'à l'instinct des Bêtes, avec cet avantage que chaque espèce n'a que le sien propre, et que l'homme n'en ayant peut-être aucun qui lui appartienne, se les approprie tous, se nourrit également de la pluspart des alimens divers que les autres animaux se partagent, et trouve par consequent sa subsistance plus aisément que ne peut faire aucun d'eux (III, 135).

> Die Menschen, die unter sie (sc. die Tiere) zerstreut leben, beobachten ihre Fertigkeit, ahmen sie nach und erheben sich so bis zum Instinkt der Tiere, mit dem Vorteil, daß, während jede Art nur den ihr eigenen Instinkt hat, der Mensch, welcher vielleicht keinen hat, der ihm eigen ist, sie sich alle aneignet, sich von der Mehrzahl der verschiedenen Nahrungsmittel in gleicher Weise ernährt, in welche die anderen Tiere sich teilen, und folglich seinen Lebensunterhalt leichter findet als irgendeines von ihnen vermag.

In der antiken Theorie wurden bereits im 5. Jahrhundert bzw. zu Anfang des 4. Jahrhunderts erste Überlegungen darüber angestellt, wie die Tiere ohne Verstand und Sprache zu ihren spezifischen Leistungen im Dienste der Lebensbewältigung kommen[437]. In einer Hippokratischen Schrift findet sich die Antwort : „Die Natur tut, ohne Ausbildung und ohne es erst lernen zu müssen, das Notwendige" (*Epidemien* VI, 5, 1). Bei Aristoteles werden die Fragen des tierischen Instinkts in Abgrenzung vom zweckvollen menschlichen Handeln im Rahmen seiner tierpsychologischen Untersuchungen u.a. für das Problem genutzt, wie die Bautätigkeit der Tiere (Spinnen, Ameisen) ohne vorangehende Überlegung zum Ziel führt (*Physik* II, 8, 199 a 20ff.): Ohne Lernprozesse verhalten sich die Tiere von Anfang an richtig, und alle Tiere einer Art handeln gleich.

Mit der Unterscheidung von instinktgeleiteter „Tätigkeit" der Tiere und freier schöpferischer Arbeit des Menschen befindet sich Rousseau in erstaunli-

436 Vgl. zu Rousseaus Übertragung des Zusammenhangs auf die Entstehung der menschlichen Sprache Anm. 440.

437 Zum Folgenden vgl. Dierauer, a.a.O., 56ff., 142ff.

cher Nähe zu einem Text in Senecas 121. Brief, der auf Lehren des hellenistischen Philosophen Poseidonios zurückgeht[438]. Auch dort haben wir bereits die Unterscheidung von instinktmäßigen tierischen und planvollen menschlichen Formen der Arbeit:

> Non vides quanta sit subtilitas apibus ad fingenda domicilia, quanta dividui laboris obeundi undique concordia? non vides quam nulli mortalium imitabile sit illa aranei textura ... nascitur ars ista, non discitur. itaque nullum est animal altero doctius: videbis araneorum pares telas, par in favis angulorum omnium foramen. incertum est et inaequabile quicquid ars tradit; ex aequo venit quod natura distribuit. haec nihil magis quam tutelam sui et eius peritiam tradidit ... (22f.)

> Siehst du nicht, wie groß die Feinheit ist, mit der die Bienen ihre Behausungen bauen, wie groß die Eintracht, mit der sie überall der geteilten Arbeit nachgehen? Siehst du nicht, wie kein Mensch das Netz der Spinne nachahmen kann ... Angeboren ist diese Kunst, sie wird nicht erlernt. Daher ist kein Tier besser ausgebildet als ein anderes: Du wirst sehen, daß die Gewebe der Spinnen gleich sind, gleich bei den Waben der Bienen die Öffnung aller Zellen. Unsicher und ungleich ist, was die Kunst weitergibt; von gleicher Art ist, was die Natur zuteilt. Diese hat nichts weiter als die Selbsterhaltung und die Praxis darin verliehen ...

Diese Gedanken eines der bedeutendsten antiken Texte, in denen der Mensch-Tier-Vergleich dazu dient, wesentliche Merkmale des Menschen herauszuarbeiten, sind bereits vor Rousseau in Buffons *Histoire naturelle de l'Homme*[439], offenbar in Anlehnung an Seneca, dargelegt[440]. Es spricht alles dafür, daß Rousseau von Buffon die Anregung aufnahm.

Diese Ideen, die später auch bei Reimarus und Herder eine starke Beachtung fanden[441], bekommen bei Rousseau eine besondere Note dadurch, daß er

438 Vgl. M. Pohlenz, „Tierische und menschliche Intelligenz bei Poseidonios“, in: *Hermes* 76 (1941), 1ff. Zur Einordnung der Poseidonischen Theorie in die stoische Auffassung von der Selbstwahrnehmung der Tiere (im Rahmen der Oikeiosis-Lehre) vgl. Dierauer, a.a.O., 207ff.; zu den technischen Fertigkeiten 215ff.

439 *Histoire naturelle*, II, Paris 1749, 440ff.

440 Vgl. Morel, a.a.O., 182, der auch den Bezug zu einer der wichtigsten Stellen Rousseaus über die 'perfectibilité' (III, 142) herstellt (vgl. oben S. 95). Im "Essai" (V, 379) hat Rousseau diese Unterscheidung von tierischem und menschlichem Verhalten auf die Formen der Kommunikation angewendet: Die "Sprachen" gewisser Tierarten sind "natürlich", nicht "erlernt"; sie sind überall gleich, die Tiere verändern sie nicht und machen nicht die geringsten Fortschritte.

441 H.S. Reimarus, *Allgemeine Betrachtungen über die Triebe der Tiere, hauptsächlich über ihre Kunsttriebe*, 3. Ausg., Hamburg 1773; J.G. Herder, *Über den Ursprung der Sprache*, *Sämtliche Werke*, 5, Berlin 1891, 22ff. - Vgl. R. Müller, „Die Bewertung der Arbeit bei

sie mit dem in der antiken Tradition so bedeutsamen Prinzip der Nachahmung der Tiere durch den Menschen in Verbindung bringt.

In zweifacher Hinsicht ist freilich zwischen den Konzeptionen von Rousseau und Poseidonios ein grundlegender Unterschied festzustellen. Poseidonios stellt dem tierischen Instinkt als entscheidendes menschliches Merkmal den Logos gegenüber, der die Handlungs- und Schaffensfreiheit gegenüber der instinktiven Eingebundenheit der Tiere ermöglicht. Daß der Vernunft bei Rousseau keine entsprechende Schlüsselrolle zukommt, war bereits hervorzuheben. Zweitens liegt Poseidonios der Gedanke einer in alle Zukunft offenen Perfektibilität fern, der ein Produkt der neuzeitlichen Entwicklung ist. Zwar heißt es an einer Stelle, die auf Poseidonios zurückgeht: „Unzählig sind die Wege der Menschen bei ihrem Handeln" (Nemesios, *Über die Natur des Menschen* II, 53). Aber es ist nicht jene Dynamisierung erkennbar, die zu immer größerer Entfaltung der Potenzen führt. Hier sind auch die Grenzen des antiken Fortschrittsdenkens in Rechnung zu stellen. Immerhin hat es aber eine offene Zukunftsperspektive für die Wissenschaft gegeben, die in hellenistischer Zeit bei Archimedes und Hipparchos, in der Kaiserzeit bei Plinius und Seneca in Erscheinung tritt[442].

Um Rousseaus Stellung zu den Problemen der Mimesis zu bestimmen, ist ein kurzer Rückblick auch auf deren Geschichte unerläßlich. Schon in der Antike bestand eine Spannung zwischen dem Gedanken, daß der Mensch bei der Gestaltung der Technik im weitesten Sinn des Wortes Nachahmer der Natur sei, und der Idee des schöpferischen Menschen, der sich in der Auseinandersetzung mit der Natur mit Hilfe der „Künste" (technai) behauptet und die Voraussetzungen seiner Existenz schafft[443]. Beide Gedanken schließen sich keineswegs aus. Demokrit, der eine wesentliche Rolle bei der Herausbildung der antiken Lehre von der Kulturentstehung spielte, vertrat die Auffassung:

> Die Menschen sind in den wichtigsten Dingen Schüler der Tiere geworden: der Spinne im Weben und Stopfen, der Schwalbe im Hausbau und der Singvögel, des Schwans und der Nachtigall, im Gesang, und zwar auf dem Wege der Nachahmung (Fr. 154 D.-K.).

Bereits bei Demokrit deutet sich eine wesentliche Relativierung des Gegensatzes von Natur und „Kunst" an[444]. Die Künste in ihrer Gesamtheit ermöglichen

Herder und die antike Kulturtheorie", in: *Beiträge zum Menschenbild der deutschen Klassik, Collegium Philosophicum Jenense*, H. 2, Weimar 1978, 121ff.

442 Zum Fortschrittsgedanken der Antike generell vgl. unten S. 253ff.

443 Vgl. H. Blumenberg, „'Nachahmung der Natur'. Zur Vorgeschichte der Idee des schöpferischen Menschen", in: *Studium generale* 10 (1957), 266ff.; vgl. G. Gebauer, Chr. Wulf, *Mimesis. Kultur - Kunst - Gesellschaft*, Hamburg 1992, 41ff., 160ff., 219ff.

444 Vgl. oben S. 133.

eine „zweite Natur“: Wie die Erziehung „Natur schafft“ (Fr. 33 D.-K.), so auch jede andere Leistung, mit der der Mensch auf die Gegebenheiten seiner eigenen Natur und seiner natürlichen Umwelt einwirkt. Im Rahmen seiner teleologischen Konzeption von Natur und Mensch hat Aristoteles der Frage eine Wendung gegeben, nach der die ‘techne’ eine dienende Rolle gegenüber der ‘physis’ spielt: auszufüllen, was die Natur „ausgelassen“ hat (*Politik* VII, 17, 1337 a 1f.)[445]. Die ‘techne’ bringt zum Abschluß, was die Natur nicht zum Abschluß zu bringen vermag, oder sie bildet das von Natur Gegebene nach (*Physik* II, 8, 199 a 15ff.). Aristoteles ordnet die Leistungen des menschlichen Ingeniums einer teleologischen Gesamtstruktur ein, die er für Natur und Technik gleichermaßen voraussetzt: „Wäre ein Haus z.B. eines der Dinge, die von Natur entstehen, so würde es auf dieselbe Weise zustande kommen, wie es nun durch die ‘techne’ hergestellt wird“ (*Physik* II, 8, 199 a 12ff.). Die Epikureer knüpfen an die Auffassungen der Sophistik und Demokrits an[446].

Wenn die Autoren des 18. Jahrhunderts dem Gedanken der Nachahmung immer noch eine Bedeutung zumessen[447], stehen sie damit in einer Tradition, die für das Denken der Neuzeit seit der Renaissance wichtig blieb. Selbst F. Bacon, der dem menschlichen Erfindungsgeist nachdrücklich huldigte, betonte doch im *Novum Organon*: „Die Erfindungen sind gleichsam neue Schöpfungen und Nachahmungen der göttlichen Werke“[448]. Wie in der Antike erscheinen ‘inventio’ und ‘imitatio’ nicht als Gegensatz. Die Anfänge des Fortschrittsdenkens der Aufklärung waren zwar von einem großen Selbstbewußtsein bestimmt, demgemäß die genialen Erfinder der Neuzeit im Gegensatz zu denen des Altertums fähig waren, unabhängig von der Natur Neues zu entdecken. Gleichwohl blieb der Begriff der ‘imitatio’ für die Philosophie in veränderter Form bedeutsam[449].

Wenn also Rousseau dem Gedanken der Nachahmung eine selbstverständliche Rolle zuweist, befindet er sich in Übereinstimmung mit Grundtendenzen des Denkens der Antike wie auch seiner eigenen Zeit. Allerdings gibt er den teleologisch gerichteten Gedanken der Natur als einer aktiven Lehrmeisterin des

445 Zu Aristoteles vgl. K. Bartels, „Der Begriff der Techne bei Aristoteles“, in : *Synusia. Festgabe für W. Schadewaldt*, hg. von H. Flashar u. K. Gaiser, Pfullingen 1965, 275ff.

446 Zur Rolle der Techne im Epikureismus M. Isnardi-Parente, „Physis et téchne dans quelques textes epicuriens“, in: *Association Guillaume Budé, Actes du VIIIe Congrès, Paris, 5-10 avril 1968*, Paris 1969, 263ff.

447 Zum Verhältnis von Erfindung und Nachahmung der Natur in der Geschichtstheorie der Aufklärung Rohbeck, *Die Fortschrittstheorie der Aufklärung*, 144ff., 152ff.

448 Über F. Bacon als Rezipient und Erneuerer der antiken Auffassung von den 'technai' als Instrumenten des Fortschritts vgl. Kittsteiner, a.a.O., 137ff.

449 Vgl. M. Fontius, „Das Ende einer Denkform. Zur Ablösung des Nachahmungsprinzips im 18. Jahrhundert“, in: D. Schlenstedt (Hg.), *Literarische Widerspiegelung. Geschichtliche und theoretische Dimensionen eines Problems*, Berlin und Weimar 1981, 226ff.

Menschen zugunsten einer Version auf, nach der z.B. einzelne Menschen durch zufällige Konstellationen auf den Gedanken der Metallschmelze gekommen sind (III, 172). Das entspricht Rousseaus Auffassung, daß in der Natur keineswegs alles darauf angelegt ist, die Kulturentwicklung nahtlos aus sich hervorgehen zu lassen, sondern im Gegenteil fast der Eindruck entsteht, als habe sie Hemmschwellen errichtet (in einer Art „negativer Telologie"), um diese Entwicklung zu erschweren (III, 151, 202).

2. Arbeit und Arbeitsteilung

Das in der Zeit der Aufklärung vertretene Vierstadienschema Jäger-Hirten-Ackerbauer-Handelsvölker, auf dessen Ursprung in einem Dreistufenschema der Antike bereits verwiesen wurde, bildet ein wesentliches Element in Turgots *Plan des deux discours sur l'histoire universelle.* Der Autor markiert den Übergang von der Hirtenexistenz mit zeitweiliger Landkultivierung durch die Nomadenvölker zum eigentlichen Ackerbau als ständiger Form der Subsistenz und fährt fort:

> ... De plus, la terre nourrit chez eux bien plus d'hommes qu'il n'en faut pour la cultiver. De là, des gens oisifs; de là, les villes, le commerce, tous les arts d'utilité et de simple agrément; de là, les progrès plus rapides en tout genre, car tout suit la marche générale de l'esprit; de là, une habilité plus grande dans la guerre que celle des barbares; de là, la séparation des professions, l'inégalité des hommes ...[450]

> ... Außerdem ernährt der Boden bei ihnen mehr Menschen, als zu seiner Kultivierung nötig sind. Folglich gibt es Müßiggänger, Städte, Handel, all die nützlichen und angenehmen Künste; daher gibt es Fortschritte auf allen Gebieten, denn alles folgt dem allgemeinen Fortschreiten des Geistes; folglich eine größere Geschicklichkeit in der Kriegsführung als bei den Barbaren; folglich die Aufteilung der Berufe und die Ungleichheit der Menschen...

Zu dieser Ableitung der Arbeitsteilung aus der Produktivitätsstufe, die mit der Landbebauung erreicht war, weist Rousseaus Darstellung des Ursprungs der Arbeitsteilung eine gewisse Nähe auf. Es geht bei der Einführung des Ackerbaus im eigentlichen Sinn („Anbau im Großen", wie Rousseau sagt) um eine Wirtschaftsform, die über die Sorge um die dringendste Bedürfnisbefriedigung für den Tag hinausreicht. Rousseau verbindet diese Form der Bewirtschaftung mit

450 *Œuvres*, ed. G. Schelle, I, 282. Übersetzung von L. Steinbrügge, in: *Turgot. Über die Fortschritte des menschlichen Geistes* (ed. J. Rohbeck), 175.

der Einführung einer umfassenderen Arbeitsteilung. Das Vorhandensein eiserner Geräte erscheint als technische Voraussetzung für die Landbebauung im Großen, die Arbeitsteilung als gesellschaftliche Voraussetzung für eine neue Form des Produzierens, die die Entwicklung der Gesellschaft entscheidend fördern sollte:

> L'invention des autres arts fut donc nécessaire pour forcer le Genre-humain de s'appliquer à celui de l'agriculture. Dès qu'il falut des hommes pour fondre et forger le fer, il fallut d'autres hommes pour nourrir ceux-là (III, 173).

> Die Erfindung der anderen Künste war daher notwendig, um das Menschengeschlecht zu zwingen, sich jener des Ackerbaus zu widmen. Sobald Menschen nötig waren, um das Eisen zu gießen und zu schmieden, waren andere Menschen nötig, um jene zu ernähren.

Die Spezialisierung in den Handwerken steht in Wechselwirkung mit der Spezialisierung eines Teils der Gesellschaft auf den Ackerbau. Diesen Grundgedanken einer gesellschaftlichen Arbeitsteilung hat zuerst Platon im *Staat* (369 Bff.) entwickelt:

> Nun wohlan..., wie wird die Stadt einer solchen Leistung Genüge tun? Anders als so, daß einer Bauer ist, der andere Baumeister, ein dritter Weber? Oder wollen wir gleich auch noch den Schuhmacher hinzufügen oder einen anderen, der für unsere leiblichen Bedürfnisse sorgt? (369 D).

Vorausgesetzt ist auf höchster Ebene der Abstraktion eine Staatsgründung aus der Retorte. Nötig war die Erfüllung verschiedener Bedürfnisse: Nahrung, Wohnung, Kleidung, Schuhwerk, besorgt durch Bauern, Baumeister, Weber, Schuhmacher[451]. Dem Ackerbauern fällt die Funktion zu, die Ernährung der anderen mit zu sichern: Der Bauer muß Nahrung für alle vier beschaffen und die vierfache Zeit und Mühe aufwenden, um so für die anderen mit zu sorgen (369 E). Was Platon am vereinfachten Modell von vier Grundgewerken ausführt, bei denen freilich die Metallbearbeitung fehlt, macht Rousseau gerade an deren Beispiel deutlich:

> Plus le nombre des ouvriers vint à se multiplier, moins il y eut de mains employées à fournir à la subsistance commune, sans qu'il y eût moins de bouches pour la consommer ... (III, 173).

> Je mehr sich die Zahl der Arbeiter vervielfachte, um so weniger Hände gab es, die damit beschäftigt waren, den gemeinsamen Lebensunterhalt zu liefern, ohne daß es weniger Münder gegeben hätte, ihn zu verzehren ...

451 Platon stützt sich mit seiner Darstellung der Entstehung von Gesellschaft und Staat auf Theorien des 5. Jahrhunderts (vgl. oben Anm. 362).

Der Gedanke, daß in der Teilung der Arbeit das gesellschaftskonstituierende Prinzip zu sehen sei, war um die Mitte des 18. Jahrhunderts von großer Tragweite für das Gesellschaftsdenken[452]. Im wesentlichen handelt es sich um eine Entwicklung in der Lehre der Politischen Ökonomie, die sich in vollem Maße erst nach der Abfassungszeit von Rousseaus Zweitem Discours vollzogen hat. Wir können also bei Rousseau nicht eine ausgereifte Theorie dieser Beziehungen erwarten. Es ist aber nicht erstaunlich, daß er dieses Thema, das gewissermaßen in der Luft lag, im Zweiten Discours aufgriff. Im Unterschied zu den Vertretern der Politischen Ökonomie, die von der Differenzierung der natürlichen Anlagen bei den Individuen (Ferguson) oder einem besonderen Verlangen nach Warenaustausch (Smith) ausgingen, bildete für Rousseau der vom Bedürfnis nach Selbsterhaltung getragene Zusammenhang zwischen landwirtschaftlicher und handwerklicher Produktion die Grundlage der künftigen Entwicklung. Wenn Rousseau davon spricht, die Erfindung der anderen Künste sei *notwendig* gewesen, um sich dem Ackerbau zuwenden zu können, so entspricht die Kategorie der Notwendigkeit an dieser Stelle bestimmten antiken Denkformen[453]. Da die Sicherung verschiedener Bedürfnisse geboten war, erscheint das Zusammenwirken der arbeitsteilig getrennten Gewerke als Voraussetzung für das Überleben.

Nun kann es nicht darum gehen, die komplexen Diskussionen des 18. Jahrhunderts um die historische Rolle der Arbeitsteilung und ihre gesellschaftlichen Folgen - mit ihren z.T. konträren Positionen - unmittelbar auf antike Theorien zurückzuführen. Ohne die zeitgenössischen Erfahrungen einer bereits hochentwickelten und differenzierten Gesellschaft sind diese Diskussionen überhaupt nicht denkbar. So deutlich Rousseaus Auffassung von der historischen Funktion der Arbeitsteilung im zeitgenössischen Denken verankert erscheint, so wenig stimmt er mit den meisten anderen Theoretikern in der Bewertung ihrer Folgen für das Leben des Einzelnen und der Gesellschaft überein. Hier wiederholt sich eine Konstellation, die, wenn auch z.T. mit anderer Akzentuierung, bereits in der Antike vorgegeben war. Es verlohnt, diesen Zusammenhang etwas näher zu betrachten.

Das Modell der Arbeitsteilung war seit Platon Gemeingut der antiken Theorie. Ihr Schlüssel ist die Vielfalt der Bedürfnisse: Die Unmöglichkeit der Autarkie des Einzelnen hat die Entstehung des Gemeinwesens zur Folge. Das Bedürfnis (chreia) erscheint als dessen Grundlage (*Staat* 369 C). So heißt es auch bei Aristoteles, daß der Gütertausch, erwachsen aus dem Bedürfnis (chreia), die Gemeinschaft (koinonia) schafft, also das Bedürfnis „alles zusammenhält“ (*Nik.*

452 Vgl. Medick, a.a.O., 253ff., über Smith' Auffassung von der Arbeitsteilung als Basis eines konstanten ökonomischen Fortschritts.

453 Vgl. Anm. 227.

Eth. V, 8, 1133 a 26f.). Nur scheinbar steht bei Aristoteles diese Rückführung des Gemeinwesens auf das Bedürfnis (letztlich ein Produkt sophistisch-demokritischen Denkens und von Platon wahrscheinlich aus dessen Kontext in sein Gebäude der Staatsgründung eingeführt[454]) im Widerspruch zur historisch-genetischen Rekonstruktion der Polis aus Oikos und Dorfgemeinde im 1. Buch der *Politik.* Sie stellt gewissermaßen den innersten Kern dessen dar, was auch nach Aristoteles in einer zielbestimmten Entwicklung zur letztendlichen Herausbildung der Polis geführt hat.

Es ist auffällig, daß Rousseau in der Darstellung der Arbeitsteilung mit den Fortschrittstheoretikern von Turgot bis zu Condorcet in grundlegenden Zügen übereinstimmt. Ein wesentlicher Unterschied besteht aber im Hinblick auf die sozialen Folgen, die eine auf dieser Grundlage errichtete Gesellschaft unvermeidlich mit sich bringt: die wechselseitige Abhängigkeit, in die sich die Menschen begeben und die daraus erwachsende Entfremdung sowie die aus der Entfesselung der produktiven Kräfte sich ergebende Korrumpierung der gesellschaftlichen und individuellen Moral.

Auch bei Platon unterliegt die Arbeitsteilung in ihrer gesellschaftlichen Wirkung einer differenzierten Wertung. Uneingeschränkt positiv wird die aus der Unterschiedlichkeit der Talente sich herleitende Spezialisierung im Hinblick auf die Erhöhung der Leistungsfähigkeit bewertet (*Staat* 369 Bff.), ein Gedanke, der bei Rousseau im Unterschied zu den Zeitgenossen (vor allem Turgot) keine Rolle spielt. Sodann erscheint bei Platon die Arbeitsteilung als Quelle einer ungesunden Entwicklung: Luxuskonsum, überflüssige Dienstleistungen zur Deckung künstlicher und schädlicher Bedürfnisse, letztlich Expansion und Krieg. Bei Platon nimmt diese ambivalente Bewertung eine charakteristische Wendung. Aus der Spezifik der Talente wird darauf geschlossen, daß auch der Kriegsdienst und die Führung des Gemeinwesens nicht die Sache aller sei, sondern den speziell dafür prädestinierten Ständen der Krieger und der Regierenden vorbehalten bleiben müsse[455] - eine gegen die Demokratie gerichtete Konsequenz, zu der Rousseaus Auffassungen in diametralem Gegensatz stehen.

Aristoteles und die gesamte hellenistisch-römische Philosophie haben einen anderen Faden aufgegriffen, der bei Platon bereitlag: die aus der Arbeitsteilung

454 Zu Platon vgl. S. 362. Aristoteles verwahrt sich aber gegen jene Theoretiker, die in wirtschaftlichen Elementen allein die Basis der Gesellschaft erkennen wollen: Diese sind die Grundlage für das bloße Leben (zen), während für das sittlich wertvolle Leben (eu zen) die Gerechtigkeit entscheidend ist (*Politik* I, 2, 1252 b 27ff.). Es handelt sich um einen Kompromiß in Aristoteles' Auseinandersetzung mit den Vereinigungs- und Vertragstheorien des 5. Jahrhunderts, die Nutzen und Gewalt als Fundament der Staatsbildung sehen. Vgl. O. Gigon, „Antinomien im Polisbegriff des Aristoteles“, in: *Hellenische Poleis, Krise - Wandlung - Wirkung*, hg. von E.Ch. Welskopf, Berlin 1973, IV, 2103.

455 Vgl. *Staat* 433 Aff.

resultierende Entwicklung der produktiven Kräfte, die zu einer grenzenlosen und für die Gesellschaft und den Einzelnen schädlichen Steigerung der Bedürfnisse führte. Die Auseinandersetzung mit deren Folgen (wechselseitige Abhängigkeit und Entfremdung, grenzenloses Streben nach Reichtum, Luxuskonsum, Korruption der gesellschaftlichen Moral) wird zu einem Hauptthema der hellenistisch-römischen Philosophie, an die Rousseau mit seiner Zivilisationskritik in vielfacher Weise anknüpfen konnte. Davon wird noch ausführlich zu sprechen sein.

3. Die Entstehung des Eigentums

Für Rousseau steht am Anfang der bürgerlichen Gesellschaft (société civile), d.h. der politisch verfaßten Gesellschaft, das Eigentum. Die außerordentliche Rolle, die er ihm beimißt, kommt in dem berühmten Satz zum Ausdruck, der an markanter Stelle zu Beginn des zweiten Teils des Zweiten Discours zu lesen ist:

> Le premier qui ayant enclos un terrain, s'avisa de dire, *ceci est à moi*, et trouva des gens assés simples pour le croire, fut le vrai fondateur de la société civile (III, 164).
>
> Der erste, der ein Stück Land eingezäunt hatte und es sich einfallen ließ zu sagen: *dies ist mein*, und der Leute fand, die einfältig genug waren, ihm zu glauben, war der wahre Gründer der bürgerlichen Gesellschaft.

Es ist dies der Endpunkt einer langen Entwicklung, durch die das letzte Stadium des Naturzustandes gekennzeichnet ist. Um diesen Punkt zu erreichen, mußte vieles geschehen: der Übergang zur 'société naissante'; die Entstehung von Familie, Horde und Stammesverband; die allmähliche Herausbildung einer Produktionsweise, die sich auf Viehzucht und frühe Formen des Bodenbaus gründet. So ist die Idee des Eigentums nicht einer plötzlichen „Eingebung“ zu verdanken. Diese Vorstellung hängt von vielen vorausliegenden ab, die nur nach und nach entstehen konnten, und diese wiederum von vielen Veränderungen im Leben der Menschen.

Der Herausbildung von Ackerbau und Metallurgie war in der 'société naissante' eine Phase vorausgegangen, in der die Menschen ihren Lebensunterhalt allein und ohne fremde Hilfe bestreiten konnten (III, 171). Mit der Arbeit im strikten Sinn des Wortes, der Vorratswirtschaft, der Entstehung des Eigentums begann eine neue Phase in der Entwicklung der Menschheit, in der die sozialen Beziehungen ersten Belastungen ausgesetzt waren:

> ... mais dès l'instant qu'un homme eut besoin du secours d'un autre; dès qu'on s'apperçut qu'il étoit utile à un seul d'avoir des provisions pour deux,

> l'égalité disparut, la propriété s'introduisit, le travail dévint nécessaire ... (III, 171)
>
> ... Aber von dem Augenblick an, da ein Mensch die Hilfe eines anderen nötig hatte, sobald man bemerkte, daß es für einen Einzelnen nützlich war, Vorräte für zwei zu haben, verschwand die Gleichheit, das Eigentum kam auf, die Arbeit wurde notwendig ...

Die Entstehung des Privateigentums, an systematischen Bodenbau, Arbeitsteilung und in der Folge an den Warenaustausch gebunden, bedeutet die endgültige Zerstörung der Gleichheit. Nach der Entdeckung der Metallbearbeitung und der Einführung des Warenaustauschs beginnt der Zustand wechselseitiger Abhängigkeit und Entfremdung. Der scharfen Verurteilung der sozialen Ungleichheit, die für Rousseau charakteristisch ist, steht fast zu gleicher Zeit bei Turgot eine völlig andere Bewertung gegenüber[456]. Turgot betrachtet die natürliche Ungleichheit der Talente (die Rousseau keineswegs leugnet) als Quelle der sozialen Ungleichheit, die nicht beklagt wird, sondern als Triebkraft der Fortschrittsentwicklung erscheint. Im weiteren Ausbau der Politischen Ökonomie ergibt sich daraus eine Legitimationstheorie, in der letztlich in der Trennung von körperlicher und geistiger Arbeit die Ursache der sozialen Differenzierung, der Entstehung des Privateigentums und der Klassen gesehen wird: eine Entwicklung, durch die auch die Lebensweise der unteren Schichten verbessert werde. Diese Gegensätze in der Theoriebildung, die in der zweiten Hälfte des 18. Jahrhunderts ihre Brisanz entfalten, haben durch Rousseau eine wesentliche Zuspitzung erfahren. Uns interessiert hier vor allem seine historische Ableitung des Privateigentums, für die er neben modernen auch antike Vorbilder fand.

Es kann nicht unsere Aufgabe sein, die komplizierte Entwicklung nachzuzeichnen, die vom Eigentumsrecht der modernen Naturrechtslehrer (Hobbes, Grotius, Pufendorf) bis zur Neubegründung dieses Rechts durch J. Locke führt. Es kann auch nicht darum gehen darzulegen, wie Rousseau die Theorie von Locke in einer Weise umgeformt hat, die sie nach ihrer Rolle, Rechtsansprüche zu legitimieren, nun dazu befähigte, das Eigentum historisch abzuleiten[457].

Es gab zwei Traditionen, die Rousseau vorfand: zunächst die des römischen Rechts, die von Grotius und Pufendorf vertreten wird. Nach ihr bilden die

456 Zu Rousseau vgl. W. Bahner, „Das gesellschaftspolitische Anliegen Jean-Jacques Rousseaus", in: *Formen, Ideen, Prozesse in den Literaturen der romanischen Völker*, II, Berlin 1977, 236ff.; K.D. Schulz, *Rousseaus Eigentumskonzeption,* Frankfurt, New York 1980 (zum Zweiten Discours 71f., 85f.). Allgemein zur Eigentumstheorie der Aufklärung R. Brandt, *Eigentumstheorien von Grotius bis Kant*, Stuttgart 1974. Zu Turgot vgl. *Plan des deux Discours sur l'histoire universelle*, in: *Œuvres*, I, 303.

457 Goldschmidt, *Anthropologie*, 526ff.

Grundlage des Eigentums Aufteilung oder Okkupation. Wie wir einer Darstellung Ciceros entnehmen können, steht am Anfang das Gemeineigentum, das durch das Privateigentum abgelöst wird. Die Sicherung des Eigentums erscheint sogar als die eigentliche Aufgabe des Staates. Im Anschluß an Panaitios führt Cicero aus, daß die Entstehung der Gesellschaft auf einen natürlichen Sozialtrieb zurückzuführen sei, dagegen habe das Bedürfnis nach Sicherung des privaten Eigentums zur Gründung des Staates geführt (*Über die Pflichten* II, 73). Die griechische Philosophie wird hier herangezogen, um in den Auseinandersetzungen um die Reformversuche der Gracchen die Position der konservativen Kräfte zu stützen: Was ein jeder *er*halten hat, muß er *be*halten; wer das Eigentum eines anderen für sich begehrt, verletzt das Recht der menschlichen Gesellschaft (*Über die Pflichten* I, 21)[458].

Die zweite, für ihn wichtigste Begründung der Entstehung des Eigentums fand Rousseau bei J. Locke, zunächst angeregt durch Barbeyrac in seinem Kommentar zu Pufendorfs *De jure naturae et gentium* IV, 4, 1 (n. 2): Nach ihr geht bekanntlich das Eigentum aus der Arbeit hervor. Rousseau schließt sich an diese Tradition an. Es sei unmöglich,

> ... de concevoir l'idée de la propriété naissante d'ailleurs que de la main d'œuvre; ... C'est le seul travail qui donnant droit au Cultivateur sur le produit de la terre qu'il a labourée, lui en donne par conséquent sur le fonds, au moins jusqu'à la recolte, et ainsi d'année en année, ce qui faisant une possession continue, se transforme aisément en propriété (III, 173).

> ... zu begreifen, wie die Vorstellung des Eigentums aus etwas anderem als der Handarbeit entstehen könnte ... Allein die Arbeit, die dem Bauern ein Recht auf das Produkt des Feldes gibt, das er bestellt hat, gibt ihm folglich ein Recht auf den Boden, zumindest bis zur Ernte, und so von Jahr zu Jahr - was, da es einen ununterbrochenen Besitz schafft, sich leicht in Eigentum verwandelt.

Auf dieser Grundlage[459] setzt sich Rousseau mit dem Problem der Aufteilung des Bodens auseinander, die aus seiner Bebauung folge (III, 173).

Locke hatte durch die Ableitung des Privateigentums aus der Arbeit geglaubt, diesem einen „natürlichen“ Charakter zu verleihen. Rousseau stimmt mit einer Reihe von Theoretikern (Turgot, Morelly, Mably) darin überein, daß er

458 Vgl. R. Müller, „Cicero und die Rezeption griechischer Gesellschaftstheorie in Rom“, in: *Klio* 71 (1989), 461f. Aber die Versuche einer philosophischen Rechtfertigung des Eigentums haben eine längere Geschichte. Aristoteles hat Platons Idee eines Gemeineigentums im Idealstaat scharf kritisiert und dabei eine Rechtfertigung des Privateigentums entwickelt (*Politik* II, 5, 1262 b 37ff.; II, 7, 1267 a 37ff.).

459 *Two treatises of Government*, II, 5, 25ff.. Vgl. Morel, a.a.O., 174, Anm. 3.

dem Eigentum nicht eine solche Position einräumt, sondern es als Produkt historischer Entwicklung erkennbar macht. Ähnlich wie bei Turgot erscheinen bei ihm erste Formen des Eigentums im Zustand der patriarchalischen Familie (Rousseau spricht von 'une sorte de propriété'), die mit dem Übergang von der Jagd zur Viehzucht und zum Ackerbau verbunden ist (III, 167). Erst die letztere Phase bringt mit der Landbearbeitung und Landaufteilung das Privateigentum sensu stricto (III, 173f.). In der Frage, was dem Privateigentum vorausgegangen sei, war Rousseau durch seine Konzeption vom solitären Leben im Naturzustand gehindert, jene Vorstellungen von einem Gemeineigentum zu entwickeln, die wir bei Grotius und Pufendorf, dann auch bei Morelly und Mably finden, die ihrerseits an antike Auffassungen anknüpfen konnten und dabei der historischen Wahrheit näher kamen.

Entscheidend war freilich die Historisierung der Kategorie des Eigentums schlechthin, mit der Rousseau in einem großen Kontext sozialgeschichtlicher Analyse steht. Er sieht hier ein neues Recht begründet, das sich außerhalb des Naturrechts befindet. Auch dafür wird die antike Tradition bemüht. Im Anschluß an Grotius nimmt Rousseau Bezug auf den Beinamen der Göttin Ceres (Demeter) als Thesmophoros (Gesetzgeberin) und ihr Fest „Thesmophoria". Die Alten hätten mit diesem Namen zu verstehen gegeben, „daß die Aufteilung des Grund und Bodens eine neue Art von Recht hervorgebracht hat" (que le partage des terres, a produit une nouvelle sorte de droit, III, 173f.)[460]. Rousseau fügt hinzu: „Das heißt, das Eigentumsrecht, das von dem Recht, welches aus dem natürlichen Gesetz resultiert, verschieden ist" (C'est-à-dire le droit de propriété différent de celui qui résulte de la Loi naturelle, III, 174). Auf die Bindung der Gesetzgebung an die Einführung des Getreides und die Aufteilung der Felder beruft sich Grotius, indem er den Vergil-Kommentator Servius zitiert (zu *Aeneis* IV, 58). Grotius führt den Text des Servius an:

> ... Legiferae Cereri: leges enim ipsa dicitur invenisse: nam et sacra ipsius thesmophoria vocantur (id est legumlatio). sed hoc ideo fingitur, quia ante inventum frumentum a Cerere passim homines sine lege vagabantur: quae feritas interrupta est invento usu frumentorum, postquam ex agrorum divisione nata sunt iura (Servius zu *Aen.* IV, 58).

460 Vgl. H. Meier, a.a.O., 203, Anm. 251, über die Zurückführung einer "neuen Art von Recht" auf eine Gottheit als Gesetzgeber, um das prekäre Recht des Eigentums zu schützen (unter Hinweis auf die allgemeine Rolle der Gottesverehrung bei Lukrez V, 1136ff.). Zum Problem religiöser Legitimation des Staates allgemein: K. Döring, „Antike Theorien über die staatspolitische Notwendigkeit der Götterfurcht", in: *Antike und Abendland* 24 (1978), 43ff. Speziell zu den Thesmophorien vgl. L. Deubner, *Attische Feste*, 3. Aufl., Berlin 1969, I, 50ff.

> ... der Gesetzgeberin Ceres: Man sagt nämlich, daß sie die Gesetze selbst erfunden habe. Denn ihre Opferfeste werden Thesmophoria genannt, d.h. das Bringen der Gesetze. Das wird aber deshalb vorgegeben, weil vor der Erfindung des Getreides durch Ceres die Menschen überall ohne Gesetze umherschweiften: diese Wildheit ist auf die Weise beendet worden, daß der Gebrauch des Getreides erfunden wurde, nachdem aus der Aufteilung der Felder das Recht entstanden war.

Die antike Tradition, von Grotius bezeugt, ist hier für Rousseau wichtig, weil sie mit der Gesetzgebung ausdrücklich eine neue Phase nach dem Naturzustand beginnen läßt, während Locke von einem *natürlichen* Recht auf Eigentum, begründet auf die Arbeit, spricht.

Wenn Rousseau dem Eigentum eine Schlüsselstellung in der Entwicklung der Menschheitsgeschichte zuspricht, hat es auch dafür in der Antike Vorbilder gegeben. Ob und in welchem Grad ihm diese Zusammenhänge bewußt waren, ist nicht in jedem Fall zu beweisen, am ehesten wahrscheinlich zu machen bei jenen antiken Lehren der Kulturentstehung, die uns im Laufe unserer Untersuchung als Inspirationsquelle Rousseauscher Auffassungen schon vielfach begegnet sind. Ihre Zielrichtung liegt eher in der Erkenntnis der gesellschaftlichen Folgen, die die Herausbildung des Eigentums nach sich zog, nicht so sehr in der Analyse seiner Entstehung. Diesen Konzepten, die den historischen Ort des Eigentums zu bestimmen suchen, ist gemeinsam, daß sie mit der Einführung des Eigentums nicht den Beginn von etwas Zukunftverheißendem, sondern den Anfang einer negativen Entwicklung sehen.

Nach Platon (*Staat* 373 Dff.) ist der Anfang einer falschen Gesamtentwicklung in einer Entfernung von den natürlichen Bedürfnissen des Menschen zu sehen. Eine übertriebene Entfaltung von Luxus führt zu Expansion und Krieg. Ziel ist die Gewinnung von Ackerland und Viehbesitz, Triebkraft ein Streben, das im „Verlangen nach unbegrenztem Erwerb von Hab und Gut" seine Wurzeln hat, „die Grenze des Notwendigen (ton anankaion) überschreitend" (373 D)[461]. Auch bei den drei bedeutendsten Theoretikern der Kulturentstehung in hellenistischer Zeit - Dikaiarchos, Poseidonios und Lukrez - finden wir eine ähnliche Betrachtungsweise. Die Entstehung des Privateigentums stellt einen historischen Wendepunkt dar, weil sie eine Entwicklung auslöst, für die es keine „natürliche", da in den wirklichen Bedürfnissen gesetzte Grenze geben kann.

Dikaiarchos geht, wie die antike Theorie auch sonst häufig, von einem ursprünglichen Gemeineigentum aus, unter dessen Bedingungen es weder Krieg noch soziale Konflikte gab[462]:

461 Vgl. oben S. 155f.
462 Zu Dikaiarchos vgl. oben S. 69.

> Aber es gab unter ihnen auch *nicht Krieg und Aufruhr*; denn es gab keinen lohnenden Preis, um dessentwillen jemand einen so großen Zwist hervorgerufen hätte, so daß sie das Glück hatten, daß ihr Leben hauptsächlich aus Muße, Sorglosigkeit in Bezug auf ihre notwendigen Bedürfnisse, Gesundheit, Frieden und Freundschaft bestand (Fr. 49 Wehrli = Porphyrios, Über die Enthaltung von tierischer Nahrung IV, 2).

Die Nähe Rousseaus zu den hier verzeichneten Merkmalen eines ursprünglichen Zustands ist groß. Das gilt sowohl von dem reinen Naturzustand wie auch von der patriarchalischen „entstehenden Gesellschaft", in der Frieden, Muße, Sorglosigkeit, Gesundheit, Freundschaft als bestimmende Merkmale erscheinen. Es sind zu einem großen Teil traditionelle Elemente des „Goldenen Zeitalters", das aber bei Dikaiarchos in Richtung auf eine historische Rationalisierung bereits umgedeutet erscheint[463]. Sein Wesen liegt für ihn in einer urgemeinschaftlichen Ordnung, in der zwar (im Unterschied zu Hesiod) die Lebensbedingungen hart, aber mit dem Fehlen des Privateigentums auch gesellschaftliche Kämpfe und Krieg ausgeschlossen waren. Wir hatten gesehen, daß Dikaiarchos Rousseau als Gewährsmann für eine rein pflanzliche Nahrung in der „Zeit Saturns" bekannt war. Berührungspunkte gab es auch im Hinblick auf die für diesen Autor bezeugte Dreistufenlehre, die als Vorläufer der Vierstadienlehre für das 18. Jahrhundert bedeutsam wurde.

Auch bei dem Stoiker Poseidonios (vermittelt durch Senecas 90. Brief) erscheint das „Goldene Zeitalter" mit dem wesentlichen Attribut des Gemeinbesitzes, der die Grundlage für die Existenz des ganzen Gemeinwesens bildet. Der Gemeinschaftssinn geht durch die Habsucht verloren, die alle Mitglieder der Gesellschaft ins Unglück stürzt:

> Haec (sc.philosophia) docuit colere divina, humana diligere, et penes deos imperium esse, inter homines consortium: quod aliquamdiu inviolatum mansit, antequam societatem avaritia distraxit et paupertatis causa etiam is, quos fecit locupletissimos, fuit. desierunt enim omnia possidere, dum volunt propria (*Briefe* 90, 3)[464].

> Sie (sc.die Philosophie) hat gelehrt, das Göttliche zu verehren, das Menschliche zu lieben, und daß bei den Göttern die Herrschaft liegt und bei den Menschen die Brüderlichkeit. Diese blieb eine Zeitlang unverletzt erhalten, bevor Habsucht die Gemeinschaft auseinanderriß und Ursache der Armut selbst für die Menschen wurde, denen sie den größten Reichtum schenkte.

463 Vgl. oben S. 69. Zum Goldenen Zeitalter S. 163f. u. Anm. 376.

464 K.E. Müller, a.a.O., 335f., bezieht das Gemeineigentum richtig auf die von Seneca kritisierte Auffassung des Poseidonios (*Briefe* 90, 3ff.).

> Sie hörten nämlich auf, alles zu besitzen, als sie es als Privateigentum wünschten.

Senecas Briefe waren Rousseau wohlbekannt, ebenso die Werke Epiktets. Bei letzterem erfährt das Privateigentum eine Bewertung, der die Rousseaus sehr nahe ist:

> „Wenn es mein Interesse ist, einen Bauernhof zu haben, ist es mein Interesse, ihn meinem Nachbarn wegzunehmen ... Dies ist die Quelle von Kriegen, Aufständen, Tyrannien, Verschwörungen" (*Unterredungen* I, 22,14).

Sowohl Dikaiarchos wie Poseidonios (bei Seneca) und Epiktet vertreten Auffassungen, denen die Rousseaus entspricht:

> *Que de crimes, de guerres, de meurtres, que de miséres et d'horreurs* n'eût point épargnés au Genre-humain celui qui arrachant les pieux ou comblant le fossé, eût crié à ses semblables. Gardez-vous d'écouter cet imposteur; Vous êtes perdus, si vous oubliez que les fruits sont à tous, et que la Terre n'est à personne ... (III, 164).

> Wie viele Verbrechen, Kriege, Morde, wie viel Not und Elend und wie viele Schrecken hätte derjenige dem Menschengeschlecht erspart, der die Pfähle herausgerissen oder den Graben zugeschüttet und seinen Mitmenschen zugerufen hätte: 'Hütet euch, auf diesen Betrüger zu hören, ihr seid verloren, wenn ihr vergeßt, daß die Früchte allen gehören und die Erde niemandem'...

Bei Lukrez finden wir dagegen eine stärker historische Orientierung, die für die Analyse der Folgeerscheinungen im gesellschaftlichen und politischen Leben Interesse finden konnte: Die Entstehung des persönlichen Eigentums, verbunden mit der Einführung des Goldes als Zahlungsmittel, löste demnach jene negative Entwicklung aus, die zum Machtkampf, zur Anarchie und zur Auflösung der Gesellschaft führte (V, 1105ff.). Die Hauptursache der Fehlentwicklung liegt für Lukrez (wie für Platon) in dem Streben nach übermäßigem Reichtum, für das es keine Grenze gibt:

> Ergo hominum genus in cassum frustraque laborat
> semper et <in> curis consumit inanibus aevom,
> ni mirum quia non cognovit quae sit habendi
> finis et omnino quoad crescat vera voluptas ... (V, 1430ff.).

> Also strengt sich das Menschengeschlecht umsonst und ohne Ergebnis stets an und verzehrt in nichtigen Sorgen sein Leben, weil es in Wahrheit nicht weiß, wo der Besitz seine Grenze findet und überhaupt, bis zu welchem Punkt die wahre Lust sich steigern kann ....

Sogar im Hinblick auf die letzten Worte, die die Einbettung der Auffassung vom Eigentum in die Lehre von den wahren Bedürfnissen zeigen, wird deutlich, wie nahe Rousseau einer solchen Ätiologie aus der Sicht der Bedürfnisentwicklung steht. Wir werden noch sehen, wie stark seine Deutung der *Auflösung* der frühen Gesellschaft sich mit der des Lukrez auch im einzelnen berührt.

4. Die Anarchie des Gesellschaftslebens

Der bereits fortgeschrittene Zustand der 'société naissante', von der Rousseau sagt, daß in ihr, als der für den Menschen angemessensten, die Menschheit für immer hätte verharren sollen, trug eine Sprengkraft in sich, die einen solchen Wunsch ad absurdum führen mußte: Die natürliche Ungleichheit der Menschen, wenig bedeutend in den frühen Zeiten des Naturzustandes, in Grenzen gehalten selbst noch in der patriarchalischen Gesellschaft, wird äußerst konsequenzenreich, als sich durch die Arbeitsteilung eine größere soziale Differenzierung anbahnt. Die Ungleichheit der Talente entfaltet sich im Zusammenspiel der gesellschaftlichen Kräfte, in der Verbindung der Individuen untereinander (III, 174).

Rousseau macht deutlich, daß nicht nur die Menge der Güter und die Macht, sondern auch rein persönliche Eigenschaften wie Geist, Schönheit, Stärke oder Gewandtheit, wie Verdienst oder Talente (... *l'esprit, la beauté, la force ou l'adresse, ... le mérite ou les talens*, III, 174) in dem veränderten gesellschaftlichen Kontext eine völlig neue Bedeutung erhalten (III, 174). Die Rolle individueller Eigenschaften im Leben der frühen Gesellschaft hat bereits Lukrez vorgezeichnet, aber auch die sich bald anschließenden Verschiebungen. Waren zunächst noch Land und Vieh nach persönlichen Vorzügen wie Schönheit, Stärke, Geisteskraft (... *pro facie cuiusque et viribus ingenioque*, V, 1111) verteilt worden, so beraubt das Eigentum, symbolisiert durch das Gold, die Starken und Schönen ihrer früheren Ehre:

> divitioris enim sectam plerumque secuntur
> *quam lubet et fortes et pulchro corpore creti* (V, 1115f.)[465].

465 Im Hinblick auf die Bewertung körperlicher und geistiger Vorzüge tritt nach der Einführung des Privateigentums und des Geldes bei Lukrez ein grundlegender Wandel ein. Hatten sie bei der Verteilung von Ackerland und Vieh aus dem Gemeineigentum noch eine bevorzugte Rolle gespielt, so wird nunmehr allein der Reichtum maßgebend, der über Macht und Ansehen bestimmt (V, 1115f.). Hatten sich erste Elemente der Ungleichheit bereits auf Grund der individuellen Vorzüge entwickelt, so entsteht mit der Herausbildung des Privateigentums eine neue Situation: Die aufbrechenden sozialen Gegensätze führen zur Anarchie (V, 1120ff.). Die große Nähe Rousseaus zu diesem Gesamtbild ist offenkundig.

Denn des Reicheren Gefolgschaft schließt man sich zumeist an, mag man auch noch so stark und schön gewachsen sein.

Rousseau blickt tiefer und geht nicht davon aus, daß die persönlichen Vorzüge nun gegenstandslos würden. Im veränderten Umfeld erhalten sie eine andere Funktion. Was zuvor durch sich selbst gewirkt hatte, wird im neuen Kontext des Reichtums und der Macht zu austauschbaren Größen relativiert: Sein und Scheinen. Die Macht der 'doxa', des gesellschaftlichen Ansehens, erhält eine immer größere Bedeutung, je mehr der Prozeß der Gesellschaftsbildung fortschreitet (III, 174)[466]. Die Abhängigkeit von der Beurteilung durch die anderen, schon in der hellenistischen Philosophie als eine Quelle schwerer Fehlentwicklungen bewertet, nimmt immer größere Ausmaße an. Freiheit und Sklaverei erweisen sich als relative Begriffe:

> D'un autre côté, de libre et independant qu'étoit auparavant l'homme, le voilà par une multitude de nouveaux besoins assujéti, pour ainsi dire, à toute la Nature, et surtout à ses semblables dont il devient l'esclave en un sens, même en devenant leur maître ... (III, 174f.)
>
> Auf der anderen Seite ist der Mensch, der früher frei und unabhängig war, jetzt durch eine Vielzahl neuer Bedürfnisse sozusagen der ganzen Natur untertan und vor allem seinen Mitmenschen, zu deren Sklave er in gewissem Sinne wird, selbst wenn er zu ihrem Herrn wird.

Rousseau bedient sich einer Maxime der stoischen Ethik, um die Abhängigkeit von falschen Bedürfnissen bzw. der Meinung der anderen als die wahre Sklaverei zu brandmarken: Nur der Weise sei frei, die anderen Menschen Sklaven (SVF III, 354ff.)[467]. In stoischem Geist erscheint auch bei Rousseau eine Abhängigkeit von falschen Bedürfnissen, die zur Abhängigkeit von den anderen wird, als die wahre Sklaverei:

> C'est ainsi que les mêmes causes qui nous rendent méchans nous rendent encore esclaves, et que nôtre foiblesse nait de nôtre cupidité ... (Fragments politiques, III, 479)
>
> So machen uns die gleichen Ursachen, welche uns böse machen, auch zu Sklaven, und so entsteht unsere Schwäche aus unserer Habgier ...

Das Verhältnis der Menschen wird immer mehr von Rivalität und Konkurrenz bestimmt. Auf höherer Stufe setzt sich fort, was bereits in der 'société nais-

466 Zur gesellschaftlichen Rolle der 'doxa' vgl. Lukrez V, 1120ff.

467 Rousseau konnte den Gedanken eindrucksvoll bei Epiktet formuliert finden (*Unterredungen* IV, 1, 6ff.; 1, 15f. u.a.), vgl. J. P. Hershbell, „Epictetus: a freedman on slavery", in: *Ancient Society* 26 (1995), 192ff.

sante' in Erscheinung getreten war: Der Drang, sich vor anderen hervorzutun, das Selbstwertgefühl zu steigern, Beachtung und Wertschätzung bei anderen zu erfahren, kurz alles, was der 'amour-propre' aus sich hervorbringt, findet einen breiten Nährboden unter Bedingungen, die von Arbeitsteilung und Eigentum bestimmt sind. Die Macht der 'opinion' (doxa) bekundet sich in der Abhängigkeit von fremden Wertmaßstäben. Das Eigentum wird dabei oft zu einem Instrument tieferliegender psychischer Triebkräfte[468]:

> Enfin l'ambition dévorante, l'ardeur d'élever sa fortune relative, moins par un veritable besoin que pour se mettre au-dessus des autres, inspire à tous les hommes un noir penchant à se nuire mutuellement ... (III, 175)

> Schließlich gibt der verzehrende Ehrgeiz, der Eifer, sein relatives Vermögen zu erhöhen - weniger aus einem wahrhaften Bedürfnis heraus, als um sich über die anderen zu setzen -, allen Menschen einen finsteren Hang ein, sich wechselseitig zu schaden ...

Über die unmittelbaren Vorbilder für Rousseaus Theorie des 'amour-propre' und ihre antiken Vorläufer wird noch zu sprechen sein. In der Beschreibung der gesellschaftlichen Zusammenhänge, in denen diese Motivation wirksam wird, kommt Rousseau in diesem Zusammenhang Hobbes nahe, für den der „Wille, sich wechselseitig zu schaden" charakteristisch für den Menschen ist (*De cive* I, 3). An keiner Stelle des Zweiten Discours ist die Berührung mit Hobbes enger als bei der Beschreibung eines anarchischen Zustandes, der große Gefahren für den Einzelnen mit sich bringt. Alles das, was Hobbes dem Naturzustand schlechthin zugeschrieben hatte, findet Rousseau erst in der Endphase dessen, was er den Naturzustand nennt, bestätigt:

468 Bereits Lukrez hatte in seiner Darstellung der Entwicklung im frühen Staatswesen extreme Formen der Rivalität der Mächtigen mit der Herausbildung von Privateigentum und Geld in Verbindung gebracht (V, 1113ff.). In seiner Darstellung der Kämpfe um gesellschaftlichen Rang und Reichtum treten Merkmale deutlich hervor, die dann auch bei Rousseau eine entscheidende Rolle spielen: Ehrgeiz, Ruhmsucht, Neid, Eifersucht, *Orientierung an fremden Wertmaßstäben*:

> ... proinde sine in cassum defessi sanguine sudent,
> angustum per iter luctantes ambitionis;
> quandoquidem *sapiunt alieno ex ore petuntque*
> *res ex auditis potius quam sensibus ipsis*,
> nec magis id nunc est neque erit mox quam fuit ante (V, 1129ff.).

> ... Laß sie daher erschöpft in nutzloser Anstrengung Blut schwitzen und sich winden auf dem engen Pfad des Ehrgeizes! Besitzen sie Weisheit doch nur aus fremdem Mund und richten sich in ihrem Streben lieber nach den Worten der anderen als nach dem eigenen Gefühl. So ist es jetzt und wird es in Zukunft sein, nicht mehr, als es früher gewesen.

> La Société naissante fit place au plus horrible état de guerre: Le Genre-humain avili et désolé ne pouvant plus retourner sur ses pas ni renoncer aux acquisitions malheureuses qu'il avoit faites et ne travaillant qu'à sa honte, par l'abus des facultés qui l'honorent, se mit lui-même à la veille de sa ruine (III, 176).

> Die entstehende Gesellschaft machte dem entsetzlichsten Kriegszustand Platz: Das Menschengeschlecht, herabgewürdigt und niedergeschlagen, nicht mehr in der Lage, auf seinem Weg umzukehren oder auf die unglückseligen Errungenschaften, die es gemacht hatte, zu verzichten, und durch den Mißbrauch der Fähigkeiten, die es ehren, nur an seiner Schande arbeitend, brachte sich selbst an den Rand seines Ruins.

Es ist jener anarchische Zustand, den Lukrez eindrucksvoll beschreibt und der bereits bei ihm, wie dann bei Hobbes und Rousseau, die politische Organisationsform als einzigen Ausweg aus sich hervorbringt. Die große Nähe zu Hobbes bedeutet zugleich eine Nähe zur epikureischen Konzeption, deren Bedeutung für Hobbes L. Strauss überzeugend nachgewiesen hat[469]. In welcher Form sie Rousseau in der lebendigen Darstellung bei Lukrez begegnet ist, werden wir noch im einzelnen zu zeigen haben. Zunächst soll der generelle Hinweis genügen: Das Prinzip '*un noir penchant à se nuire mutuellement*', mit dem Rousseau der Auffassung von Hobbes einen historischen Ort (außerhalb des „reinen Naturzustands") gibt, verweist zugleich auf einen zentralen Satz der epikureischen Rechtsphilosophie, die den Gesellschaftsvertrag aus dem Bestreben erwachsen läßt, wechselseitige Schädigung der Menschen untereinander zu vermeiden und damit dem Naturzustand ein Ende zu setzen:

> Das der Natur gemäße Recht ist ein den Nutzen betreffendes Abkommen mit dem Ziel, *einander nicht zu schädigen noch sich schädigen zu lassen* (RS 31).[470]

469 Vgl. oben S. 73f. und Anm. 160. - Hier kommt das Bild von den Menschen, die den Wölfen gleich geworden sind, ins Spiel, die, haben sie einmal Menschenfleisch geschmeckt, nur noch Menschenfleisch verschlingen wollen (III, 176). Goldschmidt, *Anthropologie*, 556, denkt an eine Reminiszenz an Hobbes, *De cive*, Epistola dedicatoria: Profecto utrumque vere dictum est, *homo homini deus* et *homo homini lupus*. Illud si concives inter se, hoc si civitates comparemus. - Die Frage nach einem antiken Ursprung des Bildes führt auf eine Fabel in Platons *Staat* 565 Df.: Wer vom menschlichen Eingeweide gekostet hat, das als *ein* Bestandteil einem Gemenge der Eingeweide anderer Opfertiere beigefügt ist, wird notwendig zum Wolf. - Nicht in der bildlichen Gestalt im einzelnen, wohl aber im gesellschaftlichen Bezug des Vergleiches ist (in epikureischem Kontext) Plutarch, Gegen Kolotes 1124 D, interessant: "Wenn man die gesetzliche Ordnung aufhebt, werden wir das Leben von Tieren führen und einander möglicherweise auffressen, wenn wir einander begegnen".

470 Vgl. oben S. 79ff.

Aber es geht in der letzten Phase des Naturzustandes nicht nur um die äußere Sicherheit für Leib und Leben. Es geht um die innere Integrität des Menschen, die durch die weitere Differenzierung der gesellschaftlichen Beziehungen ernsthaft bedroht ist.

Zwischen den persönlichen Machtpositionen und jenen realen Gütern, die durch einen gesellschaftlichen Aufstieg zu erringen waren (letztlich über den Reichtum) ergibt sich ein neues Verhältnis, das Rousseau in den *Fragments politiques* beschreibt: „... die Ehren, die Reputation, der Rang, der Adel und alles, was nur in der Wertschätzung der Menschen Existenz hat, aber durch diese Wertschätzung zu wirklichen Gütern führt, die man ohne sie nicht erhielte" (... les honneurs, la réputation, le rang, la noblesse, et tout ce qui n'a d'existence que dans les estime des hommes, mais qui mène par cette estime aux biens réels qu'on n'obtiendrait point sans elle, III, 530)[471].

Im Auseinandertreten von Sein und Scheinen findet jene Entfremdung vom Selbst eine erste Ausprägung, die nach dem endgültigen Übergang vom Naturzustand in den Zustand der bürgerlichen Gesellschaft noch ungeahnte Steigerungen erfahren sollte (III, 174). Es überrascht uns nicht, daß Rousseau unter den Elementen einer entwickelteren Struktur der individuellen Potenzen des Menschen (mémoire, imagination, raison, esprit) auch den 'amour-propre' eigens erwähnt (III, 174). Die beiden Grundformen des Bezuges des Menschen auf sich selbst, 'amour de soi-même' und 'amour-propre', von Rousseau in Anmerkung XV des Zweiten Discours definiert, erhalten in der Phase des Übergangs in die bürgerliche Gesellschaft eine gesteigerte Bedeutung. Die Selbstliebe (amour de soi-même), fundiert in der biotischen Natur, bringt in Verbindung mit Vernunft und Mitleid jene Kräfte hervor, die die Erhaltung der Individuen und der Gattung garantieren: 'humanité' und 'vertu' (III, 219). Die Eigenliebe (amour-propre) gebiert aus sich mit dem Drang nach Selbstbestätigung, nach Auszeichnung vor den anderen auch das Bedürfnis, anders zu scheinen als man ist: eine entscheidende Stufe in der Unterwerfung unter die Meinung (opinion) der Menschen.

In der Forschung besteht Übereinstimmung darüber, daß Rousseau seine Unterscheidung von Selbstliebe und Eigenliebe im Anschluß an neuere Autoren formuliert hat, die, aus unterschiedlichen Gründen, zu tieferen Einsichten in die Struktur der modernen Individualität gelangt sind (J. Abbadie, N. Malebranche, Vauvenargues)[472]. Mindestens ebenso wichtig erscheint die Frage, was ihn von diesen Vorläufern unterscheidet. G. Buck hat gezeigt, daß es die Historisierung der Kategorie des 'amour-propre' ist[473]. Er macht deutlich, welche Bedeutung

471 Vgl. oben S. 156.
472 Fetscher, a.a.O., 65ff.
473 A.a.O., 82ff.

die historisch-genetische Ableitung der Selbstentfremdung, die in der Entwicklung des 'amour-propre' beschlossen ist, für Rousseaus Einsichten in die Historizität des menschlichen Wesens gehabt hat.

Die Geschichte des 'amour-propre', die einen ersten Höhepunkt in der Moralistik des 17. Jahrhunderts hat, läßt sich (in ständiger Beziehung zum positiv konnotierten Begriff der Selbstliebe) bis auf die Antike zurückführen. Die Kategorien „Selbstliebe" und „Eigenliebe" haben sich in einem langen Prozeß der Entstehung und Verschärfung gesellschaftlicher Differenzierungen und Konflikte herausgebildet[474]. Wir können hier nur andeuten, wie im 5. Jahrhundert v. Chr. mit der Durchsetzung stärkerer individualistischer Tendenzen, von denen bereits zu sprechen war, Kategorien wie „sich selbst Freund sein", „sich selbst lieben" in verschiedenen Bedeutungsschattierungen (Selbsterhaltung, Selbstsucht, edle Selbstliebe) in der Tragödie (vor allem bei Euripides), thematisiert werden. Im 4. Jahrhundert wird bei Platon die Selbstliebe in ihren Hauptformen (Selbstsucht, Liebe zum höheren Selbst) erfaßt. Auch Aristoteles hat die Selbstliebe in ihrer ambivalenten Bedeutung charakterisiert: als Selbstsucht einerseits, als eine Möglichkeit, höhere ethische Werte zu verwirklichen, andererseits. Die mit dem Gedanken der Selbsterhaltung verbundene stoische Kategorie der Oikeiosis hat dann eine philosophisch tiefere Fundierung ermöglicht.

Im Zusammenhang mit der Kategorie der Selbsterhaltung und ihrer Bedeutung für Rousseaus Anthropologie wurden bereits deren antike Vorläufer, vor allem die Oikeiosis, gewürdigt[475]. Zu ergänzen ist, daß es bei dieser Kategorie nicht nur um das physische Überleben geht, sondern in viel höherem Grade um die seelisch-moralische Substanz des Menschen im Sinne der Selbstakzeptanz und der harmonischen Übereinstimmung mit dem eigenen Ich. Wie gezeigt wurde, spricht manches dafür, daß Rousseau, über alle neuzeitlichen Vermittlungen hinweg, hier auch unmittelbare Anregungen bei Autoren wie Seneca gewonnen hat. Zu erinnern ist aber auch an das, was zu antiken Vorläufern der zentralen Kategorie der 'opinion' (gr. doxa) gesagt wurde, die für die gedankli-

474 Zu den antiken Wurzeln der Kategorie Selbstliebe vgl. K. Gantar, „Die Entstehungsgeschichte des aristotelischen Begriffs der 'philautia'", in: J. Harmatta (Hg.) *Studien zur Geschichte und Philosophie des Altertums*, Amsterdam 1968, 90ff.; ders., „Amicus sibi", in: Živa antica 16 (1966), 135ff.; 17 (1967), 49ff.; ders., „Horazens 'amicus sibi'", in: *Acta antiqua* 12 (1964), 129ff.; C. de Vogel, „Selbstliebe bei Platon und Aristoteles und der Charakter der aristotelischen Ethik", in: J. Wiesner (Hg.), *Aristoteles. Werk und Wirkung. P. Moraux gewidmet*, I, Berlin 1985, 393ff.; H.-J. Fuchs, *Entfremdung und Narzißmus. Semantische Untersuchungen zur Geschichte der "Selbstbezogenheit" als Vorgeschichte von französisch 'amour-propre'*, Stuttgart 1977, 32ff. (Studien zur allgemeinen und vergleichenden Literaturwissenschaft 9).

475 Vgl. oben S. 119.

che Fundierung des 'amour-propre' eine nicht zu unterschätzende Bedeutung gehabt hat[476].

5. Der Vertrag und die Entstehung der politischen Gesellschaft

Mit der Begründung des Staates auf einen Vertrag fügt sich Rousseau in die moderne Staatstheorie ein, wie sie von Hobbes begründet worden war. Mit diesem teilt er die Voraussetzung eines gesellschaftstheoretischen Konventionalismus, der, von dem Verlangen nach Selbsterhaltung und Sicherheit ausgehend, die staatliche Ordnung als Ergebnis rationalen menschlichen Handelns sieht[477]. Auch wenn der Mensch nicht „von Natur" ein gesellschafts- bzw. staatsbildendes Wesen ist, sind doch in seiner Natur Triebkräfte begründet, die im Zusammenschluß zu staatlichen Einheiten den Ausweg aus drohender Vernichtung suchen. Ein grundlegender Unterschied gegenüber Hobbes besteht darin, daß der Mensch nicht unmittelbar aus dem reinen Naturzustand in den der Staatlichkeit übertritt. Vielmehr schafft die gesellschaftliche Anarchie, die nach der Arbeitsteilung und der Herausbildung des Privateigentums entstanden war, erst jene Zustände eines 'bellum omnium contra omnes', die Hobbes für den (fiktiven) Naturzustand angenommen hatte[478]. Durch die inzwischen eintretende Herausbildung der Vernunft steht der Mensch in der „entstehenden Gesellschaft" in dieser Hinsicht auf einer Stufe mit dem Menschen des Hobbesschen Naturzustandes, ist also zu rationalen Entscheidungen fähig.

Indem er den Ausgangspunkt für die Staatlichkeit auf eine höhere Stufe der Entwicklung hebt, kommt Rousseau jenen Zuständen einer Konkurrenzgesellschaft näher, die idealtypisch auch den Hintergrund für Hobbes' Konzeption gebildet hatten. Während für Hobbes der Naturzustand historisch nicht fixiert war, werden derartige Festlegungen im Sinne einer Historisierung nunmehr möglich[479]. Der Mensch hatte vom Nebeneinander isoliert lebender Solitäre bis zur Anarchie einer auf Privateigentum sich gründenden Konkurrenzgesellschaft bereits einen weiten Weg zurückgelegt. Durch den betrügerischen Vertrag, den die Reichen nun mit den Armen schließen, werden die Elemente der Ungleichheit und der Entfremdung weiter vertieft und verfestigt. Indem er wie Pufendorf eine Zweistufigkeit von Gesellschafts- und Unterwerfungsvertrag annimmt, unter-

476 Vgl. oben S. 155f.
477 Vgl. W. Kersting, a.a.O., 11ff.
478 Kersting, a.a.O., 140ff.
479 Kersting spricht von einer "sozialevolutionären These, die die begriffliche Trias von Naturzustand, Vertrag und staatlich gefestigter Gesellschaft in eine zeitliche Abfolge markanter Vergesellschaftungsetappen auf einem Weg zunehmender gesellschaftlicher Komplexität verwandelt" (a.a.O., 140).

scheidet sich Rousseau von Hobbes, dem er aber in anderen Elementen der Staats- und Rechtsauffassung sehr nahe steht. Die Ausschließlichkeit, mit der die staatliche Verfassung und das Recht auf den Nutzen begründet und von allen naturrechtlichen Erwägungen traditioneller (aristotelischer und stoischer) Art abgekoppelt werden, steht wie bei Hobbes in der Tradition der antiken Vertragstheorie[480].

Die Menschheit am Rande des Ruins: Rousseau illustriert die Situation der Ausweglosigkeit mit Versen aus Ovids *Metamorphosen*:

> Attonitus novitate mali, divesque miserque,
> effugere optat opes, et quae modo voverat, odit (XI, 127f.).
>
> Bestürzt über das neue Übel, reich und elend zugleich, möchte er den Schätzen entfliehen und haßt, was er eben noch gewünscht hatte.

Es ist der Schrecken, der den sagenhaften König Midas erfaßt, dem der Wunsch erfüllt wurde, es möchte sich alles in Gold verwandeln, was er berührt. Rousseau schildert die entstandene Lage aus der Sicht des Reichen, der in einer Situation auf Abhilfe sinnt, in der „keiner, weder in der Armut noch im Reichtum, seine Sicherheit fand" (nul ne trouvoit sa sûreté ni dans la pauvreté ni dans la richesse, III, 177). Die Menschen müssen über völlig neue Wege der Lösung nachdenken. Die Stunde der Reflexion ist gekommen (III, 176). Es ist die Situation, in der sich bereits Vertreter der antiken Lehre vom Gesellschaftsvertrag die Entstehung von Staat und Gesetzen vorgestellt haben: Die Einsicht in die unabdingbare Notwendigkeit eines Neubeginns erwächst aus den tödlichen Erfahrungen der Anarchie (Lukrez V, 1136ff.). Bei Lukrez ist es diese Lage, in der „einige" die Initiative ergriffen und aufzeigten, wie man durch Recht und Gesetz Abhilfe schaffen kann (V, 1143f.).

Das Moment der „Reflexion", auf das Rousseau Wert legt, entspricht einer alten antiken Auffassung von der Rolle der „Weisen" bei der Begründung von Staat und Gesetzen, von der Lukrez, obwohl sie auch im Epikureismus durchaus präsent ist, hier nur einen kaum mehr erkennbaren Anklang zeigt[481].

480 Kersting, a.a.O., 13. Zur antiken Vertragstheorie vgl. R. Müller, „Der antike Ursprung der Lehre vom Gesellschaftsvertrag", in: *Polis und Res publica*, 53ff.; J. Sprute, *Vertragstheoretische Ansätze in der antiken Rechts- und Staatsphilosophie. Die Konzeptionen der Sophisten und der Epikureer*, Nachrichten der Akademie der Wissenschaften in Göttingen, Phil.-hist. Klasse, 2 (1989). Zum Zusammenhang mit der späteren Entwicklung vgl. H. Klenner, „Gesellschaftsvertragstheorien vom 17. bis zum 20. Jahrhundert", in: R. Müller, H. Klenner, *Gesellschaftsvertragstheorien von der Antike bis zur Gegenwart*, Sitzungsberichte der Akademie der Wissenschaften der DDR, 2/G (1985), Berlin 1985, 31ff.

481 Vgl. S. 217f. In der von den Epikureern vertretenen Form der Vertragstheorie wirken die überlegene Fähigkeit Einzelner, einen Weg zu weisen, und die Einsicht der Menge,

Rousseau verhält sich gegenüber den Vertretern des Vertragsgedankens durchaus selektiv. Eine grundsätzliche Übereinstimmung mit Hobbes teilt er mit Pufendorf, der gleichfalls im Vertrag das entscheidende Mittel sah, die Vernichtung der Menschheit zu verhindern. Rousseau führt einen neuen Gedanken unter dem Einfluß von J. Locke in die Vertragstheorie ein. Es geht um die Rolle der Eigentumssicherung beim Abschluß des Vertrages[482]. Rousseau, der anders als Locke, weit entfernt ist, das Eigentum als Bestandteil des Naturzustandes zu sehen, stimmt doch mit ihm darin überein, daß die Bewahrung des Besitzes, als er einmal entstanden war, ein wesentliches Motiv der politischen Organisationsbildung darstellte. Der listige Reiche, der die Mitglieder der Gesellschaft zum Zusammenschluß überredet, erwähnt den Besitz, läßt ihn aber hinter dem Gedanken der wechselseitigen Garantie der Sicherheit zurücktreten:

> „Unissons nous", leur dit-il, „pour garantir de l'oppression les foibles, contenir les ambitieux, et assûrer à chacun la possession de ce qui lui appartient: Instituons des réglemens de Justice et de paix ..." (III, 177).
>
> „Vereinigen wir uns", sagt er zu ihnen, „um die Schwachen vor der Unterdrückung zu schützen, die Ehrgeizigen in Schranken zu halten und einem jeden den Besitz dessen zu sichern, was ihm gehört: Laßt uns Vorschriften der Gerechtigkeit und des Friedens aufstellen ..."

Das Interesse der Reichen ist die Triebkraft für die Staatsgründung, nicht in einem allgemeinen Sinn wie bei Hobbes (und Epikur) das Bedürfnis, die Menschen vor wechselseitiger Gewaltausübung zu schützen. Indem er das 'bellum omnium contra omnes' am Zustand gesellschaftlicher Anarchie zwischen sozial Ungleichen festmacht, korrigiert Rousseau ausdrücklich Hobbes, der in diesem Verhalten eine am Naturzustand ablesbare anthropologische Konstante hatte sehen wollen (III, 288).

Die Ambivalenz der Einführung der politischen Gesellschaft bringt Rousseau mit drastischen Worten zum Ausdruck, die wie ein fernes Echo auf Lukrez wirken:

> Tous coururent au devant de leurs fers croyant assûrer leur liberté; car avec assés de raison pour sentir les avantages d'un établissement politique, ils n'avoient pas assés d'expérience pour en prévoir les dangers ... (III, 177f.)
>
> Alle liefen auf ihre Ketten zu, im Glauben, ihre Freiheit zu sichern; denn sie hatten zwar genügend Vernunft, um die Vorteile einer politischen Einrich-

die diesen Weg beschreitet, eng zusammen. Vgl. besonders Hermarchos, Fr. 34 Longo Auricchio (Porphyrios, *Über die Enthaltung von tierischer Nahrung* I, 7ff.) und den Kommentar S. 137.

482 J. Locke, *Two treatises of Government*, ed. P. Laslett, II, 9, 124.

tung zu ahnen, aber nicht genügend Erfahrung, um deren Gefahren vorherzusehen ...

Auch Lukrez betrachtet die Einführung des Gesetzesstaates als eine Fessel menschlicher Freiheit und Selbstbestimmung, mag er auch von ihrer Notwendigkeit überzeugt sein. In der Furcht vor Strafe sieht er eine grundlegende Beeinträchtigung der menschlichen Substanz. Die Freiwilligkeit der Unterwerfung erklärt sich aus der Unhaltbarkeit der entstandenen Situation, aber der Preis erscheint hoch[483]:

> nam genus humanum, defessum vi colere aevom,
> ex inimicitiis languebat; quo magis ipsum
> sponte sua cecidit sub leges artaque iura.
> ...
> inde metus maculat poenarum praemia vitae (V, 1145ff.).
>
> Denn das Menschengeschlecht war es müde, ein Leben der Gewalt zu führen, und war geschwächt durch die Fehden. Um so bereitwilliger unterwarf es sich aus freien Stücken den Gesetzen und dem Zwang des Rechts.
> ...
> Von dieser Zeit an befleckt die Furcht vor Strafen die Werte des Lebens.

Lukrez betont die Ambivalenz jeder rechtlichen Ordnung, die immer zugleich Sicherungs- und Unterdrückungselement ist. Keine Rolle spielt bei Lukrez das Moment der Eigentumssicherung, das wir bei Cicero als das eigentliche Ziel der Staatsgründung gefunden hatten: Müsse die Entstehung der *Gesellschaft* (wie bei Aristoteles) auf einen natürlichen Trieb zum Gemeinschaftsleben zurückgeführt werden, so habe das Bedürfnis nach Sicherung des Eigentums zur Gründung des *Staates* geführt (*Über die Pflichten* II, 73)[484].

Generell ist zu bemerken, daß, je weiter die Darstellung im Zweiten Discours in die Begründung der Staatlichkeit hineinführt, der unmittelbare Bezug auf die neuzeitliche Theorie von Staat und Recht (von Hobbes über Grotius und Pufendorf bis zu Locke und Burlamaqui) immer mehr zunimmt. Im gleichen Maß wie die Anthropologie der Jurisprudenz Platz macht, gehen die unmittelbaren Rückgriffe auf die antike Tradition zurück. Was gleichwohl bleibt, sind gedankliche Rahmenmuster für Grundfragen einer philosophischen Betrachtung von Staat und Recht, wie sie Rousseau aus der Antike geläufig waren.

483 Vgl. H. Meier, a.a.O., 217, Anm. 265, über die Ketten als das Signum des bürgerlichen oder politischen Zustands schlechthin. Über die epikureische Sicht der unauflösbaren Ambivalenz jeder staatlichen und rechtlichen Ordnung, wie sie Lukrez mit besonderer Schärfe formuliert, Goldschmidt, *La doctrine d'Épicure et le droit*, 98ff.

484 Vgl. oben S. 199.

Die Denkform, hinter Gesetz und Staat, die allen Bürgern gleiches Recht zu garantieren behaupten, verberge sich in Wahrheit der Vorteil einer bestimmten sozialen Gruppe, war in der Antike in einem allgemeinen Sinn vorbereitet. Ohne bestimmte Einflüsse auf Rousseau nachweisen zu können, muß auf diese Zusammenhänge dennoch verwiesen werden. Der gedankliche Grundgestus konnte extrem unterschiedliche Tendenzen aufweisen. Nach dem Bericht Platons hat der Sophist Thrasymachos sich offen dazu bekannt, daß das Recht nichts anderes sei als der Nutzen für den Stärkeren (*Staat* 338 C). Thrasymachos bezieht sich zur Begründung dieses Satzes auf verschiedene Regierungsformen, ein Problem, das sich Rousseau für das Ende des Zweiten Discours aufbewahrt:

> Jede Regierung aber gibt ihre Gesetze entsprechend ihrem eigenen Vorteil (sympheron); ... mit dieser Art der Gesetzgebung aber tun sie kund, daß für die Regierten das gerecht sei, was ihnen selbst (sc. den Regierenden) nützt (338 E)[485].

Der uns historisch nicht bezeugte Kallikles in Platons *Gorgias*, der die Gesetze als Erfindung der sozial Schwachen (in der Demokratie) deutet, fordert dagegen ein Recht des Stärkeren ein (483 Bff.). Der Gedanke der Manipulation fand seine drastischste Formulierung im Sinne des bewußten Betrugs in der die Aufklärung bewegenden Frage der Religion. Kritias, Aristokrat und vielseitiger Schriftsteller, galt bisher als Autor einer Partie aus dem Drama *Sisyphos*[486]. Nach diesem uns erhaltenen Fragment soll ein „schlauer und kluger Mann“ die Furcht vor den Göttern erfunden haben, um Übeltäter daran zu hindern, insgeheim etwas Böses zu tun, nachdem die Gesetze offene Gewalttat verhindert hatten[487]:

> Mit diesen Reden führte er die lockendste der Lehren ein, mit lügnerischem Wort die Wahrheit verhüllend“ (Fr. 25, 24ff. D.-K.).

Daß Rousseau in diesem größeren Zusammenhang unter dem „Gesetz der Natur“ wie Hobbes eine Herrschaft des Stärkeren verstand, zeigen seine weiteren

485 Zu den antiken Theorien eines Rechts des Stärkeren vgl. W.K.C. Guthrie, *A history of Greek philosophy*, III, Cambridge 1971, 101ff.

486 Vgl. Anm. 513.

487 Die Verwandtschaft mit der Rolle des "schlauen Betrügers" in den religionskritischen Auseinandersetzungen der Aufklärung über die Entstehung der Religion ist offenkundig. Rousseau selbst hatte derartige Kritik in einem Entwurf formuliert, den er nicht in den Zweiten Discours aufnahm. Er ist zugänglich in den Ausgaben von Starobinski (III, 224f.) und H. Meier (386 ff) . Vgl. H. Meier, Einleitung, XLIff. - Goldschmidt, *Anthropologie,* 572ff., verweist auf die Funktion der "Fabel" im Sinne politischer Manipulation durch Menenius Agrippa. Vgl. auch Platons Auffassung von der "berechtigten Lüge" des Staatsmannes gegenüber dem Volk (*Staat* 414 Bff.).

Ausführungen über das Verhältnis der verschiedenen politischen Gemeinschaften untereinander. Nachdem die Gesetze die innere Gewalt reguliert hatten, blieben die äußeren Beziehungen die Domäne der Gewaltanwendung (III, 178f.). In dem Gedanken, daß die Kriege (neben dem Luxus) die sinnloseste Ausgeburt der fortgeschritteneren Menschheitsentwicklung darstellen, ist in den Formulierungen die Nähe zu Lukrez unverkennbar:

> ... on vit *enfin les hommes se massacrer par milliers* sans savoir pourquoi; et il se commettoit *plus de meurtres en un seul jour de combat* et plus d' horreurs à la prise d'une seule ville, qu'il ne s'en étoit commis dans l'état de Nature durant des siécles entiers sur toute la face de la terre (III, 179).

> ... Schließlich sah man, wie sich die Menschen zu Tausenden niedermetzelten, ohne zu wissen weshalb; und es wurden mehr Mordtaten an einem einzigen Gefechtstag begangen und mehr Greuel bei der Einnahme einer einzigen Stadt, als im Naturzustand während ganzer Jahrhunderte auf der gesamten Erdoberfläche begangen worden waren.

Bei Lukrez finden wir die Kontrastierung zwischen dem Naturzustand und dem Krieg zwischen „zivilisierten" Völkern bei der Darstellung der Todesarten in der menschlichen Frühzeit, die sich aus der Bedrohung durch die wilden Tiere ergaben[488]:

> *at non multa virum sub signis milia ducta*
> *una dies dabat exitio ...* (V, 999 f.)

> Aber es stürzte noch nicht *ein* Tag viele Tausende Männer, die den Feldzeichen gefolgt waren, in den Tod ...

Von einer Entwicklung, die die Gesetze der anarchischen Einzelgesellschaft auf die Beziehungen der Völker untereinander überträgt, vermag geistig freizumachen nur eine letzte Spur von dem natürlichen Mitleid, das im Verkehr zwischen den Völkern fast seine ganze Kraft verliert. Es wohnt nur mehr in einigen großen kosmopolitischen Seelen, „welche über die imaginären Barrieren, die die Völker trennen, hinwegschreiten und - nach dem Beispiel des souveränen Wesens, das sie geschaffen hat - das ganze Menschengeschlecht in ihr Wohlwollen einschließen" (qui franchissent les barriéres imaginaires qui séparent les

488 Zur Rolle der Bedrohung durch die wilden Tiere in der antiken Kulturtheorie vgl. oben S. 81. Der Philosoph und Kulturhistoriker Dikaiarchos hat eine eigene Schrift *Über den Untergang der Menschen* verfaßt, wie wir aus Cicero, *Über die Pflichten* II, 16, wissen. Hier ging es darum, daß durch Gewaltanwendung (in Kriegen und Revolutionen) mehr Menschen vernichtet worden seien als durch jede andere Katastrophe (Überschwemmungen, Seuchen u.a.). Vgl. F. Wehrli (Hg.), *Die Schule des Aristoteles*, I, *Dikaiarchos*, Basel 1944, Fr. 24.

Peuples, et qui, à l'exemple de l'être souverain qui les a créés, embrassent tout le Genre-humain dans leur bienveillance, III, 178).

Es ist hier nicht der Ort, die Erscheinungsformen des Kosmopolitismus in der griechischen Philosophie, die auf das 5. Jahrhundert v. Chr. (Anaxagoras, Demokrit) zurückgehen und dann im 4. Jahrhundert und im Hellenismus bei Kynikern und Stoikern ihre Wirkung voll entfalten, im einzelnen darzustellen[489]. Es ist hervorzuheben, daß solche Ideen über den Rahmen des philosophischen Denkens hinaus, wo sie auch in der Antike ihre eigentliche Heimstatt haben, zu wirken vermögen, dann aber, wie ihre Auswirkungen im hellenistischen und römischen Staatsdenken zeigen, ihren Charakter grundlegend verändern[490]. Der kosmopolitische Gedanke wird von Rousseau in der ersten Fassung des *Contrat social* im Sinne seiner Orientierung auf den Patriotismus in Frage gestellt: „... diese vorgeblichen Kosmopoliten, die, indem sie ihre Liebe zum Vaterland mit ihrer Liebe zum Menschengeschlecht rechtfertigen, sich rühmen, die ganze Welt zu lieben, um das Recht zu haben, niemanden zu lieben ..." (ces prétendus Cosmopolites, qui justifiant leur amour pour la patrie par leur amour pour le genre humain, se vantent d'aimer tout le monde pour avoir droit de n'aimer personne, III, 287).

Wenn Rousseau im folgenden die Entstehung der politischen Gesellschaften weiter erörtert und verschiedene Hypothesen für deren Ursachen diskutiert, steht natürlich ein breites Angebot von (zeitgenössischen und antiken) Theorien zur Diskussion. Für nicht entscheidend hält er die Alternative von „Eroberungen der Mächtigsten" und „Vereinigung der Schwachen", über die bereits zu sprechen war. Wenn Rousseau seine Auffassung von der grundlegenden Rolle des Eigentums in einer staatlichen Vereinigung, in der „Starke" und „Schwache" sich auf eine höchste Gewalt einigen, überzeugend begründen will, muß er diese Begriffe auf ihren wahren Kern zurückführen. Was auf einer ursprünglichen Stufe einmal „stark" und „schwach" zu Recht genannt sein mochte (im Hinblick auf die persönlichen Eigenschaften ihrer Träger), hatte in der Zwischenzeit einen anderen Inhalt bekommen: „reich" und „arm" (III, 179).

Es sei hier nochmals an Lukrez erinnert, für den sich eine neue Situation in der Bewertung der persönlichen Eigenschaften mit der Entstehung des Reichtums ergeben hatte: Stärke und Schönheit treten zurück hinter dem Reichtum als

489 Vgl. H.C. Baldry, *The unity of mankind in Greek thought*, Cambridge 1965.

490 Vgl. R. Müller, „Die Staatsauffassung der frühen Stoa", in: *Polis und Res publica*, 279ff.; K.M. Girardet, *Die Ordnung der Welt: Ein Beitrag zur philosophischen und politischen Interpretation von Ciceros Schrift "de legibus"*, Wiesbaden 1983. Im *Discours sur l'économie politique* (III, 245) bezieht sich Rousseau auf die stoische Vorstellung von der kosmischen "großen Stadt", von der die Einzelstaaten einen Teil bilden (vgl. Seneca, *Über die Muße* 4, 1; Marc Aurel IV, 4, 1ff. VI, 44, 6).

dem eigentlichen Mittel, gesellschaftlichen Einfluß auszuüben (V, 1113ff.)[491]. Bereits Aristoteles hatte die Bedeutung des Unterschiedes von Armut und Reichtum für den Staat nicht völlig geleugnet. Zugleich arm und reich zu sein, sei unmöglich, weshalb sogar der Schein entstünde, „als ob die Hauptteile des Staates die Reichen und die Armen seien“ (*Politik* IV, 4, 1291 b 7ff.)[492]. Immerhin stellt er fest, daß sich Oligarchie und Demokratie in der Vorherrschaft von Reichtum oder Armut unterscheiden (*Politik* III, 8, 1279 b 39ff.).

Bemerkenswert ist die Rolle, die Rousseau der „Philosophie“ bei der Begründung der politischen Organisationsformen im allgemeinen und der Regierungsformen im besonderen zuweist. Offenkundig betrachtet auch er die „weisen Gesetzgeber“ der Frühzeit als die Vorläufer der eigentlichen Philosophen (III, 180), wie es antiker Tradition entspricht, etwa bei Seneca im 90. Brief, wo im Anschluß an Poseidonios die Weisen die Führung freilich schon viel früher innehaben[493]. Aristoteles sieht in der politischen Wissenschaft die Grundlage für die Fähigkeit der Politiker, ihre Hauptaufgabe, die Gesetzgebung, auszuüben (*Nik. Eth.* X, 10, 1180 b 15ff.) und knüpft damit an die alte Auffassung an, daß die „Weisen“ der Frühzeit in den Philosophen ihre legitimen Nachfolger haben. Im Sinne dieser Tradition beruft sich Rousseau häufig, so auch an dieser Stelle, auf Lykurg als einen der Sieben Weisen und großen Gesetzgeber. Der „Mangel an Philosophie und Erfahrung“ (le défaut de Philosophie et d'expérience) habe dazu geführt, daß immer nur die gegenwärtigen Unzulänglichkeiten wahrgenommen wurden. Trotz aller Anstrengung der „weisesten Gesetzgeber“ sei der politische Zustand immer unvollkommen geblieben, weil bei der Einrichtung der Verfassung gemachte Fehler niemals wieder gut gemacht werden konnten:

> On raccommodoit sans cesse, au lieu qu'il eut fallu commencer par néttoyer l'aire et écarter tous les vieux matériaux, comme fit Licurgue à Sparte, pour élever ensuite un bon Edifice (III, 180).

> Man besserte unablässig aus, während es notwendig gewesen wäre, zunächst die Tenne freizufegen und alles alte Material aus dem Wege zu räu-

491 Vgl. oben S. 204ff. Vgl. Rousseaus Feststellung über das Verhältnis von Reichtum, Rang, Macht und persönlichem Verdienst (III, 189) unten S. 226.

492 G. Audring, „Über Aristoteles' ‘Teile des Staates’ (mere tes poleos)“, in: J. Irmscher, R. Müller (Hg.), *Aristoteles als Wissenschaftstheoretiker*, Berlin 1983, 237 (Schriften zur Geschichte und Kultur der Antike 22). Zur soziologischen Bestimmung der Verfassungsunterschiede vgl. J. Day, M.H. Chambers, *Aristotle's history of Athenian democracy*, Berkeley-Los Angeles 1962, 25ff., 159ff.

493 Vgl. oben S. 168f.

men, wie es Lykurg in Sparta tat, um danach ein gutes Gebäude zu errichten.

Bereits bei Cicero (*Über den Redner* III, 56) ist Lykurg einer der alten Weisen, wohl im Anschluß an Dikaiarchos, über den es bei Diogenes Laertios I, 40 heißt, er habe die Sieben Weisen „weder für Weise noch für Philosophen erklärt, wohl aber für kluge und zur Gesetzgebung befähigte Männer", damit die der Praxis zugewandte Seite dieser Vertreter einer frühen Weisheit betonend[494].

Rousseaus Verbundenheit mit Lykurg[495], in der Antike immer Repräsentant reformerischen oder utopisch-radikalen Denkens im Sinne der Aufhebung überholter politischer Strukturen und der Schaffung neuer Formen, die, wie auch immer im einzelnen politisch motiviert, die alten ersetzen sollten, tritt fast selbstverständlich hervor, wo es darum geht, „die Tenne freizufegen", nicht nur in der Theorie, sondern in der politischen Praxis den Weg für etwas Neues freizumachen.

Im weiteren Fortgang der Einrichtung der politischen Herrschaft werden Magistrate eingeführt. Die Unzuträglichkeiten mußten sich ständig vermehren:

> ... *qu'on commît à des Magistrats le soin de faire observer les déliberations du Peuple* ... (III, 180)
>
> ... damit man Magistraten die Sorge dafür übertrug, den Beschlüssen des Volkes Gehorsam zu verschaffen ...

Die Nähe zu Lukrez ist wiederum groß:

> *inde magistratum partim docuere creare*
> iuraque constituere, *ut vellent legibus uti* (V, 1143f.).
>
> Nun haben einige Leute gezeigt, wie man einen Magistrat wählt und Rechte festlegt, damit man den Gesetzen willig gehorche.

Auch Lukrez denkt, wie seine Wortwahl beweist, an ein demokratisches Regime, das er, den Grundlinien der römischen Geschichte gemäß, auf eine frühe

494 Vgl. W. Jaeger, *Über Ursprung und Kreislauf des philosophischen Lebensideals*, Sitzungsberichte der Preußischen Akademie der Wissenschaften, Phil.-hist. Klasse 25, Berlin 1928, 26ff. Wie bei Rousseau erscheint bereits in der Antike Lykurg als Vertreter eines "eingreifenden Denkens", einer Einheit von Denken und Handeln, wie sie besonders Dikaiarchos vertrat; vgl. S. 246.

495 Zur Rolle Lykurgs in der philosophischen und politischen Diskussion der Aufklärung vgl. Leduc-Fayette, a.a.O., 91ff.; Grell, a.a.O., I, 486ff. Mit seiner häufigen Bezugnahme auf die paradigmatische Rolle Lykurgs in der Verfassungsgeschichte steht Rousseau in einer alten Tradition, in der die altspartanische Verfassung Lykurgs immer wieder zum Gegenstand idealisierender Projektionen geworden war. Vgl. E.N. Tigerstedt, *The legend of Sparta in Classical antiquity*, Stockholm, Göteborg, Uppsala 1986, 159ff., 206ff.

Monarchie folgen läßt. Die Magistrate haben eine dienende Funktion gegenüber den Konventionen des Vertrages bei Rousseau, wie sie bei Lukrez den Gehorsam gegenüber den Gesetzen erzwingen. Wie bei Pufendorf und im Unterschied zu Rousseaus *Contrat social* gibt es hier noch eine Unterscheidung von Gesellschafts- und Regierungsvertrag.

Für Rousseau stehen am Anfang die Beschlüsse des Volkes, die Gesetze, als deren Diener die Magistrate zu wirken und deren Durchsetzung sie zu sichern haben. Daraus ergibt sich die Ablehnung der Auffassung von der anfänglichen Unterwerfung unter einen absoluten Herrn (III, 180).

Es kann hier nicht darum gehen, die neuzeitlichen Theorien einer absoluten Herrschaft zu erörtern, mit denen sich Rousseau auseinandersetzt. Die Gedankenverbindung, daß eine despotische Herrschaftsform auf der anderen Seite die Unterwerfung unter Sklaverei und Unterdrückung voraussetzt, findet sich in der Antike am deutlichsten in Aristoteles' Untersuchung der verschiedenen Arten einer Monarchie. Eine von ihnen, die bei barbarischen Völkern vorkomme, wird (gemäß der wertenden ethnischen Unterscheidung von Hellenen und Barbaren) auch auf den sklavischen Sinn der letzteren zurückgeführt[496]. Wir werden sehen, daß Rousseau die bei Aristoteles zugrunde liegende Bewertung der Barbaren strikt ablehnt. Aber der Verweis auf die mit einer absoluten Herrschaft verbundene Sklaverei der Untertanen bietet doch eine bemerkenswerte Parallele.

Es ist unmöglich, an Rousseaus Theorie der Regierungsformen alle jene Elemente hervorzuheben, die, in einer langen Rezeptionsgeschichte, letztlich auf antike Vorbilder zurückgehen. Generell folgt Rousseau bei der Unterscheidung von guten Herrschaftsformen, die auf das Wohl der Regierten bedacht sind, und schlechten, die darauf abzielen, nur dem Vorteil der Regierenden zu dienen, der klassischen Theorie, die wir in gültiger Formulierung bei Aristoteles (*Politik* III, 7, 1279 a 25ff.) finden (vgl. auch Platon, *Staat* 346 E)[497]. Man hat zu Recht auf die allgemeine Rezeption dieser Unterscheidung in der Staatstheorie bei Hobbes, Grotius und Pufendorf verwiesen. Rousseau bezieht sich in solchen Fällen gern aperçuhaft auf große Namen der Geschichte, statt die antiken Theoretiker unmittelbar zu zitieren:

> ‘Si nous avons un *Prince*’, disoit Pline à Trajan, ‘c'est afin qu'il nous préserve d'avoir un *Maître*’ (III, 181).
>
> ‘Wenn wir einen Fürsten haben’, sagte Plinius zu Trajan, ‘so darum, daß er uns davor bewahre, einen Herrn zu haben.’

496 *Politik* III, 14, 1285 a 16ff.

497 Vgl. J. de Romilly, „Le classement des constitutions d'Hérodote à Aristote“, in: *Revue des Études Grecques* 72 (1959), 96; J. Bordes, *Politeia dans la pensée grecque jusqu'à Aristote*, Paris 1982, 437f.

'... sedemque optinet *principis*, ne sit *domino* locus' (Panegyricus auf Trajan 55, 7)

Das Verhältnis zwischen Griechen und Barbaren war in der Antike immer wieder dazu benutzt worden, um Grundzüge der Gesellschaft und ihrer politischen Ordnung auf dem Hintergrund altorientalischer Strukturen hervortreten zu lassen. Rousseau wendet sich gegen die antike These von einer natürlichen Disposition zur Sklaverei bei den Völkern des Orients. Eine solche Disposition bestimmter Ethne war in vielfältiger Brechung von der Hippokratischen Schrift *Über die Umwelt* bis in die römische Kaiserzeit immer wieder strapaziert worden[498]. Rousseau versucht klarzumachen, daß die Gesinnung auf der einen und auf der anderen Seite ein Ergebnis der historischen Umstände ist: die Geduld derer, die unter der Knechtschaft leben, und die Wertschätzung der Freiheit bei denen, die sie genießen dürfen (III, 181f.). Stoßen die beiden Welten zusammen, muß es notwendigerweise zu Mißverständnissen kommen, wie Rousseau anhand einer Anekdote zu verdeutlichen sucht, deren Kern wir bei Herodot finden (VII, 135)[499], und die Rousseau in einer Abwandlung vorträgt: Einem persischen Satrapen, der spartanischen Adligen zur Unterwerfung unter die Perser rät, wird bedeutet, daß er nicht weiß, wovon er spricht, da er die Freiheit nicht kennt (III, 181).

Rousseau wendet sich gegen die klassische Hellenen-Barbaren-Ideologie, indem er die Freiheitsliebe der nicht unterworfenen Barbarenvölker ins Licht rückt. In klarer Frontstellung gegen die Erklärung der Sklaverei aus einer sklavischen Gesinnung unterdrückter Völker stellt er fest:

> Ce n'est donc pas par l'avilissement des Peuples asservis qu'il faut juger des dispositions naturelles de l'homme pour ou contre la servitude, mais par les prodiges qu'ont faits tous les Peuples libres pour se garantir de l'oppression. Je sais que les premiers ne font que vanter sans cesse la paix et le repos dont ils jouissent dans leurs fers, et que *miserrimam servitutem pacem appellant* (III, 181)[500].

Man darf die natürlichen Dispositionen des Menschen für oder gegen die Knechtschaft daher nicht nach der Erniedrigung der geknechteten Völker,

498 Vgl. Backhaus, a.a.O., 173, 177f.; H. Klees, a.a.O., 200ff.; M.I. Finley, *Die Sklaverei in der Antike*, München 1981, 141 ff.

499 Zur Antithese von griechischer Freiheit und orientalischer Despotie bei Herodot vgl. S.C. Humphreys, „Law, custom and culture in Herodotus", in: *Arethusa* 20 (1987), 211f.; vgl. generell K. Raaflaub, *Die Entdeckung der Freiheit. Zur historischen Semantik und Gesellschaftsgeschichte eines politischen Grundbegriffs der Griechen*, München 1985, 123f.

500 Vgl. zur Rechtfertigung der Sklaverei "von Natur" Aristoteles, *Politik* I, 5, 1254 b 15ff., und den dabei hergestellten Zusammenhang mit "Barbaren"völkern *Politik* I, 2, 1252 b 7ff.

> man muß sie nach den Wunderdingen beurteilen, die alle freien Völker getan haben, um sich vor der Unterdrückung zu bewahren. Ich weiß, daß die ersteren nichts anderes tun, als unablässig den Frieden und die Ruhe zu preisen, die sie in ihren Ketten genießen, und daß *miserrimam servitutem pacem appellant.*

Rousseau demonstriert seine Überzeugung von der Herkunft einer sklavischen Gesinnung aus der Lage unterdrückter Völker am welthistorischen Beispiel des römischen Imperiums: Die Pax Romana enthüllt sich als Sklaverei derer, die ihre Ketten zu lieben begonnen haben und 'die elendeste Knechtschaft Frieden nennen'. Rousseau hat das Tacitus-Zitat (*Historien* IV, 17) bei A. Sidney gefunden, der die Idealisierung der Pax Augusta bei R. Filmer kritisiert hatte[501]. Im Gegensatz zur üblichen Verachtung, die die Angehörigen der herrschenden Völker für die knechtische Gesinnung der Unterworfenen bekunden, rühmt Rousseau den Widerstand der „Wilden“, die voller Verachtung für die Verlockungen einer höheren Zivilisation um ihre Unabhängigkeit kämpfen:

> ... quand je vois des multitudes de Sauvages tout nuds mépriser les voluptés Européennes et braver la faim, le feu, le fer et la mort pour ne conserver que leur indépendance, je sens que ce n'est pas à des Esclaves qu'il appartient de raisonner de liberté (III, 182, vgl. Anm. XVI)[502].

> ... wenn ich Massen von nackten und bloßen Wilden die europäische Schwelgerei verachten und dem Hunger, dem Feuer, dem Schwert und dem Tod trotzen sehe, nur um sich ihre Unabhängigkeit zu erhalten, dann fühle ich, daß es Sklaven nicht zusteht, über Freiheit zu räsonieren.

Um vorausgegangene staatstheoretische Diskussionen mit einem gewissen antiken Bezug geht es in Rousseaus Auseinandersetzung mit der Theorie der väterlichen Autorität als der Quelle der absoluten Regierung (III, 182). Zwar hatte Robert Filmer diese Theorie in seinem Werk *Patriarcha - A Defense of the Natural Power of the Kings against the Unnatural Liberty of the People* (1680) auf die Autorität der Bibel begründet, aber die Frage der 'patria potestas' ist auch ein altes Thema der politischen Theorie der Antike. Rousseau war das sehr wohl bewußt. Im *Discours sur l'économie politique* heißt es, J. Locke und A. Sidney hätten dem System von Filmer zuviel Ehre erwiesen, indem sie Bücher schrieben, um es zu widerlegen:

501 Rousseau zitiert Tacitus, *Historien* IV, 17 (... miseram servitutem falso pacem vocarent) in einer modifizierten Form: bei A. Sidney, *Discourses concerning government* II, 15. Rousseau benutzte die französische Ausgabe des Werkes: Den Haag 1702.

502 Zur Tendenz dieser Bewertung der "Wilden" im Gegensatz zu jenen Zivilisierten, die in Herrschaftsstrukturen völlig eingebunden sind, Fink-Eitel, a.a.O., 181f.

> ... au reste, cette erreur est fort ancienne, puisqu'Aristote même a jugé à-propos de la combattre par des raisons que l'on peut voir au premier livre de ses *Politiques* (III, 244)[503]

> ... Im übrigen ist dieser Irrtum sehr alt, da selbst Aristoteles es für angebracht gehalten hat, ihn mit Gründen zu bekämpfen, die man aus dem ersten Buch seiner *Politik* ersehen kann.

Aristoteles' Argumentation ist ganz an die spezifischen Bedingungen der antiken Gesellschaft gebunden. Er wendet sich gegen die Auffassung, daß ein „Staatsmann" (in nichtmonarchischen Staaten), ein König, ein Hausherr und ein „Herr" (über Sklaven) denselben Typus der Herrschaft vertreten, weil sie sich nach dem großen oder geringen Umfang des Herrschaftsbereiches und nicht dem Wesen nach unterschieden, „so als bestehe kein Unterschied zwischen einem großen Haushalt und einem kleinen Staat" (*Politik* I, 1, 1252 a 7ff.). Aristoteles bezieht sich auf Platons *Staatsmann* (258 Eff.), wo die genannten Herrschaftstypen aufgeführt sind und ein bedeutender Unterschied zwischen einem umfangreichen Hauswesen und einem kleinen Staat geleugnet wird. Es geht um die prinzipielle Unterscheidung zwischen verschiedenen Herrschaftsformen: politische Herrschaft über von Natur Freie; despotische Herrschaft über Sklaven von Natur; Alleinherrschaft des Hausherrn; politische Herrschaft über Freie und Gleiche (*Politik* I, 7, 1255 b 16ff.)[504]. Rousseau argumentiert unter anthropologischen Gesichtspunkten mit dem Unterschied zwischen der väterlichen Autorität, die mehr auf den Vorteil des Gehorchenden als des Befehlenden blickt, und der despotischen: der Begrenzung der väterlichen Autorität auf den Zeitraum, in dem das Kind die Hilfe des Vaters benötigt.

Die Variante der freiwilligen Errichtung der Tyrannei weist Rousseau mit dem Argument zurück, daß eine Form des Vertrages keine Gültigkeit beanspruchen kann, die nur eine der Parteien verpflichtet, indem man der einen Seite alles, der anderen nichts übertrage (III, 183f.). Rousseau zitiert ironischerweise eine Schrift, die 1667 im Namen und im Auftrag Ludwig XIV. zur Rechtfertigung von Besitzansprüchen gegenüber den Katholischen Niederlanden veröffentlicht wurde (III, 183).

Auf die Freiheit als die edelste Fähigkeit des Menschen (la plus noble des facultés de l'homme) zu verzichten, um einem grimmigen oder wahnsinnigen Herrn zu gefallen: Rousseau will nicht untersuchen, „ob dieser erhabenste Werkmeister mehr erzürnt sein muß, sein schönstes Werk zerstört, als darüber

503 Vgl. *Politik* I, 2, 1252 a 7ff.; III, 14, 1285 b 35ff.; *Nik. Eth.* VIII, 12, 1160 b 24ff.
504 Vgl. E. Schütrumpf, Kommentar zu Aristoteles' *Politik* I, 171ff., 290ff.

es entehrt zu sehen“ (si cet ouvrier sublime doit être plus irrité de voir détruire que deshonorer son plus bel ouvrage, III, 183)[505].

Abschließend wendet sich Rousseau der „hypothetischen Geschichte der Regierungen“ zu. Der staatsrechtlichen Konvention folgend, die er bei Pufendorf fand[506], unterscheidet Rousseau im Zweiten Discours hypothetisch einen „Vereinigungsvertrag“ und einen „Unterwerfungsvertrag“, während er später im *Contrat social* letzteren ausdrücklich ablehnt. Die Errichtung des Politischen Körpers wird als ein Vertrag zwischen dem Volk und den Oberhäuptern betrachtet, die es sich wählt: „ein Vertrag, durch den sich die beiden Parteien zur Befolgung der Gesetze verpflichten, die in ihm stipuliert sind und die die Bande ihrer Vereinigung bilden“ (Contract par lequel les deux Parties s'obligent à l'observation des Loix qui y sont stipulées et qui forment les liens de leur union, III, 184)[507]. Wenn auch der Gedanke der Auflösbarkeit des Vertrages, den Rousseau im folgenden vertritt, der antiken Vertragstheorie fremd ist, so befindet er sich doch mit der ständigen Betonung der diese Auflösbarkeit fundierenden Verpflichtung der Regierenden, dem öffentlichen Nutzen zu dienen, in Übereinstimmung mit der antiken Tradition, wie sie bei Platon und Aristoteles als Merkmal aller legitimen Verfassungen begründet ist[508].

Rousseau verbindet die Geschichte der Regierungsformen mit der Frage nach der historischen Entwicklung der Ungleichheit in der Zivilgesellschaft. Seine Auffassung von der Unvermeidbarkeit des Fortschreitens der Ungleichheit sieht er in Faktoren begründet, die aus anthropologischen Konstanten resultieren: Die Laster, die die gesellschaftlichen Institutionen notwendig machen, sind dieselben, die deren Mißbrauch unvermeidlich erscheinen lassen (III, 187). Die Feststellung, „daß ein Land, in dem niemand die Gesetze umginge und die Magistratur mißbrauchte, weder Magistrate noch Gesetze nötig hätte“ (..., qu'un Pays où personne n'éluderoit les Loix n'abuseroit de la Magistrature, n'auroit besoin ni de Magistrats ni de Loix, III, 188), erinnert von fern an die Tradition Demokrits und Epikurs von den Gesetzen als bloßen Instrumenten einer äußeren Notwendigkeit, die aus moralischen Defiziten der Menschen resultieren (Fr. 245 D.-K., vgl. Epikur, Fr. 530 Us.).

505 Der "erhabene Werkmeister" (ouvrier sublime) ist der 'demiourgos', der Weltschöpfer in Platons *Timaios*.

506 Vgl. Kersting, a.a.O., 144.

507 In der Antike hat es die Unterscheidung von Vereinigungs- und Unterwerfungsvertrag nicht gegeben. Für einen Unterwerfungsvertrag im Sinne von Hobbes fehlten in den demokratisch orientierten antiken Vertragstheorien die Voraussetzungen. Vgl. R. Müller, „Der antike Ursprung der Lehre vom Gesellschaftsvertrag“, 59f. Bemerkenswert ist freilich, daß sich eine (andere Art von) Zweistufigkeit abzeichnet: Bei Lukrez folgt dem "stillschweigenden" Vertrag der 'amicitia' (V, 1011ff.) der Gesetzesstaat (V, 1141ff.).

508 Zu dieser Verpflichtung vgl. Platon, *Staat* 420 Bff.; Aristoteles, *Politik* III, 7, 1279 a 25ff.

Rousseau gibt in seiner historischen Analyse der Religion eine wesentliche Funktion für die Aufrechterhaltung der staatlichen Ordnung:

> Mais les dissentions affreuses, les désordres infinis ... montrent plus que toute autre chose combien les Gouvernemens humains avoient besoin d'une base plus solide que la seule raison, et combien il étoit nécessaire au repos public que la volonté divine intervint pour donner à l'autorité Souveraine un caractére sacré et inviolable qui ôtât aux sujets le funeste Droit d'en disposer (III, 186).

> Aber die fürchterlichen Zwiste, die unendlichen Unordnungen ... zeigen mehr als alles andere, wie sehr die menschlichen Regierungen eine solidere Basis benötigten als die bloße Vernunft und wie notwendig es für die öffentliche Ruhe war, daß der göttliche Wille eingriff, um der souveränen Autorität einen heiligen und unverletzlichen Charakter zu geben, der den Untertanen das unheilvolle Recht nahm, über sie zu verfügen.

Rousseau folgt hier Pufendorf[509]. Die antike Theorie hat umfängliche Konzeptionen über die Religion als Stütze des Staates entwickelt, an die zu erinnern ist[510]. Zu den wichtigsten gehören die Gedanken über die Funktion der Religion im Staate in Platons *Gesetzen*[511] und die staatserhaltende Rolle der Religion, wie sie in der Auffassung von einer 'theologia tripertita' den kultischen Einrichtungen des Staates zukam[512]. Es kann hier nur angedeutet werden, daß in einem Manuskriptteil, den Rousseau nicht in die Endfassung des Zweiten Discours aufnahm, in Gestalt der Kritik an der manipulierenden Funktion der Priester religionskritische Gedanken der Antike anklangen[513].

Hervorhebenswert sind Fälle, wo eine relativ große Nähe zu antiken Vorlagen zu bestehen scheint: etwa bei der Beschreibung der numerischen und sozialen Verhältnisse in Monarchie, Aristokratie und Demokratie (III, 186), die fast wörtlich mit Platon (*Staatsmann* 291 Dff., für die Aspekte des Vermögens 291 Ef.) übereinstimmt, vgl. auch die Aristotelische Darstellung in kritischer Auseinandersetzung mit Platon (*Politik* V, 12, 1316 a 1ff.). Das Gleiche gilt auch

509 Vgl. Starobinski, Komm. z. St., 186, 1.

510 Vgl. Döring, a.a.O., 43ff.

511 Vgl. Ebenda, 50f.

512 Vgl. B. Cardauns, M. Terentius Varro, *Antiquitates Rerum Divinarum* I, 18 ff., II, 139ff. (Akademie der Wissenschaften und der Literatur Mainz, Wiesbaden 1976); G. Lieberg, „Die 'theologia tripertita' in Forschung und Bezeugung", in: *Aufstieg und Niedergang der römischen Welt*, I, 4, Berlin-New York 1973, 63ff.

513 Vgl. oben S. 214; zur antiken Tradition vgl. Döring, a.a.O., 43ff. - Das Drama *Sisyphos*, in dem diese Gedanken entwickelt werden, von Diels den Fragmenten des sophistisch beeinflußten Autors Kritias zugewiesen (Fr. 25 D.-K.), wurde von A. Dihle, „Das Satyrspiel 'Sisyphos'", in: *Hermes* 105 (1977), 28ff., Euripides zugesprochen.

von der Kritik an der Auffassung der „Oberhäupter“, die, erblich geworden, sich daran gewöhnten:

> ... à appeller leurs Concitoyens leurs Esclaves, à les compter comme du Betail au nombre des choses qui leur appartenoient, et à s'appeller eux mêmes égaux aux Dieux et Rois des Rois (III, 187).
>
> ... ihre Mitbürger ihre Sklaven zu nennen, sie wie Vieh unter die Zahl der Dinge zu rechnen, die ihnen gehörten, und sich selbst Göttergleiche und Könige der Könige zu nennen.

Stammt die letztgenannte Terminologie aus altorientalischem Bereich, so schließt sich Rousseau mit seiner Kritik an absoluten Monarchien, die ihre Untertanen wie „Viehherden“ betrachten, zwar an Locke u.a. an. Es liegt aber eine in der Antike vielfach verwendete Metaphorik zugrunde, die bereits Platon (*Staatsmann* 267 Cf., 275 Aff.; *Staat* 343 Af., 345 C) in ihrer Problematik diskutiert und ausdrücklich an die Regel bindet, von den Herrschenden müsse das Beste der Beherrschten, die ihrer Obhut anvertraut sind, gewahrt werden. Der König herrsche (anders als der Tyrann) über zweifüßige Lebewesen mit deren Zustimmung, nicht gegen ihren Willen (*Staatsmann* 276 E).

Auch Rousseaus Gedanken über das Verhältnis von Sitten und Recht haben in der Antike eine lange Vorgeschichte. Zur Veranschaulichung des Rousseauschen Standpunkts wird häufig eine Stelle aus den *Fragments politiques* zitiert:

> La loi n'agit qu'en dehors et ne règle que les actions; les mœurs seules pénétrent intérieurement et dirigent les volontés (III, 555).
>
> Das Gesetz wirkt nur außen und regelt nur die Handlungen; die Sitten allein dringen in das Innere ein und leiten den Willen.

Der klassische Hintergrund für Überlegungen solcher Art sind Platons Auffassungen von der staatspolitischen Funktion der Erziehung und vom Verhältnis zwischen Erziehung und Gesetzgebung[514]. Der Philosoph vertritt die Überzeugung, daß in einem Gemeinwesen, das durch die Erziehung gesteuert wird, die Gesetzgebung an die zweite Stelle tritt. Sein Spott gilt den ewigen Gesetzesmachern, die durch Einzelregelungen in großer Zahl zum Ziel zu gelangen glauben und dabei doch der Hydra nur einen Kopf abschlagen. Im schlechten Staat sei diese Gesetzesmacherei wirkungslos, im guten finde sich das meiste von selbst

514 Zum Verhältnis von Erziehung und Gesetzgebung vgl. W. Jaeger, *Paideia. Die Formung des griechischen Menschen*, II, 3. Aufl., Berlin 1959, 314; H.-I. Marrou, *Geschichte der Erziehung im klassischen Altertum*, hg. von R. Harder, aus dem Französ. übers. von Ch. Beumann, Freiburg, München 1957, 31f., 61ff.

auf Grund der schon vorhandenen Lebensregelungen[515]. Es ist deutlich, daß Platon, der im *Staat* (426 Eff.) diese Auffassung formuliert, sich am Erziehungssystem Spartas orientiert. Rousseau waren diese Zusammenhänge wohlbekannt. Er charakterisiert das System Spartas als Ausnahme von der sonstigen Dominanz der staatlichen Gesetzgebung, wo immer nur die Gesetze die regulierende Funktion ausüben:

> ... excepté la seule Sparte, où la Loi veilloit principalement à l'éducation des Enfans, et où Lycurgue établit des mœurs qui le dispensoient presque d'y ajoûter des Loix ... (III, 187f.).

> ... Sparta allein ausgenommen, wo das Gesetz hauptsächlich über die Erziehung der Kinder wachte und wo Lykurg Sitten einführte, die ihn beinahe entbunden haben, Gesetze hinzuzufügen ...

Das Bild vom Erziehungsstaat Sparta ist zu großen Teilen ein Produkt der Idealisierung durch reformerische Kräfte des 4. Jahrhunderts v. Chr.[516], drückt aber gerade auch in dieser Form bestimmte Inhalte einer Lebensordnung aus, die in dieser Zeit prägend wirkten.

In einem Abschnitt über die weitere Entwicklung und Verschärfung der gesellschaftlichen Ungleichheit will Rousseau zeigen, wie die Verschiedenheit des Ansehens und der Autorität unter den Einzelnen, „sogar ohne daß die Regierung sich einmischt“ (sans même que le Gouvernement s'en mêle, III, 188)[517], unvermeidlich wird, sobald diese, in derselben Gesellschaft vereinigt, in einem ständigen kompetitiven Verhältnis stehen. Rousseau gelangte in seiner Analyse der historischen Entwicklung dahin, unter den Unterschieden von Reichtum, Rang, Macht und persönlichem Verdienst im Reichtum jene Eigenschaft zu erkennen, auf die sich am Ende alle reduzieren lassen (la richesse est la derniére à laquelle elles se réduisent à la fin, III, 189).

In Anm. XIX versucht Rousseau durch den Rekurs auf die antike Unterscheidung von distributiver (austeilender) und kommutativer (ausgleichender) Gerechtigkeit Möglichkeiten und Grenzen eines jeden Versuchs zu verdeutlichen, natürliche Ungleichheit der Menschen und Gleichheit des Rechts in ein Verhältnis zu setzen. Er beruft sich auf den Redner und Publizisten Isokrates,

515 Eine andere Wendung findet der Gedanke bei Cicero in einem Text, der z.Zt. Rousseaus noch nicht wieder erschlossen war. Ein auf allgemeingültiges Recht und feste Sitten gegründeter Staat und die Tätigkeit der Staatsmänner sind den Lehren der Philosophie an zwingender Wirkung auf die Menge des Volkes weit überlegen (*Über den Staat* I, 3).

516 Vgl. Tigerstedt, a.a.O., 163f., 250ff. Zum Verhältnis von häuslicher und öffentlicher Erziehung und zur Notwendigkeit der letzteren hat sich Rousseau im *Discours sur l'économie politique* ausführlich geäußert und dabei antike Muster (Kreter, Lakedaimonier und Perser) als vorbildlich bezeichnet (III, 260ff.).

517 Einfügung der Ausgabe von 1782.

bei dem der gesellschaftliche Hintergrund dieser Unterscheidung besonders deutlich zutage tritt[518]. Die distributive Gerechtigkeit widersetze sich der strengen Gleichheit des Naturzustandes selbst dann, wenn sie in der bürgerlichen Gesellschaft praktikabel wäre. Nicht nach einem praktisch nicht meßbaren Verdienst, sondern nach den wirklichen Diensten, die sie dem Staate erweisen, müßten die Bürger ausgezeichnet und begünstigt werden. Isokrates habe von den zwei Arten der Gleichheit gesprochen,

> ..., dont l'une consiste à faire part des mêmes avantages à tous les Citoyens indifférement, et l'autre à les distribuer selon le mérite de chacun (III, 222).

> ..., deren eine darin besteht, alle Bürger unterschiedslos an den gleichen Vorteilen teilhaben zu lassen, und die andere darin, sie nach dem Verdienst eines jeden auszuteilen.

Rousseau beruft sich für die Unterscheidung von kommutativer und distributiver Gerechtigkeit auf Isokrates' Schrift *Areopagitikos* (21f.), in der im gleichen Sinn eine „zahlenmäßige“ von einer „verhältnismäßigen“ Gleichheit unterschieden wird, wobei die erstere die Bürger gleichermaßen an den Vorteilen teilhaben läßt, die letztere die Ämter nach Tugenden oder Fähigkeiten „zuteilt“. Es handelt sich bei Isokrates um ein konservatives Gesellschaftsideal, in dem zur Führung des Gemeinwesens nur eine Elite des Besitzes und der Bildung berechtigt ist[519]. Die antiken Vorstellungen von der arithmetischen (zahlenmäßigen) und geometrischen (proportionalen) Gerechtigkeit, die letztlich pythagoreischen Ursprungs sind, wurden Rousseau außer bei Isokrates auch in der Darstellung des Aristoteles in der *Nikomachischen Ethik* (V, 5-7) bekannt[520]. Nach Rousseau läßt sich die distributive Gerechtigkeit über das Gesetz aber nicht verwirklichen. Wie Hobbes ist Rousseau der Auffassung, daß gesetzlich nur die kommutative Gerechtigkeit geregelt werden kann, die sich auf die Gleichheit der Bürger vor dem Gesetz bezieht[521].

Der Rang der Bürger müßte nicht nach einem (willkürlich auslegbaren) „Verdienst“, sondern nach den wirklichen Diensten, die sie dem Staat erweisen, bestimmt werden. Die öffentliche Wertschätzung der Bürger kommt nach der Vorstellung Rousseaus im Bereich der Sitten zum Ausdruck[522]. Ihr Richter ist das Volk:

518 Rousseau hatte die Stelle in einer Fußnote Barbeyracs zu Pufendorf (*De jure naturae et gentium* I, 7, 11, note 2) gefunden.

519 Vgl. K. Bringmann, *Studien zu den politischen Ideen des Isokrates*, Göttingen 1965, 86 (Hypomnemata 14); F. Pointner, *Die Verfassungstheorie des Isokrates*, Diss. München 1969, 110f.

520 Pufendorf, *De jure naturae et gentium* I, 7, 11f. (zu Isokrates Barbeyrac n. 2).

521 *De cive* III, 6 und *Leviathan* I, 15.

522 Zur Rolle der Sitten im politischen Denken Rousseaus: Fetscher, a.a.O., 207ff.

> C'est à l'estime publique à mettre de la différence entre les méchans et les gens de bien; le Magistrat n'est juge que du droit rigoureux; mais le peuple est le veritable juge des mœurs (III, 222).

> Es ist Sache der öffentlichen Wertschätzung, zwischen den Bösen und den Guten zu unterscheiden; der Magistrat ist nur Richter des strengen Rechts; das Volk aber ist der wahrhafte Richter der Sitten.

Ein wichtiges Thema ist für Rousseau der Übergang von der Monarchie zum Despotismus. Als wesentliches Symptom erscheint ihm die Verwandlung der nationalen Armee in eine Söldnerarmee, die sich in Gegensatz zu den Interessen des Volkes stellt. Die Verteidiger des Vaterlandes werden zu seinen Feinden und schließlich hört man sie zum Unterdrücker ihres Landes sagen:

> Pectore si fratris gladium juguloque parentis
> Condere me jubeas, gravidaeque in viscera partu
> Coniugis, invita peragam tamen omnia dextra.

> Wenn du mir befiehlst, mein Schwert in die Brust des Bruders, in die Kehle des Vaters zu stoßen, in den Leib der schwangeren Gattin, so werde ich all das ausführen, auch wenn meine Rechte sich sträubt.

Rousseau benutzt den Text aus Lukans *Pharsalia* (I, 376ff.), um am Beispiel des römischen Bürgerkriegs die absolute Unterwerfung der Truppen unter die Interessen eines Gegners der republikanischen Ordnung, hier Caesars, und seine gegen das Volk gerichteten Machenschaften zu demonstrieren (III, 190)[523]. Er schildert dann den Übergang zum letzten Stadium der Ungleichheit: „Hier werden alle Einzelnen wieder gleich, weil sie nichts sind ..." (C'est ici que tous les particuliers redeviennent égaux parce qu'ils ne sont rien, III, 191)[524]. Wieder greift Rousseau zu einem Zitat aus der römischen Kaiserzeit, um am Beispiel eines unerbittlichen Kritikers der Despotie, des Tacitus, einen Zustand zu illustrieren, der alle Moral zerstört:

523 Das Lukan-Zitat hat Rousseau A. Sidneys *Discourses concerning government* (II, 19) entnommen. Statt Lukans 'plenae' dort 'gravidae' - Bei Tacitus, *Annalen* V, 3, heißt es: '... pauci, quis nulla ex honesto spes'. Rousseau zitiert nach Sidney II, 20, dort in der Form: 'quibus ex honesto nulla est spes'.

524 F. Engels hat hier ein klassisches Beispiel für die "Negation der Negation" gesehen: Die Ungleichheit schlägt wieder um in Gleichheit, nicht die des Naturzustandes, sondern die Gleichheit in der Unterdrückung. Indem er die Verbindung zum *Contrat social* herstellt, kann Engels "die alte naturwüchsige Gleichheit der sprachlosen Urmenschen" kontrastieren mit dem Umschlagen "in die höhere des Gesellschaftsvertrages. Die Unterdrücker werden unterdrückt. Es ist Negation der Negation" (F. Engels, *Herrn Eugen Dührings Umwälzung der Wissenschaft (Anti-Dühring),* in: Karl Marx, Friedrich Engels, *Gesamtausgabe (MEGA)*, I, 27, Berlin 1988, 334ff.

> Dès cet instant aussi il cesseroit d'être question de mœurs et de vertu; car partout où régne le Despotisme, *cui ex honesto nulla est spes*, il ne souffre aucun autre maître ... (III, 191).
>
> Von diesem Augenblick an wäre auch von Sitten und Tugend nicht mehr die Rede; denn überall, wo der Despotismus herrscht, *cui ex honesto nulla est spes* (sc.dem aus ehrenhaftem Verhalten keine Hoffnung erwächst), duldet er keinen anderen Herrn ....

Die Konvulsionen im historischen Ablauf, die eine detaillierte Beschreibung der Entstehung der Ungleichheit darlegen mußte, führen Rousseau zu einer bemerkenswerten Aussage über das Verhältnis von Geschichte und Philosophie. In „dieser langsamen Aufeinanderfolge der Dinge“ (cette lente succession des choses, III, 192), d.h. in der konkreten historischen Entwicklung und den sie bedingenden gesellschaftlichen Umständen, ist die „Lösung einer Unzahl von Problemen der Moral und der Politik“ (la solution d'une infinité de problêmes de morale et de Politique) zu sehen, für die generalisierende Aussagen des Philosophen nicht das geeignete Instrumentarium darstellen. Rousseau markiert noch einmal einen der wichtigsten Punkte seiner historisch orientierten Anthropologie. Es gibt nicht ein Wesen des Menschen schlechthin. Der aufmerksame Leser wird zu einer Erkenntnis gelangen:

> Il sentira que le Genre-humain d'un âge n'étant pas le Genre-humain d'un autre âge, la raison pourquoi Diogéne ne trouvoit point d'homme, c'ést qu'il cherchoit parmi ses contemporains l'homme d'un tems qui n'étoit plus ... (III, 192).
>
> Er wird einsehen, daß - da das Menschengeschlecht eines Zeitalters nicht das Menschengeschlecht eines anderen Zeitalters ist - der Grund, weshalb Diogenes keinen Menschen fand, darin lag, daß er unter seinen Zeitgenossen den Menschen einer Zeit suchte, die nicht mehr existierte ...

Wenn Rousseau hier auf Diogenes zu sprechen kommt, sollte das kein Anlaß zu falschen Schlußfolgerungen sein. Wie kein anderer Philosoph der Antike ist Diogenes Repräsentant einer Auffassung, die den Dekadenzerscheinungen einer in Luxus und Pseudomoral verfallenen Welt die Beschränkung auf die äußerste Form der Bedürfnislosigkeit entgegenhält und damit eine Rückkehr zum „Naturzustand“ empfiehlt[525]. Von einer Identifizierung der Position Rousseaus mit der des Kynismus kann aber nicht die Rede sein. Rousseaus Ziel, *innerhalb* der modernen Zivilisation zu einer geistigen und moralischen Überwindung der zivilisatorischen und gesellschaftlichen Deformationen zu finden, entspricht nicht dem kynischen Programm eines „Ausstiegs“ aus der Gesellschaft. Wir

525 Vgl. S. 239ff.

werden darüber noch ausführlicher zu sprechen haben. Das prinzipielle Mißverständnis eines „Zurück zur Natur“ findet in der Gleichsetzung Ausdruck, die Voltaire zwischen Rousseau und Diogenes vornahm[526]. Daß Diogenes an der genannten Stelle zur Begründung der historischen Auffassung vom Wandel des Menschenbildes, nicht aber zur Propagierung eines „Zurück zur Natur“ angeführt ist, wird aus dem zweiten antiken Beispiel deutlich, das Rousseau in diesem Zusammenhang erwähnt: der jüngere Cato als Repräsentant der republikanischen Freiheit Roms, der unterging, weil die alten Ideale sich überlebt hatten[527].

Wir kommen zu einem Thema, das nochmals eine unaufhebbare Spannung in Rousseaus Auffassung vom Wesen des Menschen bezeugt: einerseits mit der Historisierung des menschlichen Wesens die Unmöglichkeit, eine bestimmte Phase seiner Existenz zur Norm für alle anderen zu machen - auch nicht den reinen Naturzustand, der bei Rousseau eine so herausgehobene Rolle spielt -, andererseits mit der Auffassung von der zunehmenden Entfremdung des Menschen im Verlauf des Zivilisations- und Gesellschaftsprozesses die Notwendigkeit, am Prinzip eines „ursprünglichen Menschen“ (l'homme originel) gegenüber den späteren Formen „artifizieller Menschen“ (les hommes artificiels) festzuhalten. Wie wir bereits sahen, ist der 'homme originel' der unentbehrliche Bezugspunkt für alle Bewertungen der Ergebnisse von Perfektion und Depravation im historischen Prozeß. Rousseau konstatiert am Ende des Zweiten Discours nochmals die Einsicht in die Veränderlichkeit des menschlichen Wesens als die hauptsächliche Erkenntnis, die der Leser seines Werkes gewinnen soll:

> En un mot, il expliquera comment l'ame et les passions humaines s'altérant insensiblement, changent pour ainsi dire de Nature; pourquoi nos besoins et nos plaisirs changent d'objets à la longue; pourquoi l'homme originel s'évanouissant par degrés, la Société n'offre plus aux yeux du sage qu'un assemblage d'hommes artificiels et des passions factices qui sont l'ouvrage de toutes ses nouvelles rélations, et n'ont aucun vrai fondement dans la Nature (III, 192).

> Mit einem Wort: er wird erklären, wie die Seele und die menschlichen Leidenschaften, indem sie unmerklich entstellt werden, sozusagen ihre Natur verändern; warum unsere Bedürfnisse und unsere Vergnügungen auf die Dauer ihre Gegenstände wechseln; warum der ursprüngliche Mensch nach und nach verschwindet und die Gesellschaft in den Augen des Weisen nur mehr eine Ansammlung artifizieller Menschen und künstlicher Leidenschaf-

526 Vgl. G.R. Havens, *Voltaire's Marginalia on the pages of Rousseau*, New York 1971, 21f. Vgl. Niehues-Pröbsting, *Der Kynismus des Diogenes*, 206ff. Vgl. oben S. 42.

527 Zur Rolle des jüngeren Cato bei Rousseau und in der französischen Aufklärung Leduc-Fayette, a.a.O., S. 53ff.

> ten darstellt, die das Werk all dieser neuen Verhältnisse sind und keine wahre Grundlage in der Natur haben.

Aber die Veränderlichkeit erscheint vor allem als die Unausweichlichkeit einer Depravation. ‘Altérer’ mit der überwiegenden Bedeutung ‘zum Schlechten verändern’, ‘entstellen’[528] zeigt die Tendenz des Resümees am Ende des Werkes. Es kommt Rousseau auf die Feststellung an, daß die Eigenschaften der „künstlichen Menschen“ keine wahre Grundlage in der „Natur“ (d.h. im Naturzustand als dem Ausgangspunkt der Entwicklung) haben. Was der historische Rückblick lehrt, wird durch den ethnologischen Vergleich bestätigt: Die Verschiedenheit von wildem und zivilisiertem Menschen ist so groß, daß

> ... ce qui fait le bonheur suprême de l’un, réduiroit l’autre au désespoir. Le premier ne respire que le repos et la liberté, il ne veut que vivre et rester oisif, et l’ataraxie même du Stoicien n’approche pas de sa profonde indifférence pour tout autre objet (III, 192).

> ... das, was das höchste Glück des einen ausmacht, den anderen zur Verzweiflung treiben würde. Der erstere atmet nur Ruhe und Freiheit; er will nur leben und müßig bleiben; und selbst die Ataraxie des Stoikers reicht nicht an seine tiefe Gleichgültigkeit jedem anderen Objekt gegenüber heran.

Die Bilanz des Prozesses der Sozialisation ist negativ: Die Entfremdung erscheint als unabdingbare Folge dieses Prozesses[529]:

> ... le Sauvage vit en lui-même; l’homme sociable toûjours hors de lui ne fait vivre que dans l’opinion des autres, et c’est, pour ainsi dire, de leur seul jugement qu’il tire le sentiment de sa propre éxistence (III, 193).

> Der Wilde lebt in sich selbst, der soziable Mensch weiß, immer außer sich, nur in der Meinung der anderen zu leben; und sozusagen aus ihrem Urteil allein bezieht er das Gefühl seiner eigenen Existenz.

Es bleibt dabei, daß Rousseau nicht den reinen Naturzustand zum Ideal erhebt. Aber es gibt keinen Zweifel, daß er im Prozeß der Sozialisierung schlechthin die Ursache für die Entfremdung des Menschen sieht. Rousseau gibt nur sparsame Hinweise für die geistige Genealogie einer solchen Dichotomie von Natur- und Kulturmensch. In der antiken Philosophie ist sie vor allem im Hellenismus vorbereitet, wenn auch mit unterschiedlicher Tendenz in den Schulen. In der Stoa ist der ‘ursprüngliche ‘ Mensch *ontogenetisch* ein animalisches Wesen,

528 Vgl. H. Meier, a.a.O., 44, Anm. 46.

529 Zur Entfremdung bei Rousseau F. Müller, *Entfremdung. Folgeprobleme der anthropologischen Begründung der Staatstheorie bei Rousseau, Hegel, Marx*, 2., bearb. und stark erweit. Auflage, Berlin 1985, bes. 20ff.

das erst im Prozeß seiner Entwicklung zu dem wird, was in ihm angelegt ist: zum 'animal rationale', in dem er sich selbst verwirklicht. Da die Menschen - im Unterschied zur Auffassung Rousseaus - phylogenetisch von Anfang an dieser Wirklichkeit teilhaftig sind, kann die Kultur dieses Wesen wie bei Poseidonios (zivilisatorisch) entfalten und zugleich (moralisch) zur Depravation führen. Aber eine totale Kluft zwischen Ursprung und Entartung gibt es nicht. Die Epikureer haben das Angebot, das Demokrit mit der Auffassung von der Kultur als einer „zweiten Natur" gemacht hatte, nicht angenommen. Eine im Prinzip unveränderliche Menschennatur wird zum Regulativ für das sittliche Verhalten des Menschen. Das Insistieren auf dem Begriff des „Naturgemäßen" (kata physin) bei allen wichtigen ethischen Kategorien (Telos, Gut, Recht, Reichtum) zeigt die Tendenz, in der Neigung des Menschen, von der „Natur" abzuweichen, die Quelle allen moralischen Fehlverhaltens zu sehen.

Rousseau leugnet - wie im Hellenismus sonst nur die Epikureer - das soziale Wesen des Menschen, seine Soziabilität, ja macht, über diese Position hinausgehend, die Sozialisierung sogar zu einer wesentlichen Quelle von Fehlentwicklungen. Daß sie zugleich in Rousseaus Augen ein Mittel der Herausbildung der individuellen (geistigen und moralischen) Qualitäten des Einzelnen auf der Grundlage der Perfektibilität war, muß freilich hinzugefügt werden. Generell ist die Verwandtschaft mit dem hellenistischen Ideal der „Seelenruhe" ausgeprägt. Es ist kein Zufall, daß Rousseau dem Wilden eine große Nähe zur ursprünglichen Menschennatur zuspricht, größer als sie sogar der stoische Weise erreichen kann. Rousseaus Vorliebe für das Ideal der Ataraxie, in dem die großen hellenistischen Schulen in einem gewissen Maß konvergieren, ist nicht notwendig mit Tendenzen einer Kulturfeindschaft verbunden. Es bleibt also das Verhältnis von Natur und Kultur in der Auffassung der Kyniker zu bedenken. Daß Rousseau hier ungeachtet einer gewissen Verwandtschaft in der Ursachenanalyse im Endergebnis doch zu anderen Schlußfolgerungen kommt, wird im folgenden zu zeigen sein.

VI. Anthropologie und Geschichte

1. Fortschritt und Depravation

Es wurde bereits deutlich, in welchem Maße sich anthropologische und geschichtsphilosophische Gesichtspunkte in der modernen wie in der antiken Theorie des Menschen nicht nur berühren, sondern wechselseitig durchdringen. Im Falle Rousseaus ist das insofern nicht erstaunlich, als er durch seine Dynamisierung des Begriffs der menschlichen Natur wesenhaft auch Geschichtsphilosoph ist[530]. Auf Fragen nach der Bewältigung des gegenwärtigen Lebens sucht er eine Antwort zu finden, indem er diese in den Horizont ihrer Genese stellt. Die Gemeinsamkeit mit den antiken anthropologischen Theorien gründet sich darauf, daß diese wesentlich Theorie der Entstehung der Kultur und der Gesellschaft und zugleich ein Bestandteil des Geschichtsdenkens sind[531]. Die Besonderheit der hellenistisch-römischen Ausprägungen dieser Theorie ist darin zu sehen, daß die Frage nach Fortschritt und Niedergang in ihnen erstmals in einer Weise gestellt wurde, die für die Geschichtsphilosophie des 18. Jahrhunderts, besonders bei Rousseau, Anknüpfungsmöglichkeiten bot. Wie schon vielfach in unserer Untersuchung wollen wir auch hier vor allem jene kultur- und geschichtsphilosophischen Konzeptionen heranziehen, zu denen Rousseau in verschiedener Hinsicht (teils im Sinne einer Strukturanalogie, teils der Rezeption bestimmter Konzepte) eine Beziehung aufweist.

530 Zur Stellung Rousseaus in der Entwicklung der Geschichtsphilosophie vgl. R. Koselleck, *Kritik und Krise. Eine Studie zur Pathogenese der bürgerlichen Welt*, Frankfurt a.M. 1973, 133ff.; H. Blumenberg, *Die Legitimität der Neuzeit*, 2. Aufl., Frankfurt a.M. 1988, 487ff.; Buck, a.a.O., 31ff.; H. Rapp, *Fortschritt. Entwicklung und Sinngehalt einer philosophischen Idee*, Darmstadt 1992, 173f.

531 Vgl. R. Müller, „Herausbildung und Formen des Geschichtsdenkens in Griechenland", in: *Polis und Res publica*, 122f.

2. Zivilisationskritik in Antike und Neuzeit

Um Rousseaus geschichtsphilosophische Position genauer bestimmen zu können und damit auch sein Verhältnis zur antiken Tradition als Bestandteil seines Geschichtsbildes zu verstehen, müssen wir zunächst etwas ausführlicher auf den Ersten Discours eingehen, in dem ein Versuch der Bewertung von Fortschritt und Depravation an Hand der Entwicklung der Wissenschaften und Künste und ihrer Bedeutung für das Leben der Gesellschaft unternommen wird[532]. Gemäß der Aufgabenstellung durch die Akademie von Dijon geht es im engeren Sinn um die Wiederherstellung der Wissenschaften und Künste (rétablissement des Sciences et des Arts), durch die in der Renaissance auch die großen Traditionen der Antike wiederbelebt wurden. Rousseau malt, hier ganz Sohn der Aufklärung, das Mittelalter in düsteren Farben:

> L'Europe étoit retombée dans la Barbarie des premiers âges. Les Peuples de cette Partie du Monde aujourd'hui si éclairée vivoient, il y a quelques siècles, dans un état pire que l'ignorance (III, 6).

> Europa war in die Barbarei der frühen Zeiten zurückgefallen. Die Völker dieses heute so aufgeklärten Teils der Welt lebten vor einigen Jahrhunderten in einem Zustand schlimmster Unwissenheit.

Die „finstere Zeit" des Mittelalters war durch das Einströmen antiker Tradition dank der Vermittlung der Araber und der Byzantiner beendet worden. In emphatischer Weise feiert Rousseau den Menschen, der „mit dem Licht seines Verstandes die Finsternis, in die ihn die Natur gehüllt hat" (par les lumiéres de sa raison les ténébres dans lesquelles la nature l'avoit enveloppé, III, 6) erhellt. Das geistige Vordringen des Menschen in die Tiefen des Weltraums und die Rückkehr zu sich selbst erscheinen als Leistungen der Philosophie und der Wissenschaft, wie sie im hymnischen Lob der Philosophie von den Autoren hellenistisch-römischer Zeit gepriesen werden. Es sei ein großartiges und schönes Schauspiel, den Menschen zu sehen,

> ... s'élever au-dessus de soi-même; *s'élancer par l'esprit jusques dans les régions célestes*; parcourir à pas de Géant ainsi que le Soleil, la vaste étendue de l'Univers; et, ce qui est encore plus grand et plus difficile, rentrer en

532 Zur Interpretation vgl. vor allem L. Strauss, „On the intention of Rousseau", 455ff.; vgl. dazu H. Meier, *Die Denkbewegung von Leo Strauss. Die Geschichte der Philosophie und die Intention des Philosophen*, Stuttgart-Weimar 1996, 34ff.; Fetscher, a.a.O., 20ff.; Bahner, „Das gesellschaftspolitische Anliegen Jean-Jacques Rousseaus", 225ff.; J. Starobinski, „Rousseau und die Niedergangsthematik. Einige Bemerkungen zur Prosopopöie des Fabricius", in: R. Koselleck, E. Widmer (Hg.), *Niedergang. Studien zu einem geschichtlichen Thema*, Stuttgart 1980, 172ff.

> soi *pour y étudier l'homme et connoître sa nature, ses devoirs et sa fin* (III, 6).

> ... wie er sich über sich selbst erhebt; wie er mit Hilfe seines Geistes bis in die himmlischen Gefilde vordringt; wie er mit Riesenschritten, der Sonne gleich, die weite Ausdehnung des Universums durchmißt; wie er, und das ist noch größer und noch schwieriger, in sich selbst einkehrt, um den Menschen zu studieren und seine Natur zu erkennen, seine Pflichten und seinen Zweck.

Rousseau folgt einem Schema, das bei Cicero an jenen Stellen begegnet, wo die Leistungen der Philosophie als höchste Form menschlicher Sinnerfüllung erscheinen. Ausgehend von der Durchdringung des Weltraums, gelangt der Geist des Philosophen zur Erkenntnis seiner selbst (*Tuskulanische Gespräche* V, 70) und damit zur Erkenntnis der Grundlagen sittlichen Verhaltens (*Tuskulanische Gespräche* V, 71). Naturphilosophie und Ethik verbinden sich, um dem Menschen zur Selbsterkenntnis und Bestimmung seines Handelns zu verhelfen. Die Erforschung des Weltalls und der von der Natur verborgen gehaltenen Dinge münden in Anweisungen für ethisch richtiges Verhalten:

> ... *consideratio cognitioque rerum caelestium* et earum, quas a natura occultatas et latentes indagare ratio potest ... tum prudens, temperata, fortis, iusta ratio *reliquaeque virtutes et actiones virtutibus congruentes* ... (*Über das höchste Glück und das größte Übel,* V, 58).

> ... die Betrachtung und Erforschung der himmlischen Dinge und derer, die, von der Natur zwar verborgen gehalten und unsichtbar, doch die Vernunft aufspüren kann ... ferner ein kluges, besonnenes, tapferes und gerechtes Verhalten und die übrigen Tugenden und Handlungen, die den Tugenden entsprechen ...

Die Leistung der griechischen Philosophie besteht nach dieser Konzeption von Philosophie und Wissenschaften als umfassenden Instrumenten der Welterfassung darin, daß wieder zusammengebunden wird, was durch die anthropologische Wende im 5. Jahrhundert (bei Sokrates und den Sophisten) für eine gewisse Zeit in einen Gegensatz gebracht worden war: Naturphilosophie, Ethik, Logik und Einzelwissenschaften.

Rousseau hält sich bei diesem harmonisierenden Bild Ciceros, das dieser nicht zuletzt der Wissenschaftsauffassung eines Poseidonios und Antiochos von Askalon verdankt hatte[533], nicht lange auf. Mit den Mitteln äußerster Vereinfachung wird nunmehr getrennt, was nach der Tradition großer Teile der antiken

533 O. Gigon, „Die Erneuerung der Philosophie in der Zeit Ciceros", in: *Entretiens sur l'antiquité classique*, 3, Vandœuvres, Genève 1957, 37ff.

Philosophie zusammengehört: das Zusammenleben der Menschen und die seine Regeln erkennende Philosophie. Die Bedürfnisse des Geistes werden von denen des Körpers geschieden, Regierung und Gesetze für die einen, Wissenschaften und Künste für die anderen für zuständig erklärt (III, 6f.). Wissenschaften und Künste erscheinen im Hinblick auf ihre gesellschaftliche Funktion in krasser Reduzierung auf die ideologische Verklärung der bestehenden Machtverhältnisse:

> ... les Sciences, les Lettres et les Arts, moins despotiques et plus puissans peut-être, étendent des guirlandes de fleurs sur les chaînes de fer dont ils sont chargés, étouffent en eux le sentiment de cette liberté originelle pour laquelle ils sembloient être nés, leur font aimer leur esclavage et en forment ce qu'on appelle des Peuples policés (III, 7).
>
> ... winden die Wissenschaften, die Literatur und die Künste, weniger despotisch und vielleicht mächtiger, Blumengirlanden um die Eisenketten, mit denen die Menschen beladen sind, ersticken in ihnen das Gefühl jener ursprünglichen Freiheit, für die sie geboren schienen, lassen sie ihre Sklaverei lieben und machen aus ihnen, was man zivilisierte Völker nennt.

Wissenschaften und Künste sind auf eine rein affirmative Rolle beschränkt. Damit ist der Weg in eine zivilisationskritische Sicht gebahnt, die einen insgesamt modernen Charakter aufweist. Es kann hier nicht darum gehen, die komplexen Zusammenhänge darzustellen, die Rousseaus Kulturkritik als einer Form radikaler Zeitkritik zugrunde liegen. Es kann auch nicht versucht werden, Rousseaus geschichtsphilosophische Neuansätze *im ganzen* aus Vorleistungen abzuleiten, die er auch auf diesem Gebiet in der Antike fand. Gewisse konzeptionelle Grundlinien und ein reiches gedankliches Instrumentarium lagen jedoch bereit, die Rousseau für seine kritische Geschichtsbetrachtung nutzen konnte. Der im Ersten Discours verfolgte Weg, auf einem schmalen Grat zwischen hoher Anerkennung für die Leistungen der Wissenschaft als solcher und scharfer Kritik ihrer sozialen und ethischen Folgen zu wandern, ist auf Rousseaus eigene Konzeption gegründet. Gleichwohl kann doch an der Orientierung an gewissen antiken Denkmustern auch auf diesem Gebiet kein Zweifel bestehen.

Das betrifft vor allem die Bewertung der Wissenschaften unter dem Gesichtspunkt ihrer Bedeutung für das Leben der Menschen, ihres Beitrages zur sittlichen Vervollkommnung. Im 4. Jahrhundert v. Chr. und im Hellenismus hatte sich eine starke Opposition gegen das klassische Wissenschaftsideal herausgebildet, das im Anschluß an Platon und Aristoteles bei Philosophen wie Panaitios, Poseidonios und Antiochos von Askalon seine Fortsetzung fand und als dessen Bewunderer wir Cicero sahen: das Ideal der Einheit von Philosophie, wissenschaftlicher Forschung und Bildung[534]. Die ältere Stoa war, auch hier wie in anderer Hinsicht unter kynischem Einfluß, andere Wege gegangen[535]. Der Wert der Enkyklios paideia, der Freien Künste, schon vor hellenistischer Zeit zu einem Kanon und zum Rückgrat der gesamten höheren Bildung entwickelt[536], wurde von einigen Schulen, darunter vor allem von den Kynikern, den frühen Stoikern und den Epikureern, mit dem Argument in Frage gestellt, daß die Beschäftigung mit ihnen nichts für die sittliche Vervollkommnung des Menschen ergebe[537]. Zeigte sich Rousseau beim traditionellen Lob der Wissenschaft als einer Errungenschaft des Menschen von Topoi Ciceronischer Rhetorik beeinflußt, so erscheint das keineswegs als typisch für die Grundtendenz des Ersten Discours, in dem der Wert der Wissenschaften für das Zusammenleben der Menschen und ihre Moral in einer Weise bestritten wird, die an kynische und altstoische Argumentation erinnert. Es spricht vieles dafür, daß Rousseau im Hinblick auf diese Relativierung, ja drastische Infragestellung wissenschaftlicher Bildung von Seneca beeindruckt wurde, der, selbst ein hervorragender Kenner und Förderer der Wissenschaft, in der Frage der Bildung einen besonders intransigenten Standpunkt bezogen hatte, vor allem im 88. Brief seiner *Epistulae morales*, in dem er sich mit der Hochschätzung der Wissenschaft als Propädeutik für die Philosophie bei Poseidonios kritisch auseinandersetzt[538].

Bei Rousseau ist die Auffassung von der Nutzlosigkeit der Wissenschaften für die Tugend zu einem ausschließenden Gegensatz, ja zur Schädlichkeit der einen für die andere gesteigert. Wissenschaften und Tugend stünden in einem solchen Verhältnis, daß sie nebeneinander nicht bestehen können. So sei es nicht erst in der neueren Zeit. Schon immer habe der Zustand der Sitten in ei-

534 Zur Einheit von Philosophie und wissenschaftlicher Bildung in hellenistisch-römischer Zeit vgl. Marrou, a.a.O., 259ff.; F. Kühnert, *Allgemeinbildung und Fachbildung in der Antike*, Berlin 1961, 74ff. (Schriften der Sektion für Altertumswiss. 30); J. Christes, *Bildung und Gesellschaft. Die Einschätzung der Bildung und ihrer Vermittler in der griechisch-römischen Antike*, Darmstadt 1975, 33ff.; I. Hadot, *Arts libéraux et philosophie dans la pensée antique*, Paris 1984, 25ff.

535 Vgl. W. Richter, L. *Annaeus Seneca: Das Problem der Bildung in seiner Philosophie*, Diss. München 1939, 14ff.

536 Vgl. Kühnert, a.a.O., 18ff.; H. Fuchs, Art. „Enkyklios Paideia", in: *Reallexikon für Antike und Christentum*, V, Stuttgart 1962, 365ff.

537 Vgl. Kühnert, a.a.O., 99ff. Zur differenzierteren Position des späteren Epikureismus vgl. R. Müller, „Rhetorik und Politik in Philodems 'Rhetorica'", in: *Polis und Res publica*, 277f.

538 Vgl. A. Stückelberger, *Senecas 88. Brief über Wert und Unwert der Freien Künste*, Heidelberg 1965. Zur Bedeutung des 88. Briefes für Rousseau vgl. Pire, „De l'influence de Sénèque ...", 63f.

nem direkten negativen Verhältnis zur Blüte der Wissenschaften und Künste gestanden:

> On a vu *la vertu s'enfuir* à mesure que leur (sc. *des sciences et des arts*) lumiere s'élevoit sur notre horizon, et le même phénoméne s'est observé dans tous les tems et dans tous les lieux (III, 10).

> In dem Maße, wie ihr (sc. der Wissenschaften und Künste) aufklärendes Licht an unserem Horizont aufging, hat man die Tugend schwinden sehen, und dasselbe Phänomen wurde zu allen Zeiten und allerorten beobachtet.

Bei Seneca entsteht im 88. Brief, nachdem alle Bildungsfächer der Enkyklios Paideia nach ihrem Wert für die Tugend einzeln geprüft sind, eine dialektische Spannung, die auch für Rousseaus Position charakteristisch sein wird:

> „Quid ergo? nihil nobis *liberalia* conferunt *studia*?" ad alia multum, *ad virtutem nihil* ... (88, 20)

> „Was also? Nichts bringen uns die freien Wissenschaften ein?" Für anderes viel, für die Tugend nichts ...

Damit ist ein propädeutischer Wert der Artes für das philosophische Studium zumindest eingeräumt. Der Unterschied zu Rousseau ist freilich deutlich: Was bei dem antiken Kritiker bloße Verneinung des Nutzens für die Tugend war, wird beim modernen zur Behauptung eines unmittelbaren Schadens.

Ein altes Motiv der Kritik an zu eingehender Beschäftigung mit den Wissenschaften, das von Platon bis zu Cicero in der Bildungstheorie zu verfolgen ist[539], begegnet auch bei Rousseau: Der ganze Zeitaufwand wäre besserer Ziele würdig:

> Qui voudroit en un mot *passer sa vie à de stériles contemplations*, si chacun ne consultant que les devoirs de l'homme et *les besoins de la nature*, n'avoit de tems que pour la Patrie, pour les malheureux et pour ses amis? (III, 17f.).

> Mit einem Wort, wer wollte schon sein Leben mit fruchtlosen Betrachtungen verbringen, wenn jeder nur die Pflichten des Menschen und die Bedürfnisse der Natur zur Richtschnur nähme und nur Zeit für das Vaterland, für die Unglücklichen und für seine Freunde hätte?

So heißt es bei Seneca im 88. Brief:

> *Metire aetatem tuam: tam multa non capit. de liberalibus studiis loquor:* philosophi quantum habent supervacui, quantum *ab usu* recedentis ... (88, 41f.)

539 Christes, a.a.O., 29ff., 37ff.

> Miß deine Lebenszeit: so viele Dinge faßt sie nicht! Über die freien Wissenschaften spreche ich: die Philosophen, wieviel Überflüssiges führen sie mit sich, wieviel was keinen praktischen Nutzen bringt?

Rousseaus Relativierung auch der größten Errungenschaften wissenschaftlicher Forschung (III, 18f.) gemäß einem Urteil, das den Nutzen der Gesellschaft zum Maßstab nimmt, klingt fast wie eine Paraphrase der Invektiven, die Seneca gegen eine leere Polymathie, aber auch gegen eine zweckfreie Wissenschaft richtet, die sich nicht die Tugend der Bürger zum Ziel setzt (vor allem im 88. Brief, aber auch sonst vielfach[540]).

Bei aller Vergleichbarkeit dieses Grundansatzes hinsichtlich der Bildungskritik - wichtiger für unser Thema erscheinen der prinzipiell kulturkritische Ansatz Rousseaus und sein Verhältnis zur radikalen Kulturkritik der Kyniker. Es war schon darauf zu verweisen, daß eine einfache Identifizierung hier nicht möglich ist. Es kann nicht davon die Rede sein, daß Rousseau (und das gilt vom Ersten wie vom Zweiten Discours) alle kulturellen Errungenschaften wie die Kyniker prinzipiell in Frage stellt; Gesetze, Sitten, Moral als bloßen Nomos zugunsten der Physis abwertet; mit den Künsten und Wissenschaften die ganze Zivilisation verwirft; ein „Zurück zur Natur" im Sinne einer Rückkehr der Menschheit zu einer mehr oder minder animalischen Existenz proklamiert. Gleichwohl mußte es Anknüpfungspunkte geben, die die zeitgenössischen Kontrahenten, allen voran Voltaire und Friedrich II., veranlaßten, Rousseau eine Verwandtschaft zu kynischen Prinzipien nachzusagen, ja in ihm einen „Diogenes redivivus" zu sehen[541].

Sucht man nach einem tertium comparationis, so muß man eine Haltung erkennen, die die Fortschritte und Errungenschaften von Kultur und Gesellschaft als unbezweifelbare Höchstwerte in Frage stellt. In der Antithese von Kultur und Natur wird der letzteren deshalb ein hoher Orientierungswert zugemessen, weil sie die Freiheit von vielen Verzerrungen bedeutet, die im Prozeß der zivilisatorischen Entwicklung das Leben der Menschen geprägt haben: ein oft sinn-

540 Vgl. Stückelberger, a.a.O., 71ff.

541 Vgl. oben S. 229f. u. Anm. 526. Zur Kulturkritik der Kyniker vgl. Niehues-Pröbsting, *Der Kynismus des Diogenes*, 79ff., 102ff.; I. Nachov, „Der Mensch in der Philosophie der Kyniker", in: *Der Mensch als Maß der Dinge*, 374ff.; H. Schulz-Falkenthal, in: M. Billerbeck, *Die Kyniker in der modernen Forschung*, Amsterdam 1991, 300ff.; ders., „Kata physin. Bemerkungen zum Ideal des naturgemäßen Lebens bei den 'älteren' Kynikern", in: *Wissenschaftliche Zeitschrift der Martin-Luther-Universität Halle/Wittenberg* 26 (1977), 2, 51ff.; J.-M. Meilland, „L'anti-intellectualisme de Diogène le cynique", in: *Revue de théologie et de philosophie* 115, 1983, 233ff.; Sorabji, a.a.O., 158ff. Zum Zusammenhang der kynischen Kulturkritik mit dem Utopismus vgl. jetzt D. Dawson, *Cities of the Gods. Communist utopias in Greek thought*, New York, Oxford 1992, 111ff.; zur Weiterführung dieser Gedanken in der frühen stoischen Utopie 160ff.

loser Luxus; alle die individuelle Freiheit behindernden Einschränkungen durch Gesetze und gesellschaftliche Normen; die Herausbildung unersättlicher Begierden; eine Verherrlichung von Künsten und Wissenschaften, die von der Beachtung moralischer Werte ablenkt.

Was Rousseau mit den Kynikern verbindet, ist die Auffassung, daß die Fortschritte der Zivilisation um den hohen Preis eines moralischen Niedergangs erkauft sind; sind Ideale wie das der Autarkie und der Autonomie des Individuums; ein Streben nach Einschränkung der Bedürfnisse, das von einer hemmungslosen Sucht nach Luxus befreit. Rousseau teilt mit den Kynikern bestimmte ethische Kategorien, die in diesem Bereich Maßstäbe für schwer Meßbares schaffen sollen, Maßstäbe im übrigen, die wir bereits bei Platon, Demokrit, den Epikureern gefunden haben: die Einteilung der Bedürfnisse in Richtung auf das Notwendige (anankaia) und das Überflüssige (perissa); die sich daran anschließende Dreiteilung der Begierden in notwendige, natürliche und überflüssige: kurz das Prinzip des Messens der zivilisatorischen Errungenschaften an gewissen „natürlichen" Ausgangspunkten. Für Rousseau soll es zu einer *Rückbesinnung* führen, nicht aber zu einer *Rückkehr.* Für Rousseau bestand Klarheit darüber, daß das Rad der Geschichte nicht zurückgedreht werden kann[542]. Anders als viele seiner Zeitgenossen hat Kant die Richtung der Rousseauschen Kulturkritik erkannt: „Man darf eben nicht die hypochondrische Schilderung, die *Rousseau* vom Menschengeschlecht macht, das aus dem Naturzustande herauszugehen wagt, für Anpreisung wieder dahin ein und in die Wälder zurück zu kehren, als dessen wirkliche Meinung annehmen .... Rousseau wollte im Grunde nicht, daß der Mensch wiederum in den Naturzustand zurück g e h e n, sondern von der Stufe, auf der er jetzt steht, dahin zurück s e h e n sollte"[543].

Wie wenig wir berechtigt sind, das kynische „Zurück zur Natur" als Grundlage für Rousseaus Kulturkritik zu betrachten, zeigt besonders die Rolle, die bei den Kynikern die Verherrlichung des Lebens der Tiere spielt. Die Vorbildlichkeit des Lebens der Tiere, das glücklicher und besser sei als das der Menschen, bildet in der kynischen Argumentation für das „einfache Leben" einen ständigen Bezugspunkt. Durch den Vergleich von Mensch und Tier soll das Vorbild für eine richtige Lebensführung gefunden werden. Besonders eindrucksvolle Beispiele bietet die 6. Rede des Dion von Prusa, eines der wichtigen Zeugnisse

542 Zu der vielfach mißdeuteten Auffassung Rousseaus vgl. E. Cassirer, „Kant und Rousseau", in: *Rousseau, Kant, Goethe*, Hamburg 1991, 11f.

543 *Anthropologie in pragmatischer Hinsicht. Kant's gesammelte Schriften.* Hg.. von der Königlich Preußischen Akademie der Wissenschaften. Erste Abtheilung: *Werke*, 7. Band, Berlin 1907, 326f.

für den späteren Kynismus[544]. Gepriesen wird die Anspruchslosigkeit eines naturgemäßen Lebens, das Durst und Hunger mit Wasser und Gras stillt; ein weitgehendes Freisein von Krankheit; das Fehlen von gegenseitigen Unrechtstaten (6, 21ff.). Für die Kyniker bedeutet die Verherrlichung der 'physis' die Ablehnung des 'nomos' in jeder Form. Für Anacharsis, den weisen Skythen, eine der Vorbildgestalten kynischer Lebensauffassung, erscheinen die Tiere als Muster für das Streben nach wahrer Freiheit, Gerechtigkeit und Weisheit. Die Physis gilt als die Schöpfung Gottes, der Nomos als die der Menschen. Es sei ein Zeichen der Weisheit, die Wahrheit der Physis über die Satzung des Nomos zu stellen (Diodor IX, 26, 3ff.).

Angesichts der Ähnlichkeiten, die Rousseaus Sicht des Naturzustandes mit solchen Merkmalen kynischer Naturverherrlichung aufweist, muß nochmals auf die gravierenden Unterschiede verwiesen werden. Es lag Rousseau fern, den Naturzustand, wie er ihn in mancherlei Berührung mit kynischem Gedankengut auffaßte, als Norm zu begreifen, wie schon gezeigt wurde. In der Animalität des Menschen im Naturzustand spricht sich für Rousseau nicht ein überzeitliches Wesen des Menschen aus, das vielmehr in Handlungsfreiheit und Perfektibilität begründet ist, also in jenen Eigenschaften, die den Menschen von den Tieren trennen. Zwar sind auch für ihn Freiheit und Autonomie des Menschen im Naturzustand Zeichen eines hohen Wertes, aber die Herausbildung von Gesellschaft und Staat wird, wenn auch unter stärkster Betonung ihrer Ambivalenz, als irreversibler Vorgang, ihre Ergebnisse als Merkmale des Menschen auf den ausgebildeten Entwicklungsstufen seiner Existenz betrachtet. Schließlich kann auch die in der kynischen Verherrlichung der Animalität begründete Tendenz zu einer Abwertung der Vernunft für Rousseau nicht in Anspruch genommen werden, ungeachtet der scheinbaren Absage an das 'raisonnement' in dem so oft mißdeuteten Satz über das 'animal dépravé' (III, 138)[545].

Diese Erkenntnis bewährt sich auch im Hinblick auf den Vergleich von Rousseaus Kulturkritik mit der kynischen Kritik der menschlichen Zivilisation schlechthin. Die Übereinstimmungen können weit gehen, etwa wenn Rousseau (im Anschluß an Plutarch) das Prometheische Kulturideal in einem Geist kritisiert, der von der kynischen Kritik an diesem zentralen Mythos griechischen Selbstbewußtseins inspiriert ist:

544 Für das kynische Ideal des "einfachen Lebens" ist die Diogenes-Legende besonders aussagekräftig, wie sie sich in der 6. Rede des Dion von Prusa und bei Diogenes Laertios VI, 19ff. spiegelt. Zu dem genannten kynischen Ideal vgl. Lovejoy, Boas, a.a.O., 117ff.; Vischer, a.a.O., 75ff.; Sorabji, a.a.O., 158ff.; Dawson, a.a.O., 111ff. Speziell zum Vergleich Mensch - Tier Dierauer, a.a.O., 180ff.

545 Vgl. oben S. 72f.

> C'étoit une ancienne tradition passée de l'Egypte en Gréce, qu'un Dieu ennemi du repos des hommes, étoit l'inventeur des sciences. - On voit aisément l'allégorie de la fable de Prométhée; et il ne paroît pas que les Grecs qui l'ont cloüé sur le Caucase, en pensassent gueres plus favorablement que les Egyptiens de leur Dieu Teuthus. „Le satyre, dit une ancienne fable, voulut baiser et embrasser le feu, la premiere fois qu'il le vit; mais Prometheus lui cria: Satyre, tu pleureras la barbe de ton menton, car il brûle quand on y touche ..." (III, 17).

> Nach einer alten Überlieferung, die aus Ägypten nach Griechenland kam, war ein der Muße der Menschen feindlich gesinnter Gott der Erfinder der Wissenschaften. - Man erkennt leicht, daß es sich hier um die allegorische Figur der Prometheus-Sage handelt. Offenbar haben die Griechen, die ihn an den Kaukasus nagelten, keineswegs freundlicher über ihn gedacht als die Ägypter über ihren Gott Teuth. „Der Satyr", heißt es in einer alten Sage, „wollte das Feuer küssen und umarmen, als er es zum erstenmal sah. Aber Prometheus rief ihm zu: 'Satyr, du wirst deinen Bart beweinen, denn es brennt, wenn man es berührt ...'"

Es waren die Kyniker, die in der Antike dieses negative Bild vom Kulturheros Prometheus entworfen hatten. Bei Dion von Prusa heißt es über Diogenes' Auffassung (6,25ff.):

> Deshalb scheine ihm der Mythos zu sagen, daß Zeus den Prometheus für die Entdeckung und Weitergabe des Feuers bestrafte, weil dies der Ursprung und der Ausgangspunkt für Verweichlichung und Luxus unter den Menschen war ... (28) Aber die Schlauheit der Menschen bei der Entdeckung und im Ersinnen so vieler Erfindungen für den Lebensunterhalt habe den späteren Generationen nicht eben Nutzen gebracht. Denn die Menschen benutzten nicht ihre Intelligenz, um Tapferkeit und Gerechtigkeit zu fördern, sondern für die Lust... (29) Und während sie sich einbilden, für sich selbst vorzusorgen, gingen sie jämmerlich zugrunde durch das hohe Maß an Sorge und Voraussicht ...

Rousseau hat mit seinem Zitat aus Plutarchs *Moralia* (86 F) die kulturkritische Tendenz noch verstärkt, indem er die Sätze des Plutarch wegließ, die die Wohltaten des Feuers hervorheben: „... aber es verbreitet Licht und Wärme, ist Instrument jeder Kunst für die, die gelernt haben, sich seiner zu bedienen"[546]. Rousseau hat in seinem Brief an Lecat von 1752 sein Verständnis der antiken Tradition an Hand der Allegorie auf dem Titelblatt des Ersten Discours in dem Sinn erläutert, daß die Fackel des Prometheus die der Wissenschaft sei, durch

546 Vgl. Goldschmidt, *Anthropologie*, 53f.

die große Geister erleuchtet werden; der unvorsichtige Satyr die gewöhnlichen Menschen darstelle, die, vom Glanz der Bildung geblendet, sich dem Studium hingeben, und daß Prometheus, der sie vor der Gefahr warnt, der Bürger von Genf sei[547].

Um ein auch von den Kynikern gern gebrauchtes Motiv handelt es sich bei der Antithese von hochzivilisierten, aber sittlich entarteten Völkern und den Naturvölkern, die dank ihrer naturverbundenen Sitten von solchen Depravationen freiblieben. Rousseau nennt neben Persern und Germanen die Skythen (III, 11), die in der primitivistischen Tradition der Antike generell, speziell auch bei den Kynikern als Beispiel des 'Bon sauvage' einen besonderen Platz einnahmen[548].

Die Antithese von einer ursprünglich gesunden Gesellschaft und dem späteren Verfall der Sitten infolge der zivilisatorischen Entwicklung (von Rousseau am Beispiel Griechenlands in der Gegenüberstellung von Sparta und Athen, am Beispiel Roms durch den Vergleich der sittenfesten alten Römer mit der späteren, durch die griechische Kultur verdorbenen Großmacht verdeutlicht[549]) beruht letztlich auf einem Schema, das in Platons *Staat* überliefert ist: der Gegenüberstellung der „gesunden" und der „üppigen" Stadt (369 Cff.)[550]. Während die erstere die Grundbedürfnisse an Nahrung, Wohnung und Kleidung erfüllt, entwickelt sich in der „üppigen" Stadt ein zunehmender Luxus. Die einfache Stadt, die im Dialog von einem Gesprächspartner verächtlich als „Schweinestaat" bezeichnet wird, zeigt Züge jenes Ideals der Einfachheit, das für Rousseau wichtig werden sollte. Wenn Platon von den neuen Berufen im Dienste des Luxus, den Malern, Musikern, Dichtern, Rhapsoden, Schauspielern, Reigentänzern, Goldschmieden in der „üppigen Stadt" spricht (373 C), so treten an ihre Stelle bei Rousseau die Vertreter der Künste und Wissenschaften, die bei ihm als Auslöser und Repräsentanten der Fehlentwicklungen erscheinen.

Vor allem orientiert am Muster der römischen Zivilisationskritik, die seit Poseidonios' Theorie vom moralischen Niedergang des römischen Staates bei den Historikern von Sallust bis zu Tacitus, bei den Philosophen Cicero und Seneca, bei dem Gelehrten Varro, bei den Dichtern von Horaz bis Juvenal ihren Ausdruck findet, ist alles das, was Rousseau über den Niedergang Roms infolge des Sittenverfalls sagt[551]. In seiner spezifischen Argumentation kann er an die

547 *Lettre de Jean-Jacques Rousseau de Genève, Sur une nouvelle Réfutation de son Discours, par un Académicien de Dijon* (III, 102).

548 Zu den Skythen in der antiken Tradition des 'Bon sauvage' Lovejoy, Boas, a.a.O., 287ff., 315ff.

549 Zur ideologischen Funktion der Gegenüberstellung Sparta - Athen, frühes republikanisches - kaiserzeitliches Rom vgl. Grell, a.a.O., I, 461ff.

550 Vgl. Goldschmidt, *Anthropologie*, 66ff.

551 Zu Poseidonios vgl. J. Malitz, *Die Historien des Poseidonios*, München 1983, 384ff. Zur Niedergangsideologie: U. Knoche, „Der Beginn des römischen Sittenverfalls", in: *Vom*

alten römischen Ressentiments anknüpfen, die seit dem älteren Cato mit dem Einzug der griechischen Kultur im Rom des 2. Jahrhunderts v.Chr. verbunden waren. Im Sinne von Catos Kampf gegen die eindringenden griechischen Wissenschaften heißt es:

> Mais les Sciences, les Arts et la dialectique prévalurent encore: Rome se remplit de Philosophes et d'Orateurs; on négligea la discipline militaire, on méprisa l'agriculture, on embrassa des Sectes et l'on oublia la Patrie. Aux noms sacrés de liberté, de desinteréssement, d'obeissance aux Loix, succederent les noms d'Epicure, de Zenon, d'Arcesilas. *Depuis que les Sçavans ont commencé à paroître parmi nous*, disoient leurs propres Philosophes, *les Gens de bien se sont éclipsés* (III, 14).
>
> Aber noch behielten die Wissenschaften, die Künste und die Dialektik die Oberhand: Rom füllte sich mit Rednern und Philosophen, man vernachlässigte die militärische Disziplin, verachtete die Landwirtschaft, hätschelte Sekten und vergaß das Vaterland. Auf die geheiligten Namen Freiheit, Uneigennützigkeit, Gesetzestreue folgten die Namen Epikur, Zenon, Arkesilaos. „Seit die Gelehrten unter uns erschienen sind“, sagten ihre eigenen Philosophen, „sind die rechtschaffenen Leute verschwunden“.

Rousseau beruft sich auf Senecas 95. Brief:

> ... *postquam docti prodierunt, boni desunt* ... (95, 13)
>
> Seitdem gelehrte Männer aufgetreten sind, fehlen die guten Menschen ...

ein Wortlaut, eingebettet in ein Zitat, das er bei Montaigne finden konnte (*Essais*, I, 25).

Das römische Modell erscheint in seiner Beispielhaftigkeit[552]. Die Einzelzüge entstammen der römischen Zivilisationskritik. Die Prosopopöie des Fabricius faßt das Wichtigste zusammen, was diese gegen den Sittenverfall vorzu-

Selbstverständnis der Römer, Heidelberg 1962, 99ff.; F. Hampl, „Römische Politik in republikanischer Zeit und das Problem des ‘Sittenverfalls’“, in: *Historische Zeitschrift* 188 (1959), 497ff.; A.W. Lintolt, „Imperial expansion and moral declin in the Roman republic“, in: *Historia* 21 (1972), 626ff. - Daß Rousseau die römische Geschichte in so hohem Maße als eine Geschichte des sittlichen Niedergangs gesehen hat, geschah gewiß auch unter dem Eindruck von Montesquieus Werk *Considérations sur les causes de la grandeur des Romains et de leur décadence* (1734), das auch ein Kapitel über den Sittenverfall der Römer enthält.

552 L. Delaruelle, „Les sources principales de J.-J. Rousseau dans le premier Discours“, in: *Revue d'Histoire Littéraire de la France* 19 (1912), 245ff., hat gezeigt, daß Rousseaus Bild von der historischen Entwicklung der Antike im Ersten Discours (Antithese Sparta - Athen, Niedergang Roms) auch durch die Bewertung der größeren Zusammenhänge in Bossuets *Discours sur l'histoire universelle* geprägt war.

bringen hatte[553]: Verlust der 'simplicité Romaine'; kulturelle Unterwerfung des siegreichen Rom unter das besiegte Griechenland; Dominanz der Redner, Baumeister, Maler, Bildhauer und Possenreißer. Der enge Anschluß an antike Vorbilder reicht bis in den Wortlaut auch in Einzelzügen:

> „Dieux ! eussiez vous dit, que sont devenus *ces toits de chaume* et ces foyers rustiques qu'habitoient jadis la modération et la vertu? ..."(III, 14)
>
> „Götter", hättet Ihr gesagt, was ist aus diesen Strohdächern geworden, was aus diesen bäuerlichen Heimstätten, in denen einst Mäßigung und Tugend wohnten? ..."

Wieder scheint ein Bild aus Senecas *Briefen* dahinter zu stehen: die einfache Hütte der Frühzeit, die uns auch im Zweiten Discours begegnet:

> Furcae utrimque suspensae fulciebant casam: spissatis ramalibus ac fronde congesta et in proclive disposita decursus imbribus quamvis magnis erat. Sub his tectis habitavere securi: *culmus liberos texit*, sub marmore atque auro servitus habitat (90, 10).
>
> Auf beiden Seiten aufrecht stehende Gabelhölzer stützten die Hütte: auf dichtem Reisig und gehäuftem, geneigt angelegtem Laub lief auch starker Regen ab. Unter diesen Dächern lebten sie sorgenfrei: Stroh deckte Freie, unter Marmor und Gold wohnt die Knechtschaft.

Fast unvermeidlich war die Erinnerung an berühmte Verse des Horaz:

> Vous les *Maîtres des Nations, vous vous êtes rendus les esclaves* des hommes frivoles *que vous avez vaincus*? (III, 14).
>
> Ihr, die Herren der Völker, habt euch zu Sklaven der frivolen Menschen gemacht, die ihr besiegt habt?

Horaz hatte dem Gedanken der kulturellen „Unterwerfung" die bekannte, äußerst prägnante Form gegeben:

> *Graecia capta ferum victorem cepit* et artis
> intulit agresti Latio (*Briefe* II, 1, 156f.)
>
> Das besiegte Griechenland besiegte den wilden Sieger und brachte dem bäurischen Latium die Künste.

Ebenso naheliegend war die Erinnerung an berühmte Verse Vergils (*Aeneis* VI, 847ff.):

553 Vgl. den in Anm. 532 genannten Aufsatz von Starobinski.

> Que d'autres mains s'illustrent par de vains talens; le seul talent digne de Rome, est celui *de conquérir le monde* et d'y faire régner la vertu (III, 15).

> Mögen andere Hände sich mit eitlen Talenten brüsten. Das Roms einzig würdige Talent ist es, die Welt zu erobern und die Herrschaft der Tugend dort zu errichten.

Bei der Deutung des Ersten Discours hat immer wieder eine große Rolle die Einordnung der positiven und negativen Aspekte wissenschaftlicher Tätigkeit gespielt. Rousseaus Grundproblem, wissenschaftliche Tätigkeit in eine bestimmte Relation zu den Notwendigkeiten und Werten des praktischen Lebens zu bringen, verbindet ihn mit einer der großen Traditionen der Selbstreflexion der antiken Philosophie: der Diskussion über die Frage der richtigen Lebensform, besonders des Verhältnisses von 'vita activa' und 'vita contemplativa' (bios praktikos und bios theoretikos), im weiteren Sinn auch des Verhältnisses von Theorie und Praxis. Nach Vorstufen, die bis in das 5. Jahrhundert v. Chr. zurückreichen, wurde diese Diskussion mit großer Intensität vor allem unter den Schülern des Aristoteles in einem durchaus kontroversen Sinn geführt, daran anschließend auch in anderen Schulen, vor allem bei Stoikern und Epikureern[554]. Ein deutliches Echo dieser Diskussionen läßt sich bei Cicero und Seneca, aber auch bei Epiktet vernehmen, und es ist durchaus wahrscheinlich, daß Rousseau hier manche Anregung empfangen hat. Die Gegenüberstellung einer rein theoretischen Wissenschaft, die um ihrer selbst willen betrieben wird, und einer praktischen Politik und Sittenlehre, die am Handeln orientiert sind (III, 18f.), klingt wie ein fernes Echo dieser großen Auseinandersetzungen, die in den Schulen der hellenistischen Philosophie geführt wurden.

Daß die Wissenschaft ein Produkt der Muße sei (III, 18), hat bereits Aristoteles hervorgehoben (*Metaphysik* I, 1, 981 b 13ff.), der darin eine der großen Errungenschaften der zivilisatorischen Entwicklung der Menschheit sieht: Eine dritte Stufe nach der Entstehung der unmittelbar nützlichen und der schönen Künste, die bereits Demokrit in dieser Weise historisch eingeordnet hatte[555]. Wenn Rousseau hier den Aspekt des Müßiggangs als einer sozial bedingten Möglichkeit, ganz persönlichen Interessen ungehindert nachzugehen, hervor-

554 R. Joly, *Le thème philosophique des genres de vie dans l'antiquité classique*, Académie royale de Belgique, Classe de lettres et des sciences moral. et polit., Mémoires, Ser. II, Tome LI, Bruxelles 1956; A. Grilli, *Il problema della vita contemplativa nel mondo greco-romano*, Milano 1953 (Pubbl. dell. Univ. di Milano, Fac. di Lettere e Filos., Ser. I, Filol. e lett. class.). Mit dem Bios-Problem in einem weiteren Sinn verbunden ist auch das der "Selbstsorge" als ein Hauptziel philosophischer Besinnung, auf das Foucault in seinen letzten Büchern die Aufmerksamkeit gelenkt hat. Vgl. Hadot (Anm. 158) und Kimmich (Anm. 85).

555 Vgl. S. 254f.

hebt, steht das nicht notwendig im Gegensatz zu der Wertung des Aristoteles, für den der reine Bios theoretikos gleichfalls ein außerordentliches soziales Privileg darstellt.

Mit manchen Vertretern der Philosophie des 4. Jahrhunderts und der hellenistischen Philosophie (vor allem dem Aristotelesschüler Dikaiarchos und dem Mittelstoiker Panaitios, in ihrem Gefolge auch Cicero)[556], stimmt Rousseau in der Tendenz überein, die grundsätzliche Verpflichtung des Philosophen zu betonen, sich auch in den Dienst der staatlichen und gesellschaftlichen Praxis zu stellen. Daß *jeder* Bürger dem Gemeinwesen zu dienen habe, ist ein Prinzip der antiken Polis mit frühen Wurzeln. Bei Rousseau heißt es: „Jeder unnütze Bürger kann als ein schädlicher Mensch betrachtet werden" (... tout citoyen inutile peut être regardé comme un homme pernicieux, III, 18). Das ist nicht mehr und nicht weniger als die verbale Zuspitzung eines Prinzips, das wir schon in einem Grunddokument klassischen Polisdenkens, in der großen Gefallenenrede des Perikles bei Thukydides, finden, in der es über die Athener heißt: „Denn wir sind die einzigen, die denjenigen, der gar nicht an diesen Dingen (sc. am Staatsleben) Anteil nimmt, nicht für einen ruhigen Bürger, sondern für einen unnützen ansehen" (II, 40).

Auch der emphatische Appell an die „Lehrer der Menschheit" (Précepteurs du Genre-humain), bezogen auf große Promotoren neuzeitlicher Wissenschaft wie Bacon, Descartes und Newton (III, 29), bietet nicht nur in der Form einen Anklang an eine Stelle bei Seneca (der Weise als 'generis humani paedagogus', *Briefe* 89, 13), sondern kehrt mit dem Gedanken der Verbindung der Wissenschaften und Künste mit praktischer Politik (verkörpert durch Cicero und Bacon) zu einem antiken Ideal zurück:

> Le Prince de l'Eloquence fut Consul de Rome, et le plus grand, peut-être, des Philosophes, Chancelier d'Angleterre (III, 29).

> Der Fürst der Beredsamkeit war Konsul von Rom und der vielleicht größte unter den Philosophen Lordkanzler von England.

Der alte Gedanke von den Philosophen als Ratgebern der Könige (wenn sie schon nicht selbst Könige sind), der von Platon bis zu den Schulen der hellenistischen Philosophie eine Rolle gespielt hat, dient am Schluß, eine Brücke zwischen Theorie und Praxis zu schlagen und damit die Wissenschaften, sofern sie in den Händen der größten Geister sind, in ihrer Bedeutung für die Geschichte der Menschheit zu würdigen (III, 30).

Versuchen wir ein Resümee des Ersten Discours, sofern er die Geschichtsphilosophie Rousseaus geprägt hat und damit auch für die Gedanken des Zweiten Discours bedeutsam wurde. Eine große Hilfe kann uns dabei ein vielzitierter

556 Vgl. oben Anm. 554.

Passus des Zweiten Discours leisten, der dazu beizutragen vermag, Fehldeutungen von Rousseaus Position entgegenzutreten. Wie der Zweite Discours bestimmte positive Aspekte von Rousseaus Wertung der kulturellen Entwicklung der Menschheit zur Entfaltung bringt, die im Ersten Discours, wenn auch nur keimhaft, angelegt waren, so bleiben auch die kulturkritischen Positionen dieser Schrift im Zweiten Discours immer gegenwärtig, wie Anm. IX zeigt (III, 202ff.). Grundgedanken des Ersten Discours werden hier offenbar in der Absicht resümiert, die Ambivalenz der menschlichen Kulturentwicklung eindrücklich vor Augen zu rücken. Hier wie dort bildet den „Einstieg" die Bewertung der historischen Rolle der Wissenschaften und Künste. Die mit ihnen verbundenen unermeßlichen Anstrengungen werden in ein Verhältnis zu den Ergebnissen gestellt, die sie für das Glück der menschlichen Gattung erbracht haben. Auch im Zweiten Discours kann Rousseau nur ein erstaunliches Mißverhältnis konstatieren.

Freilich gelangt er schneller als im Ersten Discours vom eingeschränkten Thema der Wissenschaften und Künste zur kulturkritischen Gesamtbilanz einer umfassenden Bewertung der Geschichte. In der Erstlingsschrift hatte er die negativen Folgen der Betätigung in den Wissenschaften in der hemmungslosen Entfaltung egoistischer Handlungsmotivationen und in der Privilegierung der in diesem Bereich Tätigen zum Nachteil der Menge gesehen, die die materiellen Grundlagen für das Leben der Gesellschaft schaffen muß. Auf Grund der im Zweiten Discours geleisteten Gedankenarbeit geht er nun von einer prinzipiellen Ambivalenz aus, die dem Menschen als eine der anthropologischen Grundbestimmungen anhaftet: die durch die Sozialität auf einer bestimmten Entwicklungsstufe unabdingbar gegebene Verwicklung in Verhältnisse gegenseitiger Abhängigkeit der Individuen, die eine Depravation des Menschen zur Folge haben. Wie im Ersten Discours vertritt Rousseau auch hier das Prinzip einer unaufhebbaren Antinomie der Interessen von Individuum und Gesellschaft, in scharfer Abgrenzung von zeitgenössischen Konzeptionen eines natürlichen Interessenausgleichs, nach denen jeder durch Verfolgung seiner eigenen Interessen auch den anderen dient[557].

557 Zu Rousseaus Auseinandersetzung mit der ökonomisch bestimmten Rechtfertigung des Luxus durch J. Melon vgl. K.D. Schulz, a.a.O., 58ff. (speziell zum Rückgriff auf die antike Kritik des Luxus als Ausgangspunkt für Rousseaus Position). Vgl. Bahner, „Das gesellschaftspolitische Anliegen Jean-Jacques Rousseaus", 226ff. Über Rousseaus Verhältnis zu zeitgenössischen Theorien der Interessiertheit allgemein (Physiokraten, Turgot) Schulz, a.a.O., 143ff. Rousseau befindet sich hier in Gegensatz besonders zu Turgot (*Tableau philosophique des progrès successifs de l'esprit humain*, in: Œuvres, I, 224), der einen moralischen Fortschritt aus der Entwicklung der Bedürfnisse ableitet. Dagegen besteht bei Rousseau kein Zweifel an der völligen Divergenz von ökonomischem Fortschritt und Moral (Fetscher, a.a.O., 44ff.).

Die Beurteilung der zeitgenössischen Gesellschaft trägt alle jene negativen Züge, die für den Ersten Discours bestimmend waren: die immer stärkere Herausbildung falscher Bedürfnisse, die mit der Entwicklung von Reichtum und Luxus einhergeht; monströse Verzerrungen im Luxuskonsum; der parasitäre Gewinn, der aus Kriegen wie aus Schiffahrt und Handel gezogen wird; das Anwachsen der Kriminalität und der sittlichen Verwilderung. Wie im Ersten Discours kann es auch jetzt keinen Zweifel geben:

> De la Société et du luxe qu'elle engendre, naissent les Arts liberaux et méchaniques, le Commerce, les Lettres; et toutes ces inutilités qui font fleurir l'industrie, enrichissent et perdent les Etats (III, 206).

> Aus der Gesellschaft und dem Luxus, den sie erzeugt, entstehen die freien und mechanischen Künste, der Handel, die Literatur und all jene unnützen Dinge, die das Gewerbe blühen lassen, die Staaten reich machen und ins Verderben führen.

Aber die apodiktisch formulierten Sätze müssen nun an dem im Zweiten Discours dargelegten Gesamtbild vom Ablauf der Geschichte gemessen werden. Es geht um die Bewertung der gesellschaftlichen Folgewirkungen, in die jede Beschäftigung mit den Wissenschaften und Künsten verwickelt ist, nicht um deren Verurteilung an sich. In Entgegnung zu den Mißdeutungen, denen sich Rousseau aus Anlaß seiner Kulturkritik ausgesetzt sah, folgt auch am Ende dieser Betrachtung jene Wendung, die im Vorwort zum *Narcisse* von 1753 bereits formuliert war: Es ist nicht das Ziel, die moderne, an so vielen Gebrechen leidende Gesellschaft aufzuheben und ein Heilmittel in der Rückkehr zu überholten Entwicklungsstufen zu sehen:

> Quoi donc? Faut-il détruire les Sociétés, anéantir le tien et le mien, et retourner vivre dans les forêts avec les Ours? Conséquence à la maniére de mes adversaires, que j'aime autant prévenir que de leur laisser la honte de la tirer (III, 207).

> Was denn? Soll man die Gesellschaft zerstören, Dein und Mein vernichten und dazu zurückkehren, in den Wäldern mit den Bären zu leben? Ein Schluß nach der Art meiner Gegner, dem ich lieber zuvorkommen will, als daß ich ihnen die Schande lassen möchte, ihn zu ziehen.

Der erst bei der Drucklegung angefügte Schlußabschnitt der Anm. IX, der mit diesen Sätzen beginnt, konnte freilich die Fehldeutung jenes „Zurück zur Natur" nicht verhindern, die Rousseau befürchtete und die seinen Weg auf Dauer begleiten sollte. Aber resümierend hat er in der Summe seines Lebens und Denkens *Rousseau juge de Jean-Jacques* (Dialogue troisième) noch einmal festgestellt:

> Mais la nature humaine ne retrograde pas et jamais on ne remonte vers les tems d'innocence et d'égalité quand une fois on s'en est éloigné; c'est ... un des principes sur lesquels il a le plus insisté (I, 935).
>
> Die menschliche Natur geht nicht rückwärts und niemals kehrt man zu den Zeiten von Unschuld und Gleichheit zurück, wenn man sich einmal von ihnen entfernt hat; das ist ... eines der Prinzipien, auf denen er (sc. Rousseau) am meisten insistiert hat.

3. Moderne und antike Konzeptionen des Geschichtsdenkens

Blicken wir auf die Gesamtbewertung der historischen Entwicklung der Menschheit von den ersten Anfängen einer tierhaften Existenz bis zu höheren Entwicklungsstufen der Wissenschaften und Künste, eines verfeinerten Luxus, einer zunehmenden Unterwerfung des Einzelnen unter hierarchische und repressive Formen der Gesellschaft und der Staatlichkeit, ergibt sich, wie wir sahen, eine Ähnlichkeit gewisser Grundpositionen bei Rousseau und einigen antiken Autoren. Wie schon mehrfach betont, wäre es auch hier abwegig, die Gesamtkonstruktion Rousseaus aus einer „quellenmäßigen" Abhängigkeit des modernen Denkers von antiken Traditionen abzuleiten. Wir meinen, daß aufs ganze gesehen eine Strukturanalogie wirksam war, die eine Rezeption antiker Konzeptionen begünstigt hat. Davon soll im folgenden die Rede sein.

An erster Stelle geht es um Gemeinsamkeiten und Unterschiede, die sich in Neuzeit und Antike mit dem vieldeutigen und umstrittenen Begriff des „Fortschritts" verbinden. Entgegen einer verbreiteten Meinung hat es in der Antike durchaus Fortschrittsauffassungen gegeben, die freilich mit den neuzeitlichen nicht auf eine Stufe gestellt werden können[558]. Als Grundlage für unsere weiteren Überlegungen soll der spezifische Charakter der modernen und der antiken Auffassungen zunächst in ihrem jeweiligen Zusammenhang skizziert werden.

558 Zur grundsätzlichen Problematik des antiken Fortschrittsdenkens vgl. Chr. Meier, „Ein antikes Äquivalent des Fortschrittsgedankens: Das "Könnens-Bewußtsein" des 5. Jahrhunderts v. Chr.", (Anm. 422); vgl. die unterschiedliche, die Gemeinsamkeiten mit neuzeitlichen Theorien stärker in den Blick fassende Position von R. Müller, „Die Konzeption des Fortschritts in der Antike", in: *Polis und Res publica*, 86ff. - Zum Gesamtproblem vgl. die Untersuchungen von L. Edelstein, *The idea of progress in classical antiquity*, Baltimore 1967; J. de Romilly, „Thucydide et l'idée de progrès" (vgl. Anm.68); A.O. Lovejoy, G. Boas, *Primitivism and related ideas in antiquity* (Anm. 42); E.R. Dodds, *Der Fortschrittsgedanke in der Antike und andere Aufsätze zu Literatur und Glauben der Griechen*, aus dem Engl. übertragen von K. Morgenthaler, Zürich und München 1977, 7ff.

Die Entstehung des Fortschrittsbewußtseins im Frankreich des ausgehenden 17. Jahrhunderts, wie sie sich zuerst in der „Querelle des Anciens et des Modernes“ abzeichnet[559], hat als *einen* Ausgangspunkt das hohe Selbstbewußtsein, das von dem Glanz des „Siècle de Louis XIV.“ genährt wurde, mit allen seinen Errungenschaften im Bereich der Literatur, der Künste und der Wissenschaften, der Lebenskultur. Die Modernisten, die auch aus diesem Selbstbewußtsein erste Vorstellungen einer historischen Konzeption des Fortschritts ableiteten, Vertreter einer neureichen Schicht des Bürgertums[560], beriefen sich bei der Auseinandersetzung um den Vorrang der Moderne gegenüber dem Altertum vor allem auf den Vorsprung, den die Neuzeit auf dem Gebiet der Wissenschaften und der Technik bereits erzielt hatte und immer weiter ausdehnen würde. Dagegen wurde der für die Schönen Künste zunächst gleichfalls erhobene Anspruch der Überlegenheit auf dem Wege eines Kompromisses mit den „Anciens“ zurückgenommen und hier der Antike auch weiterhin Vorbildlichkeit zugesprochen.

Der starke Nachdruck auf den wissenschaftlich-technischen Fortschritt[561], auf den Bereich ständiger Lebensverbesserung mit Hilfe der angesammelten und immer neu erworbenen Erfahrungen wurde im Anschluß an Fontenelle von den Theoretikern des Fortschritts Turgot und Condorcet vertreten, wobei sich in der Folge der wissenschaftliche immer stärker mit dem sozialen Progreß verband: In der voll entwickelten Konzeption wurde ein unmittelbarer Zusammenhang zwischen dem Fortschritt der Zivilisation und einem immer enger sich gestaltenden Austausch der geistigen und materiellen Güter gesehen, der auch der großen Masse der Menschen Anteil am Fortschritt geben sollte[562].

Rousseau hat vom Ersten zum Zweiten Discours keine grundsätzliche Positionsveränderung in den Prinzipien geschichtsphilosophischer Betrachtung vorgenommen. Wie wir sehen werden, konnte allerdings die Ambivalenz der Fortschrittsbewegung in ihrem ganzen Gewicht und der unerhörten Spannung der Widersprüche erst sichtbar werden, als sich Rousseau mit der Rekonstruktion bestimmter Züge der Menschheitsgeschichte im Zweiten Discours befaßt hatte. Das bedeutet, daß er auch eine fundiertere Position gegenüber der geistigen Bewegung gewann, die mit der Entwicklung des Fortschrittsdenkens (bei Turgot fast gleichzeitig mit der Arbeit am Zweiten Discours) verbunden war.

559 Vgl. oben Anm. 34.

560 Zu den historischen Hintergründen der Auseinandersetzung zwischen 'Anciens' und 'Modernes' vgl. Krauss, *Der Streit der Altertumsfreunde* ..., 21ff.; H. Kortum, *Charles Perrault und Nicolas Boileau,* Berlin 1966, 10ff. Zum Prozeß der Historisierung in der "Querelle" vgl. jetzt auch C. Zelle, *Die doppelte Ästhetik der Moderne. Revisionen des Schönen von Boileau bis Nietzsche*, Stuttgart, Weimar 1995, 74ff.

561 Vgl. oben S. 23f.

562 Vgl. Rapp, a.a.O., 186ff.

Wir müssen uns noch genauer die spezifische Art der Auseinandersetzung vergegenwärtigen, die Rousseau mit dem zeitgenössischen Denken geführt hat[563]. Wie zu zeigen war, hat er Wert darauf gelegt, den unermeßlichen zeitlichen Abstand zu betonen, der zwischen der Existenz der Menschheit im Naturzustand und jener Fortschrittsentwicklung bestand, die mit der Vergesellschaftung des Menschen und der Entstehung der Kultur begann. In der Schlußpartie des ersten Teils des Zweiten Discours ist in nuce eine ganze Konzeption der Kulturentstehung und der historischen Entwicklung angelegt[564].

Als erste Grundlagen, die die Überwindung dieser Kluft ermöglichten, werden Denken, Sprache und die Notwendigkeit als historische Triebkraft genannt (III, 144). Der Gebrauch des Feuers, der Ackerbau in seiner Abhängigkeit von anderen Künsten, die Schmieden und Werkstätten, das Pflanzen der Bäume, die Weinherstellung werden unter dem Gesichtspunkt aufgezählt, welcher unendlichen Reihe von Naturbeobachtungen, welcher rastlosen Arbeit und Voraussicht, welcher innovativen Kraft es in der Abfolge zahlloser Generationen bedurfte, um die Kulturentwicklung voranzutreiben (III, 144ff.). Hervorgehoben wird die Tradition der Errungenschaften von Geschlecht zu Geschlecht als Voraussetzung der historischen Fortschrittsbewegung (III, 144). Subjekt dieses Prozesses ist die menschliche Gattung (genre-humain), von der immer wieder die Rede ist (III, 133, 146, 153, 157, 164, 165, 169 u.a.): das Menschengeschlecht als Gesamtheit der Menschenwesen, das als Promotor der historisch-kulturellen Entwicklung in Erscheinung tritt.

Oft ist von Fortschritten im Plural die Rede, aber auch im generalisierenden Singular, der den Fortschritt des Menschengeschlechts im ganzen zum Gegenstand geschichtsphilosophischer Betrachtung macht[565]:

> Quel progrès pourroit faire le Genre humain épars dans les Bois parmi les Animaux? (III, 146)

> Welchen Fortschritt könnte das Menschengeschlecht, in den Wäldern unter die Tiere zerstreut, machen?

Zu Beginn des zweiten Teils nimmt Rousseau die Erwägungen aus dem ersten wieder auf, um die Entwicklung vom ersten, „reinen Naturzustand“ zum letzten

563 Zur Position Rousseaus gegenüber der zeitgenössischen Fortschrittstheorie vgl. H.R. Jauß, *Der literarische Prozeß des Modernismus von Rousseau bis Adorno* (vgl. Anm. 52), 73ff.; R. Bubner, „Rousseau, Hegel und die Dialektik der Aufklärung“, in: J. Schmidt (Hg.), *Aufklärung und Gegenaufklärung in der europäischen Literatur, Philosophie und Politik von der Antike bis zur Gegenwart* (vgl. Anm. 43), 404ff.; J. Rohbeck, „Turgot als Geschichtsphilosoph“, in: J. Rohbeck, L. Steinbrügge (Hg.), *Turgot. Über die Fortschritte des menschlichen Geistes*, Frankfurt a.M. 1990, 53ff., 72ff.

564 Vgl. Goldschmidt, *Anthropologie*, 382ff.

565 Vgl. oben S. 94.

Stadium des Naturzustands zu charakterisieren, den er durch die 'société naissante' bestimmt sieht.

Ohne Einzelbeobachtungen zu wiederholen, die an zahlreichen Stellen zu machen waren, ist festzustellen, daß Rousseaus geschichtsphilosophische Konzeption von der Entwicklung des Menschengeschlechts sich in jene Entwicklung des Fortschrittsdenkens einfügt, die seit dem Ende des 17. Jahrhunderts mit Fontenelle ihren Anfang genommen hatte. Sie gerät damit auch in eine mehr oder weniger enge Berührung zu jenen antiken Theorien der Kultur- und Gesellschaftsentstehung, an die die neuzeitliche Entwicklung des geschichtsphilosophischen Denkens anknüpfen konnte[566]. Eine wesentliche Gemeinsamkeit liegt in der (in der Antike eine wesentliche Position einnehmenden) nicht-teleologischen Sicht, die auf eine göttliche Providenz verzichtet und alles auf „natürliche" Ursachen und eine kausal-genetisch bedingte Entwicklungskette von Innovation und Tradition zurückführt. Ein wichtiger Unterschied liegt darin begründet, daß Rousseau wie seine Zeitgenossen über einen sich deutlich herausbildenden *Begriff* des Fortschritts verfügt, der im antiken Geschichtsdenken in der klassischen Zeit fehlte, während es wesentliche *Inhalte* eines Fortschrittsgedankens bereits enthielt, ohne jedoch die Kristallisierung in einem einzigen ausgereiften Begriff erfahren zu haben[567].

Um bestimmte Faktoren einer Strukturanalogie erkennen zu können, ist es notwendig, zunächst einige Grundzüge der antiken Fortschrittstheorie zu rekapitulieren. Im Anschluß an die grundlegenden Untersuchungen von R. Koselleck hat Chr. Meier die besonderen Merkmale antiken Geschichtsdenkens vom neuzeitlichen Fortschrittsbegriff abgehoben[568]. Während Meier die Unterschiede für so gravierend hält, daß er es vermeidet, von einem antiken Fortschrittsdenken im eigentlichen Sinn zu sprechen und (für das 5. Jahrhundert v. Chr.) den Begriff eines „Könnens-Bewußtseins" vorzieht, erscheint es uns notwendig, bestimmte Gemeinsamkeiten in beiden Formen des Geschichtsdenkens hervorzuheben. Geht es in der Antike „eher um eine fortschreitende Weltbemächtigung als um einen weltbemächtigenden Fortschritt" (wie seit dem 18. Jahrhundert)[569], so handelt es sich doch um den Aufstieg aus einem von Bedürftigkeit und Mangel bestimmten Anfangszustand, der fortschreitend durch die Leistungen menschlicher Kultur behoben wird[570].

566 Vgl. zu diesem Zusammenhang R. Müller, *Die Konzeption des Fortschritts in der Antike*, 119f. S. auch Kittsteiner, a.a.O., 136ff.

567 Zu den Anfängen dieses Prozesses in der Antike vgl. S. 258.

568 Vgl. unten S. 256.

569 Vgl. Chr. Meier, „Ein antikes Äquivalent des Fortschrittgedankens", in: *Historische Zeitschrift* (Anm. 422), 294.

570 Kittsteiner, a.a.O., 136ff.

Zugrunde liegt eine Konzeption, die, im Unterschied zu den in der Antike weit verbreiteten Dekadenz- und Kreislauftheorien, die Entwicklung der menschlichen Gattung als Aufstieg aus primitiven Verhältnissen deutet, der sich dank der menschlichen Innovationsfähigkeit sukzessive zunächst auf technischem Gebiet (im weitesten Sinn des Wortes) vollzieht. Schon bei dem ionischen Naturphilosophen Xenophanes heißt es: „Wahrlich nicht von Anfang an haben die Götter den Sterblichen alles enthüllt, sondern allmählich finden sie suchend das Bessere" (Fr. 18 D.-K.). Es war das Verdienst der von einigen Sophisten und dem Philosophen Demokrit begründeten antiken Theorie der Kulturentstehung, bestimmte Mechanismen und Triebkräfte der Fortschrittsentwicklung als erste aufgezeigt zu haben. Eine zentrale Rolle spielen die ‘technai’ in einem umfassenden Sinn, wie er uns noch in der Fortschrittstheorie der Aufklärung entgegentritt: ‘artes et scientiae’, Künste und Wissenschaften, wobei auf einer frühen Stufe der Kultur die Künste vor allem in Gestalt der „mechanischen Künste" den Ausschlag geben[571]. Bei dem Sophisten Protagoras ist, wie wir bereits sahen, die Handwerkskunst das Instrument, das die Menschen aus den primitiven Zuständen herausführt, ergänzt durch die Kunst der gesellschaftlich-staatlichen Organisation, also Sozialtechnik im weitesten Sinn[572]. Dieser Doppelaspekt der technischen und gesellschaftlichen Entwicklung wird für die antiken Kulturtheorien bis in hellenistisch-römische Zeit, bei Poseidonios und Lukrez, bestimmend bleiben.

Als Triebkraft des Fortschritts erscheint bei Demokrit die Not, das Bedürfnis (chreia)[573]. In einem wechselweisen Prozeß der Auseinandersetzung mit der natürlichen Umwelt können die dem Menschen von der Natur mitgegebenen Organe und Potenzen (Hände, Sprache, intellektuelle Fähigkeiten) ihre Kräfte entfalten und die Kultur auf höhere Stufen heben. Während zunächst wohl den einzelnen Innovationsleistungen großer Erfindergestalten (‘protos heuretes’, der erste Entdecker) das Hauptinteresse galt, schloß sich schon bei Demokrit die Entwicklung in ganzheitlicher Betrachtung zu zwei Hauptphasen zusammen: In der ersten entfalten sich die sog. notwendigen Künste, die den dringendsten Lebensbedarf befriedigen; in der zweiten die „schönen Künste", die bereits aus

571 Vgl. J. Kube, *'Techne' und 'Arete'*, Berlin 1969 (Quellen und Studien zur Geschichte der Philosophie 12); J.-P. Vernant, „Remarques sur les formes et les limites de la pensée chez les Grecs", in: *Mythe et pensée chez les Grecs*, Paris 1965, 227ff.; M. Isnardi-Parente, *Techne. Momenti del pensiero greco da Platone a Epicuro*, Firenze 1966; V. de Magelhâes-Vilhena, *Anciens et Modernes. Études d'histoire sociale des idées*, Paris 1986, 13ff., 75ff.; C. Castoriadis, *Durchs Labyrinth. Seele, Vernunft, Gesellschaft*. Übers. von H. Brühmann, Frankfurt a.M. 1983, 196ff.

572 Vgl. R. Müller, *Die epikureische Gesellschaftstheorie*, 53f.

573 Zur Kulturentstehungslehre Demokrits vgl. Th. Cole, *Democritus and the sources of Greek anthropology* (Anm. 42). Zur Not als Lehrmeisterin vgl. Diodor I, 8, 7.

einem gesellschaftlichen Überfluß hervorgehen (Fr. 144 D.-K.). Die neuzeitliche Unterscheidung der „mechanischen" und der „schönen" Künste, die in der Aufklärung eine so wesentliche Rolle spielt, ist hier bereits vorgebildet[574]. In welcher Weise die Orientierung des Schemas an einer Skala der menschlichen Bedürfnisse Denkansätze der Geschichtsphilosophie der Aufklärung vorgeprägt hat, konnten wir bereits feststellen[575].

Die technische Fähigkeit zur Umgestaltung der Natur wurde von der antiken Kulturtheorie schon früh unter dem doppelten Aspekt einer fortschreitenden Verbesserung der Subsistenzbedingungen, aber auch der Entfaltung der menschlichen Potenzen gesehen: Indem der Mensch die Natur umgestaltet, die Kultur als eine „zweite Natur" schafft, entwickelt er auch seine Wesenskräfte[576]. Ausgehend von einer fortschreitend besseren Gestaltung der äußeren Lebensbedingungen mit Hilfe der Technik, gelangt der Mensch auch zur reicheren Ausgestaltung des Lebens, und die die schönen Künste und die Wissenschaften finden ihren Ort. Die Konstatierung dieser Fortschrittsbewegung, die ihre Entsprechung in der Herausbildung zunehmend komplexerer gesellschaftlicher Organisationsformen hat (Familie, Sippe, Stammesstaat, Polis), findet ihr theoretisches Fundament im Gedanken des „Technischen" im weitesten Sinn: der Machbarkeit, der Fähigkeit zu schöpferischer Gestaltung. Der Begriff der 'techne', zuerst auf Holz- und Bauhandwerk angewendet, dann auf die Technik insgesamt, schließlich auf Politik und Rhetorik, Philosophie und Wissenschaften übertragen, nimmt in diesem Sinn eine zentrale Stellung in dieser Fortschrittskonzeption ein[577].

Die weitere Entwicklung der Kulturentstehungslehre als Hauptträger des antiken Fortschrittsdenkens (daneben sind auch die Geschichtsschreibung, die Anfänge der Wissenschaftsgeschichte u.a. wichtig) kann hier nicht im einzelnen verfolgt werden. Bei Platon und Aristoteles wurde sie in eine Kreislauftheorie integriert, nach der die geschichtliche Aufwärtsbewegung (bei Platon als Bestandteil kosmischer Abläufe) immer wieder von zeitweiligen Abstiegen im globalen oder regionalen Ausmaß abgelöst wird und damit in die Kreislaufbewegung zurückfließt. Eine wesentliche Entwicklung durch Differenzierung fanden die Fortschrittskonzeptionen im 4. Jahrhundert und in hellenistisch-römischer Zeit in den Schulen des Peripatos, der Stoa und des Epikureismus, für unsere Fragestellung vor allem durch Dikaiarchos, Poseidonios und Lukrez repräsentiert. Neben einer fruchtbaren Ausgestaltung der Details, die allmählich in eine

574 Vgl. oben S. 183.

575 Vgl. oben S. 153ff.

576 Vgl. R. Müller, *Poiesis - Praxis - Theoria*, 8ff.

577 Daß es nicht gelungen (und auch nicht intendiert) war, die zivilisatorische und die gesellschaftliche Bewegung in ein ausgearbeitetes Beziehungssystem der Entwicklung zu bringen, muß dabei als eine wesentliche Einschränkung gesehen werden. Vgl. oben S. 184f.

Form von „Kulturgeschichte" übergeht (vor allem bei Dikaiarchos), ist für diese Phase eine Erscheinung maßgeblich, die für unser Thema von großer Bedeutung ist: Konsequent wird in einer dialektischen Weise nach dem Preis des Fortschritts gefragt.

Als prägende Merkmale des neuzeitlichen Fortschrittsbegriffs wurden die Erfassung von Geschichte im Kollektivsingular Fortschritt, der die Summe aller Einzelfortschritte bündelt; das Erscheinen des Fortschritts als Agens der Geschichte; seine Verselbständigung zum Fortschritt schlechthin, der zum Subjekt seiner selbst wird, erkannt[578]. Ungeachtet dessen, daß hier völlig neue Elemente des Geschichtsdenkens in Erscheinung treten, gibt es doch auch Gemeinsamkeiten, die diesen Denkansatz mit den antiken Fortschrittskonzeptionen verbinden. Sie können hier nicht in allen Einzelheiten entwickelt werden[579]. Hervorgehoben sei lediglich die starke Konzentration auf die Fortschritte im Bereich der „Künste" und Wissenschaften. Charakteristisch bereits für das „Könnensbewußtsein" im 5. Jahrhundert v. Chr., erhält dieser Gesichtspunkt noch einmal Gewicht im Hellenismus und in der römischen Kaiserzeit[580]. Es ist jener Punkt, an dem das Fortschrittsbewußtsein eines F. Bacon von einem universalen „Machenkönnen" und von der Macht der 'technai' zumindest Anknüpfungsmöglichkeiten fand[581], auch wenn in der Antike ein starkes religiös und ethisch motiviertes Gegengewicht gegen solche Tendenzen bestanden hatte[582]. Von der bereits mehrfach berührten Gemeinsamkeit einer Ableitung der Entwicklung aus den (sich wandelnden) Bedürfnissen muß hier nicht nochmals gesprochen werden[583]. Die Denkbewegung im ganzen ist aus Blüteperioden in der historischen Entwicklung der antiken Polis und des römischen Reiches hervorgegangen.

Aber auch die krisenhaften Erscheinungen, die seit dem 5. Jahrhundert und im 4. Jahrhundert in Griechenland, am Ende der Republik in Rom bestimmend wurden, blieben nicht ohne Folgen für die Entwicklung des historischen Denkens. Nach einer überwiegenden Sicht auf die Erfolge der zivilisatorischen Entwicklung (bei Platon und Aristoteles aber bereits mit deutlichen kritischen Akzenten versehen), entsteht eine Situation, in der der Gesamtprozeß des Fortschreitens nicht einfach bestritten, aber zunehmend in einer Ambivalenz gesehen wird. Von einem bestimmten Punkt an führt das historische Denken zur tieferen Erkenntnis innerer Widersprüche, die die Auffassung von einer Aufwärts-

578 Vgl. Koselleck, Art. „Fortschritt", in: *Geschichtliche Grundbegriffe*, II, Stuttgart 1975, 388f.

579 Vgl. R. Müller, „Die Konzeption des Fortschritts in der Antike, in: *Polis und Res publica*, 86ff., 114ff.

580 Vgl. unten S. 258.

581 Vgl. Kittsteiner, a.a.O., 139.

582 Vgl. R. Müller, *Poiesis - Praxis - Theoria*, 3f.

583 Vgl. oben S. 154ff.

bewegung in Frage stellen. Bevor wir uns der Analogie im einzelnen zuwenden, die zu Rousseaus Stellung gegenüber den Fortschrittsauffassungen seiner Zeit besteht, müssen weitere Besonderheiten der antiken Fortschrittskonzeptionen hervorgehoben werden, die wichtige Unterschiede zu denen des 18. Jahrhunderts bezeichnen.

Die antiken Konzeptionen vom Fortschritt, wie sie sich seit dem 5. Jahrhundert entwickelten, haben einen entschieden retrospektiven Charakter. Es geht vor allem darum, den Geschichtsprozeß, der schon zur Zeit der klassischen Polis auf eine hohe Stufe der Kultur geführt hat, rückblickend in der Erkenntnis wichtiger Stufen und Triebkräfte zu deuten. Gerade das Feld der technischen Entwicklung, das in den Theorien der Kulturentstehung eine so wesentliche Rolle spielt, zeigt uns die historischen Ursachen für diese Beschränkung: Es gab im 5. und 4. Jahrhundert v. Chr. keine Möglichkeit, sich die Fortschrittsbewegung in der Entwicklung der Technik in die Zukunft verlängert zu denken. Auf der Grundlage eines niedrigen Produktionsniveaus (im Hinblick auf Technologie und Produktivität der Arbeit) war die Umsetzung z.T. beachtlicher naturwissenschaftlicher Erkenntnisse in technischen Fortschritt äußerst begrenzt[584]. Das erreichte Niveau in der materiellen Lebensgestaltung sah man im wesentlichen als ausreichend an. Selbst in der politischen Entwicklung schien mit der Etablierung der reifen Polis ein Höhe- und Endpunkt erreicht. Aristoteles, für den mit der Polis die Gesellschaft ihr immanentes Ziel erreicht hatte, war trotz aller Krisenerscheinungen dieser Staatsform nicht imstande, die sich abzeichnenden grundlegenden Veränderungen, die mit den hellenistischen Großstaaten eintreten sollten, vorauszusehen[585]. Die Entfaltung der Warenwirtschaft, die im 4. Jahrhundert eine regional oder zumindest punktuell z.T. beachtliche Intensität erreichte, wurde vor allem als Gefahr für die Stabilität des Gemeinwesens angesehen, wie Aristoteles' Kritik an der Chrematistik und die gesamte hellenistisch-römische Kritik an der zersetzenden Wirkung des Geldes für die Gesellschaft bezeugen[586]. In der Entwicklung der philosophischen und wissenschaftlichen Erkenntnis sah man immerhin noch begrenzte Möglichkeiten eines Fortschritts. Zwar nahm Aristoteles im Hinblick auf die Philosophie nach den großen Errungenschaften, die in der jüngsten Vergangenheit erzielt worden seien, für die nächste Zukunft eine bald bevorstehende Vollendung an[587]. Aber Fortschritte werde es dann noch in der empirischen Einzelforschung geben. Weiterhin wird Fortschritt vor allem auf jenem Gebiet für möglich und erstrebenswert gehalten, auf das sich in hellenistischer Zeit der Schwerpunkt

584 Vgl. R. Müller, *Poiesis - Praxis - Theoria*, 6f., 19f.

585 Vgl. R. Müller, „Grundprobleme der Aristotelischen Gesellschaftstheorie", in: *Menschenbild und Humanismus der Antike*, 159, 180.

586 Vgl. oben Anm. 368.

587 Vgl. Edelstein, a.a.O., 120ff.

der Philosophie verschiebt: im ethischen Bereich, in dem sich der Einzelne zu bewähren hat.

Die hellenistisch-römische Periode hat dem im 4. Jahrhundert dominierenden Bewußtsein, in wesentlichen Punkten bereits ein Höchststadium erreicht zu haben, noch einmal neue Zukunftserwartungen in bestimmten Bereichen gegenübergestellt. Die bei aller Ungunst der Bedingungen dennoch erreichten technologischen Verbesserungen, die enormen Leistungen im Bereich solcher Fachdisziplinen wie Mathematik, Physik, Medizin führten dazu, daß noch in der Kaiserzeit ein Plinius und ein Seneca Fortschritte in der Forschung künftiger Jahrhunderte erwarteten[588].

Es zeigt sich, daß der Fortschrittsgedanke, für die Gesamtentwicklung überwiegend retrospektiv, eine Zukunftsperspektive immerhin für umgrenzte Bereiche der Entfaltung der menschlichen Fähigkeiten kannte. Trotz verschiedener früherer Ansätze kam es erst in hellenistischer Zeit zur Herausbildung eines Fortschritts*begriffes* von einiger Komplexität[589]. Zögernd schlossen sich die Beobachtungen zur Fortschrittsbewegung auf einzelnen Gebieten zu einer Gesamtperspektive zusammen. Wenn diese auch immer historisch-retrospektiv blieb, hatte sie doch in dieser Begrenzung von Anfang an eine breitere gesellschaftliche Wirkung, wie das Bewußtsein kultureller Überlegenheit im Athen des 5. Jahrhunderts und der Glaube an Prosperität und Frieden in der Pax Romana der Kaiserzeit zeigen. Aber dieses Bewußtsein fand seine Grenze immer wieder am Status quo. Die antike Gesellschaft war in bestimmten Zeiten und in bestimmten Regionen dynamisch genug, um in der historischen Rückschau Fortschrittsbewegungen zu konstatieren und für einzelne Bereiche auch für die Zukunft vorauszusagen, sie blieb aber im ganzen infolge ihrer überwiegend agrarischen Strukturen und der engen Bindung der Bürger an die Gemeinwesen verhältnismäßig statisch.

Erst die im Prinzip grenzenlose, sich potenzierende Entwicklung der Technik und aller produktiven Kräfte, die Auflösung aller „naturwüchsigen“ Gesellschaftsbeziehungen, die Bildung eines Weltmarktes konnte in der Neuzeit jene Perspektiven eines *universalen* Fortschritts erzeugen, wie sie uns in den Theorien des 18. Jahrhunderts entgegentreten. Nach den Vorstufen in der „Querelle“ entstand die Auffassung von einem einheitlichen und grenzenlosen Fortschritt, einer linearen Aufwärtsbewegung, einer unendlichen Vervollkommnung, die (nach Turgot) in der Geschichtskonzeption Condorcets ihren Ausdruck findet. Eine solche Zukunftserwartung war der Antike fremd. Wie wir sehen werden,

588 Vgl. Ebenda, 133ff., 168ff.

589 Vgl. O. Luschnat, „Fortschrittsdenken und Vollendungsstreben im Hellenismus“, in: *Jahrbuch der Kirchlichen Hochschule Berlin (Theologia viatorum)*, 1954-1958, 88ff.; K. Thraede, Art. „Fortschritt“, in: *Reallexikon für Antike und Christentum*, 8, Stuttgart 1972, 141f.

hat sich im Gegenteil bei einer Reihe von hellenistischen Philosophen das Schwergewicht des geschichtlichen Denkens auf die Frage nach dem Preis des Fortschritts und die deutliche Erkenntnis der Ambivalenz der historischen Entwicklung verlagert.

Die zeitgenössischen Fortschrittskonzeptionen waren Rousseau bei den „Modernes" der Querelle, in den Anfängen der Schottischen Moral- und Geschichtsphilosophie und, wahrscheinlich, bei dem jungen Turgot begegnet. Durch die Auseinandersetzung mit ihnen erhob sich der Zweite Discours auf eine höhere Ebene geschichtsphilosophischer Betrachtung. Wenn Rousseau zum fundierten Kritiker der gerade erst im Entstehen begriffenen Fortschrittstheorie werden konnte, so vor allem durch die scharfsinnige Auseinandersetzung mit der eigenen gesellschaftlichen Umwelt. Aber auch bestimmte Denkmodelle antiker Theorie, die eine analoge Relativierung des Fortschrittsdenkens in Ansätzen versucht hatten, haben dabei wohl eine heuristische Funktion gehabt. Davon werden wir noch im einzelnen zu sprechen haben. Rousseau teilt mit ihnen einen positiven Grundansatz, nach dem es um eine totale Negation des zivilisatorischen Fortschritts nicht gehen konnte. Wir hatten bereits auf die antike Reflexion über das Verhältnis von 'physis' und 'techne' zu verweisen, die zu einer gedanklichen Quelle dialektischer Auffassungen wurde. Wie schon früh, vor allem bei Demokrit und Aristoteles, der unvermittelte Gegensatz zwischen beiden in einer ganzheitlichen Sicht aufgehoben war, in der die 'techne' in dem von der 'physis' vorgegebenen Rahmen der Natur dient, gerade auch, indem sie Neues schafft, so ist in Rousseaus Konzeption von den Künsten im Zeichen der 'perfectibilité' eine pauschale Negation der Zivilisation nicht mehr möglich. Infolge der Irreversibilität bestimmter Entwicklungen kann es ein einfaches „Zurück zur Natur" nicht geben, wohl aber die kulturkritische Frage nach dem Preis des Fortschritts und seinen Konsequenzen für die Lebensgestaltung des Menschen.

4. Die Frage nach dem Preis des Fortschritts

Auch im 4. Jahrhundert v. Chr. war trotz der Krise der Polis das Selbstvertrauen der Griechen in die Leistungsfähigkeit ihrer Gemeinwesen und Lebensformen keineswegs erloschen. Neben Aristoteles' Grundauffassung, eine Gipfelhöhe politischer und kultureller Entwicklung erreicht zu haben (wie sie sich für ihn in der zeitgenössischen Polis und in der eingetretenen bzw. nahe bevorstehenden Vollendung der Tragödie und der Philosophie kundtut[590]), sei auf das Kultur-

590 Vgl. Edelstein, a.a.O., 123ff.

bewußtsein des Isokrates verwiesen[591], für den der Name der Griechen eher ein Ausweis der Teilhabe an der hohen (attischen) Bildung als der Ausdruck einer bestimmten ethnischen Zugehörigkeit ist. Die ständige Wiederaufführung der Tragödien der großen attischen Dichter des 5. Jahrhunderts im 4. Jahrhundert bezeugt ein Gefühl der Klassizität der eigenen Leistung, das weniger als Abfall von einem Gipfel denn als Fortführung einer großen Tradition verstanden wird[592].

In hellenistischer Zeit ist, nicht zuletzt bedingt durch die Ausdehnung der griechischen Kultur auf weite Bereiche der Mittelmeerwelt und Vorderasiens, in breiten Kreisen der Griechen das Selbstbewußtsein noch immer stark ausgeprägt. Aber unter dem Eindruck sozialer Widersprüche in den Poleis und zahlreicher Kriege im Gefolge der Auseinandersetzungen der Diadochen ließ sich offenbar die Geschichtskonzeption eines Aristoteles nicht mehr in gleicher Weise aufrechterhalten. Bereits im 4. Jahrhundert vertrat sein Schüler Dikaiarchos eine differenziertere Auffassung vom Ablauf der Geschichte[593]. Zwar stellt für ihn in seinem *Bios Hellados*, der ersten griechischen „Kulturgeschichte", der Fortschritt von einer primitiven Urzeit über die Stufe eines nomadisierenden Hirtenlebens zu der vom Ackerbau geprägten Zivilisation vor allem ein historisches Gerüst dar, aber es geht auch um die Kosten dieser Entwicklung: Krieg und Aufruhr, die seit der Herausbildung des Privateigentums an die Stelle eines von Muße, Gesundheit, Frieden und Freundschaft bestimmten Lebens getreten sind[594].

Die kynische Absage an die Güter der höheren Zivilisation, eine Beschränkung auf die dringendsten Bedürfnisse, die im Ideal eines „einfachen Lebens" ihren Ausdruck findet, stellt einen unüberhörbaren Einspruch gegen die von einem Elitebewußtsein geprägte offizielle Kultur der griechischen Poleis dar[595].

Die stoische Philosophie, in ihrer von der griechisch-römischen Kultursynthese geprägten Form, läßt in der Kulturentstehungslehre des Poseidonios ein Bewußtsein von der Ambivalenz der Kulturentwicklung erkennen: Von einer zunächst die einfachsten Bedürfnisse befriedigenden Technik bis zu den höchsten Leistungen der Wissenschaft dokumentiert sich einerseits die schöpferische Kraft der „Philosophie", als deren erste Repräsentanten in der Frühzeit die

591 Vgl. Chr. Eucken, *Isokrates. Seine Position in der Auseinandersetzung mit der zeitgenössischen Philosophie*, Berlin 1983, 165ff.; N. Loraux, *L'invention d'Athènes*, Paris 1981, 263ff.

592 Vgl. K. Treu, „Die Wirkungsgeschichte der griechischen Tragödie in der Antike", in: H. Kuch (Hg.), *Die griechische Tragödie in ihrer gesellschaftlichen Funktion*, Berlin 1983, 201ff.

593 Vgl. K.E. Müller, a.a.O., I, 213ff.; Edelstein, a.a.O., 134f.

594 Vgl. oben S. 201f.

595 Vgl. oben S. 241ff.

„Weisen" erscheinen. Gegenläufig zu dieser Bewegung vollzieht sich von einer bestimmten Zeit an ein politisch-moralischer Verfall, der nicht zuletzt die Krise der römischen Republik prägt, zu deren höchsten Repräsentanten Poseidonios in Beziehung stand[596].

Der römische Epikureer Lukrez steht unter dem starken Eindruck der Krise der späten Republik, die sich in Machtkämpfen, blutigem Bürgerkrieg und einem sinnlosen Luxus der Oberschicht äußert. Nach seiner detaillierten Darstellung der Kulturentstehung versucht der Dichter ein Resümee, das von starken Spannungen bestimmt ist. Einerseits erscheinen die Errungenschaften der Kultur und der politischen Entwicklung als Zeugnis menschlicher Schöpferkraft:

> Navigia atque agri culturas moenia leges
> arma vias vestes <et> cetera de genere horum,
> praemia, delicias quoque vitae funditus omnis,
> carmina, picturas et daedala signa polita
> usus et impigrae simul experientia mentis
> paulatim docuit pedetemptim progredientis (V, 1448ff.).

> Schiffe und Ackerbau, Stadtmauern, Gesetze, Waffen, Straßen, Kleidung und die übrigen Dinge dieser Art, ausnahmslos alle Werte und Genüsse des Lebens, Lieder, Gemälde und kunstvolle geglättete Statuen haben die Übung und Erfahrung des unermüdlichen Geistes sie, die Schritt für Schritt vorangingen, allmählich gelehrt.

Ziemlich unvermittelt stehen daneben jene Sätze, die von einer tiefen Resignation zeugen, da sich die Menschen nicht als fähig erweisen, von den Errungenschaften den richtigen Gebrauch zu machen:

> Ergo hominum genus in cassum frustraque laborat
> semper et <in> curis consumit inanibus aevom,
> ni mirum quia non cognovit quae sit habendi
> finis et omnino quoad crescat vera voluptas;
> idque minutatim vitam provexit in altum
> et belli magnos commovit funditus aestus (V, 1430ff.).

> Also strengt sich das Menschengeschlecht umsonst und ohne Ergebnis stets an und verzehrt in nichtigen Sorgen sein Leben, weil es in Wahrheit nicht weiß, wo der Besitz seine Grenze findet und überhaupt, bis zu welchem Punkt die wahre Lust sich steigern kann. Das trieb allmählich das Leben hinaus auf die hohe See und erregte in der Tiefe die mächtigen Wogen des Krieges.

596 Vgl. oben S. 243ff.

In hellenistisch-römischer Zeit steht die geschichtsphilosophische Besinnung in enger Wechselwirkung zu einer radikalen Kulturkritik. Einige Theoretiker zweifeln daran, daß der erreichte hohe Stand der Zivilisation, die Blüte der Wissenschaften und der Künste sich für das Glück der Menschen und im Sinne einer Verbesserung der moralischen Grundlagen des menschlichen Zusammenlebens ausgewirkt haben. Auch als Dokumente einer kulturkritischen Position sind Lukrez' 5. Buch und Senecas 90. Brief sehr aussagekräftig. Rousseau hat zu beiden Aspekten eine enge Beziehung. Bei der Abfassung des Ersten Discours hatten kulturkritische Gedanken aus römischer Zeit, wie sie von Autoren wie Sallust, Livius, Tacitus und von Dichtern wie Horaz und Tibull vorgetragen wurden, die größere Wirkung: als Kritik am einseitigen Streben nach Reichtum und Luxus, verbunden mit dem Verfall der Sitten, der Korruption der Oberschicht, die nach Poseidonios zum Verfall der römischen Herrschaft geführt hatten[597]. Bei der Abfassung des Zweiten Discours gewann Rousseau, wie wir sahen, zu den geschichtsphilosophischen Konzepten eines Poseidonios (bei Seneca) und eines Lukrez eine tiefere Beziehung.

Im Zweiten Discours verschiebt sich der kritische Akzent von den Wissenschaften und Künsten und ihren sozialen Wirkungen stärker auf ein Grundproblem der historischen Reflexion: den unauflösbaren Zusammenhang zwischen Perfektibilität und Korruptibilität, der mit dem Geschichtsprozeß von Anfang an verbunden ist[598]. Indem sich die gesellschaftliche Ungleichheit zwischen den Menschen vertieft, größere wechselseitige Abhängigkeiten entstehen, sich die persönlichen Interessen und der Drang nach Geltung, Macht und Einfluß zunehmend in den Vordergrund drängen, entsteht eine Entfremdung, die in starker Spannung zu den Fortschritten der äußeren Zivilisation steht. Es ist der Widerspruch zwischen zivilisatorischem Fortschritt und moralischer Dekadenz, der in hellenistisch-römischer Zeit bei Philosophen wie Poseidonios, Lukrez und Seneca und im 18. Jahrhundert bei Rousseau zum Gegenstand geschichtsphilosophischer Betrachtung wird.

So unterschiedlich sich die historische Situation am Ende der römischen Republik und in Westeuropa in der Mitte des 18. Jahrhunderts in den Grundzügen und Einzelheiten darstellt, so drängt sich doch eine strukturelle Analogie auf: Je höher das Niveau der Zivilisation im Hinblick auf Wissenschaften und Technik, Gewerbe und Handel, Ausbau der politischen Macht, Ausbreitung des Luxus in den Lebensgewohnheiten der Oberschicht anstieg - und hier ist zwischen dem letzten vorchristlichen Jahrhundert und dem „Siècle" Ludwig XIV.

597 Zu den Beziehungen des Ersten Discours zu dieser Tradition vgl. oben S. 243ff. Generell zur Bedeutung der römischen Kulturkritik für Rousseau vgl. B. de Jouvenel, „Essai sur la politique de Rousseau", in: *Du Contrat social de Jean-Jacques Rousseau*, Genève 1949, 18ff., 35ff., 139ff.; Leduc-Fayette, a.a.O., 103ff.

598 Vgl. oben S. 95.

durchaus ein Vergleich möglich - um so stärker konnte bei Menschen, die zur Wahrnehmung und gedanklichen Verarbeitung heftiger gesellschaftlicher Spannungen fähig waren (mochte ihre soziale und theoretische Motivation auch noch so unterschiedlich sein) der Impuls werden, diese Entwicklung in ihren historischen Ursachen und Folgen zu analysieren. Daß für Rousseau neben dem reichen Material empirischer Erfahrung und wissenschaftlicher Durchdringung, das die eigene Zeit bot, auch in diesem Fall von einer historischen Modellsituation anregende Wirkungen ausgehen konnten, wird an substantiellen Übereinstimmungen in der philosophischen Bewältigung des Problems im folgenden zu zeigen sein.

Wir kommen auf ein Thema zurück, das uns schon mehrfach beschäftigt hat. In der Rousseau-Forschung kann man nicht selten eine berechtigte Kritik an einer wohl unausrottbaren Fehldeutung von Rousseaus Geschichtsbild finden, die von Äußerungen der Zeitgenossen bis in die Gegenwart reicht: die Auffassung von einer prinzipiellen Kulturfeindschaft Rousseaus, die ihren konzentrierten Ausdruck in der Aufforderung „Zurück zur Natur" gefunden habe[599]. Diese Mißdeutung beruht auf einer Verkennung der tieferen gedanklichen Substanz von Rousseaus Geschichtsphilosophie, in der vor allem ein Element sich offenbar bei nicht wenigen Interpreten dem Zugang verschließt: die Auffassung von der Ambivalenz der kulturellen Errungenschaften. Der Versuch einer historisch-genetischen Rekonstruktion des Kultur- und Gesellschaftsprozesses, den Rousseau im Zweiten Discours unternahm, diente dem Ziel, jene Punkte aufzufinden, an denen die Ambivalenz der Erscheinungen erstmals und dann zunehmend sichtbar wurde, und ihre tieferen Ursachen im Gefüge der gesellschaftlichen Beziehungen zu analysieren.

Der Blick des Geschichtsphilosophen, der wesentliche Phasen vergangener Menschheitsentwicklung mit dem Ziel untersucht, zugleich die Größe menschlicher Leistungen wie die Wurzeln bestimmter Fehlentwicklungen aufzuzeigen, ist, wie schon zu zeigen war, im antiken Geschichtsdenken bei dem Peripatetiker Dikaiarchos, dem Stoiker Poseidonios und dem Epikureer Lukrez sehr ausgeprägt. Es ist kein Zufall, daß auch in der Forschung zum 5. Buch des Lukrez immer wieder eine Auseinandersetzung um die Frage geführt wird, ob es sich hier um einen prinzipiellen Kulturpessimismus oder eine differenzierte Sicht der Geschichte handelt[600]. An einigen Schwerpunkten sollen Gemeinsamkeiten

599 Zur Kritik an dieser Auffassung vgl. auch Lovejoy, „The supposed primitivism..." (vgl.Anm. 99).

600 S. Anm. 601. Zu dialektischen Fortschrittskonzeptionen der Antike R. Müller, *Polis und Res publica*, 105ff., 144ff. Zu Lukrez ders., „Geschichtsphilosophische Probleme der Lukrezischen Kulturentstehungslehre", 235ff. Vgl. Gatz, a.a.O., 144ff.; J. Kerschensteiner, „Antike Gedanken zum Kulturfortschritt und seiner Ambivalenz", in: *Dialog Schule*

und Unterschiede der Positionen relevanter antiker und moderner Geschichtsbetrachtung verdeutlicht werden.

Obwohl der Schein trügt und Rousseau seit dem Erscheinen des Ersten Discours oft falsch interpretiert worden ist: Er hatte unter einem wesentlichen Aspekt ein positives Verhältnis zu den Wissenschaften und Künsten, sofern sich in ihnen die Entfaltung menschlicher Potenzen vollzog, die für Rousseau einen hohen anthropologischen Wert darstellen. Mit dem Heraustreten aus dem Naturzustand eröffnete die Herausbildung von Denken und Sprache, ersten Formen der Technik, ersten Formen der Künste und Wissenschaften die Bahn für eine Entwicklung, die wesentlich den Menschen zum Menschen werden ließ. Es ist hier Lukrez' Lob der 'ratio' und der 'artes' zu vergleichen, das die Darstellung der Kulturentstehung im 5. Buch krönt (V, 1454ff.). Die positive Sicht gilt auch hier dem hohen Wert menschlicher Grundpotenzen - in einem Kontext, in dem zugleich auch die Problematik von Kultur- und Gesellschaftsentwicklung intensiv erörtert wird[601].

Wenn für Rousseau (neben der Freiheit der Entscheidung) die 'perfectibilité' das wesentliche Merkmal des Menschen ist, Chance für große Möglichkeiten und Quelle katastrophaler Fehlentwicklungen in einem, so stimmt er in gewissen Grundbewertungen mit der Anthropologie hellenistisch-römischer Zeit überein. In der Antike betrachtete man als die entscheidende Potenz für jegliche kulturelle Entwicklung den Logos, als jene differentia specifica, die, gemeinsam mit der technischen Kunstfertigkeit, den Menschen aus dem Tierreich heraushebt. Ihr entspricht, wie zu zeigen war, im Denken Rousseaus funktional die Rolle der 'perfectibilité'.

Philosophen hellenistischer und römischer Zeit, vor allem Stoiker und Epikureer, stimmten, bei allen Unterschieden der weltanschaulichen Orientierung, nicht nur in der positiven Bewertung der menschlichen Vernunft, sondern auch

- *Wissenschaft. Klassische Sprachen und Literaturen* 9, München 1975, S. 26ff. (auch zu den vorhellenistischen Denkansätzen).

601 Sehr einflußreich für die Lukrez-Interpretation und ihre Bedeutung für Rousseau war der genannte Aufsatz von Robin, „Sur la conception épicurienne du progrès", vgl. oben Anm. 86. Aber es sind auch Korrekturen anzubringen. Keineswegs stellt die Entwicklung der Kultur im ganzen für Lukrez eine Depravation dar (a.a.O., 550). So wenig wie später für Rousseau ist für Lukrez das Ziel darin zu sehen, die Entwicklung der Kultur "auf den Punkt zurückzuführen, wo unser Fall begann" (a.a.O., 542). Zum Gesamtproblem und zum Vergleich von Rousseau und Lukrez s. Lovejoy, Boas, a.a.O., 239ff. Für einen prinzipiellen Kulturpessismimus des Lukrez P. Giuffrida, „Il finale (vv. 1440-1457) del V libro di Lucrezio", in: *Epicurea in memoriam Hectoris Bignone*, Università di Genova, Facoltà di lettere. Pubblicazioni dell'Istituto di Filologia classica 2, Genova 1959, 129ff. Gegen diese Auffassung F. Giancotti, „L'ottimismo relativo nel 'De rerum natura' di Lucrezio", in: *Chrestomazia Latina* 7, 2. Aufl., Torino 1968, 137ff. Vgl. R. Müller, „Geschichtsphilosophische Probleme der Lukrezischen Kulturentstehungslehre", 237ff.

in der Betonung der Ambivalenz der Kulturentwicklung überein. Eine Antithese von Aufstieg der Kultur und Niedergang der gesellschaftlichen und moralischen Werte hat es schon in der antiken Geschichtsphilosophie gegeben, in hellenistisch-römischer Zeit am deutlichsten ausgeprägt bei dem Stoiker Poseidonios, der die innere Aushöhlung der römischen Gesellschaft am Ende der Republik auch aus der sittlichen Korrumpierung der Oberschicht abgeleitet hatte. Bei dem Epikureer Lukrez liegen die Dinge etwas anders. Es handelt sich nicht so sehr um die Antithese von zivilisatorischem Aufstieg und gesellschaftlich-moralischem Niedergang schlechthin als vielmehr um eine prinzipielle Spannung zwischen dem menschlichen Handeln und der Unfähigkeit des Menschen, mit den Folgen seines Tuns fertig zu werden. Auch Lukrez sieht in seiner Kulturkritik die Schäden vor allem in einer von Reichtum, Machtwillen und Luxus korrumpierten Gesellschaft. Aber der Einzelne steht als moralisches Subjekt im Zentrum. Seiner individuellen Entscheidung ist es anheimgegeben, ob die negativen Kräfte Macht über ihn gewinnen oder er sich ihnen durch seine persönliche Lebensweise nach den Prinzipien der Philosophie entzieht. Es ist dies eine individualistische Lösung, die einem Rousseau nicht als völlig ausreichend erscheinen kann, der bei aller Verzweiflung am gegenwärtigen Stand der Dinge doch immer noch nach der Möglichkeit einer Reform für die Gesellschaft im ganzen Ausschau hält.

Kant, der wohl am tiefsten blickende Interpret der Rousseauschen Geschichtsphilosophie, nimmt in seiner Schrift *Idee zu einer allgemeinen Geschichte in weltbürgerlicher Absicht* einen Grundgedanken Rousseaus auf, zieht aber aus ihm wesentlich andere Konsequenzen. Bereits für Rousseau ist nicht zweifelhaft, daß es für die Herausbildung der nur potentiell vorhandenen Anlagen und Talente der Menschen eines äußeren Widerstands bedurfte, der in Naturbedingungen, aber auch in den Konsequenzen der menschlichen Vergesellschaftung liegen konnte. Die Neigung zur 'préférence' läßt aus dem legitimen Streben nach Selbsterhaltung jenen 'amour-propre' erwachsen, der, einerseits ein Stachel der Entwicklung, andererseits, indem er die Spannungen ins Extrem treibt, die Individuen und die Gesellschaft beschädigt. Er weist die Doppelgesichtigkeit auf, die letztlich einen der tiefsten Widersprüche in der historischen Entwicklung darstellt: einerseits Triebkraft des Fortschritts, ist er für Rousseau doch auch die entscheidende Quelle aller zerstörerischen Kräfte[602]. Kant vollzieht diese Bewertung des gesellschaftlichen Antagonismus nicht mit, sondern preist den 'antagonism' uneingeschränkt: „Dank sei also der Natur für die Unvertragsamkeit, für die mißgünstig wetteifernde Eitelkeit, für die nicht zu befriedigende Begierde zum Haben oder auch zum Herrschen! Ohne sie würden

602 Vgl., III 189. Vgl. Starobinski, „Die Abhandlung über den Ursprung und die Grundlagen der Ungleichheit“, in: *Rousseau. Eine Welt von Widerständen*, 437f.

alle vortreffliche Naturanlagen in der Menschheit ewig unentwickelt schlummern. Der Mensch will Eintracht; aber die Natur weiß besser, was für seine Gattung gut ist: sie will Zwietracht“[603].

Rousseau steht den an den moralischen Folgen des Fortschritts in höherem Grade interessierten hellenistisch-römischen Philosophen näher. Ihnen ist aus dem vorsokratischen Erbe der Kampf der Gegensätze als bewegendes Prinzip der Natur (bei den Stoikern aus Heraklit, bei den Epikureern aus Empedokles' Auslese der Geeignetsten) wohlvertraut, aber sie neigen im Hinblick auf den Menschen aus Sorge um die harmonische Entwicklung des Einzelnen doch eher dazu, in der ungehemmten Entfesselung gesellschaftlicher Antagonismen eine Quelle des Unglücks und des moralischen Verfalls zu sehen.

Auch die Sicht auf eine grundsätzliche Ambivalenz allen staatlichen Lebens, wie sie sich im Zweiten Discours darstellt, hat Vorläufer in antiken Gedanken. Im Hinblick auf die Rolle des Privateigentums wurde bereits auf eine Traditionslinie hingewiesen, die von Dikaiarchos bis zu Poseidonios und Lukrez reicht[604]. Trotz der Einsicht in die Zwangsläufigkeit bestimmter historischer Entwicklungen stimmen die antiken Denker und der moderne Philosoph in einer negativen Bewertung überein. Eine speziell epikureisch getönte Note enthält der Gedanke von der Ambivalenz aller staatlichen und gesetzlichen Ordnungen, der sich an Rousseaus Rezeption des Hobbesschen 'bellum omnium contra omnes' knüpft: Unabdingbar zur Vermeidung der Anarchie, bringt der Gesetzesstaat doch eine fundamentale Beschneidung menschlicher Autonomie mit sich[605]. Bei Rousseau nimmt die Bedrückung in der Abfolge unterschiedlicher Staatsformen bis hin zur Tyrannis noch zu, wiederum in großer Nähe zu antiken Gedanken über den Wandel der Verfassungsformen, aber ohne Affinität zur geschichtsphilosophischen Konzeption eines Kreislaufs der Verfassungen, wie wir ihn bei Platon und Polybios finden.

Ist die menschliche Gattung dazu verurteilt, auf alle Zeit den Fehlentwicklungen ausgeliefert zu bleiben, die die Kultur- und Gesellschaftsgeschichte geprägt haben? Unzweideutig sind die Stellen, an denen die Vergesellschaftung eo ipso als jener Prozeß erscheint, durch den der Niedergang der Menschheit unausweichlich vorprogrammiert scheint. Durch die anthropologische und geschichtsphilosophische Gedankenarbeit, die Rousseau im Zweiten Discours geleistet hat, werden pauschale Äußerungen dieser Art jedoch in Frage gestellt. Rousseau hat einen entscheidenden Gedanken in der ersten Version des *Contrat*

603 *Kant's gesammelte Schriften*. Hg. von der Königlich Preußischen Akademie der Wissenschaften. Erste Abtheilung: *Werke*, 8. Band, Berlin 1912, 21.

604 Vgl. oben S. 201f.

605 Vgl. oben S. 213.

social formuliert[606]: „Bemühen wir uns, aus dem Übel selbst das Mittel zu gewinnen, das es heilen soll; beheben wir durch neue Assoziationen, wenn möglich, den Fehler der allgemeinen Assoziation“ (... efforçons nous de tirer du mal même le reméde qui doit le guérir. Par de nouvelles associations, corrigeons, s'il se peut, le défaut de l'association générale, III, 288). Dann heißt es auf höchster Ebene einer Verallgemeinerung, die alles menschliche Tun in Technik, Wissenschaften, Künsten und Gesellschaft einschließt: „Wir wollen zeigen ..., wie vollendete Kunst jene Übel beseitigt, die unfertige Kunst der Natur zugefügt hat“ (Montrons ... dans l'art perfectionné la réparation des maux que l'art commencé fit à la nature, III, 288). Der *Contrat social* sucht mit seinen reformerischen Intentionen nach einem Ausweg, der dem Selbstlauf ein Ende setzt.

606 Zu dieser und der nachfolgenden Stelle vgl. die grundlegenden Ausführungen von Starobinski, „Das Rettende in der Gefahr: Rousseaus Denken“, in: *Das Rettende in der Gefahr. Kunstgriffe der Aufklärung*. Aus dem Französischen und mit einem Essay von H. Günther, Frankfurt a.M. 1992, 186ff., 200f.

VII. Zusammenfassung

Die Untersuchung setzt einen epochenübergreifenden Begriff der Aufklärung voraus, der von der Antike bis in die Gegenwart reicht, weiterhin den einer umfassenden Geschichte der Anthropologie als einer Theorie des Menschen von der Antike bis zur Gegenwart. Im Anschluß an wissenschaftliche Fragestellungen des 17. Jahrhunderts in Kosmologie, Medizin, Biologie, politischer Theorie und Morallehre entstand im 18. Jahrhundert ein neues Bild vom Menschen, als dessen wesentliche Merkmale die leibseelische Ganzheit der Person, Freiheit und Autonomie des Individuums, die Einheit von Verstand und Leidenschaften erscheinen. Unter dem Einfluß starker sensualistischer Strömungen wird der Versuch unternommen, eine Anthropologie aus den elementaren Lebensbedingungen des Menschen aufzubauen. Die Grundlage für eine intensive Rezeption antiken Gedankenguts in dieser Zeit bilden Gemeinsamkeiten in der anthropologischen Fragestellung: evolutionistische Denkansätze in der Entstehungsgeschichte des Menschen; die Rehabilitierung der Sinnlichkeit in Psychologie und Morallehre; die Frage nach dem Verhältnis von Physis und Nomos in den Theorien der Entstehung von Kultur, Gesellschaft, Sprache und Religion; die Herausbildung einer dialektischen Geschichtsbetrachtung.

Rousseaus Versuch, eine neue Theorie des Menschen zu begründen, stand in hohem Grade unter dem Eindruck der Entwicklung in den zeitgenössischen Wissenschaften: der biologischen Forschungen Buffons; der sensualistischen Psychologie und Erkenntnistheorie Condillacs; des evolutionären Weltbilds Diderots; der Entstehung der Ethnologie als einer selbständigen Wissenschaft; der Anfänge eines neuen Geschichtsdenkens in der Schottischen Moralphilosophie und bei Turgot. Die Untersuchung hat gezeigt, daß die Herausbildung der anthropologischen Konzeption Rousseaus in bestimmten Elementen auch von antiker Tradition geprägt war. Es erwies sich, daß seine Rezeption antiker Denkleistungen im Zeichen einer entschiedenen Traditionswahl erfolgte, bei der Elemente der hellenistischen Philosophie eine herausragende Rolle spielten. In enger Verbindung mit der Rezeption neuzeitlicher bzw. zeitgenössischer Gedankenentwicklung bei Hobbes, Locke, Mandeville, Hume u. a. wurden auch antike Traditionselemente mittelbar oder unmittelbar wirksam. Die Grundlage bildete eine starke Affinität zum antiken Sensualismus, zu antiteleologischen

Konzeptionen von Natur und Geschichte, zur historisch-genetischen Ableitung der Phänomene von Kultur und Gesellschaft. Unter dem Gesichtspunkt der Darstellung erweist sich auch die beispielhafte Umsetzung theoretischer Einsichten in Formen plastischer historischer Erzählung nicht selten als Motivation für unmittelbare Rückgriffe auf antike Texte.

Rousseaus Auffassungen von Animalität, Sexualität und Selbsterhaltung, von den Bedürfnissen und den Emotionen, von der frühen Einheit von Sprache und Gesang sind von der Nähe zum zeitgenössischen Sensualismus geprägt. Elemente antiker Tradition wurden dafür in eigenständiger Weise nutzbar gemacht. Für das Bild von der Animalität des frühen Menschen verbanden sich Vorstellungen von der Harmonie zwischen Mensch und Natur und der Beschränkung der Bedürfnisse, wie sie Epikur formuliert hatte, mit kynischen und stoischen Auffassungen vom „einfachen Leben“. Gedanken über die Selbsterhaltung flossen aus dem stoischen Konzept der Oikeiosis, aber ohne deren teleologische Momente. In der Auffassung vom Sprachursprung dominiert für die Einheit von Gebärden und Lauten in der frühen „universellen Sprache“ der Menschheit das sensualistische Prinzip der Verankerung in der Physis.

In der Konzeption von der Mimesis als Grundphänomen der Kultur bleibt die Natur als Gegenstand der „Nachahmung“ im Sinne von Demokrit und Aristoteles immer gegenwärtig. Die Einheit von Sprache, Musik und Tanz, beruhend auf der sensualistischen Konzeption vom Menschen als sinnliches Wesen und von der Einheit von körperlicher und seelischer Empfindung war Rousseau in Lukrez' Schilderung des ländlichen Festes eindrucksvoll entgegengetreten und hatte ihn zu einer eigenen Darstellung stimuliert. Durch den Anschluß an Hobbes in starkem Maße von der atomistischen Konzeption des „vereinzelten Einzelnen“ beeindruckt, mißt Rousseau doch dem Vertrag eine wesentlich geringere Rolle zu. Die Herstellung früher gesellschaftlicher Beziehungen in Horde, Familie und Ethnos vollzieht sich in „natürlichen“ Wachstumsprozessen unter dem Einfluß von Klima, Bedürfnissen und Lebensweise, während der Vertrag erst bei der Entstehung des Staates eine wesentliche Funktion erhält.

In demokritischer und aristotelischer Tradition steht die Auffassung von den „Künsten“ als Ergänzung und Erweiterung der Natur. Freilich wird die Kultur als eine „zweite Natur“ zum Lebensraum des Menschen nicht ohne große Verluste, ein Gedanke, der Rousseau vor allem bei Lukrez und Seneca begegnete. Auch bei der Bewertung der Vergesellschaftung spielen in der Antike vorgeprägte Auffassungen von Gewinn und Verlust eine unübersehbare Rolle. Rousseaus Nähe zum modernen und antiken Sensualismus erhält ihren eigenständigen Charakter durch den Grundgedanken einer Historisierung der menschlichen Natur, für den es zeitgenössische Anregungen besonders bei Diderot gab, der aber als grundsätzliche Richtung hinter antiken Konzepten von Demokrit und einigen Sophisten bis zur hellenistischen Philosophie stand.

Die eingangs aufgeworfene Frage nach dem Anteil epikureischer Elemente am rezipierten Traditionsgut läßt sich in dem Sinn beantworten, daß vor allem Lehrstücke Interesse fanden, die zum übergreifenden Bestand der hellenistischen Philosophie gehören: die starke Orientierung an den Bedürfnissen als Grundlage für elementare ethische Entscheidungen; die Betonung der animalischen Grundlagen der menschlichen Natur als breites Fundament, auf dem die höheren Funktionen gewissermaßen aufruhen; die Grundtendenz, in der Bedürfnisreduzierung die Lösung vieler Lebensprobleme zu suchen; im Bekenntnis zur Ataraxie als einem Lebensideal, dem viel andere untergeordnet werden, freilich eher im Sinn eines bewußt hergestellten Gleichgewichts als einer asketischen Entsagung um ihrer selbst willen. Wenn Lukrez eine herausragende Rolle in der Antikerezeption des Zweiten Discours spielt, dann weniger als epikureischer Philosoph denn als der bedeutendste uns erhaltene Repräsentant der antiken Kulturentstehungslehre.

Es hat sich gezeigt, daß Rousseaus Verhältnis zur antiken Tradition nicht zutreffend charakterisiert wird, wenn man es vor allem auf die strukturelle und „stoffliche" Seite bezieht, etwa in dem Sinn, daß ein von Lukrez vorgegebenes Gerüst mit moderner Philosophie und Wissenschaft gewissermaßen ausgefüllt worden wäre. Festzustellen ist vielmehr ein Prozeß der Integration, in dem heterogene Komponenten moderner und antiker Provenienz zu einer eigenwilligen Synthese gelangen. Antike Denkansätze von über die Jahrhunderte reichender Bedeutung werden nicht selten mit neuen Augen gesehen und, über bereits erfolgte Rezeptionsprozesse hinweg, gewissermaßen reaktiviert. Wie im Umgang mit dem Material der zeitgenössischen Wissenschaft verfolgt Rousseau auch hier in eigenständiger Weise sein Ziel, eine neue Theorie des Menschen aufzubauen, die wesentlich eine „Anthropologie von unten" ist. Die antike Tradition bot dafür bedeutende Anregungen. Gedanken über das Verhältnis von Animalität und Sozialität; Instinkteingebundenheit und Instinktreduzierung; die „Kunsttriebe" der Tiere und die Arbeit des Menschen; echte und „künstliche" Bedürfnisse; Individuum und Gesellschaft in der Soziogenese; Sexualität und individuelle Liebe; das Verhältnis von „universeller Sprache" und Vielsprachigkeit der Menschheit; die Entstehung der Kunst aus der Einheit von Sprache, Musik und Tanz; die „Widerständigkeit" äußerer Naturfaktoren als Triebkraft des Fortschritts; Fortschritt und Depravation; die Kultur als eine „zweite Natur"; die wechselseitige Bedingtheit von Umgestaltung der Natur und Selbstformung des Menschen: Neue komplexe Sichtweisen werden nicht nur aus den von der zeitgenössischen Wissenschaft gebotenen Konzeptionen, sondern nicht selten auch in unmittelbarem Rückgang auf antike Gedankenelemente entwickelt, in Prozessen einer Transformation, in denen die Ansprüche von Rousseaus Gesamtkonzeption Auswahl und Art der Rezeption bestimmen.

Der Prozeß der Rezeption ist auch hier eine vielschichtige Angelegenheit, die mit mannigfachen Antithesen und Widersprüchen verbunden ist. Affirmation und Negation im Hinblick auf einen und den denselben Autor, dieselbe philosophische Richtung stehen unmittelbar nebeneinander. Übereinstimmung mit Aristoteles' Auffassung vom Verhältnis von Physis und Techne ist begleitet von schärfster Ablehnung im Hinblick auf das Verhältnis von Physis und Nomos, wenn es um die Rechtfertigung der Sklaverei „von Natur" geht. Einer engen Berührung mit der epikureischen Bewertung der Sexualität im Naturzustand steht völlige Differenz im Hinblick auf die seelische Seite der Liebe aus der Sicht des modernen Bewußtseins der Individualität gegenüber. Starke Anleihen bei der stoischen Theorie der Selbsterhaltung sind nicht unvereinbar mit der absolut abweichenden Bewertung der Emotionen und Leidenschaften in ihrer positiven Wirkung auf die Tätigkeit des Verstandes. Einer gewissen Distanz zur geläufigen Auffassung vom Menschen als „Mängelwesen" steht die eigene, in bestimmter Hinsicht verwandte Konzeption gegenüber, die die Besonderheit des Menschen aus einer „Leerstelle", dem Fehlen einer weitgehenden Determinierung durch Instinkte, deutet.

Rousseau hat für die Bewältigung wichtiger geschichtsphilosophischer Probleme Anregungen durch antike Formen einer Geschichtsbetrachtung erhalten, die die Ambivalenz kultureller Errungenschaften betonen (Dikaiarchos, Poseidonios, Lukrez). Rousseaus Lösung ist (ungeachtet einer Verwandtschaft in der Art der kulturkritischen Fragestellung) nicht die des antiken Kynismus, nicht die eines „Zurück zur Natur". Es geht ihm um eine Rückbesinnung (mit den Worten Kants ein „Zurücksehen"), nicht um eine Rückkehr („Zurückgehen") zu überholten Phasen der Gattungsentwicklung.

Im Zweiten Discours (und noch stärker im *Essai über den Ursprung der Sprachen*) ist es Rousseau in hohem Grade gelungen, sich auf das Niveau neuester Entwicklungen in Anthropologie, Geschichtsphilosophie, Biologie, Sprachphilosophie, Moralphilosophie zu stellen. Daß er zugleich zur Kritik derartiger neuer Entwicklungen fähig wurde, verdankt er der Auseinandersetzung mit der zeitgenössischen Theorie, seinen eigenen sozialen Erfahrungen und auch dem heuristisch wertvollen Umgang mit antiken Denkkategorien.

Neben Lehren philosophischer Theorie und wissenschaftlichen Einzelfragen waren für Rousseau auch große Geschichtsbilder der Antike wichtig, die er aus seiner Lektüre gewonnen und sich intensiv zu eigen gemacht hatte. Die frühe patriarchalische Gesellschaft und ihre Lebensformen, das altspartanische und das altrömische Gemeinwesen, die Verfallserscheinungen im späten Griechenland und Rom waren ihm in Gestalt eindringlicher Bilder gegenwärtig. Die Lektüre antiker Autoren wie Plutarch hat ihn von früher Jugend bis in seine letzte Lebenszeit begleitet. So viel er aus seinem zeitgenössischen Erfahrungshorizont in diese Geschichtsbilder hineinprojiziert haben mochte: Sie bildeten einen unverlierbaren Bestandteil seiner geistigen Welt, von dem er auch in seinen späteren Schriften immer wieder Gebrauch gemacht hat.

Hinweise

Für die in dieser Untersuchung am häufigsten zitierten Werke Rousseaus werden folgende Kurzformen verwendet:

Erster Discours	=	Discours sur les sciences et les arts
Zweiter Discours	=	Discours sur l'inégalité
„Essai"	=	Essai sur l'origine des langues

In Klammern hinter der Textstelle wird auf die Band- und Seitenzahlen von Jean-Jacques Rousseau, Œuvres complètes („Bibliothèque de la Pléiade") verwiesen: die römischen Zahlen bezeichnen den Band, die arabischen die Seite.

Beim Vergleich von modernen und antiken Texten sind besonders markante Stellen durch Kursivdruck hervorgehoben.

Es werden folgende Abkürzungen verwendet:

D.-K.	=	H. Diels,W. Kranz, Die Fragmente der Vorsokratiker
Us.	=	Usener, Epicurea
SVF	=	Stoicorum veterum Fragmenta
RS	=	Ratae Sententiae (Kyriai doxai)
SV	=	Sententiae Vaticanae (Gnomologium Vaticanum)
TGrF	=	Tragicorum Graecorum Fragmenta
CAF	=	Comicorum Atticorum Fragmenta

(vgl. die bibliographischen Angaben im Literaturverzeichnis)

Die antiken Texte sind vom Verfasser übersetzt. Für die Schriften Rousseaus wurden mit freundlicher Genehmigung der Übersetzer folgende Übertragungen verwendet (vgl. Literaturverzeichnis):

Karl-Heinz Barck, Über die Wissenschaften und die Künste (in: M. Fontius, Hg., Jean-Jacques Rousseau, Kulturkritische und politische Schriften)
Heinrich Meier, Über die Ungleichheit
Dorothea Gülke und Peter Gülke, Über den Ursprung der Sprachen.

Literaturverzeichnis

1. Antike Texte und Übersetzungen

H. Diels, W. Kranz, Die Fragmente der Vorsokratiker, 9. Aufl., Berlin 1959.

S. Luria, Democritea. Collegit, emendavit, interpretatus est S.L., Leningrad 1970.

Griechische Atomisten. Texte und Kommentare zum materialistischen Denken der Antike. Aus dem Griechischen und Lateinischen übers. und hg. von F. Jürß, R. Müller und E.G. Schmidt, 4. Aufl., Leipzig 1991.

Orphicorum Fragmenta, ed. O. Kern, Berlin 1922 (Nachdruck 1963).

Tragicorum Graecorum Fragmenta, ed. B. Snell u.a., I-IV, Göttingen 1971-81.

Comicorum Atticorum Fragmenta, ed. T. Kock, I-III, Leipzig 1880-88.

Hippokrates, Über die Umwelt, Berlin 1970, hg. und übers. von H. Diller (CMG I 1, 2).

Hippocratis De prisca medicina, hg. von J.L. Heiberg, Leipzig und Berlin 1927 (CMG I 1).

Platonis Opera, ed. J. Burnet, I-V, Oxford 1900 (Nachdruck 1967).

Xenophontis Commentarii, ed. C. Hude, Leipzig 1934 (Nachdruck 1969).

Aristoteles, Politica, ed. W.D. Ross, Oxford 1957.

- L'éthique à Nicomaque, edd. R.A. Gauthier, J.Y. Jolif, Paris 1958-59.
- Metaphysica, ed. W. Jaeger, Oxford 1957.
- Physica, ed. W.D. Ross, Oxford 1950.
- Historia animalium, ed. P. Louis, I-III, Paris 1964-69.
- De partibus animalium, ed. P. Louis, Paris 1956.

Isocrate, edd. G. Mathieu et E. Brémond, I-IV, Paris 1928-62.

Dikaiarchos, ed. F. Wehrli, in: Die Schule des Aristoteles, I, Basel 1944.

A.A. Long, D.N. Sedley, The Hellenistic philosophers, I-II, Cambridge u.a. 1988-89.

Stoicorum Veterum Fragmenta, ed. J. von Arnim, I-IV, Leipzig 1902-24 (Nachdruck 1964).

H. Usener, Epicurea, Leipzig 1887 (Nachdruck 1966).

G. Arrighetti, Epicuro. Opere. Introduzione, testo critico, traduzione e note, 2. Aufl., Torino 1973.

Ermarco, Frammenti. Edizione, traduzione e commento a cura di F. Longo Auricchio, Napoli 1988 (La scuola di Epicuro).

Philodemos, Über die Götter, 1. und 3. Buch, ed. H. Diels, Abh. der Königl. Preußischen Akademie der Wissenschaften, Phil.-hist. Klasse, Jg. 1915, Nr. 7, und Jg. 1916, Nr. 4 und 6, Berlin 1916/17 (Nachdruck 1970).

Poseidonios, Die Fragmente, I-II, ed. W. Theiler, Berlin 1982.

Titi Lucreti Cari de rerum natura libri VI, ed. J. Martin, 6. Aufl., Leipzig 1969.

Titi Lucreti Cari de rerum natura libri sex, edited with prolegomena, critical apparatus, translation and commentary by C. Bailey, I-III, Oxford 1950.

Cicero, De re publica, ed. K. Ziegler, 7. Aufl., Leipzig 1969.

- De legibus, ed. K. Ziegler, Berlin 1979 (in: Cicero, Staatstheoretische Schriften).

- De officiis, De virtutibus, ed. C. Atzert, 3. Aufl., Leipzig 1963.
- De oratore, ed. K. Kumaniecki, Leipzig 1969.
- De finibus bonorum et malorum, ed. J. Martha, Paris 1955
- Tusculanae disputationes, ed. M. Pohlenz, Leipzig 1918 (Nachdruck 1995).

Quinti Horati Flacci Opera, ed. St. Borzsák, Leipzig 1984.

Ovidius, Metamorphoses, ed. W.S. Anderson, Leipzig 1982.

Sénèque, Lettres à Lucilius, I-V, ed. F. Préchac, Paris 1963-65.

Diodore de Sicile, Bibliothèque historique, Livre I. Texte établi par P. Bertrac et traduit par Y. Vernière, Paris 1993.

Plutarchi Moralia, Vol. VI 1, edd. C. Hubert, H. Drexler, Leipzig 1959.

Plutarchi Vitae parallelae, III 2, edd. Cl. Lindskog, K. Ziegler, Leipzig 1973.

Diogenes Laertius, ed. H.S. Long, I-II, Oxford 1964.

2. Moderne Texte und Übersetzungen

J.-J. Rousseau, Discours sur les sciences et les arts. Texte établi et annoté par F. Bouchardy. Œuvres complètes, III, Paris 1964 (Bibliothèque de la Pléiade).

J.-J. Rousseau, Discours sur l'origine et les fondements de l'inégalité. Texte établi et annoté par J. Starobinski. Œuvres complètes, III, Paris 1964 (Bibliothèque de la Pléiade).

J.-J. Rousseau, Essai sur l'origine des langues. Texte établi et annoté par J. Starobinski. Œuvres complètes, V, Paris 1995 (Bibliothèque de la Pléiade).

J.-J. Rousseau, Émile ou de l'éducation. Émile et Sophie. Textes établis par Ch. Wirz, présentés et annotés par B. Burgelin. Œuvres complètes, IV, Paris 1969 (Bibliothèque de la Pléiade).

J.-J. Rousseau, Les Confessions. Autres textes autobiographiques. Édition publiée sous la direction de B. Gagnebin et M. Raymond. Œuvres complètes, I, Paris 1959 (Bibliothèque de la Pléiade).

Correspondance complète de J.J. Rousseau. Edition critique, établie et annotée par R.A. Leigh, Genf u.a. 1965ff.

J.-J. Rousseau, Diskurs über die Ungleichheit. Discours sur l'inégalité. Kritische Ausgabe des integralen Textes ..., neu ediert, übers. und kommentiert von H. Meier, 4. Aufl., Paderborn u.a. 1997.

J.-J. Rousseau, Musik und Sprache. Ausgewählte Schriften. Übertragen von D. Gülke und P. Gülke. Hg. von P. Gülke, Leipzig 1989 (darin: Essay über den Ursprung der Sprachen).

J.-J. Rousseau, Kulturkritische und politische Schriften, I-II. Hg. von M. Fontius, Berlin 1989 (darin: Abhandlung über die Wissenschaften und die Künste, übers. von K.-H. Barck).

J-J. Rousseau, Frühe Schriften, übers. von H. Hasselbach und W. Schröder. Hg. von W. Schröder, Leipzig 1965.

G.-L. de Buffon, Histoire naturelle, générale et particulière, I-XV, Paris (Imprimerie Royale) 1749-1767.

E.B. de Condillac, Œuvres philosophiques. Ed. G. Le Roy, I-III, Paris 1947-51.

D. Diderot, Œuvres complètes, IV, ed. J.S. Spink et J. Vaarlot, Paris 1978; V, ed. J. Lough et J. Proust, Paris 1976; VI, ed. J. Lough et J. Proust, Paris 1976.

M.E. de Montaigne, Œuvres complètes, ed. A. Thibaudet et M. Rat, Paris 1962.

Hobbes, De cive. The Latin Version, ed. H. Warrender, Oxford 1983.

Th. Hobbes, Leviathan, ed. R. Tuck, Cambridge 1991.

Th. Hobbes, Vom Menschen. Vom Bürger (Elemente der Philosophie II/III). Eingel. und hg. von G. Gawlick, Hamburg 1959 (Philosophische Bibliothek).
Th. Hobbes, Leviathan. Aus dem Engl. übertrag. von J. Schlösser. Mit einer Einführung und hg. von H. Klenner, Hamburg 1996 (Philosophische Bibliothek).
H. Grotius, De iure belli ac pacis libri tres, ed. B.J.A. de Kanter-van Hettinga Tromp, Leiden 1939 (Nachdruck 1993).
H. Grotius, Le droit de la guerre et de la paix, ed. J. Barbeyrac, I-II, Leiden 1759.
S. Pufendorf, De jure naturae et gentium libri octo, ed. W. Simons, I-II, Oxford 1934.
S. Pufendorf, Le droit de la nature et des gens, ed. J. Barbeyrac, I-II, Basel 1750.
J. Locke, Two treatises of Government, ed. P. Laslett, Cambridge 1967.
D. Hume, Essays moral, political, and literary, I. The philosophical works, ed. Th. H. Green, Th.H. Grose, III, London 1882 (Nachdruck 1992).
B. de Mandeville, The Fable of the Bees or Private Vices, Publick Benefits, ed. F.B. Kaye, 2. Aufl., I-II, Oxford 1957.
P. Bayle, Dictionnaire historique et critique, par Mr. P. B., Quatrième édition, Amsterdam 1730.
Ch. de Montesquieu, Œuvres complètes, ed. R. Caillois, I-II, Oxford 1934.
A.-R.-J. Turgot, Œuvres et documents le concernant, ed. G. Schelle, I, Paris 1913.
Turgot. Über die Fortschritte des menschlichen Geistes. Hg. von J. Rohbeck und L. Steinbrügge, Frankfurt a.M. 1990.
N. Fréret, Lettre de Thrasybule à Leucippe. Edizione critica, introduzione e commento a cura di S. Landucci, Firenze 1986 (Accademia Toscana di Scienze e Lettere, Studi LXXVIII).
Les Œuvres complètes de Voltaire 100, Correspondance XVI, ed. Th. Besterman, Oxford 1971.
J. de Castillon, Discours sur l'origine de l'inégalité parmi les hommes. Pour servir de réponse au Discours que M. Rousseau, Citoyen de Géneve, a publié sur le même sujet, Amsterdam 1756.
Briefe Friedrichs des Großen, hg. von M. Hein, deutsch von F. von Oppeln-Bronikowski und E. König, II, Berlin 1914.
Kant's gesammelte Schriften. Hg. von der Königlich Preußischen Akademie der Wissenschaften. Erste Abtheilung: Werke, 7. Band, Berlin 1907; 8. Band, Berlin 1912.
Marx, K., Engels, F., Gesamtausgabe (MEGA), I, 27, Berlin 1988; II, 1.1, Berlin 1976.

3. Monographien und Aufsätze in Auswahl (vorrangig neuere Arbeiten)

Bahner, W., Das gesellschaftspolitische Anliegen Jean-Jacques Rousseaus, in: Formen, Ideen, Prozesse in den Literaturen der romanischen Völker, II, Berlin 1977, 219ff.
- „Aufklärung" als Periodenbegriff der Ideologiegeschichte, in: W. Bahner (Hg.), Renaissance, Barock, Aufklärung. Epochen- und Periodisierungsfragen, Berlin 1976, 149ff.

Baldry, H.C.,The unity of mankind in Greek thought, Cambridge 1965.
Bloch, E., Naturrecht und menschliche Würde, Frankfurt a.M. 1961.
Blumenberg, H.,"Nachahmung der Natur". Zur Vorgeschichte der Idee des schöpferischen Menschen, in: Studium generale 10 (1957), 266ff.
- Die kopernikanische Wende, Frankfurt a.M. 1965.

- Selbsterhaltung und Beharrung, in: H. Ebeling (Hg.), Subjektivität und Selbsterhaltung, Frankfurt a.M 1976, 144ff.
- Die Legitimität der Neuzeit, 2. Aufl., Frankfurt a.M. 1988.

Blundell, S.,The origins of civilization in Greek and Roman thought, London 1985.

Brandt, R., Rousseaus Philosophie der Gesellschaft, Stuttgart 1973.

- Eigentumstheorien von Grotius bis Kant, Stuttgart 1974.

Brink, C.O., Oikeiosis and oikeiotes: Theophrastus and Zeno on nature and moral theory, in: Phronesis 1 (1955) 123ff.

Broecken, K.H., "Homme" und "Citoyen". Die Entstehung und Bedeutung der Disjunktion von natürlicher und politischer Erziehung bei Rousseau, Diss. Köln 1974.

Buck, G., Selbsterhaltung und Historizität, in: R. Koselleck, W.D. Stempel (Hg.), Geschichte - Ereignis und Erzählung, München1973, 29ff. (Poetik und Hermeneutik V).

Chinard, G., L'Amérique et le rêve exotique dans la littérature française au XVIIe et au XVIIIe siècle, Paris 1934.

Christes, J., Bildung und Gesellschaft. Die Einschätzung der Bildung und ihrer Vermittler in der griechisch-römischen Antike, Darmstadt 1975.

Cole, Th, Democritus and the sources of Greek anthropology, Western Reserve University 1967 (Philol. Monographs publ. by the Amer. Philol. Ass. 25).

Demandt, A. Der Idealstaat. Die politischen Theorien der Antike, Köln, Weimar, Wien 1993.

Derathé, R., J.-J. Rousseau et la science politique de son temps, 2. Aufl., Paris 1970.

Derrida, J., Grammatologie, übers. von H.-J. Rheinberger und H. Zischler, Frankfurt a.M. 1983.

Dierauer, U., Tier und Mensch im Denken der Antike, Amsterdam 1977.

Dihle, A., Die Griechen und die Fremden, München 1994.

Dilthey, W., Die Funktion der Anthropologie in der Kultur des 16. und 17. Jahrhunderts, in: Gesammelte Schriften, II, 10., unveränderte Aufl., Stuttgart, Göttingen 1977, 416ff.

Dodds, E.R., Der Fortschrittsgedanke in der Antike und andere Aufsätze zu Literatur und Glauben der Griechen, aus dem Engl. übertr. von K. Morgenthaler, Zürich und München 1977.

Döring, K., Antike Theorien über die staatspolitische Notwendigkeit der Götterfurcht, in: Antike und Abendland 24 (1978), 43ff.

Duchet, M., Anthropologie et Histoire au siècle des lumières. Buffon, Voltaire, Rousseau, Helvétius, Diderot, Paris 1971.

Edelstein, L., The problem of progress in classical antiquity, Baltimore 1967.

Engberg-Pedersen, T., The Stoic theory of Oikeiosis. Moral development and social interaction in Early Stoic philosophy, Aarhus 1990.

Fellows, O., Buffon and Rousseau. Aspects of a relationship, in: Publications of the Modern Language Association of America 75/3 (1960), 184ff.

Fetscher, I., Rousseaus politische Philosophie. Zur Geschichte des demokratischen Freiheitsbegriffs, 6. Aufl., Frankfurt a.M. 1990 (Erste Ausgabe 1960).

Figal, G., Die Rekonstruktion der menschlichen Natur. Zum Begriff des Naturzustandes in Rousseaus "Zweitem Discours", in: Rousseau und die Folgen, Neue Hefte für Philosophie 29, Göttingen 1989, 24ff.

Fink-Eitel, H., Die Philosophie und die Wilden. Über die Bedeutung des Fremden für die europäische Geistesgeschichte, Hamburg 1994.

Flacelière, R., Les Épicuriens et l'amour, in: Revue des Études Grecques 67 (1954), 69ff.

Flamarion, E., Volpilhac-Auger, C., L'Antiquité au 18e siècle. État de recherches et tendances actuelles. La source est un miroir ..., in: Dix-huitième siècle 27 (1995), 5ff.

Flashar, H. (Hg.), Grundriß der Geschichte der Philosophie, begründet von F. Ueberweg. Völlig neu bearb. Ausgabe. Die Philosophie der Antike. IV. Die hellenistische Philosophie, I-II, Basel 1994.

Fontius, M., Produktivkraftentfaltung und Autonomie der Kunst, in: G. Klotz, W. Schröder, P. Weber (Hg.), Literatur im Epochenumbruch, Funktionen europäischer Literaturen im 18. und beginnenden 19. Jahrhundert, Berlin und Weimar 1977, 409ff.

- Das Ende einer Denkform. Zur Ablösung des Nachahmungsprinzips im 18. Jahrhundert, in: D. Schlenstedt (Hg.), Literarische Widerspiegelung. Geschichtliche und theoretische Dimensionen eines Problems, Berlin und Weimar 1981, 226ff.
- Von akademischen Preisschriften zu Verfassungsentwürfen - Rousseaus Auseinandersetzungen mit der Gesellschaft. Einleitung zu: Jean-Jacques Rousseau, Kulturkritische und politische Schriften (s. Texte und Übersetzungen).

Forschner, M., Die stoische Ethik, Stuttgart 1981.

Fuchs, H.J., Entfremdung und Narzißmus. Semantische Untersuchungen zur Geschichte der "Selbstbezogenheit" als Vorgeschichte von französisch 'amour-propre', Stuttgart 1977 (Studien zur allgemeinen und vergleichenden Literaturwissenschaft 9).

Fuhrmann, M., Persona, ein römischer Rollenbegriff, in: Brechungen. Wirkungsgeschichtliche Studien zur antik-europäischen Bildungstradition, Stuttgart 1982, 21ff.

Fusil, C.-A., Lucrèce et les philosophes du XVIIIe siècle, in: Revue d'Histoire Littéraire de la France 35 (1928), 194ff.; ders., Lucrèce et les littérateurs, poètes et artistes du XVIIIe siècle, in: Ebenda 37 (1930), 161ff.

Gantar, K., Die Entstehungsgeschichte des aristotelischen Begriffs der 'philautia', in: J. Harmatta (Hg.), Studien zur Geschichte und Philosophie des Altertums, Amsterdam 1968, 90ff.

Gatz, B., Weltalter, goldene Zeit und verwandte Vorstellungen, Hildesheim 1967.

Gehlen, A., Der Mensch, seine Natur und seine Stellung in der Welt, 6. Aufl., Bonn 1958.

Geißler, R., Diderot zwischen Philosophie und Belles-Lettres, in: M. Fontius, W. Schneiders (Hg.), Die Philosophie und die Belles-Lettres, Berlin 1997, 119ff. (Aufklärung und Europa. Beiträge zum 18. Jahrhundert. Hg. im Auftrag des Forschungszentrums Europäische Aufklärung Potsdam).

Gigante, M., Cinismo e epicureismo, in: M.O. Goulet-Cazé, R. Goulet (Hg.), Le cynisme ancien et ses prolongements. Actes du colloque international du CNRS (Paris, 22-25 juillet 1991), Paris 1993, 186ff.

Gigon, O., Die Sklaverei bei Aristoteles, in: Entretiens sur l'antiquité classique, 11, La "Politique" d'Aristote, Vandoeuvres, Genève 1965, 252ff.

Goldschmidt, V., Anthropologie et politique. Les principes du système de Rousseau, Paris 1974.

- La doctrine d'Épicure et le droit, Paris 1977.

Grell, Ch., Le Dix-huitième siècle et l'antiquité en France 1680-1789, I-II, Studies on Voltaire and the Eighteenth century 330/331, Oxford 1995.

Günther, R., Müller, R. Sozialutopien der Antike, Leipzig 1987.

Häseler, J., Der Ort der Geheimliteratur in der Frühaufklärung, in: M. Fontius, W. Schneiders (Hg.), Die Philosophie und die Belles-Lettres, Berlin 1997, 137ff. (Aufklärung und Europa. Beiträge zum 18. Jahrhundert. Hg. im Auftrag des Forschungszentrums Europäische Aufklärung Potsdam).

Häußler, R., Vom Ursprung und Wandel des Lebensaltervergleichs, in: Hermes 92 (1964), 313ff.
Harig, G., Kollesch, J., Gesellschaftliche Aspekte der antiken Diätetik, in: NTM-Schriftenreihe, Geschichte der Naturwissenschaft, Technik und Medizin 8, 1971, H. 2, 14ff.
Heinimann, F., Nomos und Physis. Herkunft und Bedeutung einer Antithese im griechischen Denken des 5. Jahrhunderts v. Chr., 2. Aufl., Darmstadt 1965, 133ff.
Herrmann, J., Ullrich, H. (Hg.), Menschwerdung. Millionen Jahre Menschheitsentwicklung - natur- und geisteswissenschaftliche Ergebnisse. Eine Gesamtdarstellung, Berlin 1991.
Horowitz, A., Rousseau. Nature and history, Toronto u.a. 1987.
Hossenfelder, M., Die Philosophie der Antike, 3: Stoa, Epikur und Skepsis, München 1985 (Geschichte der Philosophie, hg. von W. Röd, III).
Ignatieff, M., Smith, Rousseau and the republic of needs, in: T.C. Smout (Hg.), Scotland and Europe 1200-1850, Edinburgh 1986, 187ff.
Irmscher, J., Müller, R. (Hg.), Aristoteles als Wissenschaftstheoretiker, Berlin 1983 (Schriften zur Geschichte und Kultur der Antike 22).
Jauß, H.-R., Ästhetische Normen und geschichtliche Reflexion in der Querelle des Anciens et des Modernes, in: Einleitung zu: Charles Perrault.Parallèle des anciens et des modernes en ce qui regarde les arts et les sciences, München 1964.
- Der literarische Prozeß des Modernismus von Rousseau bis Adorno, in: Studien zum Epochenwandel der ästhetischen Moderne, Frankfurt a.M. 1989.
Jürß, F., Die epikureische Erkenntnistheorie, Berlin 1991 (Schriften zur Geschichte und Kultur der Antike 33).
- (Hg.), Geschichte des wissenschaftlichen Denkens im Altertum, Berlin 1982 (Veröffentlichungen des Zentralinstituts für Alte Geschichte und Archäologie 13).
Kerschensteiner, J., Antike Gedanken zum Kulturfortschritt und seiner Ambivalenz, Dialog Schule - Wissenschaft 9, München 1975, 26ff.
Kersting, W., Die politische Philosophie des Gesellschaftsvertrages, Darmstadt 1994.
Kimmich, D., Epikureische Aufklärungen. Philosophische und poetische Konzepte der Selbstsorge, Darmstadt 1993.
Kittsteiner, H.-D., Naturabsicht und Unsichtbare Hand. Zur Kritik des geschichtsphilosophischen Denkens, Berlin 1980.
Klemperer, V., Geschichte der französischen Literatur im 18. Jahrhundert, II: Das Jahrhundert Rousseaus, Halle 1966.
Klees, H., Herren und Sklaven. Die Sklaverei im oikonomischen und politischen Schrifttum der Griechen in klassischer Zeit, Wiesbaden 1975 (Forschungen zur antiken Sklaverei VI).
Klenner, H., Gesellschaftsvertragstheorien vom 17. bis zum 20. Jahrhundert, in: R. Müller, H. Klenner, Gesellschaftsvertragstheorien von der Antike bis zur Gegenwart, Sitzungsberichte der Akademie der Wissenschaften der DDR, 2/G (1985), Berlin 1985, 31ff.
Klinck, D., Studien zur Epikurrezeption. Aufnahme und Verbreitung des Epikureismus zur Zeit Ciceros und im französischen 17. Jahrhundert, Diss. Kiel 1967.
Kohl, K.-H.,Entzauberter Blick. Das Bild vom Guten Wilden. Frankfurt a.M. 1986 (Erstausgabe Berlin 1981)
Kollesch, J., Vorstellungen vom Menschen in der hippokratischen Medizin, in: R. Müller (Hg.), Der Mensch als Maß der Dinge, Berlin 1976, 269ff. (Veröffentlichungen des Zentralinstituts für Alte Geschichte und Archäologie 8).
Kondylis, P., Die Aufklärung im Rahmen des neuzeitlichen Rationalismus, München 1986.

Koselleck, R., Art. Fortschritt, in: Geschichtliche Grundbegriffe, II, Stuttgart 1975.
- Das achtzehnte Jahrhundert als Beginn der Neuzeit, in: Epochenschwelle und Epochenbewußtsein, hg. von R. Herzog und R. Koselleck, München 1987. (Poetik und Hermeneutik XII).
- Kritik und Krise. Eine Studie zur Pathogenese der bürgerlichen Welt, Frankfurt a.M. 1973.

Koslowski, P., Haus und Geld. Zur aristotelischen Unterscheidung von Politik, Ökonomik und Chrematistik, in: Philosophisches Jahrbuch 86 (1979), 60ff.

Krauss, W., Zur Anthropologie des 18. Jahrhunderts. Die Frühgeschichte der Menschheit im Blickpunkt der Aufklärung. Hg. von H. Kortum und Chr. Gohrisch, Berlin 1978 (in der Gesamtausgabe: W.K., Das wissenschaftliche Werk. Hg. im Auftrag der Akademie der Wissenschaften der DDR von W. Bahner, M. Naumann und H. Scheel. 6: Aufklärung II. Frankreich. Hg. von R. Geißler, Berlin und Weimar 1987, 62ff.).
- Der Streit der Altertumsfreunde mit den Anhängern der Moderne und die Entstehung des geschichtlichen Weltbildes, in: W.K., Das wissenschaftliche Werk, 5: Aufklärung I. Frankreich, hg. von W. Schröder, Berlin und Weimar 1991, 5ff.

Krauss, W., Kortum, H. (Hg.), Antike und Moderne in der Literaturdiskussion des 18. Jahrhunderts, Berlin 1966.

Kubusch, K., Aurea saecula: Mythos und Geschichte. Untersuchung eines Motivs in der antiken Literatur bis Ovid, Frankfurt a.M. 1986 (Studien zur Klassischen Philologie 28).

Kühnert, F., Allgemeinbildung und Fachbildung in der Antike, Berlin 1961 (Schriften der Sektion für Altertumswiss. 30).

Kullmann, W., Zum Gedanken der Teleologie in der Naturphilosophie des Aristoteles, in: J.-E. Pleines (Hg.), Zum teleologischen Argument in der Philosophie. Aristoteles - Kant - Hegel, Würzburg 1991, 150ff.
- L'image de l'homme dans la pensée politique d'Aristote, in: A. Tordesillas (Hg.), Aristote politique, Paris 1993, 161ff.

Landmann, M., De homine. Der Mensch im Spiegel seines Gedankens. Von M. L. unter Mitarbeit von E. Diem u.a., Freiburg 1962.

Leduc-Fayette, D., Jean-Jacques Rousseau et le mythe de l'antiquité, Paris 1974.

Leigh, R.A., Jean-Jacques Rousseau and the myth of antiquity in the eighteenth century, in: R.R. Bolgar (Hg.), Classical influences on Western thought A.D. 1650-1870, Cambridge u.a. 1979, 155 ff.

Lepenies, W., Ritter, H.H., Orte des Wilden Denkens. Zur Anthropologie von Claude Lévi-Strauss, Frankfurt a.M. 1970.

Lévi-Strauss, Cl., Jean-Jacques Rousseau, Begründer der Wissenschaften vom Menschen, in: Strukturale Anthropologie II. Aus dem Französ. von H.H. Ritter, Frankfurt a.M. 1975, 45ff.

Long, A.A., Sedley, D.N., The hellenistic philosophers, I-II, Cambridge 1987.

Lovejoy, A.O., Die große Kette der Wesen. Geschichte eines Gedankens. Übers. von D. Turck, Frankfurt a.M. 1993, 37ff.
- The supposed primitivism of Rousseau's "Discourse on inequality", in: Essays in the History of Ideas, Baltimore 1948, 14ff.

Lovejoy, A.O., Boas, G., Primitivism and related ideas in antiquity, New York 1935 (Neudruck 1980).

Malitz, J., Die Historien des Poseidonios, München 1983.

Manuwald, B., Der Aufbau der lukrezischen Kulturentstehungslehre, Abh. der Akademie der Wissenschaften und der Literatur Mainz, Geistes- und sozialwiss. Klasse, Jg. 1980, Nr. 3.

Marquard, O., Art. Anthropologie, in: Historisches Wörterbuch der Philosophie, I, Basel-Darmstadt 1971, 362ff.

- Zur Geschichte des philosophischen Begriffs "Anthropologie" seit dem Ende des 18. Jahrhunderts, in: Schwierigkeiten mit der Geschichtsphilosophie, 3. Aufl., Frankfurt a.M. 1992.

Masters, R.D., The political philosophy of Rousseau, Princeton 1968.

Medick, H., Naturzustand und Naturgeschichte der bürgerlichen Gesellschaft, Göttingen 1973.

Meek, R.L., Social science and the Ignoble savage, Cambridge 1976.

Meier, Chr., Ein antikes Äquivalent des Fortschrittsgedankens: Das "Könnens-Bewußtsein" des 5. Jahrhunderts v. Chr., in: Historische Zeitschrift 226 (1978), 265ff.

- Die Entstehung des Politischen bei den Griechen, 2. Aufl., Frankfurt a.M. 1989.

Meier, H., Rousseaus "Diskurs über die Ungleichheit". Einleitung zu: Jean-Jacques Rousseau, Diskurs über die Ungleichheit. Discours sur l'inégalité (s. Texte und Übersetzungen).

- Die Denkbewegung von Leo Strauss. Die Geschichte der Philosophie und die Intention des Philosophen, Stuttgart, Weimar 1996.

Miething, Chr., Rousseau und das anthropologische Zeitalter, in: Allgemeine Zeitschrift für Philosophie 16/3 (1991), 25ff.

Mittelstraß, J., Neuzeit und Aufklärung. Studien zur Entstehung der neuzeitlichen Wissenschaft und Philosophie, Berlin, New York 1970.

Moravia, S., Beobachtende Vernunft. Philosophie und Anthropologie in der Aufklärung. Aus dem Italien. von E. Piras, München 1973.

Morel, J., Recherches sur les sources du Discours de J.-J. Rousseau sur l'origine et les fondements de l'inégalité parmi les hommes, in: Annales de la Société J.-J. Rousseau 5 (1909), 119ff. (auch Lausanne 1910).

Mühlmann, W.E., Geschichte der Anthropologie, 2. verb. und erweit. Aufl., Frankfurt a.M., Bonn 1968.

Müller, C.W., Gleiches zu Gleichem. Ein Prinzip frühgriechischen Denkens, Wiesbaden 1965.

Müller, F., Entfremdung. Folgeprobleme der anthropologischen Begründung der Staatstheorie bei Rousseau, Hegel, Marx, 2., bearb. und stark erweit. Auflage, Berlin 1985.

Müller, K.E, Geschichte der antiken Ethnographie und ethnologischen Theoriebildung. Von den Anfängen bis auf die byzantinischen Historiographen, I-II, Wiesbaden 1972-1980 (Studien zur Kulturkunde 29 und 52).

Müller, R., Antike Theorien über Ursprung und Entwicklung der Kultur, in: Das Altertum 14 (1968), 70ff.

- Die epikureische Gesellschaftstheorie, 2. Aufl., Berlin 1974 (Schriften zur Geschichte und Kultur der Antike 5).
- Geschichtsphilosophische Probleme der Lukrezischen Kulturentstehungslehre, in: Menschenbild und Humanismus der Antike, Leipzig 1980, 235ff.
- Polis und Res publica. Studien zum antiken Gesellschafts- und Geschichtsdenken, Weimar 1987.
- Die epikureische Ethik, Berlin 1991 (Schriften zur Geschichte und Kultur der Antike 32).

- (Hg.), Der Mensch als Maß der Dinge. Studien zum griechischen Menschenbild in der Zeit der Blüte und Krise der Polis, Berlin 1976 (Veröffentlichungen des Zentralinstituts für Alte Geschichte und Archäologie 8).
- (Hg.), Kulturgeschichte der Antike, I: Griechenland, 3. Aufl., Berlin 1980; II: Rom, 2. Aufl., Berlin 1982 (Veröffentlichungen des Zentralinstituts für Alte Geschichte und Archäologie 6, 1-2).

Nickel, D., Bemerkungen zur Methodologie in der hippokratischen Schrift *De Prisca medicina*, in: R. Wittern, P. Pellegrin (Hg.), Hippokratische Medizin und antike Philosophie. Verhandl. des VIII. Internationalen Hippokrates-Kolloquiums in Kloster Banz/Staffelstein vom 23. bis 28. September 1993, 53ff. (Medizin der Antike 1).

Niehues-Pröbsting, H., Der Kynismus des Diogenes und der Begriff des Zynismus; Frankfurt a.M. 1988.

- Die Kynismus-Rezeption der Moderne: Diogenes in der Aufklärung, in: M.-O. Goulet-Cazé, R. Goulet (Hg.), Le cynisme ancien et ses prolongements. Actes du colloque international du CNRS (Paris, 22-25 juillet1991), Paris 1993, 519ff.

Nippel, W., Griechen, Barbaren und 'Wilde', Alte Geschichte und Sozialanthropologie, Frankfurt a.M. 1990.

Pfligersdorffer, G., Fremdes und Eigenes in Senecas 90. Brief an Lucilius, in: Aspekte der Kultursoziologie. Aufsätze zur Soziologie, Philosophie, Anthropologie und Geschichte der Kultur. Zum 60. Geburtstag von M. Rassem, Berlin 1982, 303ff.

Pigeaud, J., Épicure et Lucrèce et l'origine du langage, in: Revue des Études Latines 61 (1983), 122ff.

Pire, G., De l'influence de Sénèque sur les théories pédagogiques de J.-J. Rousseau, in: Annales de la Société J.-J. Rousseau 33 (1953-55), 57ff.

Plattner, M.F., Rousseau's State of nature. An interpretation of the 'Discours on Inequality', Illinois 1979.

Pohlenz, M., Tierische und menschliche Intelligenz bei Poseidonios, in: Hermes 76 (1941), 1ff.

Pöhlmann, E., Der Mensch - das Mängelwesen?, in: Archiv für Kulturgeschichte 52 (1970), 297ff.

- Lukrez als Quelle griechischer Kulturentstehungslehre (zu Lukrez V 1448-1457), in: Würzburger Jahrbücher 17 (1991), 217ff.

Proust, J., Didérot et l'Encyclopédie, Troisième édition, Paris 1995.

Raaflaub, K., Die Entdeckung der Freiheit. Zur historischen Semantik und Gesellschaftsgeschichte eines politischen Grundbegriffs der Griechen, München 1985.

Rang, M., Rousseaus Lehre vom Menschen, Göttingen 1959.

Reichenburg, M., Essai sur les lectures de Rousseau, Diss. Philadelphia 1932.

Reinhardt, K., Art. Poseidonios, in: Paulys Realencyclopädie der classischen Altertumswissenschaft, Bd. 22, 1, Stuttgart 1953, 805ff.

Ricken, U., Linguistique et anthropologie chez Condillac, in: J. Sgard (Hg.), Condillac et les problèmes du langage, Genève-Paris 1982, 75ff.

- Sprache, Anthropologie, Philosophie in der französischen Aufklärung, Berlin 1984.
- Sensualistische Sprachtheorie als Medium der Aufklärung: Condillac, in: U. Ricken in Zusammenarbeit mit ..., Sprachtheorie und Weltanschauung in der europäischen Aufklärung, Berlin 1990, 70ff.

Robin, L., Sur la conception épicurienne du progrès, in: La pensée hellénique des origines à Epicure, Paris 1942, 525ff.

Rohbeck, J., Die Fortschrittstheorie der Aufklärung, Frankfurt, New York 1987.
- Turgot als Geschichtsphilosoph, in: J. Rohbeck, L Steinbrügge (Hg.), Turgot. Über die Fortschritte des menschlichen Geistes, Frankfurt a.M. 1990, 7ff.

Schlobach, J., Zyklentheorie und Epochenmetaphorik. Studien zur bildlichen Sprache der Geschichtsreflexion in Frankreich von der Renaissance bis zur Frühaufklärung, München 1980.

Schmid, W., Lukrez und der Wandel seines Bildes, in: Antike und Abendland 2 (1946), 193ff.

Schmidt, E.G., Erworbenes Erbe. Studien zur antiken Literatur und ihrer Nachwirkung, Leipzig 1988.

Schmidt, E.G., in Verbindung mit M. Fuhrmann, R. Gordesiani und Chr. Meier (Hg.), Griechenland und Rom. Vergleichende Untersuchungen zu Entwicklungstendenzen und -höhepunkten ..., Tbilissi, Erlangen, Jena 1996.

Schrijvers, P.-H., La pensée de Lucrèce sur l'origine de langage (de rerum natura V 1019-1090), in: Mnemosyne 27 (1974) 337ff.

Schröder, W. (Hg.), Französische Aufklärung. Bürgerliche Emanzipation, Literatur und Bewußtseinsbildung, Leipzig 1974.

Schulz, K.D., Rousseaus Eigentumskonzeption, Frankfurt-New York 1980.

Schwabl, H., Art. Weltalter, in: Realencyclopädie der classischen Altertumswissenschaft, Supplementband XV, München 1978, 783ff.
- Das Bild der fremden Welt bei den frühen Griechen, in: Grecs et barbares, Entretiens sur l'antiquité classique, 8, Genève 1961.

Seidel, H., Aristoteles und der Ausgang der antiken Philosophie, Berlin 1984.

Sgard, J. (Hg.), Condillac et les problèmes du langage (Actes du Colloque Condillac Grenoble 1980), Genf, Paris 1982.

Shklar, J., Men and citizens: A study of Rousseau's social theory, Cambridge 1969.

Simon, H. u. M., Die alte Stoa und ihr Naturbegriff, Berlin 1956.

Sorabji, R., Animal minds and human morals. The origin of the Western debate, London 1993.

Spoerri, W., Späthellenistische Berichte über Welt, Kultur und Götter. Untersuchungen zu Diodor von Sizilien, Basel 1959 (Schweizerische Beiträge zur Altertumswissenschaft 9).

Sprute, J.,Vertragstheoretische Ansätze in der antiken Rechts- und Staatsphilosophie. Die Konzeptionen der Sophisten und der Epikureer, Nachrichten der Akademie der Wissenschaften in Göttingen, Phil.-hist. Klasse, Jg. 1989, Nr. 2.

Starobinski, J., Rousseau und die Niedergangsthematik. Einige Bemerkungen zur Prosopopöie des Fabricius, in: R. Koselleck, E. Widmer (Hg.). Niedergang. Studien zu einem geschichtlichen Thema. Stuttgart 1980, 172ff.
- Rousseau und Buffon, in: Rousseau. Eine Welt von Widerständen, aus dem Französ. von U. Raulff, Frankfurt a.M. 1993, 480ff.
- Rousseau und der Ursprung der Sprachen, in: Ebenda, 450ff.
- Musik und Gesellschaftlichkeit bei Rousseau, in: Rousseau und die Folgen, Neue Hefte für Philosophie 29 (1989), 39ff.

Strauss, L., Naturrecht und Geschichte. Übersetz. aus dem Englischen von H. Boog, Frankfurt a.M. 1977 (stw 216).
- On the intention of Rousseau, in: Social Research 14 (1947), 455ff.

Stückelberger, A. Senecas 88. Brief über Wert und Unwert der Freien Künste, Heidelberg 1965.

Theiler, W., Zur Geschichte der teleologischen Naturbetrachtung bis auf Aristoteles, Diss. Basel 1924.
Tigerstedt, E.N., The legend of Sparta in Classical antiquity, Stockholm, Göteborg, Uppsala 1986.
Trabant, J., Neue Wissenschaft von alten Zeichen: Vicos Sematologie, Frankfurt a.M. 1994.
Uxkull-Gyllenband, W. Graf, Griechische Kulturentstehungslehren, Berlin 1924 (Bibliothek für Philosophie 26).
Vernant, J.-P., Remarques sur les formes et les limites de la pensée chez les Grecs, in: Mythe et pensée chez les Grecs, Paris 1965, 227ff.
Vischer, R., Das einfache Leben, Göttingen 1965 (Studienhefte zur Altertumswissenschaft 11).
Vlastos, G., Isonomia politike, in: J. Mau, E.G. Schmidt (Hg.), Isonomia. Studien zur Gleichheitsvorstellung im griechischen Denken, Berlin 1964, 1ff. (Deutsche Akademie der Wissenschaften zu Berlin, Arbeitsgruppe für hellenistisch-römische Philosophie, Veröffentlichungen Nr. 9).
Wehrli, F. Dikaiarchos von Messene, in: Grundriß der Geschichte der Philosophie. Begründet von F. Ueberweg. Die Philosophie der Antike. III: Ältere Akademie - Aristoteles - Peripatos. Hg. von H. Flashar, Basel-Stuttgart 1983, 535ff.
Welskopf, E.Ch., Probleme der Muße im alten Hellas, Berlin 1962.
- (Hg.), Soziale Typenbegriffe im alten Griechenland und ihr Fortleben in den Sprachen der Welt, I-VII, Berlin 1981-1985.
Westphalen, K., Die Kulturentstehungslehre des Lukrez, Diss. München 1957.
Wollgast, S., Die deutsche Frühaufklärung und Samuel Pufendorf, in: F. Palladini, G. Hartung (Hg.), Samuel Pufendorf und die europäische Frühaufklärung, Berlin 1996, 40ff.

Personenregister

Sachregister

Schweizer im Berlin des 18. Jahrhunderts

Herausgegeben von Martin Fontius und Helmut Holzhey

Reihe: *Aufklärung und Europa. Beiträge zum 18. Jahrhundert.*
Herausgegeben im Auftrag des Forschungszentrums Europäische Aufklärung, Potsdam von Martin Fontius

1996. 403 Seiten – 170 mm x 240 mm
Gb, DM/sFr 120,– / öS 936,–
ISBN 3-05-002906-4

Der Band zeigt die Vielfalt, den Beziehungsreichtum und den kulturgeschichtlichen Stellenwert, den die Konzentration bedeutender Schweizer in Berlin unter Friedrich II. gebracht hat. Neben den Gründen für die Anziehungskraft der preußischen Hauptstadt und den Rückwirkungen der Abwanderung auf die Schweiz bilden die Verbindungen der Schweizer zur Kolonie der französischen Hugenotten, die Auseinandersetzungen mit der von Friedrich nach Berlin berufenen Elite französischer Aufklärer und die Impulse für das Geistesleben in Deutschland besondere Schwerpunkte.
Die Beiträge erhellen Zusammenhänge im Bereich des philosophischen, politischen (Naturrecht), ästhetischen und historischen Denkens und lassen Parallelitäten und Unterschiede der Berliner und der Schweizer Aufklärung deutlich werden. Darüber hinaus wird die Wirkung von Schweizern in den Wissenschaften (Medizin, Mathematik), in den Künsten (Architektur) und im militärischen Dienst Friedrichs II. diskutiert und das Identitätsgefühl der Schweizer in der preußischen Hauptstadt vor dem Hintergrund des komplexen Prozesses der Staats- und Nationenbildung in Deutschland untersucht. Damit zeichnet der Band Umrisse einer Kulturgeschichte schweizerisch-deutscher Aufklärung.

Aus dem Inhalt:

Ulrich Im Hof: Friedrich II. und die Schweiz – *Philippe Henry:* Les Relations Politiques entre Neuchâtel et Berlin au XVIIIe Siècle – *André Bandelier:* De Berlin à Neuchâtel: la genèse du Droit des gens d'Emer de Vattel –*Simone Zurbuchen:* Berliner „Exil" und Schweizer „Heimat"· Johann Georg Zimmermanns Reflexionen Über die Rolle des Schweizer Gelehrten – *Ursula Caflisch-Schnetzler:* „Fortgerissen durch sich ...": Johann Caspar Lavater und Johann Heinrich Füssli im Exil – *Clorinda Donato:* Jean Henri Formey's Contribution to the Encyclopédie d'Yverdon – *Johannes Kunisch:* Henri de Catt, Vorleser und Gesprächspartner Friedrichs des Großen ·Versuch einer Typologie – *Rolf Geißler:* Antoine Achard (1696–1772), ein Prediger und Philosoph in Berlin –*Martin Dinges:* Medizinische Aufklärung bei Johann Georg Zimmermann· Zum Verhältnis von Macht und Wissen bei einem Arzt der Aufklärung – *Helmut Schnitter:* Rupert Scipio Freiherr von Lentulus· General in Friedrichs Diensten – *Sibylle Badstübner-Gröger:* Schweizer Künstler in Berlin und Potsdam in der zweiten Hälfte des 18. Jahrhunderts – *Helmut Holzhey:* Die Berliner Popularphilosophie. Mendelssohn und Sulzer über die Unsterblichkeit der Seele –*Jens Häseler:* Johann Bernhard Merian · ein Schweizer Philosoph an der Berliner Akademie – *Bernard Baertschi:* La conception de la conscience développée par Mérian – *Ursula Pia Jauch:* La Mettrie, die „Suisse" und die Toleranz. Oder: Aufklärung mit angezogenen Bremsen – *John Christian Laursen:* Swiss Anti-skeptics in Berlin – *Martin Fontius:* Der Akademiesekretär und die Schweizer – *Cornelia Buschmann:* Schweizer in den Diskussionen über die Preisaufgaben der Berliner Akademie im 18. Jahrhundert – *Hans Erich Bödeker:* Konzept und Klassifikation der Wissenschaften bei Johann Georg Sulzer (1720–1779) – *Anselm Gerhard:* „Man hat noch kein System von der Theorie der Musik". Die Bedeutung von Johann Georg Sulzers „Allgemeiner Theorie der Schönen Künste" für die Musikästhetik des ausgehenden 18. Jahrhunderts – *Fritz Nagel:* Die Mathematiker Bernoulli und Berlin – *Rüdiger Thiele:* Euler und Maupertuis vor dem Horizont des teleologischen Denkens. Über die Begründung des Prinzips der kleinsten Aktion

Akademie Verlag

Die Philosophie und die Belles-Lettres

Herausgegeben von Martin Fontius und Werner Schneiders

Reihe: *Aufklärung und Europa. Beiträge zum 18. Jahrhundert.*
Herausgegeben im Auftrag des Forschungszentrums Europäische Aufklärung, Potsdam von Martin Fontius

1997. 183 Seiten – 170 mm x 240 mm
Gb, DM 120,– / öS 876,– / sFr 106,–
ISBN 3-05-002907-2

Die Spezialisierung der Wissenschaft in immer neue Fächer scheint unaufhaltsam fortzuschreiten. Eine entgegengesetzte Bewegung ist für die Periode der Aufklärung charakteristisch: Philosophen sind um allgemeine Verständlichkeit bemüht, Schriftsteller übertragen wissenschaftliche Weltbilder in literarische Formen, in den Akademien ist eine Klasse den „Schönen Wissenschaften" vorbehalten.
Der Band verfolgt die Problemstellung in drei unterschiedlichen Richtungen: Bei führenden Philosophen und Schriftstellern, an Texten clandestiner Literatur und in begriffsgeschichtlicher Perspektive.

Aus dem Inhalt:

Öffentliche Aufklärung
- *Werner Schneiders:* Nicht plump, nicht säuisch, nicht sauertöpfisch. Zu Thomasius' Idee einer Philosophie für alle
- *Frank Grunert:* Von polylogischer zu monologischer Aufklärung. Die Monatsgespräche von Christian Thomasius

Wissenschaft und Affekte
- *Cornelia Buschmann:* Methode und Darstellungsform bei Christian Wolff
- *Ursula Goldenbaum:* Mendelssohns philosophischer Einstieg in die schönen Wissenschaften. Zu einer ästhetischen Rezeption Spinozas

Kritik und Selbstbestimmung
- *Alain Deligne:* Pierre Bayle als Republicain des Lettres. Über das Projekt seines kritischen Wörterbuches (1692)
- *Martin Fontius:* Zur Entwicklung des „philosophie"-Begriffs in der französischen Frühaufklärung
- *Rolf Geißler:* Diderot zwischen Philosophie und Belles–Lettres

Geheime Literatur
- *Jens Häseler:* Der Ort der Geheimliteratur in der Frühaufklärung
- *Martin Pott:* Philosophischer Untergrund. Clandestine Traditionen radikaler Aufklärung in Deutschland

Nachbemerkungen
- *Martin Fontius:* Ein begriffsgeschichtlicher Rückblick
- *Werner Schneiders:* Ob Philosophie schöne Literatur sein kann

Printed and bound by CPI Group (UK) Ltd, Croydon, CR0 4YY

30/09/2026

14973049-0002